普通高等教育"十三五"规划教材

水工观测技术与实践

主　编　龚成勇　李正贵
副主编　韩　伟　李琪飞　何香如
　　　　文海罡　江启峰
主　审　李仁年

中国水利水电出版社
www.waterpub.com.cn
·北京·

内 容 提 要

本书的主要内容包括水电站建筑物及其观测目的、内容、项目、要求和基本方法；测量与误差理论；内部观测和外部观测的观测方法、观测仪器、观测资料的收集、处理；水位、温度、渗透观测、变形观测等资料的整理分析，以及观测设备和计算机应用实践和数据处理。在内容上尽量做到"面要宽、点要实"，既努力做到概念明确、思路清晰，又遵循由易到难，循序渐进的原则。

本书可作为水利水电工程、能源与动力工程、热能与动力工程（水动方向）等专业的教材，以及水电厂运行高级工培训和自学用书，也可作为相关领域科研人员、设计人员和工程管理人员的参考资料及工程技术人员的学习材料。

图书在版编目（CIP）数据

水工观测技术与实践 / 龚成勇，李正贵主编. -- 北京：中国水利水电出版社，2017.5
普通高等教育"十三五"规划教材
ISBN 978-7-5170-5629-4

Ⅰ．①水… Ⅱ．①龚… ②李… Ⅲ．①水工建筑物—原型观测—技术教育—教材 Ⅳ．①TV698.1

中国版本图书馆CIP数据核字(2017)第269091号

书 名	普通高等教育"十三五"规划教材 **水工观测技术与实践** SHUIGONG GUANCE JISHU YU SHIJIAN
作 者	主 编 龚成勇 李正贵 副主编 韩 伟 李琪飞 何香如 文海罡 江启峰 主 审 李仁年
出版发行	中国水利水电出版社 （北京市海淀区玉渊潭南路1号D座 100038） 网址：www.waterpub.com.cn E-mail：sales@waterpub.com.cn 电话：（010）68367658（营销中心）
经 售	北京科水图书销售中心（零售） 电话：（010）88383994、63202643、68545874 全国各地新华书店和相关出版物销售网点
排 版	中国水利水电出版社微机排版中心
印 刷	北京市密东印刷有限公司
规 格	184mm×260mm 16开本 25.75印张 610千字
版 次	2017年5月第1版 2017年5月第1次印刷
印 数	0001—3000册
定 价	**59.00**元

前　言

　　水工建筑安全观测和监测需要多种技术人才，即工程设计、仪器开发或选型、工程施工、程序配套设计、运行维护等，实施过程不仅是一种技术工作，也是一种管理工作，其主要包括信息采集、处理、结论的得出、措施的制定、信息的反馈等。其根本目的是为了水工建筑物的安全和工程效益。《水工观测技术与实践》是以水工建筑物安全观测和监测、数据处理为题材编著的专业教材，可作为水利水电工程、能源与动力工程、热能与动力工程（水动方向）等专业的专业课程教材以及高校师生和工程技术人员的参考书籍，也可用作水电厂运行高级工的培训教材。本书以水工建筑物安全观测和监测为准绳，适当吸收国内外比较成熟的新理论、新方法、新技术，并注重水工建筑物安全观测和监测实践应用，在内容上要尽量做到"面要宽，点要实"，既努力做到概念明确、思路清晰，且遵循由易到难，循序渐进的原则。

　　本书共计 10 章，第 1 章为水工建筑物基础，是水工观测与监测的整体对象；第 2 章为水工观测概论，是水工建筑物监测和观测的总体要求；第 3 章～第 5 章是观测数据处理所采用到的主要数学基础知识；第 6 章和第 7 章主要介绍水工建筑物内部观测与数据分析；第 8 章和第 9 章主要介绍水工建筑物外部观测与数据分析；第 10 章主要介绍水工观测工程实践案例。

　　本书内容有如下主要特色：

　　（1）内容系统完整。水工观测属于交叉技术工程，其内容比较繁杂，知识构成广泛，内容的交叉性强，基础知识多，工程实践性强。本书以水工观测实践为主线，以水工建筑物为对象，以误差理论、观测技术、数据采集处理及其精度、观测实践等为基础，将其主要内容整合起来，做到内容完整、脉络清楚、重点突出。

　　（2）知识面广，且注重重点知识的介绍。以课程四大块（水工建筑物、误差理论、观测基础、工程观测实践）为主要内容，利用工程设计逻辑性将知识点呈现出来，尽力做到"面要宽，点要实"。

　　（3）知识点的拓展性。水工观测系统性的构建必须保证知识的完整性，随着水电行业的发展，相关知识更新较快，本书增加观测仪器及设备、观测数据处理程序应用基础，观测资料的采集、处理和应用，观测实践等相关内容，以便帮助读者拓展相应知识。

（4）创新性。主要表现为：①将快速发展的"预报、控制、检验、改进"监控技术和水工观测相关知识融合起来，既注重基础知识的讲述，也拓展读者视野，保证了知识的完整性；②编写过程中引用最新现行规范，并参考最新的研究成果；③增加了水工观测设计等内容，帮助读者系统掌握水工观测和监测的知识，形成以观测和监测功能为目的的专业知识的介绍；④引用了大量的示意图和工程简图，增强本书的可读性和实践性。

（5）引用并借鉴了大量的参考文献，保证了内容选材上的科学性、合理性。

本书由兰州理工大学副校长李仁年教授规划、并担任主审，由兰州理工大学能源与动力工程学院水利水电工程系龚成勇和西华大学能源与动力工程学院李正贵担任主编，韩伟、李琪飞、何香如、文海罡、江启峰担任副主编。本书得到了甘肃省流体机械及系统重点实验室（兰州理工大学）和流体及动力机械教育部重点实验室（西华大学）的大力支持，并由流体及动力机械教育部重点实验室（西华大学）资助出版。编写过程中引用了一些相关资料，对其著者深表谢意。由于编者学识和水平有限，书中难免有错误和不妥之处，敬请读者批评指正。

编　者

2016 年 12 月

目　录

第1章 水工建筑物基础

1.1 概　述

水工建筑物按其作用可分为以下几类：

（1）挡水建筑物。用以拦截江河、形成水库或壅高水位。如各种坝、水闸以及为抗御洪水或挡潮，沿江河海岸修建的堤防、海塘等。

（2）泄水建筑物。用以宣泄多余水量、排放泥沙和冰凌，或为人防、检修而放空水库、渠道等，以保证坝和其他建筑物的安全。如各种溢流坝、坝身泄水孔及各式岸边溢洪道和泄水隧洞等。

（3）输水建筑物。为满足灌溉、发电和供水的需要，从上游向下游输水用的建筑物。如引水隧洞、引水涵管、渠道和渡槽等。

（4）取（进）水建筑物。输水建筑物的首部建筑，如引水隧洞的进口段、灌溉渠首和供水用的进水闸、扬水站等。

（5）整治建筑物。用以改善河流的水流条件，调整水流对河床及河岸的作用，以及防护水库、湖泊中的波浪和水流对岸坡的冲刷。如丁坝、顺坝、导流堤、护底和护岸等。

（6）专门建筑物。为灌溉、发电、过坝需要而兴建的建筑物，如专为发电用的压力前池、调压室、电站厂房；专为灌溉用的沉沙池、冲沙闸；专为过坝用的船闸、升船机、鱼道和过木道等。

应当指出的是，有些水工建筑物的功能并非单一，难以严格区分其类型，如各种溢流坝，既是挡水建筑物，又是泄水建筑物；水闸既可挡水，又可泄水，有时还可作为灌溉渠首或供水工程的取水建筑物。

1.2 重　力　坝

1.2.1 重力坝的特点

重力坝是一种古老而又应用广泛的坝型，它因主要依靠坝体自重产生的抗滑力维持稳定而得名。通常修建在岩基上，用混凝土或浆砌石筑成。坝轴线一般为直线，垂直坝轴线方向设有永久性横缝，将坝体分为若干个独立坝段，以适应温度的变化和地基不均匀沉陷，坝的横剖面基本上是上游近于铅直的三角形，如图1.1所示。

1.2.1.1 重力坝的工作原理及特点

重力坝在水压力及其他荷载的作用下，主要依靠坝体自身重量在滑动面上产生的抗滑力来满足稳定要求；同时也依靠坝体自重在水平截面上产生的压应力来抵消由于水压力所引起的拉应力，以满足强度要求。2012年竣工的三峡枢纽工程就是按照重力坝原理而修

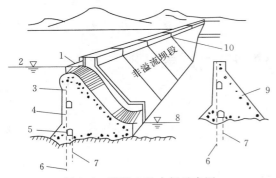

图 1.1 混凝土重力坝示意图

1—闸门；2—上游水位；3—溢流坝段；4—排水管；
5—廊道；6—帷幕灌浆孔；7—排水孔；8—下
游水位；9—非溢流坝段；10—横缝

建的，如图 1.2 所示。

重力坝与其他坝型比较，其主要特点如下。

（1）结构作用明确，设计方法简便。重力坝沿坝轴线用横缝将坝体分成若干个坝段，各坝段独立工作，结构作用明确，稳定和应力计算都比较简单。

（2）泄洪和施工导流比较容易解决。重力坝的断面大，筑坝材料抗冲刷能力强，适用于在坝顶溢流和坝身设置泄水孔。在施工期可以利用坝体或底孔导流。枢纽布置方便紧凑，一般不需要另设河岸溢洪道或泄洪隧

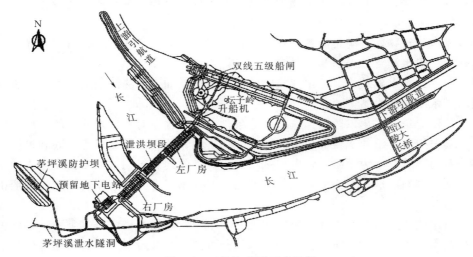

图 1.2 三峡大坝平面布置图

洞。在有意外发生的情况下，即使从坝顶少量过水，一般也不会招致坝体失事，这是重力坝最大的优点。

（3）具有结构简单、施工方便、安全可靠的特点。坝体放样、立模、混凝土浇筑和振捣都比较方便，有利于机械化施工。且由于剖面尺寸大，筑坝材料强度高，耐久性好。因此，抵抗水的渗透、冲刷，以及地震和战争破坏的能力都比较强，安全性较高。

（4）对地形、地质条件适应性强。地形条件对重力坝的影响不大，几乎任何形状的河谷均可修建重力坝。因为坝体作用于地基面上的压应力不大，所以对地质条件的要求也较低。重力坝对地基的要求虽比土石坝高，但低于拱坝及支墩坝，对于无重大缺陷、一般强度的岩基均可满足要求。

（5）受扬压力影响较大。坝体和坝基在某种程度上都是透水的，渗透水流将对坝体产生扬压力。由于坝体和坝基接触面较大，故受扬压力影响也大。扬压力的作用方向与坝体自重的方向相反，会抵消部分坝体的有效重量，对坝体的稳定和应力不利。

（6）材料强度不能得到充分发挥。由于重力坝的断面是根据抗滑稳定和无拉应力条件确定的，坝体内的压应力通常不大，使材料强度得不到充分发挥，这是重力坝的主要缺点。

（7）坝体体积大，水泥用量多，一般均需采取温控散热措施。许多工程因施工时温度控制不当而出现裂缝，有的甚至形成危害性裂缝，从而削弱了坝体的整体性能。

1.2.1.2 重力坝的类型

（1）按坝的高度分类，可分为高坝、中坝和低坝三类。坝高大于 70m 的为高坝；坝高在 30～70m 的为中坝；坝高小于 30m 的为低坝。坝高指的是坝体最低面（不包括局部深槽或井、洞）至坝顶路面的高度。

（2）按筑坝材料分类，可分为混凝土重力坝和浆砌石重力坝。一般情况下，较高的坝和重要的工程经常采用混凝土重力坝；中、低坝则可以采用浆砌石重力坝。

（3）按泄水条件分类，可分为溢流坝和非溢流坝。坝体内设有泄水孔的坝段和溢流坝段统称为泄水坝段。非溢流坝段也可称作挡水坝段，如图 1.1 所示。

（4）按施工方法分类，可分为浇筑式混凝土重力坝和碾压式混凝土重力坝。

（5）按坝体的结构形式分类，可分为实体重力坝［图 1.3（a）］、宽缝重力坝［图 1.3（b）]和空腹重力坝［图 1.3（c）］。

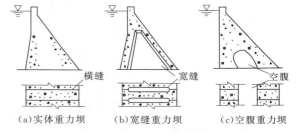

(a)实体重力坝　　(b)宽缝重力坝　　(c)空腹重力坝

图 1.3　重力坝的基本形式

1.2.2 重力坝的荷载及其组合

作用在重力坝上的主要荷载有坝体自重、上下游坝面上的水压力、扬压力、浪压力或冰压力、泥沙压力以及地震荷载等。

1.2.2.1 荷载计算

荷载计算包括确定荷载的大小、方向和作用点。一般按单位坝长进行分析，但对溢流坝段则通常取一个坝段进行计算。

1. 自重（包括永久设备重）

坝体自重是维持大坝稳定的主要荷载，其大小可根据坝的体积和材料重度计算确定。

$$G = \gamma_c V \tag{1.1}$$

式中　G——坝体自重，kN；

　　　V——坝的体积，m³；

　　　γ_c——筑坝材料的重度，kN/m³。

筑坝材料重度选用的是否合适，直接会影响到坝的安全和经济，对此必须要慎重。在初步设计阶段可根据材料种类按表 1.1 选取，施工图设计阶段应通过现场实验确定。

表 1.1　　　　　　　　　　　筑 坝 材 料 的 重 度

筑坝材料	混凝土	浆砌石	浆砌条石	细骨料混凝土砌石
重度/(kN/m³)	23.5～24	21～23	23～25	23～24

2. 水压力

（1）挡水坝的静水压力。静水压力可按水力学的原理计算。坝面上任意一点的静水压强为 $p = \gamma_0 y$，其中 γ_0 为水的重度，y 为该点距水面深度。当坝面倾斜或为折面时，为了计算方便，常将作用在坝面上的水压力分为水平水压力和垂直水压力分别计算，如图 1.4 所示。

（2）溢流坝的水压力。溢流坝段坝顶闸门关闭挡水时，静水压力计算与挡水坝段完全相同。在泄水时，作用在上游坝面的水压力可按式（1.2）近似计算，如图 1.5 所示。

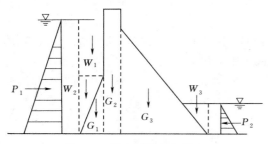
图 1.4　挡水坝的静水压力

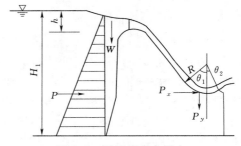
图 1.5　溢流坝的水压力

$$P = \frac{1}{2}\gamma_0(H_1^2 - h^2) \tag{1.2}$$

式中　P——单位坝长的上游水平压力，kN/m，作用在压力图形的形心；

　　　H_1——上游水深，m；

　　　h——坝顶溢流水深，m；

　　　γ_0——水的重度，一般采用 9.81kN/m³。

（3）溢流坝下游反弧段的动水压力。其可根据流体动量方程求得。若假设反弧段始、末两断面的流速相等，则单位坝长在该反弧段上动水压力的总水平分力 P_x 与总垂直分力 P_y 的计算公式如下：

$$P_x = \frac{\gamma_0 q v}{g}(\cos\theta_2 - \cos\theta_1) \quad (\text{kN}) \tag{1.3}$$

$$P_y = \frac{\gamma_0 q v}{g}(\sin\theta_2 + \sin\theta_1) \quad (\text{kN}) \tag{1.4}$$

式中　q——鼻坎处单宽流量，m³/s；

　　　v——反弧段上的平均流速，m/s；

　θ_1、θ_2——反弧段圆心竖线左、右的中心角。

　　P_x、P_y 的作用点，可近似地认为作用在反弧段中央，其方向以图 1.6 所示为正。溢流面上的脉动水压力和负压对坝体稳定和坝内应力影响很小，可以忽略不计。

3. 扬压力

（1）坝基面上的扬压力。扬压力由上、下游水位差产生的渗透水压力和下游水深产生的浮托力两部分组成，其大小可按扬压力分布图形进行计算。影响扬压力分布及数值的因素有很多，设计时根据坝基地质条件、防渗及排水措施、坝体的结构形式等综合考虑选用扬压力计算图形。

1）坝基设有防渗帷幕和排水幕的实体重力坝。防渗帷幕和排水幕是重力坝减小渗透压力的常用措施。防渗帷幕是通过在岩基中钻孔灌浆而成的，其渗透系数远小于周围岩石的渗透系数，渗透水流绕过或渗过帷幕时要消耗很大的能量，从而使帷幕后的渗透压力大为降低。排水幕是一排由钻机钻成的排水孔组成的，能使部分渗透水流自由排出，使渗透压力进一步降低。这种情况的扬压力分布图形如图 1.6 所示。图中矩形部分是由下游水深 H_2 产生的浮托力，在水平坝基上任一点的压强为 $\gamma_0 H_2$；折线部分是由上下游水位差 H 产生的渗透压力，上游压强为 $\gamma_0 H$，下游为零，排水幕处为 $\alpha \gamma_0 H$。α 为剩余水头系数，河床坝段采用 $\alpha = 0.25$，岸坡坝段采

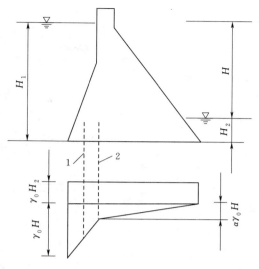

图 1.6　设有防渗帷幕和排水幕的坝基面扬压力
1—防渗帷幕；2—主排水幕

用 $\alpha = 0.35$，对于水文和工程地质条件较复杂的地基，应进行研究论证，以确定合适的数值。

在特殊情况下，也可只设灌浆帷幕或排水幕，相应的扬压力图形与图 1.6 类似，其剩余水头系数 α 可以结合专门论证进行确定。

2）采用抽排降压措施的实体重力坝。防渗帷幕和排水幕不能降低浮托力，当下游水深较大时，浮托力对扬压力的影响显著。为了更有效地降低扬压力，可以采用抽排降压措施，即在坝体廊道内设置抽水设备及排水系统，定时抽排，使扬压力进一步降低。此时坝基面上的扬压力分布图形如图 1.7 所示。图中 α_1 为主排水幕处扬压力剩余系数，一般取 $\alpha_1 = 0.2$，α_2 为坝基面上残余扬压力系数，可取 $\alpha_2 = 0.5$。当有专门论证时，系数 α_1、α_2 可采用论证后的值。

（2）坝体内部的扬压力。渗透水流除在坝基面产生渗透压力外，渗入坝体内部的水流也会产生渗透压力。为减小坝体内的渗透压力，常在坝体上游面附近的 3~5m 范围内，提高混凝土的防渗性能，形成防渗层，并在防渗层后设坝身排水管。坝体内部的扬压力按图 1.8 所示的分布图形进行计算，图中 α_3 常取 0.2。当坝内无排水管时，则取渗透压力为三角形分布。

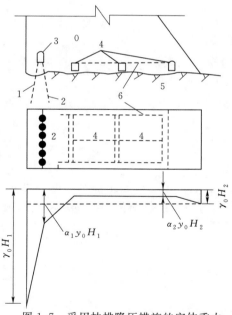

图 1.7　采用抽排降压措施的实体重力
坝坝基面扬压力

1—防渗帷幕；2—主排水幕；3—灌浆廊道；
4—纵向排水廊道；5—基岩面；6—横向排水

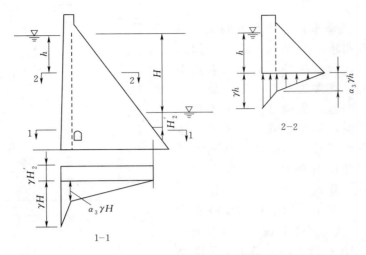

图 1.8　坝体内部的扬压力

4. 泥沙压力

水库建成蓄水后，入库水流挟带的泥沙将逐年淤积在坝前，对坝体产生泥沙压力。取淤积计算年限为 50~100 年，参照经验数据，按主动土压力公式计算泥沙压力，即

$$P_n = \frac{1}{2}\gamma_n h_n^2 \tan^2\left(45° - \frac{\varphi_n}{2}\right) \tag{1.5}$$

式中　P_n——泥沙压力，kN/m；

γ_n——泥沙的浮重度，一般为 $6.5~9.0 \text{kN/m}^3$；

h_n——泥沙的淤积厚度，m；

φ_n——泥沙的内摩擦角。对于淤积时间较长的粗颗粒泥沙 $\varphi_n = 18°~20°$；对于黏土质泥沙 $\varphi_n = 12°~14°$；对于淤泥、黏土和胶质颗粒 $\varphi_n = 0°$。

当上游坝面倾斜时，除计算水平向泥沙压力 P_n 外，还应计算铅直向泥沙压力。铅直泥沙压力可按作用在坝面上的土重计算。

5. 浪压力

（1）波浪要素。水库水面在风的作用下产生波浪，波浪对坝面的冲击力称为浪压力。计算浪压力时，首先要计算波浪高度 h、波浪长度 L_m 和波浪中心线超出静水面的高度 h_z 等波浪要素，如图 1.9 所示。由于影响波浪的因素有很多，所以目前仍用已建水库长期观测资料所建立的经验公式进行计算。

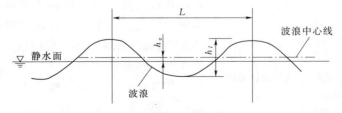

图 1.9　波浪要素

1) 对于山区峡谷水库，推荐采用官厅水库公式计算 h 和 L_m，即

$$\frac{gh}{v_0^2} = 0.0076 v_0^{-1/12} \left(\frac{gD}{v_0^2}\right)^{1/3} \tag{1.6}$$

$$\frac{gL_m}{v_0^2} = 0.331 v_0^{-1/2.15} \left(\frac{gD}{v_0^2}\right)^{1/3.75} \tag{1.7}$$

式中 h——波浪高度，m，当 $gD/v_0^2 = 20 \sim 250$ 时，为累计频率5%的波高，当 $gD/v_0^2 = 250 \sim 1000$ 时，为累计频率10%的波高，计算浪压力时，《混凝土重力坝设计规范》（NB/T 35026—2014）规定应采用累计频率1%的波高，对应于5%的波高，应乘以1.24，对应于10%的波高，应乘以1.41；

v_0——计算风速，m/s，设计情况取50年一遇风速，校核情况取多年平均最大风速；

D——吹程，m，可取坝前沿水面到水库对岸水面的最大直线距离；当水库水面特别狭长时，以5倍平均水面宽计算，如图1.10所示。

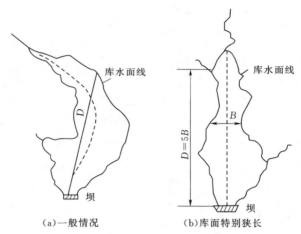

（a）一般情况　　　　（b）库面特别狭长

图 1.10　吹程

式（1.7）的适用范围是：吹程 $D < 20\text{km}$，风速 $v < 20\text{m/s}$，且库水较深的情况。当吹程 $D < 7.5\text{km}$，风速 $v < 26.5\text{m/s}$ 时，宜采用鹤地水库公式进行计算。

由于波浪在空气和水两种介质中行进所受的阻力不同，波浪并不对称于静水面，而是波浪中心线高出静水位（如图1.10所示），其数值 h_z 按式（1.8）计算，即

$$h_z = \frac{\pi h_{1\%}^2}{L_m} \text{cth} \frac{2\pi H_1}{L_m} \tag{1.8}$$

式中 H_1——坝前水库水深，m。

2) 对于平原、滨海地区水库，宜采用福建莆田试验站公式计算 h 和 L_m。

a. 平均波高 h_m 和平均波周期 T_m。

$$\frac{gh_m}{v_0^2} = 0.13 \text{th}\left[0.7\left(\frac{gH_m}{v_0^2}\right)^{0.7}\right] \text{th}\left\{\frac{0.0018\left(\frac{gD}{v_0^2}\right)^{0.45}}{0.13\text{th}\left[0.7\left(\frac{gH_m}{v_0^2}\right)^{0.7}\right]}\right\} \tag{1.9}$$

$$\frac{gT_m}{v_0} = 13.9 \left(\frac{gh_m}{v_0^2}\right)^{0.5} \tag{1.10}$$

式中　h_m——平均波高，m；

　　　H_m——风区内的平均水深，m；

　　　T_m——平均波周期，s。

b. 计算波高 h_p。根据水闸级别，由表 1.2 查得波列的累积频率 $p(\%)$ 值，再根据 $p(\%)$ 及 h_m/H_m 值，查表 1.3 得 h_p/h_m 值，从而计算出波高 h_p。

表 1.2　　　　　　　　　　　　　　　　p 值 表

水闸级别	1	2	3	4	5
$p/\%$	1	2	5	10	20

表 1.3　　　　　　　　　　　　　　　　h_p/h_m 值 表

h_m/H_m	$p/\%$						
	0.1	1	2	5	10	20	50
0.0	2.97	2.42	2.23	1.95	1.71	1.43	0.94
0.1	2.70	2.26	2.09	1.87	1.65	1.41	0.96
0.2	2.46	2.09	1.96	1.76	1.59	1.37	0.98
0.3	2.23	1.93	1.82	1.66	1.52	1.34	1.00
0.4	2.01	1.78	1.68	1.56	1.44	1.30	1.01
0.5	1.80	1.63	1.56	1.46	1.37	1.25	1.01

c. 计算平均波长 L_m。

$$L_m = \frac{gT_m^2}{2\pi} \mathrm{th}\, \frac{2\pi H_1}{L_m} \tag{1.11}$$

d. 计算临界水深 H_{cr}。

$$H_{cr} = \frac{L_m}{4\pi} \ln \frac{L_m + 2\pi h_{1\%}}{L_m - 2\pi h_{1\%}} \tag{1.12}$$

e. 波浪中心线高出静水位 h_z 仍按公式（1.8）进行计算。

（2）浪压力的计算。当重力坝的迎水面为铅直或接近铅直时，波浪推进到坝前，受到坝的阻挡，而使波浪壅高行成驻波。计算浪压力和坝顶超高时，坝前波浪在静水位以上的高度为 $h_{1\%} + h_z$。此外，随着建筑物迎水面前水深的不同，可能产生 3 种波态：深水波、浅水波和破碎波，如图 1.11 所示，浪压力计算时需根据不同波态选择相应的计算公式。

1）当 $H_1 \geqslant H_{cr}$ 和 $H_1 \geqslant L_m/2$ 时［如图 1.11（a）所示］，单位长度上的浪压力计算公式为：

$$p_{wk} = \frac{1}{4}\gamma L_m(h_{1\%} + h_z) \tag{1.13}$$

2）当 $H_{cr} \leqslant H_1 < L_m/2$ 时［如图 1.11（b）所示］，单位长度上的浪压力计算公式为：

$$p_{wk} = \frac{1}{2}\big[(h_{1\%} + h_z)(\gamma H_1 + p_{1f}) + H_1 p_{1f}\big] \tag{1.14}$$

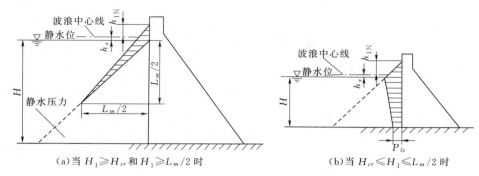

图 1.11　直墙式挡水面浪压力分布图

$$p_{1f} = \gamma h_{1\%} \operatorname{sech} \frac{2\pi H_1}{L_m} \tag{1.15}$$

式中　p_{1f}——坝基底面处剩余浪压力强度，kPa。

3）当 $H_1 < H_{cr}$ 时，单位长度上的浪压力计算公式为：

$$p_{wk} = \frac{1}{2} p_0 \left[(1.5 - 0.5\lambda) h_{1\%} + (0.7 + \lambda) H_1 \right] \tag{1.16}$$

$$p_0 = K_i \gamma h_{1\%} \tag{1.17}$$

式中　λ——浪压力强度折减系数，$H_1 \leqslant 1.7 h_{1\%}$ 时，λ 为 0.6，$H_1 > 1.7 h_{1\%}$ 时，λ 为 0.5；

　　p_0——计算水位处的浪压力强度，kPa；

　　K_i——底坡影响系数，查表 1.4（i 为坝前一定距离库底纵坡平均值）可得。

表 1.4　　　　　　　　　　　　　底坡影响系数 K_i 取值表

底坡 i	1/10	1/20	1/30	1/40	1/50	1/60	1/80	1/100
K_i	1.89	1.61	1.48	1.41	1.36	1.33	1.29	1.25

6. 地震力

在地震区筑坝时，必须考虑到地震对其的影响。地震对建筑物的影响程度常用地震烈度来表示。地震烈度划分为 12 度，烈度越大，对建筑物的影响越大。在抗震设计中常用到基本烈度和设计烈度这两个概念。基本烈度是指该地区今后 50 年期限内，可能遭遇超越概率 p_{50} 为 0.10 的地震烈度；设计烈度是指设计时采用的地震烈度。一般情况下，采用基本烈度作为设计烈度；但对 I 级建筑物，可根据工程的重要性和遭受震害的危险性，在基本烈度的基础上提高一度作为设计烈度。设计烈度为 7 度及以上的地震区应考虑地震力；设计烈度超过 9 度时，应进行专门研究；设计烈度为 6 度及以下时，一般可不考虑地震力。

地震力包括由建筑物重量引起的地震惯性力、地震动水压力和动土压力。地震对扬压力、坝前泥沙压力和浪压力的影响可不考虑。

在《水电工程水工建筑物抗震设计规范》（NB/T 35047—2015）标准中规定：对于工程抗震设防类别为甲级（基本烈度≥6 度的 1 级坝）时，其地震作用效应计算应采用动力分析方法；对于设防类别为乙、丙级，设计烈度低于 8 度，且坝高不大于 70m 的重力坝可采用拟静力法计算；对于丁级（基本烈度≥7 度的 4、5 级坝）建筑物，可以用拟静力法计算或着重采取措施而不用计算。具体计算方法可参阅《水电工程水工建筑物抗震设计规范》（NB/T 35047—2015）的规定。

7. 冰压力

静冰压力。库水结冰后，当气温升高时，冰层膨胀对坝面产生的压力称为静冰压力。静冰压力的大小取决于冰的最低温度、温度回升率、冰层厚度、热膨胀系数、冰的抗压强度和岸边对冰层的约束情况等。一般在确定开始升温时的气温及气温上升率后，可由表1.5 查得单位面积上的静冰压力，再乘以冰厚即为作用在单位坝长上的静冰压力。

当水库在冬季采用破冰、融冰措施以清除冰压力对建筑物的影响时，可不考虑坝体上的冰压力。

表 1.5　　　　　　　　　　　　静 冰 压 力 标 准 值

冰层厚度/m	0.4	0.6	0.8	1.0	1.2
静冰压力标准/(kN/m)	85	180	215	245	280

注　1. 冰层厚度取多年平均年最大值。
　　2. 对于小型水库，应将表中静水压力标准乘以 0.87 后采用；对于库面开阔的大型平原水库，应乘以 1.25 后采用。
　　3. 表中静冰压力标准适用于结冰期内水库水位基本不变的情况，结冰期内水库水位变动情况下的静冰压力应做专门研究。
　　4. 静冰压力数值可按照表列厚度内插。

8. 动冰压力

当冰盖破碎后发生冰块流动，流冰撞击坝面而产生的冲击力称为动冰压力。动冰压力的大小与冰的运动速度、冰块尺寸、建筑物表面积的大小和形状、风向和风速、流冰的抗碎强度等因素有关。

（1）冰块撞击在铅直坝面时的动冰压力可按式（1.18）计算，即：

$$P_{bd} = 0.07V_b d_b \sqrt{A_h f_{ic}}$$ (1.18)

式中　P_{bd}——冰块撞击在铅直坝面时的动冰压力，kN；

　　　　f_{ic}——冰的抗压强度，对于水库可取 0.3MPa，对于河流，流冰初期取 0.45MPa，后期可取 0.3MPa；

　　　　V_b——冰块流速，对于大水库应通过研究确定，一般不大于 0.6m/s；

　　　　A_h——冰块的面积，m²；

　　　　d_b——冰块的厚度，m。

（2）冰块撞击在铅直闸墩上的动冰压力按式（1.19）计算，即：

$$P'_{bd} = mR_b B d_b$$ (1.19)

式中　P'_{bd}——冰块撞击在铅直闸墩上的动冰压力，kN；

　　　　R_b——冰的抗压强度，当无资料时，在结冰初期取 750kPa，末期可取 450kPa；

　　　　B——闸墩在冰层处的前沿宽度，m；

　　　　m——闸墩的平面形状系数，按表 1.6 采用。

表 1.6　　　　　　　　　　　　闸墩的平面形状系数

闸墩的平面形状	半圆形或多边形	矩形	三角形（顶端角度 α）					
			45°	60°	75°	90°	120°	150°
形状系数 m	0.9	1.0	0.54	0.59	0.64	0.69	0.77	1.00

1.2.2.2 荷载组合

作用在重力坝上的各种荷载，除坝体自重外，都有一定的变化范围。例如在正常运行、放空水库、设计或校核洪水等情况，其上下游水位各不相同。当水位发生变化时，相应的水压力、扬压力亦随之变化。又如在短期宣泄最大洪水时，就不一定会同时发生强烈地震。再如当水库水面封冻，坝面受静冰压力作用时，波浪压力就不存在。因此，在进行坝的设计时，应该根据"可能性和最不利"的原则，把各种荷载合理地组合成不同的设计情况，然后进行安全核算，以妥善解决安全和经济的矛盾。

作用于重力坝上的荷载，按其出现的几率和性质，可分为基本荷载和特殊荷载。

1. 基本荷载

基本荷载包括：①坝体及其上永久设备自重；②正常蓄水位或设计洪水位时大坝上、下游面的静水压力（选取一种控制情况）；③相应于正常蓄水位或设计洪水位时的扬压力；④大坝上游淤沙压力；⑤相应于正常蓄水位或设计洪水位时的浪压力；⑥冰压力；⑦土压力；⑧设计洪水位时的动水压力；⑨其他出现机会较多的作用。

2. 特殊荷载

特殊荷载包括：①校核洪水位时的大坝上、下游面的静水压力；②相应于校核洪水位时的扬压力；③相应于校核洪水位时的浪压力；④相应于校核洪水位时的动水压力；⑤地震荷载；⑥其他出现机会很少的荷载。

重力坝抗滑稳定及坝体应力计算的荷载组合分为基本组合和特殊组合两种情况。荷载组合按表1.7的规定进行（表中数字即荷载的序号），必要时还可考虑其他的不利组合。

表 1.7　　　　　　　　　　荷 载 组 合

作用组合	主要考虑情况	作用类别										备注
		自重	静水压力	扬压力	淤沙压力	浪压力	冰压力	动水压力	土压力	地震荷载	其他荷载	
基本组合	正常蓄水位情况	1 (1)	1 (2)	1 (3)	1 (4)	1 (5)	—	—	1 (7)	—	1 (9)	土压力根据坝体外是否有填土而定
	设计洪水位情况	1 (1)	1 (2)	1 (3)	1 (4)	—	—	1 (8)	1 (7)	—	1 (9)	
	冰冻情况	1 (1)	1 (2)	1 (3)	1 (4)	—	1 (6)	—	1 (7)	—	1 (9)	静态水位级扬压力按照相应冬季库水位计算
特殊组合	校核洪水位情况	1 (1)	2 (1)	2 (2)	1 (4)	2 (3)	—	2 (4)	1 (7)	—	2 (6)	
	地震情况	1 (1)	1 (2)	1 (3)	1 (4)	1 (5)	—	—	1 (7)	2 (5)	2 (6)	静水压力、扬压力和浪压力按照正常水位计算，有论证时可另行规定

注　1. 应根据各种荷载同时作用的实际可能性，选择计算中最不利的组合。
　　2. 分期施工的坝应按相应的荷载组合分期进行计算。
　　3. 施工期的情况应进行必要的核算，作为特殊组合。
　　4. 根据地质和其他条件，如考虑运用时排水设备易于堵塞，须经常维修时，应考虑排水失效的情况，作为特殊组合。
　　5. 地震情况，如按冬季计及冰压力，则不计浪压力。
　　6. 对于以防洪为主的水库，正常蓄水位较低时，采用设计洪水位情况进行组合。

1.2.3　重力坝的稳定分析

1.2.3.1　岩基稳定性与稳定性分析方法

前面分别阐述了地基中的应力状态和地基失稳的形式及机制。从中可以看出，以大坝坝基为代表的地基稳定性一般受滑动控制，而不论是表层滑动，还是浅层或深层滑动，都主要取决于地基中岩体的力学性质、岩体中结构面的组合及岩体结构的类型。为此，本节从岩体结构角度出发，讨论地基稳定性力学分析问题。

1.2.3.2　表层滑动稳定性计算

验算表层滑动的抗滑安全系数 F_s 时，可按如图 1.12 所示的坝体受力情况，分别求出坝体沿岩基表层的抗滑力与滑动力。然后通过两者之比求得 F_s，即：

$$F_s = \frac{f(V-U)}{H} \tag{1.20}$$

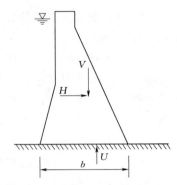

式中　V——由坝体传至岩基表面的总垂直荷载；

　　　H——坝体承受的总水平荷载；

　　　U——坝底扬压力；

　　　f——坝体混凝土与岩基接触面上的摩擦系数。

图 1.12　表层滑动计算示意图

式（1.20）中未将混凝土与岩石接触面上的黏聚力 c 计算在内。因此，设计时只要求具有稍大于 1 的安全系数即可。按照《混凝土重力坝设计规范》（NB/T 35026—2014）的规定，若不计接触面的黏聚力［即用公式（1.20）计算］，坝体抗滑稳定安全系数不应当小于表 1.8 中所列的数值。

表 1.8　　　　　　　　　　　抗 滑 稳 定 安 全 系 数

荷载组合		坝的级别		
		1	2	3
基本组合		1.10	1.05	1.05
特殊组合	(1)	1.05	1.00	1.00
	(2)	1.00	1.00	1.00

注　基本组合是指正常水位下的各种荷载组合；特殊组合（1）是在校核洪水位情况下的荷载组合；特殊组合（2）是包括地震荷载下的各种荷载组合。

坝体与岩基之间的摩擦系数 f，可选用现场抗剪试验的实测值，一般情况下仅取实测值的 70%～80%。选用参数时，也可参考我国过去建坝时所采用的数据（表 1.9）。根据过去建坝经验，f 值一般在 0.5～0.8 之间。

表 1.9　　　　　　　　　　　坝体与岩基之间的摩擦系数

坝型	坝高/m	坝长/m	坝基岩石性质	岩石湿抗压强度/MPa	摩擦系数
堆石坝	47		白垩纪砂岩	39	0.52
重力坝	93	367	侏罗纪砂页岩	34～69	0.51～0.53
大头坝	104	311	震旦纪砂岩板岩	150	0.65
重力坝	68		泥盆纪石英砂岩	255	0.58

坝型	坝高/m	坝长/m	坝基岩石性质	岩石湿抗压强度/MPa	摩擦系数
大头坝	110	700	震旦纪闪长玢岩、闪长岩	98	0.65
宽缝重力坝	105		泥盆纪千里岗砂岩	108	0.50
大头坝	77.5	580	侏罗白垩纪凝灰集块岩	74	0.70
宽缝重力坝	146	237	前震旦纪云母石英片岩	127	0.75
重力坝	47		白垩纪流纹斑岩	196	0.65

计算抗滑安全系数 F_s 时，如果需要考虑接触面上的黏聚力 c，则式（1.20）分子中增加了与黏聚力 c 有关的一项，这时 F_s 应由式（1.21）确定，即：

$$F_s = \frac{f(V - U) + cb}{H} \tag{1.21}$$

式中　c ——坝体与岩基接触面上的黏聚力；

　　　b ——坝底宽度，如图 1.12 所示。

考虑 c 以后求得 F_s 值，一般要求满足 $F_s = 2.5 \sim 3.0$，甚至更大些。

1.2.3.3　深层滑动稳定性计算

1. 滑动面倾向上游时块体稳定分析

当坝基存在倾向上游、倾角平缓的软弱结构面时，这种软弱结构面可起滑动面的作用，往往有滑动的可能性。在具有顺河向和垂直流向的断裂结构面的条件下，侧面抗滑阻力从安全出发而不予考虑，抗滑稳定系数可由以下计算求取。

如图 1.13（a）所示，坝高为 H_0，坝底宽为 B，水库水深为 H，水库泥沙深度和库水深度比值为 ξ；滑动面倾向上游，倾角为 α，在下游坝趾位置出露。

假定坝基失稳时沿在上游坝踵出露的、且接近平行坝轴线的陡倾结构面拉开，则水库作用于坝基岩体的水平推力（包括库水对大坝的推力，库水渗入上游拉开面直接作用在滑动体上的水平推力，以及水库泥沙对大坝的推力）为：

$$F_h = \frac{(H + B\tan\alpha)^2}{2} + \frac{\gamma_s(\xi H)^2}{2} \tag{1.22}$$

式中　γ_s ——水库泥沙的浸水密度。

铅直方向重力主要为坝体和坝基滑动块体的自重力，即：

$$F_v = \frac{B(H_0\gamma_c + \gamma_r B\tan\alpha)}{2} \tag{1.23}$$

式中　γ_c ——混凝土密度；

　　　γ_r ——岩体密度。

作用在滑动面上的渗透压力为：

$$W = \frac{\xi B(H + B\tan\alpha)}{2\cos\alpha} \tag{1.24}$$

式中　ξ ——防渗帷幕和排水系统的作用系数，在正常情况下为 $0.25 \sim 0.3$。

设滑动面的抗剪强度参数为 $\tan\varphi$、c，则稳定系数 K_s 为：

$$K_s = \frac{(F_h \sin\alpha + F_v \cos\alpha - W)\tan\varphi + Bc/\cos\alpha}{F_h \cos\alpha - F_v \sin\alpha} \tag{1.25}$$

将 F_h、F_v 及 W 的表达式代入式（1.25）后，得：

$$K_s = \frac{\left[\begin{array}{l}(H + B\tan\alpha)^2 \sin\alpha + \gamma_s \xi^2 H^2 \sin\alpha + (H_0\gamma_c + \gamma_r B\tan\alpha)B\cos\alpha \\ -\xi(H + B\tan\alpha)B/\cos\alpha\end{array}\right]\tan\varphi + 2Bc/\cos\alpha}{[(H + B\tan\alpha)^2 + \gamma_s \xi^2 H^2]\cos\alpha - (H_0\gamma_c + \gamma_r B\tan\alpha)B\sin\alpha} \tag{1.26}$$

设 $K_s = 1.0$，且 $c = 0$，为保证抗滑稳定，其摩擦系数最低值 $\tan\varphi_{\min}$ 的表达式为：

$$\tan\varphi_{\min} = \frac{[(H + B\tan\alpha)^2 + \gamma_s \xi^2 H^2]\cos\alpha - (H_0\gamma_c + \gamma_r B\tan\alpha)B\sin\alpha}{(H + B\tan\alpha)^2 \sin\alpha + \gamma_s \xi^2 H^2 \sin\alpha + (H_0\gamma_c + \gamma_r B\tan\alpha)B\cos\alpha - \xi(H + B\tan\alpha)B/\cos\alpha} \tag{1.27}$$

倾向上游的滑动面在下游距坝趾 L 处出露，抗滑稳定系数 k_s 可按上述原理推导出来，如图 1.13（b）所示。

水平荷载为：

$$F_h = \frac{[H + (B + L)\tan\alpha]^2}{2} + \frac{\gamma_s \xi^2 H^2}{2} \tag{1.28}$$

铅直荷载为：

$$F_v = \frac{BH\gamma_c + (B + L)\gamma_c \tan\alpha}{2} \tag{1.29}$$

渗透压力为：

$$W = \xi[H(B + \delta L) + (B + \delta L)^2 \tan\alpha]2\cos\alpha \tag{1.30}$$

式中　δ——考虑坝下游的排泄作用系数，一般取 $\delta = 0.2 \sim 0.5$。

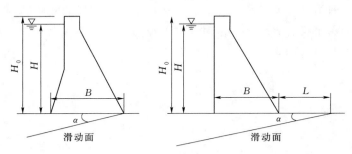

（a）滑动面在坝趾处出露　　　（b）滑动面在距坝趾一定距离 L 处出露

图 1.13　滑动面倾向上游时的块体

坝基块体的抗滑稳定性系数为：

$$K_s = \frac{\left\{\begin{array}{l}[H + (B + L)\tan\alpha]^2 \sin\alpha + \gamma_s \xi^2 H^2 \sin\alpha + [\gamma_c H_0 B + \gamma_r (B + L)^2 \tan\alpha]\cos\alpha \\ -\zeta[H + (B + \delta L)](B + \delta L)\frac{\tan\alpha}{\cos\alpha}\end{array}\right\}\tan\varphi + \frac{2(B + L)c}{\cos\alpha}}{[H + (B + L)\tan\alpha]2\cos\alpha + \gamma_s \xi^2 H^2 \cos\alpha - [\gamma_c H_0 B + \gamma_r (B + L)^2 \tan\alpha]\sin\alpha} \tag{1.31}$$

当已知滑动面在坝踵下的埋深 D 时，并假定 $\delta=1.0$，则可将 $D=(B+L)\tan\alpha$ 代入式 (1.31) 中，使表达式简化为：

$$K_s=\frac{\left[\begin{array}{l}(H+D)^2\sin\alpha+\gamma_s\xi^2H^2\sin\alpha+(\gamma_cH_0B+\gamma_rD^2\tan\alpha)\cos\alpha\\-\zeta(H+D^2\cot\alpha)\dfrac{\tan\alpha}{\cos\alpha}\end{array}\right]\tan\varphi+2Dc\cot\alpha}{[H+D]^2\cot\alpha+\gamma_s\xi^2H^2\cos\alpha-[\gamma_cH_0B+\gamma_rD^2\cot\alpha]\sin\alpha}$$

$$(1.32)$$

2. 滑动面倾向下游时块体稳定分析

如果岩基中出现倾向下游的软弱结构面［如图 1.14（a）中的 AB 面］，这时必须验算坝下的岩体是否可能沿此软弱面并通过岩基中的另一可能滑动面 BC 产生滑动。在一般情况下，滑动面 BC 的位置以及它的倾角 β 都是未知的。因此，在计算安全系数 F_s 时，要选定若干个可能滑动面 BC 分别进行试算，以便求得最小安全系数及其相应的危险滑动面。倾向下游的软弱结构面，在下游开挖电厂基坑，存在河流深潭或出现冲刷坑的条件下被截断时，可形成单面滑动。

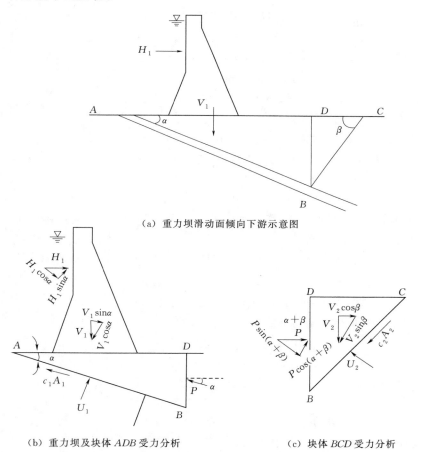

（a）重力坝滑动面倾向下游示意图

（b）重力坝及块体 ADB 受力分析　　　（c）块体 BCD 受力分析

图 1.14　滑动面倾向下游的情况

以下将讨论当滑动面选定后，如何根据岩基中的已知滑动面 ABC［见图 1.14（a）］来确定相应的安全系数 F_s对于重力坝或拱坝坝基抗滑安全系数的计算，常采用以下两种方法：

（1）抗力体极限平衡法。从图 1.14（a）中可以看出，坝体以及坝基中的部分岩体 ABC 在水平推力与重力的共同作用下具有自左向右的滑动趋势。然而，ABC 中的部分块体 BCD 在其自重（有时 DC 面上也有外荷）的作用下，显然具有沿 CB 面下滑的趋势，该下滑趋势必然对左侧块体 ABD 起着阻滑作用。因此，常将左侧块体称为"滑移体"，而将右侧块体 BCD 称为"抗力体"。

所谓用"抗力体极限平衡法"来计算坝基的抗滑安全系数，就是通过"抗力体极限平衡状态"首先算出滑移体 ABD 与抗力体 BCD 之间的相互推力 P［见图 1.14（b）、（c）］。然后，再根据滑移体的受力状态来计算抗滑安全系数 F_s。具体计算步骤如下：

1）用抗力体的极限平衡状态计算推力 P。自抗力体 BCD 的受力状态，由图 1.14（c）可以直接写出作用于抗力体上的抗滑力与滑动力分别为：

$$抗滑力 = f_2[P\sin(\alpha+\beta) + V_2\cos\beta - U_2] + c_2A_2$$

$$滑动力 = P\cos(\alpha+\beta) - V_2\sin\beta$$

式中　f_2、c_2——滑移面 BC 上的内摩擦系数与黏聚力；

V_2——抗力体 BCD 的重量；

α、β——滑面 AB 与 BC 的倾角；

U_2——滑面 BC 上扬压力；

A_2——滑面 BC 的面积。

当抗力体处于极限平衡状态时，其抗滑力必然相等，即：

$$f_2[P\sin(\alpha+\beta) + V_2\cos\beta - U_2] + c_2A_2 = P\cos(\alpha+\beta) - V_2\sin\beta$$

$$P = \frac{V_2\sin\beta + f_2(V_2\cos\beta - U_2) + c_2A_2}{\cos(\alpha+\beta) - f_2\sin(\alpha+\beta)} \tag{1.33}$$

2）根据滑移体 ABC 计算抗滑安全系数。由图 1.14（b）可知，作用于滑移体 ABD 上的抗滑力与滑动力分别为：

$$抗滑力 = f_1(V_1\cos\alpha - H_1\sin\alpha - U_1) + c_1A_1 + P$$

$$滑动力 = H_1\cos\alpha + V_1\sin\alpha$$

式中　f_1、c_1——滑移面 AB 上的内摩擦系数与黏聚力；

V_1——坝体与滑移体 BCD 的重量之和；

U_1——作用于 AB 面上的扬压力；

A_1——滑面 AB 的面积。

由抗滑力与滑动力之比，直接求得安全系数 F_s 如下：

$$F_s = \frac{抗滑力}{滑动力} = \frac{f_1(V_1\cos\alpha - H_1\sin\alpha - U_1) + c_1A_1 + P}{H_1\cos\alpha + V_1\sin\alpha} \tag{1.34}$$

（2）等 F_s 法。由"抗力极限平衡法"的推导过程可知，这种方法的基本观点是以"抗力体"处于极限平衡状态为据，由此计算推力 P 并进一步算出滑移体抗滑安全系数。这种计算方法必然导致滑移体与抗滑体具有不同的稳定系数（显然，这时抗力体的稳定系数为 1)。这里所谓的"等 F_s 法"则相反,其方法认为坝基在丧失稳定的过程中,不论是滑移还是抗力体,两者具有相同的抗滑安全系数 F_s,以下即是按此观点推导 F_s 的计算公式。

1) 根据图 1.14 (b) 滑移体的受力状态,可直接写出作用于滑移体 ABD 上的抗滑力与滑动力为:

$$抗滑力 = f_1 (V_1 \cos\alpha - H_1 \sin\alpha - U_1) + c_1 A_1 + P$$
$$滑动力 = H_1 \cos\alpha + V_1 \sin\alpha$$

由此可得 F_s 为:

$$F_s = \frac{抗滑力}{滑动力} = \frac{f_1 (V_1 \cos\alpha - H_1 \sin\alpha - U_1) + c_1 A_1 + P}{H_1 \cos\alpha + V_1 \sin\alpha} \qquad (1.35)$$

式中符号意义同前。

2) 根据图 1.14 (c) 滑移体的受力状态,可求得相应的抗滑力与滑动力为:

$$抗滑力 = f_2 [P \sin(\alpha + \beta) V_2 \cos\beta - U_2] + c_2 A_2$$
$$滑动力 = P \cos(\alpha + \beta) - V_2 \sin\beta$$

由此可得 F_s 为:

$$F_s = \frac{抗滑力}{滑动力} = \frac{f_2 [P \sin(\alpha + \beta) V_2 \cos\beta - U_2] + c_2 A_2}{P \cos(\alpha + \beta) - V_2 \sin\beta} \qquad (1.36)$$

则推力 P 为:

$$P = \frac{F_s V_2 \sin\beta + f_2 (V_2 \cos\beta - U_2) + c_2 A_2}{F_s \cos(\alpha + \beta) - f_2 \sin(\alpha + \beta)} \qquad (1.37)$$

由式 (1.35) 与式 (1.37) 可知,式中均含有待求未知量 F_s 与 P,因此联立求解上述两个公式,即可分别求出抗滑安全系数与推力 P。然而在实际的计算中,可采用迭代法。首先假定某一 F_s 值,然后由式 (1.37) 中算出 P 值,并以此 P 值代入式 (1.35) 求出相应的 F_s 值,将此 F_s 值与最初假定的 F_s 值相比,若差值太大,则将此计算值 F_s 作为新假定值代入式 (1.37) 中计算 P 值,然后再将此 P 值代入式 (1.35) 求出新的 F_s 值,如此反复迭代,直到假定的 F_s 值与计算的 F_s 值相当接近为止。在实际迭代过程中,可将本次迭代的 F_s 的假定值与计算值进行平均,并以此平均值作为下一次迭代中的假定值,这样处理可大大加速收敛速度。

3. 具水平滑动面的块体稳定分析

坝基下存在水平产状的软弱结构面时,只要上游拉开面、侧向切割面及下游临空面条件满足,也可形成块体滑动。

在前面的稳定分析中,设 $a = 0$,则相当于水平滑动面的情况 (如图 1.15 所示)。稳定性系数的表达式为:

$$K_s = \frac{[\gamma_c H_0 B \cos\alpha + \gamma_r (B + L) D - \xi (H + D)(H + L)] \tan\varphi + 2(B + L) c}{(H + D)^2 + \gamma_s \xi^2 H^2}$$
$$\qquad (1.38)$$

4. 具双倾滑动面的块体稳定分析

如图 1.16 所示,坝基下岩体中发育缓倾下游的软弱结构面,在下游与另一条缓倾上游的软弱结构面相交，这时形成双倾滑动面。在这种情况下，滑动的过程是先克服倾向下游滑动面的摩擦阻力，其剩余滑动力再克服倾向上游滑动面的摩擦阻力，才能导致滑动的发生和两条结构面交汇部位的破坏。

假定稳定系数为 K_s，在此条件下缓倾下游滑动面上克服摩擦阻力后的剩余下滑力 F 为：

$$F = K_s \left\{ \begin{array}{l} (1 + \gamma_s \xi^2) H^2 \cos\alpha + [\gamma_c H_0 B + \gamma_r (B+L)^2 \tan\alpha] \sin\alpha \\ - \left[(1 + \gamma_s \xi^2) H^2 \sin\alpha \, \dfrac{\gamma_c H_0 B + \gamma_r (B+L)^2 \tan\alpha - \zeta H (B+L)}{\cos\alpha} \right] \end{array} \right\} \tan\alpha - \dfrac{2(B+L)}{\cos\alpha} c$$

(1.39)

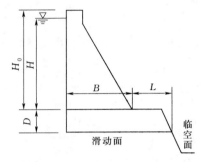

图 1.15　具水平滑动面的块体

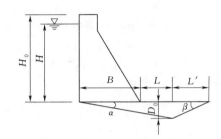

图 1.16　具双倾滑动面的块体

剩余下滑力作用在缓倾上游的滑动面，其稳定系数为：

$$F_s = \frac{\left[F\cos(\alpha+\beta) + \dfrac{1}{2} D_0 L' \gamma_r \cos\beta \right] \tan\varphi_2 + \dfrac{c_2 L'}{\cos\beta}}{F\sin(\alpha+\beta) - \dfrac{1}{2} D_0 L' \gamma_r \cos\beta}$$

(1.40)

式中　β——缓倾上游滑动面的倾角；

$\tan\varphi_2$、c_2——缓倾上游滑动面的抗剪强度参数。

联立式（1.39）和式（1.40），可求得 K_s。

1.3　土　石　坝

1.3.1　土石坝简介

土石坝是指由土、石料等当地材料填筑而成的坝，是历史最为悠久的一种坝型，是世界坝工建设中应用最为广泛和发展最快的一种坝型。土石坝得以广泛应用和发展的主要原因是：

（1）可以就地、就近取材，节省大量水泥、木材和钢材，减少工地的外线运输量。由于土石坝设计和施工技术的发展，放宽了对筑坝材料的要求，几乎任何土石料均可筑坝。

（2）能适应各种不同的地形、地质和气候条件。除极少数例外，几乎任何不良地基经处理后均可修建土石坝。特别是在气候恶劣、工程地质条件复杂和高烈度地震区的情况下，土石坝实际上是唯一可取的坝型。

（3）大容量、多功能、高效率施工机械的发展，提高了土石坝的压实密度，减小了土石坝的断面，加快了施工进度，降低了造价，促进了高土石坝建设的发展。

（4）由于岩土力学理论、试验手段和计算技术的发展，提高了分析计算的水平，加快了设计进度，进一步保障了大坝设计的安全可靠性。

（5）高边坡、地下工程结构、高速水流消能防冲等土石坝配套工程设计和施工技术的综合发展，对加速土石坝的建设和推广也起到了重要的促进作用。

1.3.2 土石坝的类型

土石坝按坝高可分为低坝、中坝和高坝。《碾压式土石坝设计规范》（DL/T 5395—2007）规定：高度在30m以下的为低坝；高度在30～70m的为中坝，高度超过70m的为高坝。土石坝的坝高有两种算法，一种是从坝轴线部位的建基面算至坝顶（不含防浪墙），另一种是从坝体防渗体（不含坝基防渗设施）底部算至坝顶，取两者中的较大值。

土石坝按施工方法可分为碾压式土石坝、冲填式土石坝、水中填土坝和定向爆破土石坝等。应用最广泛的是碾压式土石坝。按照土料在坝身内的配置和防渗体所用材料的种类，碾压式土石坝可分为以下几种主要类型。

（1）均质坝。坝体主要由一种土料组成，同时起防渗和稳定作用，如图1.17（a）所示。

（2）土质防渗体分区坝。由相对不透水或弱透水土料构成坝的防渗体，而以透水性较强的土石料组成坝壳或下游支撑体。按防渗体在坝断面中所处的部位不同，又可进一步区分为心墙坝、斜心墙坝和斜墙坝等，如图1.17（b）、（c）、（d）所示。坝壳部位除采用一种土石料外，常采用多种土石料分区排列，如图1.17（e）、（f）所示。

（3）非土质材料防渗体坝。以混凝土、沥青混凝土或土工膜作防渗体，坝的其余部分则用土石料进行填筑。防渗体位于坝的上游面时，称为面板坝；位于坝的中央部位时，称为心墙坝，如图1.17（g）、（h）所示。

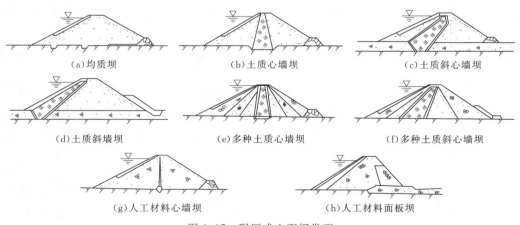

（a）均质坝　　　　　　　　（b）土质心墙坝　　　　　　　　（c）土质斜心墙坝

（d）土质斜墙坝　　　　　（e）多种土质心墙坝　　　　　（f）多种土质斜心墙坝

（g）人工材料心墙坝　　　　　　　　（h）人工材料面板坝

图1.17　碾压式土石坝类型

1.3.3　土石坝的渗流分析

土石坝的渗流分析如下：

（1）渗流分析的内容包括：①确定坝体内浸润线；②确定渗流的主要参数——渗流流速与比降；③确定渗流量。

（2）渗流分析的目的在于：①土中饱水程度不同，土料的抗剪强度等力学特性也会相应地发生变化，渗流分析将为坝体内各部分土的饱水状态的划分提供依据；②确定对坝坡稳定有较重要影响的渗流作用力；③进行坝体防渗布置与土料配置，根据坝体内部的渗流参数与渗流逸出比降，检验土体的渗流稳定性，防止发生管涌和流土，在此基础上确定坝体及坝基中防渗体的尺寸和排水设施的容量和尺寸；④确定通过坝和河岸的渗水量损失，并设计排水系统的容量。渗流分析可为坝型初选和坝坡稳定分析打下基础。

1.3.4　地下水渗流的基本方程

1. 达西定律

法国工程师 Darcy 通过渗透实验得到了渗流量 Q、横截面 A 以及水头差 $(H_1 - H_2)$ 成正比，与渗透路径 L 成反比的规律，即：

$$Q = kA \frac{H_1 - H_2}{L} \quad \text{或} \quad v = \frac{Q}{A} = kA \frac{H_1 - H_2}{L} = kJ \tag{1.41}$$

式（1.41）称为达西定律。它指出了渗透速度 v 与水力梯度 J 或渗透阻力的线性关系，故又称为线性渗透定律。达西定律描述的是层流状态下渗透速度与水头损失关系的规律，即渗透速度 v 与水力梯度 J 呈线性关系只适用于层流范围，所以它的应用受到一定水力条件的限制。渗透系数 k，也称为水力传导系数，是一个重要的水文地质参数。它是表征多孔介质输运流体能力的标量。在数值上等于当水力梯度 $J = 1$ 时的渗透速度。渗透系数不仅仅取决于岩土体的性质（如粒度成分、颗粒排列、裂隙性质和发育程度等），而且和渗透液体的物理性质（重度、黏滞性等）有关。渗透系数一般可在实验室和野外现场通过实验测定。

2. 地下水渗流的基本偏微分方程

从质量守恒原理出发，假设微分体的体积是不改变的，考虑可压缩土体的渗流，土体渗流的连续性方程为：

$$-\left[\frac{\partial(\rho v_x)}{\partial x} + \frac{\partial(\rho v_y)}{\partial y} + \frac{\partial(\rho v_z)}{\partial z}\right] = S_s \frac{\partial(\rho n)Q}{\partial t} \tag{1.42}$$

若不考虑流体密度 ρ 的变化，也就是 ρ 为常数且土体不可压缩，则式（1.42）变为式（1.43），即：

$$\frac{\partial v_x}{\partial x} + \frac{\partial v_y}{\partial y} + \frac{\partial v_z}{\partial z} = 0 \tag{1.43}$$

从守恒原理的角度来看，该式（1.43）说明在同一时间内流入单元体的水体积和流出的水体积是相等的。如果流体是不可压缩的，这个公式对稳定渗流是适用的。再由达西定律，可以得出，在空间的 X、Y、Z 3 个方向的渗流流速可用下列 3 个式子来表示即：

$$v_x = -k_x \frac{\partial h}{\partial x}, \quad v_y = -k_y \frac{\partial h}{\partial y}, \quad v_z = -k_z \frac{\partial h}{\partial z} \tag{1.44}$$

将渗流流速公式（1.44）代入土体渗流的连续性方程（1.42）中，可以得到式（1.45），即：

$$\frac{\partial}{\partial x}\left[k_x\,\frac{\partial h}{\partial x}\right]+\frac{\partial}{\partial y}\left[k_y\,\frac{\partial h}{\partial y}\right]+\frac{\partial}{\partial z}\left[k_z\,\frac{\partial h}{\partial z}\right]=S_s\,\frac{\partial h}{\partial t} \tag{1.45}$$

当各向渗透系数为常量，式（1.45）就变为式（1.46）的形式，即：

$$k_x\,\frac{\partial^2 h}{\partial x^2}+k_y\,\frac{\partial^2 h}{\partial y^2}+k_z\,\frac{\partial^2 h}{\partial z^2}=S_s\,\frac{\partial h}{\partial t} \tag{4.46}$$

当水和土不可压缩时，即 $S_s=0$，式（1.45）和式（1.46）就变为如下形式，即：

$$\frac{\partial}{\partial x}\left[k_x\,\frac{\partial h}{\partial x}\right]+\frac{\partial}{\partial y}\left[k_y\,\frac{\partial h}{\partial y}\right]+\frac{\partial}{\partial z}\left[k_z\,\frac{\partial h}{\partial z}\right]=0 \tag{1.47}$$

$$k_x\,\frac{\partial^2 h}{\partial x^2}+k_y\,\frac{\partial^2 h}{\partial y^2}+k_z\,\frac{\partial^2 h}{\partial z^2}=0 \tag{1.48}$$

上述式（1.47）和式（1.48）是稳定渗流的基本微分方程。当各向渗透系数为常量时，式（1.47）就变为式（1.48），这个式子就是拉普拉斯方程。在这个方程式中只有水头是未知量，只要给定定解条件就可以对方程进行求解。这个方程式不仅适合稳定渗流，它对土体和流体等不可压缩的非稳定流，也可以进行瞬时稳定场的计算。

1.3.5 平面渗流的控制方程

在前面的讨论中可以发现，在渗流场中势函数和流函数均满足拉普拉斯方程。实际上根据相关高等数学的知识，势函数和流函数两者互为共轭的调和函数，当求得其中一个时，就可以推求出另外一个。从这个意义上讲，势函数和流函数两者均可独立和完备地描述一个渗流场。

在渗流场中，由一组等势线（或者等水头线）和流线组成的网格称为流网。

前面讲到的均属于一些边界条件相对简单的一维流问题，这些问题可以直接利用达西定律进行渗流计算。但在实际工程中遇到的渗流问题，常常属于边界条件复杂的二维或三维渗流问题。例如，混凝土坝下透水地基中的渗流可近似当成二维渗流，而基坑降水一般是三维的渗流，如图 1.18 所示。在这些问题中，渗流的轨迹（流线）都是弯曲的，不能再视为一维渗流。为了求解这些渗流场中各处的测管水头、水力坡降和渗流速度等，需要建立多维渗流的控制方程，并在相应的边界条件下进行求解。

对于所研究的问题，如果当渗流剖面和产生渗流的条件沿某一个方向不发生变化，则

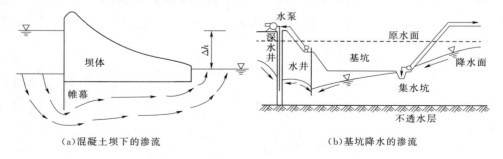

(a)混凝土坝下的渗流　　　　　　　　（b)基坑降水的渗流

图 1.18　二维和三维渗流示意图

在垂直该方向的各个平面内，渗流状况完全一致，可按二维平面渗流问题处理。对平面问题，常取 $\Delta y = 1m$ 单位宽度（常简称为单宽）的一薄片来进行分析。下面简要讨论二维平面渗流问题，且仅考虑流场不随时间发生变化的稳定渗流的情况。

1. 广义达西定律

在二维平面稳定问题中，渗流场中各点的测管水头 h 为其位置坐标 (x, z) 的函数。因此，可以定义渗流场中一点的水力坡降 i 在两个坐标方向的分量 i_x 和 i_z 分别为：

$$i_x = -\frac{\partial h}{\partial x}, \ i_z = -\frac{\partial h}{\partial z} \tag{1.49}$$

式中负号表示水力坡降的正值对应测管水头降低的方向。

式（1.49）表明，像渗透流速一样，渗流场中每一点的水力坡降都是一个具有方向的矢量，其大小等于该点测管水头 h 的梯度，但两者方向相反。

由式（1.41）所表示的达西定律仅适用于一维单向渗流的情况。对于二维平面渗流，可将式（1.41）推广为如下矩阵形式，即：

$$\begin{bmatrix} v_x \\ v_z \end{bmatrix} = \begin{bmatrix} k_x & k_{xz} \\ k_{zx} & k_z \end{bmatrix} \begin{bmatrix} i_x \\ i_z \end{bmatrix} \tag{1.50a}$$

或简写为：

$$v = ki \tag{1.50b}$$

式中，k 一般称为渗透系数矩阵，它是一个对称矩阵，亦即总有 $k_{xz} = k_{zx}$。需要说明的是，土体内一点的渗透性是土体的固有性质，不受具体坐标系选取的影响。因此，渗透系数矩阵 k 满足坐标系变换的规则，对应 $k_{xz} = k_{zx} = 0$ 的方向称为渗透主轴方向。

式（1.50）称为广义达西定律。在工程实践中，常常遇到如下两种简化的情况：

（1）当坐标轴和渗透主轴的方向一致时，有 $k_{xz} = k_{zx} = 0$，此时即：

$$\begin{cases} v_x = k_x i_x \\ v_z = k_z i_z \end{cases} \tag{1.51}$$

（2）对各向同性土体，此时恒有 $k_{xz} = k_{zx} = 0$，且 $k_x = k_z = k$，因此有：

$$\begin{cases} v_x = k i_x \\ v_z = k i_z \end{cases} \tag{1.52}$$

由广义达西定律（1.50）可知，对于各向异性土体，渗透流速和水力坡降的方向并不相同，两者之间存在夹角。只有对各向同性土体，也即当满足式（1.52）时，渗透流速和渗透坡降的方向才会一致。需要说明的是，对本书和工程中所遇到的渗流问题，一般均假定土是各向同性的。

2. 平面渗流的控制方程

如图 1.19 所示，从稳定渗流场中取一微元土体，其面积为 $dxdz$，厚度为 $dy = 1$，在 x 和 z 方向各有流速 v_x、v_z。单位时间内流入和流出这个微元体的水量分别为 dq_e 和 dq_0，则有：

$$dq_e = v_x dz \cdot 1 + v_z dx \cdot 1$$

$$dq_0 = \left(v_x + \frac{\partial v_x}{\partial x}dx\right)dz \cdot 1 + \left(v_z + \frac{\partial v_z}{\partial z}dz\right)dx \cdot 1$$

假定在微元体内无源且水体为不可压缩，则根据水流的连续性原理，单位时间内流入和流出微元体的水量应当相等，即 $dq_e = dq_0$。

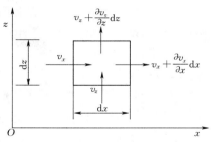

图 1.19 二维渗流的连续性条件

从而可得：

$$\frac{\partial v_x}{\partial x} + \frac{\partial v_z}{\partial z} = 0 \qquad (1.53)$$

式（1.53）即为二维平面渗流的连续性方程。

根据广义达西定律，对于坐标轴和渗透主轴方向一致的各向异性土，将式（1.51）代入式（1.53），可得：

$$k_x \frac{\partial^2 h}{\partial x^2} + k_z \frac{\partial^2 h}{\partial z^2} = 0 \qquad (1.54)$$

对于各向同性土体，由式（1.52）可得：

$$\frac{\partial^2 h}{\partial x^2} + \frac{\partial^2 h}{\partial z^2} = 0 \qquad (1.55)$$

式（1.55）即为著名的拉普拉斯（Laplace）方程。该方程描述了各向同性土体渗流场内部测管水头 h 的分布规律，是平面稳定渗流的控制方程式。通过求解一定边界条件下的拉普拉斯方程，即可求得该条件下渗流场中水头的分布。此外，式（1.55）与水力学中描述平面势流问题的拉普拉斯方程完全一样，可见满足达西定律的渗流问题是一个势流问题。

3. 渗流问题的边界条件

每一个渗流问题均是在一个限定空间的渗流场内发生的。在渗流场的内部，渗流满足前面所讨论的渗流控制方程。沿这些渗流场边界起支配作用的条件称为边界条件。求解一个渗流场问题，正确地确定相应的边界条件也是非常关键的。

对于在工程中常常遇到的渗流问题，主要具有以下几种类型的边界条件：

（1）已知水头的边界条件。在相应边界上给定水头分布，也称为水头边界条件。在渗流问题中，非常常见的情况是某段边界同一个自由水面相连，此时在该段边界上总水头为恒定值，其数值等于相应自由水面所对应的测管水头。例如，如果取 0—0 为基准面，在图 1.20（a）中，AB 和 CD 边界上的水头值分别为 $h = h_1$ 和 $h = h_2$；在图 1.20（b）中，AB 和 GF 边界上的水头值 $h = h_3$，LKJ 边界上的水头值 $h = h_4$。

（2）已知法向流速的边界条件 E。在相应边界上给定法向流速的分布，也称为流速边界条件。最常见的流速边界为法向流速为零的不透水边界，亦即 $v_n = 0$。例如，在图 1.20（a）中的 BC，图 1.20（b）中的 CE，当地下连续墙不透水时，沿墙的表面，亦即 $ANML$ 和 $GHIJ$ 也为不透水边界。

对于如图 1.20（b）所示的基坑降水问题，整体渗流场沿 KD 轴对称，所以在 KD 的法向也没有流量的交换，相当于法向流速为零值的不透水边界，此时仅需求解渗流场的 1/2。

此外，图 1.20（b）中的 BC 和 EF 是人为的截断断面，计算中也近似按不透水边界处理。注意此时 BC 和 EF 的选取不能离地下连续墙太近，以保证求解的精度。

（3）自由水面边界。在渗流问题中也称其为浸润线，如图 1.20（a）中的 AFE。在浸润线上应该同时满足两个条件：

1）测管水头等于位置水头，亦即 $h=z$，这是由于在浸润线上土体孔隙中的气体和大气连通，浸润线上压力水头为零所致。

2）浸润线上的法向流速为零，也即渗流方向沿浸润线的切线方向，此条件和不透水边界完全相同，亦即 $v_n=0$。

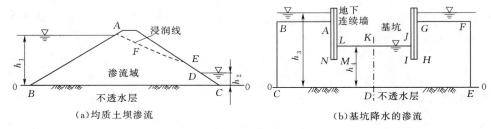

（a）均质土坝渗流　　　　　　　　　　　　（b）基坑降水的渗流

图 1.20　典型渗流问题中的边界条件

（4）渗出面边界。如图 1.20（a）中的 ED，其特点也是和大气连通，压力水头为零，同时有渗水从该段边界渗出。因此，在渗出面上也应该同时满足两个条件：

1）$h=z$，即测管水头等于位置水头。

2）$v_n \leqslant 0$，也就是渗流方向和渗出面相交，且渗透流速指向渗流域的外部。

4. 渗流问题的求解方法

目前，对渗流问题通常可采用如下 4 种类型的求解方法：

（1）数学解析法或近似解析法。数学解析法是根据具体边界条件，以解析法求式（1.54）或式（1.55）的解。严格的数学解析法一般只适用于一些渗流域相对规则或边界条件简单的渗流问题。此外，对一些实际的工程问题，有时可根据渗流的主要特点对其进行适当的简化，以求取相应的近似解析解答，也可满足实际工程的需要。

（2）数值解法。随着计算机和数值计算技术的迅速发展，各种数值方法，如有限差分法、有限单元法和无限单元法等，在各种渗流问题的模拟计算中得到了越来越广泛的应用。数值解法不仅可用于各种二维或三维问题，也可很好地处理各种复杂的边界条件，已逐步成为求解渗流问题的主要方法。

（3）试验法。试验法即采用一定比例的模型来模拟真实的渗流场，用试验手段测定渗流场中的渗流要素。例如，曾经应用广泛的电比拟法，就是利用渗流场与电场所存在的比拟关系（两者均满足拉普拉斯方程），通过量测电场中相应物理量的分布来确定渗流场中渗流要素的一种试验方法。此外，还有电网络法和沙槽模型法等。

（4）图解法。根据水力学中平面势流的理论可知，拉普拉斯方程存在共轭调和函数，两者互为正交函数族。在势流问题中，这两个互为正交的函数族分别称为势函数 $\varphi(x,z)$ 和流函数 $\varphi(x,z)$，其等值线分别为等势线和流线。绘制由等势线和流线所构成的流网是求解渗流场的一种图解方法。该方法具有简便、迅速的优点，并能应用于渗流场边界轮廓较复杂的情况。只要满足绘制流网的基本要求，求解精度就可以得到保证，因而该方法在工程中得到了广泛应用。

下面主要介绍流网的特性、绘制方法和应用。

1.3.6 流网的绘制及应用

1. 势函数及其特性

为了研究的方便，在渗流场中引进一个标量函数 $\varphi(x, z)$，即：

$$\varphi = -kh = -k\left(\frac{u}{r_w} + z\right) \tag{1.56}$$

式中　k ——土体的渗透系数；

　　　h ——测管水头。

根据广义达西定律可得：

$$v_x = \frac{\partial \varphi}{\partial x}, \ v_z = \frac{\partial \varphi}{\partial z} \tag{1.57}$$

亦即有：

$$v = \mathrm{grad}\varphi$$

由式（1.57）可见，渗流流速矢量 v 是标量函数 φ 的梯度。一般来说，当流动的速度正比于一个标量函数的梯度时，这种流动称为有势流动，这个标量函数被称为势函数或流速势。由此可见，满足达西定律的渗流问题是一个势流问题。

由渗流势函数的定义可知，势函数和测管水头呈比例关系，等势线也是等水头线，两条等势线的势值差也同相应的水头差成正比，它们两者之间完全可以互换。因此，在流网的绘制过程中，一般直接使用等水头线。

将式（1.57）代入式（1.53）可得：

$$\frac{\partial^2 \varphi}{\partial x^2} + \frac{\partial^2 \varphi}{\partial z^2} = 0 \tag{1.58}$$

可见，势函数满足拉普拉斯方程。

2. 流函数及其特性

流线是流场中的曲线，在这条曲线上所有各点的流速矢量都与该曲线相切，如图1.21 所示。对于不随时间变化的稳定渗流场，流线也是水质点的运动轨迹线。根据流线的上述定义，可以写出流线所应满足的微分方程为：

$$\frac{\mathrm{d}z}{\mathrm{d}x} = \frac{v_z}{v_x} \quad 亦即 \quad v_x \mathrm{d}z - v_z \mathrm{d}x = 0 \tag{1.59}$$

根据高等数学的理论，式（1.59）的左边可写成某一个函数全微分形式的充要条件是：

$$\frac{\partial v_x}{\partial x} = \frac{\partial(-v_z)}{\partial z} \quad 亦即 \quad \frac{\partial v_x}{\partial x} = \frac{\partial v_z}{\partial z} = 0$$

对比式（1.57）可以发现，上述的充要条件就是渗流的连续性方程，在渗流场中是恒等成立的。因此，必然存在函数 ψ 为式（1.59）左边项的全微分，亦即：

$$\mathrm{d}\psi = \frac{\partial \psi}{\partial x}\mathrm{d}x + \frac{\partial \psi}{\partial z}\mathrm{d}z = v_x \mathrm{d}z - v_z \mathrm{d}x \tag{1.60}$$

函数 ψ 称为流函数。由式（1.60）可知：

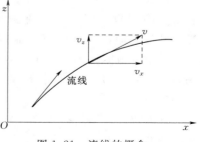

图 1.21　流线的概念

$$\frac{\partial \psi}{\partial x} = -v_z, \quad \frac{\partial \psi}{\partial z} = v_x \tag{1.61}$$

流函数 ψ 具有如下的两条重要特性：

（1）不同的流线互不相交，在同一条流线上，流函数的值为一常数。流线间互不相交是由流线的物理意义所决定的。根据式（1.59）和式（1.60）显然可以发现，在同一条流线上有 $d\psi = 0$。因此，流函数的值为一常数。反过来这也说明，流线就是流函数的等值线。

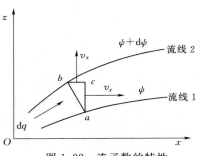

图 1.22　流函数的特性

（2）两条流线上流函数的差值等于穿过该两条流线间的渗流量，对于图 1.22 中所示的情况应有 $d\psi = dq$。证明如下：在两条流线上各取一点 a 和 b，其坐标分别为 $a(x，z)$，$b(x-dx，z+dz)$。显然，ab 为两流线间的过水断面，则流过 ab 的流量 dq 为：

$$dq = v_x ac + v_z cb = v_x dz - v_z dx$$
$$= \frac{\partial \psi}{\partial z} dz - \left(-\frac{\partial \psi}{\partial x}\right) dx = d\psi$$

将式（1.61）代入式（1.51）可得：

$$\frac{\partial^2 \psi}{\partial x^2} + \frac{\partial^2 \psi}{\partial z^2} = 0 \tag{1.62}$$

可见，同势函数一样，流函数也满足拉普拉斯方程。

3. 二维渗流流网

设在流网中取出一个网格，如图 1.23 所示，相邻等势线的差值为 $\Delta\varphi$，间距 l；相邻流线的差值为 $\Delta\psi$，间距 s。设网格处的渗透流速为 v，则有：

$$\Delta\psi = \Delta q = v\Delta s$$

$$\Delta\varphi = -k\Delta h = -k\frac{\Delta h}{l}l = vl$$

所以

$$\frac{\Delta\varphi}{\Delta\psi} = \frac{vl}{vs} = \frac{l}{s}$$

因此，当 $\Delta\varphi$ 和 $\Delta\psi$ 均保持不变时，流网网格的长宽比 l/s 也保持为一常数，而当 $\Delta\varphi = \Delta\psi$ 时，对流网中的每一网格均有 $l = s$。这样，流网中的每一网格均为曲边正方形。

4. 流网特征

由式（1.55）可知，渗流场内任一点的水头是其坐标的函数，而一旦渗流场中各点的水头为已知，其他流动特性也就可以通过计算得出。因此，作为求解渗流问题的第一步，一般就是先确定渗流场内各点的水头，亦即求解渗流基本微分方程式（1.55）。

众所周知，满足拉普拉斯方程的是两组彼此正交的曲线。就渗流问题来说，一组曲线称为等势线，在任一条等势线上各点的总水头是相等的，换

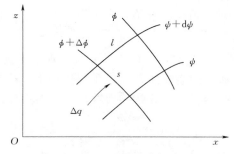

图 1.23　流网的特性

言之，在同一条等势线上的测压管水位都是同高的；另一组曲线称为流线，它们代表渗流的方向。等势线和流线交织在一起形成的网格叫流网。然而，必须指出，只有满足边界条件的流线和等势线的组合形式才是方程式（1.55）的正确解答。

为了求得满足边界条件的解答，常用的方法主要有解析法、数值法和电模拟法 3 种。一般解析法是比较精确的，但也只有在边界条件较简单的情况才容易得到，因此并不实用。对于边界条件比较复杂的渗流，一般采用数值法和电模拟法，它们的原理请参阅有关著作，但不论采用哪种方法求解，其最后结果均可用流网表示。

如图 1.24 所示为坝基中的流网，未带箭头的线表示等势线，带箭头的实线表示流线。对于各向同性的渗流介质，流网具有下列特征：

（1）流线与等势线彼此正交，故流网为正交的网格。

（2）在绘制流网时，如果取相邻等势线间的 $\Delta\varphi$ 和相邻流线间的 $\Delta\varphi$ 为不变的常数，则流网中每一个网格的边长比也保持为常数。特别是当取 $\Delta\varphi = \Delta\varphi$ 时，流网中每一个网格的边长比为 1，此时流网中的每一网格均为曲边正方形。

（3）相邻等势线间的水头损失相等。

（4）各流槽的渗流量相等。

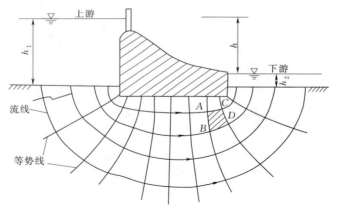

图 1.24　坝体下渗流流网

流网一经绘出，就可以从流网图形上直观地获得流动特性的总轮廓。如图 1.24 所示，越接近坝底，流线越密集，就表明该处的水力梯度越大，渗流速度也越大；而离坝底越远，流线越稀疏，则水力梯度越小。根据流网还可以定量地确定渗流场中的水头、孔隙水应力和水力梯度等。

5. 流网的绘制法

流网的绘制法需满足的条件以及绘制流网的步骤。

（1）根据前述的流网特征可知，绘制流网时必须满足下列几个条件：

1）流线与等势线必须正交。

2）流线与等势线构成的各个网格的长宽比应为常数，即 l/s 为常数。为了绘图的方便，一般取 $l = s$，此时网格应呈曲线正方形，这是绘制流网时最方便和最常见的一种流网图形。

3）必须满足流场的边界条件，以保证解的唯一性。

（2）现以图 1.25 所示混凝土坝下透水地基的流网为例，说明绘制流网的步骤。

1）根据渗流场的边界条件，确定边界流线和边界等势线。该例中的渗流是有压渗流，因而坝基轮廓线是第一条流线；不透水层面也是一条边界流线。上下游透水地基表面则是两条边界等势线。

2）根据绘制流网的另外两个要求，初步绘制流网。按边界趋势先大致绘制出几条流线。如彼此不能相交，且每条流线都要和上下游透水地基表面（等势线）正交。然后再自中央向两边绘制等势线，在图 1.25 中先绘中线 6，再绘 5 和 7，如此向两侧推进。每根等势线要与流线正交，并弯曲成曲线正方形。

3）一般初绘的流网总是不能完全符合要求，必须反复修改，直至大部分网格满足曲边正方形为止。但应指出的是，由于边界形状不规则，在边界突变处很难绘制成正方形，而可能绘制成三角形或五边形，这是由于流网图中流线和等势线的根数有限所造成的。只要网格的平均长度和宽度大致相等，就不会影响整个流网的精度。一个精度较高的流网，往往都要经过多次反复修改，才能最后完成。

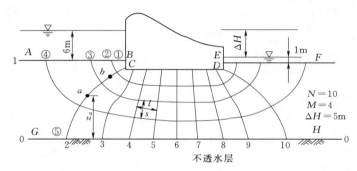

图 1.25　混凝土坝下的流网

1～10—等势线；①～④—流线

6. 流网的应用

流网绘出后，即可求得渗流场中各点的测管水头、水力坡降、渗流流速和渗流量。现仍以图 1.25 所示的流网为例，其中以 0—0 为基准面。

（1）测管水头、位置水头和压力水头。根据流网特征可知，任意两相邻等势线间的势能差相等，即水头损失相等，从而可算出相邻两条等势线之间的水头损失 Δh，即：

$$\Delta h = \frac{\Delta H}{N} = \frac{\Delta H}{n-1}, \quad N = n - 1 \tag{1.63}$$

式中　ΔH ——上下游水位差，也就是水从上游渗到下游的总水头损失；

　　　N ——等势线间隔数；

　　　n ——等势线条数。

本例中，$n = 11$，$N = 10$，$\Delta H = 5.0$m，故每一个等势线间隔间的水头损失 $\Delta h = 5/10 = 0.5$（m）。有了 Δh 就可以求出流网中任意点的测管水头。下面以图 1.25 中的 a 点为例来进行说明。

由于 a 点位于第 2 条等势线上，所以测管水头应从上游算起降低一个 Δh，故其测管水头应为 $h_a = 6.0 - 0.5 = 5.5$（m）。

位置水头 z_a 为 a 点到基准面的高度，可从图 1.25 上直接量取。压力水头 $h_{ua} = h_a - z_a$。

（2）孔隙水压力。渗流场中各点的孔隙水压力可根据该点的压力水头 h_u 按式（1.64）计算得到，即：

$$u = h_u \gamma_w \tag{1.64}$$

应当注意，对图 1.25 中所示位于同一根等势线上的 a、b 两点，虽然其测管水头相同，即 $h_a = h_b$，但其孔隙水压力却并不相同，即 $u_a \neq u_b$。

（3）水力坡降。流网中任意网格的平均水力坡降 $i = \Delta h / l$。其中，l 为该网格处流线的平均长度，可自图中量出。由此可知，流网中网格越密处，其水力坡降越大。故在图 1.25 中，下游坝水流渗出地面处（图中 E 点）的水力坡降最大。该处的坡降称为逸出坡降，常是地基渗透稳定的控制坡降。

（4）渗透流速。各点的水力坡降已知后，渗透流速的大小可根据达西定律求出，即 $v = ki$，其方向为流线的切线方向。

（5）渗透流量。流网中任意两相邻流线间的单位宽度流量 Δq 是相等的，因为有：

$$\Delta q = v \Delta A = kis1.0 = k\frac{\Delta h}{l}s \tag{1.65}$$

当取 $l = s$ 时，有：

$$\Delta q = k \Delta h \tag{1.66}$$

由于 Δh 是常数，故 Δq 也是常数。

通过坝下渗流区的总单宽流量为：

$$q = \sum \Delta q = M \Delta q = Mk \Delta h \tag{1.67}$$

式中　M——流网中的流槽数，数值上等于流线数减 1，本例中 $M = 4$。

当坝基长度为 B 时，通过坝底的总渗流量为：

$$Q = qB \tag{1.68}$$

此外，还可通过流网所确定的各点的孔隙水压力值，确定作用于混凝土坝坝底的渗透压力，具体可参考相关的水工建筑物教材。

1.4　拱　　坝

1.4.1　拱坝简介

拱坝是固接于基岩的空间壳体结构，在平面上呈凸向上游的拱形，其拱冠剖面竖直的或向上游凸出的曲线形。坝体结构既有拱作用又有梁作用，其承受的荷载一部分通过拱的作用压向两岸，一部分通过竖直梁的作用传到坝底基岩，如图 1.26 所示。与其他坝型相比，拱坝具有如下一些特点：

（1）稳定特点。坝体的稳定主要依靠两岸拱端的反力作用，不像重力坝那样依靠自重来维持稳定。因此，拱坝对坝址的地形、地质条件要求较高，对地基处理的要求也较严格。1959 年 12 月，法国马尔巴塞拱坝溃决，是由于左坝肩失稳造成拱坝破坏最为严重的

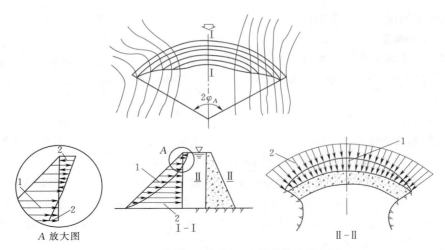

图 1.26　拱坝平面和剖面及荷载分配示意图
1—拱荷载；2—梁荷载

一例。所以，在设计与施工中，除考虑坝体强度外，还应十分重视拱坝坝肩岩体的抗滑稳定和变形。

（2）结构特点。拱坝属于高次超静定结构，超载能力强，安全度高，当外荷载增大或坝的某一部位发生局部开裂时，坝体的拱和梁作用将会自行调整，使坝体应力重新分配。根据国内外拱坝结构模型试验成果表明，拱坝的超载能力可以达到设计荷载的 5～11 倍。意大利的瓦依昂拱坝，坝高 262m，1961 年建成。1963 年 10 月 9 日，库区左岸发生大面积滑坡，2.7 亿 m^3 的滑坡体以 25～30m/s 的速度滑入水库，产生的涌浪越过坝顶，右岸涌浪超过坝顶 260m，左岸涌浪超过坝顶 100m，致使 2600 人丧生，水库因淤满报废，而拱坝仅在左岸坝顶略有损坏，可见拱坝的超载能力是很强的。迄今为止，拱坝几乎没有因坝身出现问题而失事的。

拱坝是整体空间结构，坝体轻韧，弹性较好，工程实践表明，其抗震能力也很强。1999 年 9 月 21 日，我国台湾南投县发生了 7.3 级的强烈地震，坝高 181m 的德基拱坝坝址处的水平向地震加速度达 $(0.4～0.5)g$。震后，坝的总体状态良好，未发现新的裂缝，老裂缝也无恶化现象。

另外，由于拱是一种主要承受轴向压力的推力结构，拱内弯矩较小，应力分布较为均匀，有利于发挥材料的强度。拱的作用利用得越充分，混凝土或砌石材料抗压强度高的特点就越能充分发挥，从而坝体厚度可以减薄，节省工程量。拱坝的体积比同一高度的重力坝大约可节省 1/3～2/3。从经济意义上讲，拱坝是一种很优越的坝型。

（3）荷载特点。拱坝坝身不设永久伸缩缝，温度变化和基岩变形对坝体应力的影响比较显著，设计时，必须考虑基岩变形，并将温度作用列为一项主要荷载。

实践证明，拱坝不仅可以安全溢流，而且可以在坝身设置单层或多层大孔口泄水。目前坝顶溢流或坝身孔口泄流的单宽泄量有的工程已达 $200m^3/(s \cdot m)$ 以上。我国在建的溪洛渡拱坝坝身总泄量约达 $3000m^3/(s \cdot m)$。

由于拱坝剖面较薄，坝体几何形状复杂。因此，对于施工质量、筑坝材料强度和防渗要求等都较重力坝严格。

1.4.2 拱坝的类型

按不同的分类原则，拱坝可分为以下一些类型。

（1）按建筑材料和施工方法分类。可分为常规混凝土拱坝、碾压混凝土拱坝和砌石拱坝。

（2）按坝的高度和体形分类。除前文已提及的按厚高比分类外，还可按坝高、拱圈线形、坝面曲率分类。

1）按坝高分类。高于 70m 的为高坝，30～70m 的为中坝，低于 30m 的为低坝。

2）按拱圈线形分类。可分为单心圆、双心圆、三心圆、抛物线、对数螺旋线以及椭圆拱坝等。

3）按坝面曲率分类。只有水平向曲率，而各悬臂梁的上游面呈铅直的拱坝称为单曲拱坝，如图 1.27 所示；水平和竖直向都有曲率的拱坝称为双曲拱坝，如图 1.28、图 1.29（a）所示。

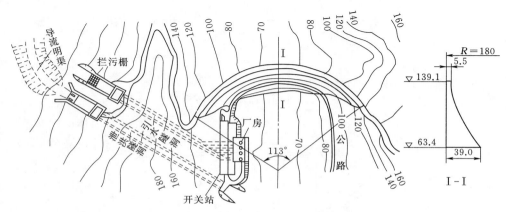

图 1.27 响洪甸重力拱坝（单位：m）

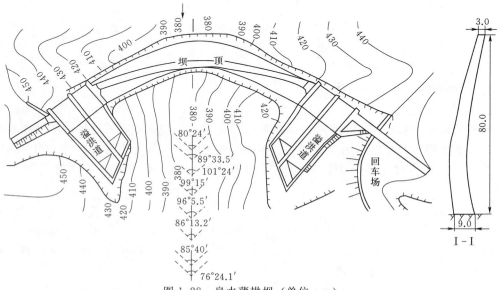

图 1.28 泉水薄拱坝（单位：m）

（3）按拱坝的结构构造分类。通常拱坝多将拱端嵌固在岩基上。坝体内有较大空腔的拱坝称为空腹拱坝，如图 1.29（b）所示；在靠近坝基周边设置永久缝的拱坝称为周边缝拱坝，如图 1.30 所示。

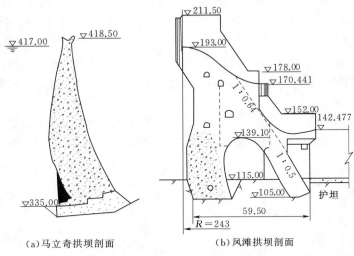

(a)马立奇拱坝剖面　　　　(b)凤滩拱坝剖面

图 1.29　拱坝剖面图（单位：m）

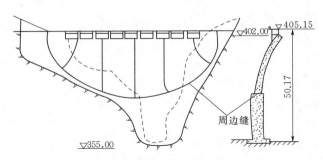

图 1.30　巴尔西斯拱坝（单位：m）

1.4.3　拱坝的荷载及荷载组合

1. 荷载

拱坝承受的荷载包括：自重、静水压力、动水压力、扬压力、泥沙压力、冰压力、浪压力、温度作用以及地震作用等，基本上与重力坝相同。但由于拱坝本身的结构特点，有些荷载的计算及其对坝体应力的影响与重力坝不尽相同。本节仅介绍这些荷载的不同特点。

（1）一般荷载的特点。

1）水平径向荷载。水平径向荷载包括：静水压力、泥沙压力、浪压力及冰压力。其中，静水压力是坝体承受的最主要的荷载，应由拱、梁系统共同承担，可通过拱梁分载法来确定拱系和梁系上的荷载分配。

2）自重。混凝土拱坝在施工时常采用分段浇筑，最后进行灌浆封拱，形成整体。这样，由自重产生的变位在施工过程中已经完成，全部自重应由悬臂梁承担，悬臂梁的最终应力应是由拱梁分载法算出的应力加上由于自重产生的应力。在实际工程中，会遇以下情况：①需要提前蓄水，要求坝体浇筑到某一高程后提前封拱；②对具有显著竖向曲率的双曲拱坝，为保持坝块稳定，需要在其冷却后先行灌浆封拱，再继续上浇；③为了度汛，要求分期灌浆等。灌浆前的自重作用应由梁系单独承担，灌浆后浇筑的混凝土自重参加拱梁分载法中的变位调整。有时为了简化计算，也常假定自重全由梁系承担。

由于拱坝各坝块的水平截面都呈扇形，如图 1.31 所示，截面 A_1 与 A_2 间的坝块自重 G 可按辛普森公式 计算，即：

$$G = \frac{1}{6}\gamma_c \Delta Z(A_1 + 4A_m + A_2)\tag{1.69}$$

式中 γ_c——混凝土相对密度，kN/m^3；

    ΔZ——计算坝块的高度，m；

A_1、A_2 和 A_m——上、下两端和中间截面的面积，m^2。

或简略地按式（1.70）计算，即：

$$G = \frac{1}{2}\gamma_c \Delta Z(A_1 + A_2)\tag{1.70}$$

3）水重。水重对于拱、梁应力均有影响，但在拱梁分载法计算中，一般近似假定由梁承担，通过梁的变位考虑其对拱的影响。

4）扬压力。从近年美国对一座中等高度拱坝坝内渗流压力所做的分析表明，由扬压力引起的应力在总应力中约占 5%。由于所占比重很小，设计中对于薄拱坝可以忽略不计，对于重力拱坝和中厚拱坝则应予以考虑；在对坝肩岩体进行抗滑稳定分析时，必须计入渗流水压力的不利影响。

5）动水压力。拱坝采用坝顶或坝面溢流时，应计及溢流坝面上的动水压力。对溢流面的脉动压力和负压的影响可以不计。

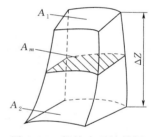

图 1.31 坝块自重计算图

实践证明，岩体赋存于一定的地应力环境中，对修建在高地应力区的高拱坝，应当考虑地应力对坝基开挖、坝体施工、蓄水过程中的坝体应力以及坝肩岩体抗滑稳定的影响。

（2）温度作用。温度作用是拱坝设计中的一项主要荷载。实测资料分析表明，在由水压力和温度变化共同引起的径向总变位中，后者占 1/3～1/2，在靠近坝顶部分，温度变化的影响更为显著。拱坝系分块浇筑，经充分冷却，待温度趋于相对稳定后，再灌浆封拱，形成整体。封拱前，根据坝体稳定温度场，如图 1.32 所示，可定出沿不同高程各灌浆分区的封拱温度。封拱温度低，有利于降

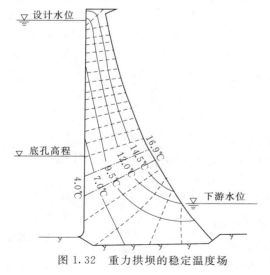

图 1.32 重力拱坝的稳定温度场

低坝内拉应力，一般选在年平均气温或略低时进行封拱。封拱温度即作为坝体温升和温降的计算基准，以后坝体温度随外界温度做周期性变化，产生了相对于上述稳定温度的改变值。由于拱座嵌固在基岩中，限制坝体随温度变化而自由伸缩，于是就在坝体内产生了温度应力。上述温度改变值，即为温度作用，也就是通常所称的温度荷载。坝体温度受外界温度及其变幅、周期、封拱温度、坝体厚度及材料的热学特性等因素的制约，同一高程沿坝厚呈曲线分布。设坝内任一水平截面在某一时刻的温度分布如图 1.33（a）所示。为便于计算，可将其与封拱温度的差值，即温差视为三部分的叠加，如图 1.33（b）所示。

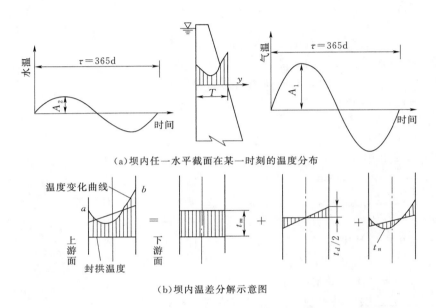

(a)坝内任一水平截面在某一时刻的温度分布

(b)坝内温差分解示意图

图 1.33　坝体外界温度变化、坝体内温度分布及温差分解示意图

（3）地震作用。拱坝受地震作用，当采用拟静力法计算时，水平向地震惯性力按式 $Q_0 = K_H C_Z F W$ 计算，水平向地震动水压力按式 $\overline{P}_0 = K_H C_Z C_2 \gamma H_1$ 计算，并乘以动态分布系数和地震作用的效应折减系数，式中各参数可以根据《水工设计手册》第二版取值，其中动态分布系数在坝顶处取 3.0，在坝基处取 1.0，且沿高程按线性内插，地震作用力沿拱圈径向均匀分布。

2. 荷载组合

荷载组合分为基本组合和特殊组合（包括施工期组合）。拱坝的荷载组合应根据各种荷载同时作用的实际可能性，选择最不利的情况，作为分析坝体应力和坝肩岩体抗滑稳定的依据。拱坝的荷载组合一般应按表 1.10 的规定确定。

对地震较频繁的地区，当施工期较长时，应采取措施及时封拱，必要时对施工期的荷载组合尚应增加一项地震荷载，其地震烈度可按设计烈度降低 1 度考虑。表 1.10 中"特殊组合中的施工情况下的灌浆"状况下的荷载组合，也可为自重和设计正常温升的温度荷载组合。

表 1.10 拱坝荷载组合

荷载组合	主要考虑情况		自重	静水压力	设计正常温降	设计正常温升	扬压力	泥沙压力	浪压力	冰压力	动水压力	地震荷载
					温度荷载	温度荷载						
基本组合	正常蓄水位情况		✓	✓	✓		✓	✓		✓		
	正常蓄水位情况		✓	✓		✓	✓	✓	✓			
	设计洪水位情况		✓	✓		✓	✓	✓	✓			
	死水位（或运行最低水位）情况		✓	✓		✓	✓					
	其他常遇的不利荷载组合情况											
特殊组合	校核洪水位情况		✓	✓		✓	✓				✓	
	地震情况	基本组合1+地震荷载	✓	✓	✓		✓	✓		✓		✓
		基本组合2+地震荷载	✓	✓		✓	✓	✓				✓
		常遇低水位情况＋地震荷载	✓	✓			✓	✓				✓
	施工情况	未灌浆	✓									
		未灌浆遭遇施工洪水	✓	✓								
		灌浆	✓		✓							
		灌浆遭遇施工洪水	✓	✓		✓						
	其他稀遇的不利荷载组合情况											

1.5 水电站建筑物的典型布置形式

1.5.1 水电站的基本布置及组成建筑物

水电站枢纽一般由下列 7 类建筑物组成。

（1）挡水建筑物：用以拦截河流，集中落差，形成水库，如坝、闸等。

（2）泄水建筑物：用以宣泄洪水，或放水供下游使用，或放水以降低水库水位，如溢洪道、泄洪隧洞和放水底孔等。

（3）水电站进水建筑物：用以按水电站的要求将水引入引水道，如有压或无压进水口。

（4）水电站引水及尾水建筑物：分别用以将发电用水自水库输送给水轮发电机组及把发电用过的水排入下游河道，引水式水电站的引水道还用来集中落差，形成水头。常见的建筑物为渠道、隧洞、管道等，也包括渡槽、涵洞、倒虹吸等交叉建筑物。

（5）水电站平水建筑物：用以平稳由于水电站负荷变化在引水或尾水建筑物中造成的

流量及压力（水深）变化，如有压引水道中的调压室、无压引水道中的压力前池等。

水电站的进水建筑物、引水和尾水建筑物以及平水建筑物统称为输水系统。

（6）发电、变电和配电建筑物：包括安装水轮发电机组及其控制、辅助设备的厂房、安装变压器的变压器场及安装高压配电装置的高压开关站。它们常集中在一起，统称为厂房枢纽。

（7）其他建筑物：如过船、过木、过鱼、拦沙和冲沙等建筑物。

1.5.2　水电站枢纽的典型布置形式

水电站的分类方式很多，如按照工作水头可分为低水头、中水头和高水头水电站；按水库的调节能力分为无调节（径流式）和有调节（日调节、年调节和多年调节）水电站；按在电力系统中的作用分为基荷、腰荷及峰荷水电站等。本书着重讲述水电站的组成建筑物及其特征，根据该原则，水电站可以有坝式、河床式及引水式 3 种典型布置形式，如图 1.34 所示的金沙江向家坝水电站为坝后式；如图 1.35、图 1.36 所示的黄河柴家峡水电站为河床式水电站，如图 1.37 所示的为引水式水电站示意图。

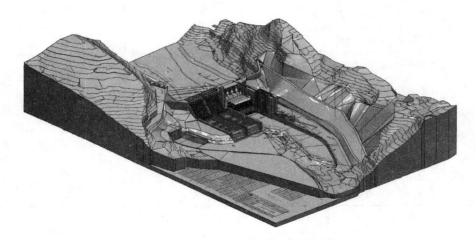

图 1.34　金沙江向家坝水电站水利枢纽

图 1.35　河床式水电站布置示意图

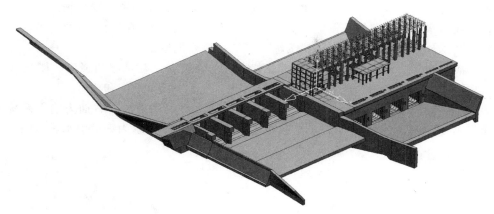

图 1.36 黄河柴家峡水电站三维模型图

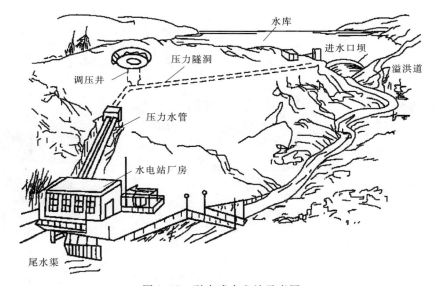

图 1.37 引水式水电站示意图

1.5.3 水电站输水系统

水电站输水系统主要有有压引水系统和无压引水系统两种，一般由进水口建筑物、渠道（隧洞）建筑物、沉砂及冲砂建筑物、压力前池或调压室、管道或有压隧洞和控制流量的设备等构筑物组成。根据工程的布置实际、构筑物的功能要求、设计施工运行技术条件、运行维护、经济条件和环境要求等各个方面综合考虑。水电站的布置方式不同，引水系统各不相同。其基本的要求如下。

（1）要有足够的进水、输水，其保证水头损失小。在任何工作水位下，都能为发电机组提供必需的流量。为此，进水口的高程以及在枢纽中的位置必须合理安排，合理选择输水系统的路线，断面设计合理经济，过水表面处理得当以便减少粗糙度对水流的阻力。

（2）发电水质要符合机组发电的要求。应该在合适的位置设置能够拦截有害的泥沙、冰块及各种污物的构筑物和设备，也要考虑所拦截的泥沙、冰块和污物处理。

（3）在引水过程中能够控制流量。输水系统中须设置必要的闸门，以便在事故时紧急关闭，截断水流，避免事故扩大，也为输水系统的检修创造条件。

（4）满足水工建筑物的一般要求。输水建筑或构筑物要有足够的强度、刚度和稳定性，结构简单、施工方便、造型美观、造价低廉，便于运行、维护和检修。

如图 1.37 所示为有压引水隧洞，图中左面为输水系统的上游，右面为输水系统的下游，如图 1.38 所示为引水隧洞进水结构布置图。如图 1.39 所示为渠道引水示意图。

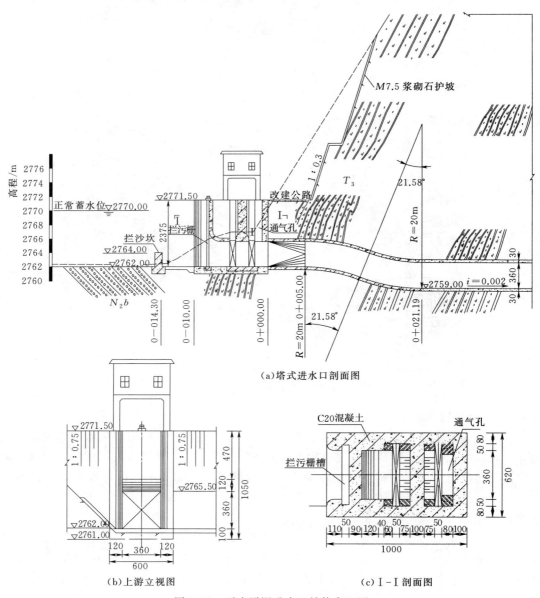

图 1.38　引水隧洞进水口结构布置图

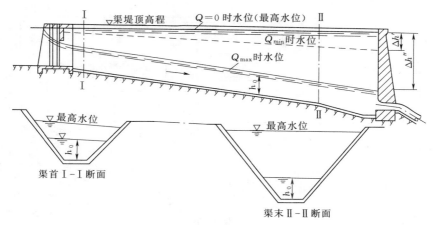

图 1.39 某水电站渠道引水示意图

1.5.4 水电站厂房建筑物及其设备组成

1. 水电站厂房的基本类型

水电站厂房是将水能转换为机械能进而转换为电能的场所，它通过一系列工程措施，将水流平顺地引入及引出水轮机，将各种必需的机电设备安置在恰当的位置，为这些设备的安装、检修和运行提供方便、有效的条件，也为运行人员创造良好的工作环境。

水电站厂房是建筑物及机械、电气设备的综合体。在厂房的设计、施工、安装和运行中，需要各专业人员通力协作。根据厂房在水电站枢纽中的位置及其结构特征，常规水电站厂房可分为以下三种基本类型：

（1）坝后式厂房。厂房位于拦河坝下游坝趾处，厂房与坝直接相连，发电用水直接穿过坝体引入厂房。2012 年建成的三峡水电站厂房就是坝后式的。在坝后式厂房的基础上，将厂坝关系适当调整，并将厂房结构加以局部变化后形成的厂房形式还包括以下几种。

1）挑越式厂房。厂房位于溢流坝坝趾处，溢流水舌挑越厂房顶泄入下游河道。

2）溢流式厂房。厂房位于溢流坝坝趾处，厂房顶兼作溢洪道。

3）坝内式厂房。厂房移入坝体空腹内水电站厂房，或设置在空腹重力拱坝内的水电站厂房。

（2）河床式厂房。厂房位于河床中，本身也起挡水作用。若厂房机组段内还布置有泄水道，则称为泄水式厂房（或称混合式厂房）。

（3）引水式厂房。厂房与坝不直接相接，发电用水由引水建筑物引入厂房。当厂房设在河岸处时称为引水式地面厂房；引水式厂房也可以是半地下式的，或地下式的。

2. 水电站厂房的组成

水电站厂房是建筑物和机械、电气设备的综合体，而厂房建筑物是为安置机电设备服务的。

厂房的机电设备。为了安全可靠地完成变水能为电能并向电网或用户供电的任务，水电站厂房内配置了一系列的机械、电气设备，它们可归纳为以下五大系统。

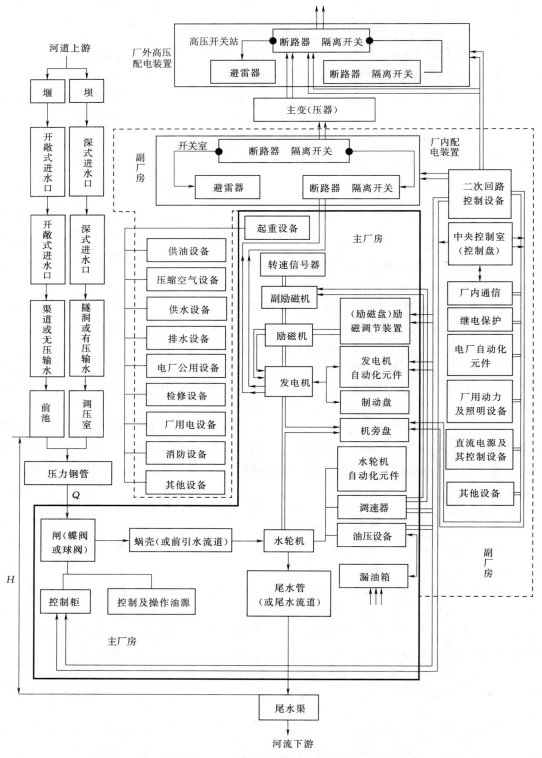

图 1.40 水电站厂房的组成示意图

（1）水力系统。即水轮机及其进出水设备，包括钢管、水轮机前的蝴蝶阀（或球阀）、蜗壳（或引水前流道）、水轮机、尾水管（或尾水流道）及尾水闸门等。

（2）电流系统。即所谓的电气一次回路系统，包括发电机、发电机引出线、母线、发电机电压配电设备、主变压器、高压开关及配电设备等。

（3）机械控制设备系统。包括水轮机的调速设备，如操作柜、油压装置及接力器，蝴蝶阀（或球阀）的操作控制设备，减压阀或其他闸门、拦污栅等的操作控制设备。

（4）电气控制设备系统。包括机旁盘、励磁设备系统、中央控制室、各种控制及操作设备，如互感器、表计、继电器、控制电缆、自动及远动装置、通信及调度设备等。

（5）辅助设备系统。即为设备安装、检修、维护、运行所必需的各种电气及机械辅助设备，包括：

1）厂用电系统：厂用变压器、厂用配电装置和直流电系统。

2）起重设备：厂房内外的桥式起重机、门式起重机和闸门启闭机等。

3）油系统：透平油及绝缘油的存放、处理、流通设备。

4）气系统（又称风系统或空压系统）：高低压压气设备、储气筒、气管等。

5）水系统：技术供水、生活供水、消防供水、渗漏排水和检修排水等。

6）其他：包括各种电气及机械修理室、实验室、工具间、通风采暖设备等。

如图1.40所示给出了这五大系统及设备与建筑物、构筑物之间的关系。

3. 厂房的建筑物和构筑物组成

厂房枢纽的建筑物一般可以分为四部分：主厂房、副厂房、变压器场及高压开关站。主厂房（含装配场）是指出主厂房构架及其下的厂房块体结构所形成的建筑物，其内部装有水轮发电机组及主要的控制和辅助设备，并提供安装、检修设施和场地。副厂房是指为了布置各种控制或附属设备以及工作生活用房而在主厂房附近所建的房屋。主厂房及相邻的副厂房习惯上也简称为厂房。变压器场一般设在主厂房旁，场内布置主升压变压器，将发电机输出的电流升压至输电线电压。高压开关站常为开阔场地，安装高压母线及开关等配电装置，向电网或用户输电。

1.6 其他水工建筑物

1.6.1 溢洪道

在水利枢纽中，必须设置泄水建筑物。溢洪道是一种最常见的泄水建筑物，用于排泄水库的多余水量、必要时防空水库以及施工期导流，以满足安全和其他要求而修建的建筑物。

溢洪道可以与坝体结合在一起，也可以设在坝体以外。混凝土坝一般适于经坝体溢洪或泄洪，如各种溢流坝。此时，坝体既是挡水建筑物又是泄水建筑物，枢纽布置紧凑、管理集中，这种布置一般是经济合理的。但对于土石坝、堆石坝以及某些轻型坝，一般不容许从坝身溢流或大量泄流；或当河谷狭窄而泄流量大，难于经混凝土坝泄放全部洪水时，需要在坝体以外的岸边或天然垭口处建造溢洪道（通常称河岸溢洪道）或开挖泄水隧洞。

河岸溢洪道和泄水隧洞一起作为坝外泄水建筑物，适用范围很广，除了以上情况外，还有以下几种情况。

（1）坝型虽适于布置坝身泄水道，但由于其他条件的影响，仍不得不用坝外泄水建筑物的情况是：①坝轴线长度不足以满足泄洪要求的溢流前缘宽度时；②为布置水电站厂房于坝后，不容许同时布置坝身泄水道时；③水库有排沙要求，而又无法借助于坝身泄水底孔或底孔尚不能胜任时（如三门峡水库，除底孔外，又续建两条净高达 13m 的大断面泄洪冲沙隧洞）。

（2）虽完全可以布置坝身泄水道，但采用坝外泄水建筑物的技术经济条件更有利时，也会用坝外泄水建筑物。如：①有适于修建坝外溢洪道的理想地形、地质条件，如刘家峡水利枢纽高 148m 的混凝土重力坝除坝身有一道泄水孔外，还在坝外建有高水头、大流量的溢洪道和溢洪隧洞；②施工期已有导流隧洞，结合作为运用期泄水道并无困难时。

岸边溢洪道按泄洪标准和运用情况，可分为正常溢洪道（包括主、副溢洪道）和非常溢洪道。正常溢洪道的泄流能力应满足宣泄设计洪水的要求。超过此标准的洪水由正常溢洪道和非常溢洪道共同承担。正常溢洪道在布置和运用上有时也可分为主溢洪道和副溢洪道，但采用这种布置是有条件的，应根据地形、地质条件、枢纽布置、坝型、洪水特征及其对下游的影响等因素研究确定，主溢洪道宣泄常遇洪水，常遇洪水标准可在 20 年一遇至设计洪水之间选择。非常溢洪道在稀遇洪水时才启用，因此运行机会少，可采用较简易的结构，以获得全面、综合的经济效益。

岸边溢洪道按其结构形式可分为正槽溢洪道、侧槽溢洪道、井式溢洪道和虹吸式溢洪道等。

正槽溢洪道通常由引水渠、控制段、泄槽、出口消能段及尾水渠等部分组成，溢流堰轴线与泄槽轴线接近正交，过堰水流流向与泄槽轴线方向一致，如图 1.41 所示。其中，控制段、泄槽及出口消能段是溢洪道的主体。溢洪道溢流堰形式很多，按其横断面的形状与尺寸可分为：薄壁堰、宽顶堰、实用堰（堰断面形状可为矩形、梯形或曲线形），按其在平面布置上的轮廓形状可分为：直线形堰、折线形堰、曲线形堰和环形堰；按堰轴线与上游来水方向的相对关系可分为：正交堰、斜堰和侧堰等。

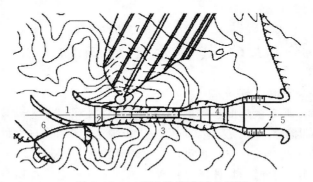

图 1.41　正槽溢洪道平面布置图

1—引水渠；2—溢流堰；3—泄槽；4—出口消能段；5—尾水渠；6—非常溢洪道；7—土石坝

溢流堰通常选用宽顶堰、实用堰，有时也用驼峰堰、折线形堰。溢流堰体形设计的要求是尽量增大流量系数，在泄流时不产生空穴水流或诱发危险振动的负压等。如图 1.42 所示为岳城水库溢洪道闸室纵剖面图，采用驼峰堰泄流。

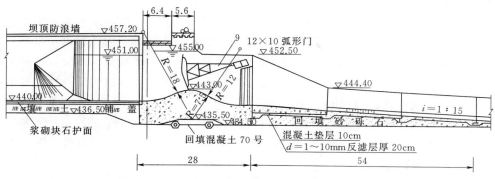

图 1.42 岳城水库溢洪道闸室纵剖面图 (单位: m)

1.6.2 水工隧洞

1. 水工隧洞的类型

为满足水利水电工程各项任务而设置的隧洞称为水工隧洞, 其功能如下。

(1) 配合溢洪道宣泄洪水, 有时也作为主要泄洪建筑物使用。

(2) 引水发电, 或为灌溉、供水和航运输水。

(3) 排放水库泥沙, 延长使用年限, 有利于水电站等的正常运行。

(4) 放空水库, 用于人防或检修建筑物。

(5) 在水利枢纽施工期用来导流。

按上述功用, 水工隧洞可分为泄洪隧洞、引水发电和尾水隧洞、灌溉和供水隧洞、放空和排沙隧洞、施工导流隧洞等。按隧洞内的水流状态, 又可分为有压隧洞和无压隧洞。从水库引水发电的隧洞一般是有压的; 灌溉渠道上的输水隧洞通常是无压的, 有的干渠及干渠上的隧洞还可兼用于通航; 其余各类隧洞根据需要可以是有压的, 也可以是无压的。在同一条隧洞中可以设计成前段是有压的而后段是无压的。但在同一洞段内, 除了流速较低的临时性导流隧洞外, 应避免出现时而有压时而无压的明满流交替流态, 以防止引起振动、空蚀和对泄流能力的不利影响。

在设计水工隧洞时, 应该根据枢纽的规划任务, 按照一洞多用的原则, 尽量设计为多用途的隧洞, 以降低工程造价。

有压隧洞和无压隧洞在工程布置、水力计算、受力情况及运行条件等方面差别较大。对于一个具体的工程, 究竟采用有压隧洞还是无压隧洞, 应根据工程的任务、地质、地形及水头大小等条件提出不同的方案, 通过技术、经济等条件比较后选定。

2. 水工隧洞的工作特点

(1) 水力特点。枢纽中的泄水隧洞, 除少数表孔进口外, 大多数是深式进口。深式泄水隧洞的泄流能力与作用水头 H 的 $1/2$ 次方成正比, 当 H 增大时, 泄流量增加较慢, 不如表孔超泄能力强。但深式进口位置较低, 能提前泄水, 从而提高水库的利用率, 减轻下游的防洪负担, 故常用来配合溢洪道宣泄洪水。泄水隧洞所承受的水头较高、流速较大, 如果体形设计不当或施工存在缺陷, 可能引起空化水流而导致空蚀; 水流脉动会引起闸门等建筑物的振动; 出口单宽流量大、能量集中会造成下游冲刷。为此, 应采取适宜的防止空蚀和消能的措施。

（2）结构特点。隧洞为地下结构，开挖后破坏了原来岩体内的应力平衡，引起应力重分布，导致围岩产生变形甚至崩塌。为此，常需设置临时支护和永久性衬砌，以承受围岩压力。但围岩本身也具有承载力，可与衬砌共同承受内水压力等荷载。承受较大内水压力的隧洞，要求围岩具有足够的厚度和进行必要的衬砌，否则一旦衬砌破坏，内水外渗，将危害岩坡的稳定及附近建筑物的正常运行。

（3）施工特点。隧洞一般是断面小、洞线长，从开挖、衬砌到灌浆，工序多、干扰大、施工条件较差以及工期一般较长。施工导流隧洞或兼有导流任务的隧洞，其施工进度往往控制整个工程的工期。

3. 水工隧洞的组成

水利枢纽中的泄水隧洞主要包括下列 3 个部分。

（1）进口段。位于隧洞进口部位，用以控制水流。包括拦污栅、进水喇叭口、闸门段及渐变段等。

（2）洞身段。用以输送水流。一般都需进行衬砌。

（3）出口段。用以连接消能设施。无压泄水隧洞的出口仅设有门框，有压隧洞的出口一般设有渐变段及工作闸门室。而用于水电站引水的隧洞末端通常与平水建筑物相连，无专门的出口段。

如图 1.43 所示为水工水隧洞及闸门布置图。

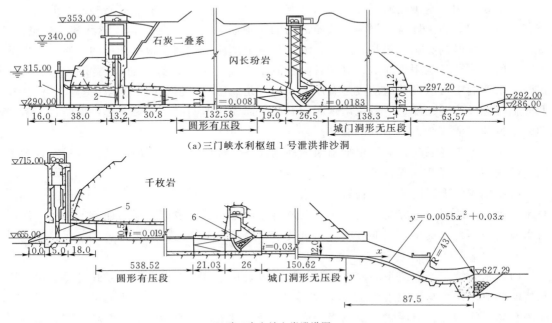

（a）三门峡水利枢纽 1 号泄洪排沙洞

（b）碧口水电站左岸泄洪洞

图 1.43　水工水隧洞及闸门布置图（单位：m）

1—叠梁门槽；2—3.5m×11m 事故检修门；3—8m×8m 弧形工作门；4—平压管；5—3.5m×11m—55m 事故检修门；

6—3.5m×11m—70m 弧形工作门

思考题与练习

1. 水工建筑物如何分类？

2. 主要的挡水建筑物有哪些，它们有哪些特点，各自所受的荷载有哪些？

3. 水电站建筑物的经典布置形式有哪几种，各自特点如何？

4. 水电站输水系统的布置要求有哪些，如何布置会比较合理？

5. 水工隧洞和溢洪道的作用有哪些，各自的特点有哪些？

第2章 水工观测概论

2.1 水工观测工作的目的

1. 确保大坝的安全运行

水工观测工作是水工建筑工程管理的耳目。水工建筑安全观测和监测需要多种技术人才，实施过程不仅是一种技术工作，也是一种管理工作，包括信息采集、处理、结论的得出、措施的制定以及信息的反馈，其根本目的是为了水工建筑物的安全和工程效益。

为了及时掌握水工建筑物的工作情况和变化，必须进行观测工作。实践证明，加强观测工作，及时发现问题，采取有效措施，就可保证建筑物的安全。反之，忽视观测工作，不能及时发现问题，一旦险情发生、措手不及，往往造成事故。例如，法国的马尔巴塞拱坝，由于岸坡局部岩层软弱，使拱座发生不均变形和移动而导致全坝崩溃。事后，调查委员会认为该坝运行期间没有设置观测仪器，对建筑物缺乏定期检查，对大坝破坏前的变形情况未能及时了解，从而未能做出有效的补救措施，这是失事的原因之一。并认为马尔巴塞坝失事的主要经验教训之一是坝应配备足够的观测仪器，对坝进行系统的观测。

2. 充分发挥工程效益

根据观测结果可以推断出大坝在各种水位下的安全程度，确定安全控制站，指导大坝的运行，使其在安全的前提下充分发挥效益。例如，丰满重力坝系东北沦陷时期所建，当初工程质量十分低劣，观测发现坝体渗漏量、坝基扬压力和坝顶位移值很大，如遇百年一遇的洪水，大坝有倾覆的危险，据此采取了灌浆等加固补强措施，不仅保证了大坝的安全，而且可使汛末水位比正常高水位高出4m，可多发电超过3亿kW·h。

3. 鉴定施工质量，加快施工进度

水工建筑物在施工期间的运行状态，可通过施工期的观测成果掌握。观测成果不仅可以反映出施工质量，而且还可以鉴定施工质量，指导工程施工。例如，大体积混凝土施工中的温度观测，可以掌握混凝土浇筑块内的温度控制效果，从而可以选择和改善温控措施，减少温度裂缝，提高施工质量。又如，葛洲坝大坝在施工期间通过安装大量的基岩变形计及1981年大江截流和百年一遇洪水期间所取得的观测结果，表明基岩处理后，变形量在允许范围以内，没有滑动现象，挡墙接缝没有发生变化，从而消除了人们对坝基地质条件不良产生的疑虑，保证了施工的正常进行。

4. 验证设计数据，提高设计水平

水工建筑物在错综复杂的恶劣环境下运行，它的材料组成又很复杂，而且还有很多未被人们所理解的客观实际，即使应用最新的科学水平来设计水工建筑物，也很难完全和客观实际相符。在设计中，很难全面考虑到各种复杂因素对水工建筑物的影响，有的设计参数还带有假定性和经验性。因此，在施工和正常运行期间，都要通过原型观测来检验设计的正确性，进而补充修改设计理论。例如，云峰大坝顺河大断层采用开挖破碎带后回填混凝土塞的方法处理，并按固端深梁的理论来设计。为使塞底混凝土不致裂开，在塞顶布置了大量钢筋。但观测结果表明混凝土塞内埋设的应变计、钢筋计等内部观测仪器均处在受压状态，塞底中心点也没有产生拉应力，这说明设计时采用的固端梁的假定与实际不符。

5. 为科学研究提供资料

水工观测是一种原型观测，它与模型试验或理论研究相比，更能提供客观的、没有假定性和经验性的第一手资料，它对进一步完善水工理论和模型实验理论起着重要作用。例如，官厅水库通过长期的波浪观测，总结出了我国自己的波浪设计公式。又如，新丰江大坝于1959年10月开始蓄水后，即产生了频繁的地震活动。为此，进行了大量的观测工作，通过原型观测资料发现地震活动主要受水位的影响。水位快速上升到高水位，地震活动随之增强，当水位升高到 50～60m 时，渗透压力变大，形成一系列的小震和震级不大于 3.0 级的较强地震，当水位达到峰值时，渗透压力变得最大，地震活动也出现高潮，产生最强的地震。上述观测结果为研究水库和地震的关系提供了宝贵资料。

2.2　观测的内容和项目

2.2.1　水工观测工作的内容和要求

水工观测工作一般包括如下内容：①根据水工建筑物的特点和观测目的，进行观测设计，并根据观测设计，进行仪器、设备的埋设安装；②根据规定的观测项目、测次与时间进行现场观测，然后进行观测资料的整理分析和整编，找出观测值的变化规律，及时发现异常情况，以便采取相应措施，确保水工建筑物的安全。

由于水工观测工作是一项很重要的工作，因此观测人员应做到"四无"（即无缺测、无漏测、无不符精度、无违时）和"五随"（即随观测、随记录、随校核、随分析、随计算）。为了提高观测的精度和效率，在较长时间内应做到"四固定"（即人员、仪器、测次、时间）。现测成果要保证一定精度，应具有真实性和准确性。为此，对观测仪器应经常注意保养和维护，定期进行仪器的检验和校正，确保仪器经常处于完好状态。

2.2.2　水工观测项目和测次

水工建筑物的观测项目随工程的规模、结构形式和特定的观测目的不同，其观测项目也不同。工程项目按其性质可分为以下几大类。

（1）现场观察。包括水工建筑外露部分的裂缝、滑坡、渗水、管涌、剥蚀、冲刷以及结冰观察等。

（2）变形观测。包括水平位移、垂直位移、土坝固结、倾斜、挠度、裂缝与接缝观测等。

（3）渗透观测。包括渗透流量、浇渗、浸润线、渗透压力、外水压力观测等。

（4）内部观测。包括温度、应变、土压力、孔隙水压力、渗透压力以及接缝观测等。

（5）水文学观测。包括水位、流量、水温、波浪、冰凌、水库淤积和下游冲淤观测等。

（6）水力学观测。包括水流流态、水流脉动压力、气蚀和振动观测等。

（7）其他观测。包括混凝土重量检测、地震观测和水质分析等。

水工建筑物的观测项目，应根据工程规模、建筑物结构形式和特定的观测目的，参照《水电站大坝安全管理暂行办法》《水电站大坝安全监察试行细则》《混凝土坝安全监测技术规范》（SL 601—2013）等相关规范和文件进行选择。所选择的观测项目应有明确的针对性，既有重点，又要考虑全面。

测次安排要以能掌握测点变化过程和保持资料的连续性为原则。一般在施工期、运行初期和不利荷载时期的测次应较密；重点项目和重点测次也应较密。经过长期观测，掌握了观测值的变化规律后，测次可适当减少或停测。

2.3　观测工作的基本要求

观测工作是一项长期复杂的工作，涉及工程的设计以及施工运行管理的全过程。如果其中一个环节没有搞好，就可能导致全部工作的失败。因此，要求从事这项工作的组织领导者和观测人员都要本着对社会主义事业高度负责的精神，一丝不苟地把每一阶段的工作做好。

水电站或管理单位的观测班组在施工期就应建立，人员可以少一点，参加施工单位的一切观测工作，这样便于了解情况，有利于管理工作。从施工单位的观测班组中留下一部分人员在管理单位工作，这样对工作的系统性和完整性较为有利。

观测人员的工作不宜变动，因为观测技术专业性强，又是长期性工作，人员变动对工作很不利。设计人员也应对工程观测负责到底，特别是施工完成后的每一个阶段的资料分析工作，主管工程设计的人员和观测设计的负责人都应参加分析，共同进行观测成果的分析和解释。

初次蓄水是对工程的第一次实验考验，能否承担全部水荷载？建筑物各部分有什么变化？都需要通过观测仪器监测。设计、施工、管理、科研等部门，应紧密结合，有计划、有步骤地做好该工作，并提出全面的观测报告，对工程的安全和质量作出客观评价。

根据电力工业技术法规和水库管理通则的规定，大坝需定期鉴定，每次鉴定都是以观测资料为依据。因此，管理单位的观测人员除了完成日常运用的安全监测工作外，还应定期分析观测资料，为大坝鉴定和维修运行提供依据。

经过长期的运行之后，工程的承载能力随着材料的老化而降低，观测仪器的性能也要有所降低或损坏。观测人员应定期检查鉴定观测仪器的工作状态，采取适当的措施进行维护，保证观测精度。对于不正常的观测仪器，根据观测资料的研究分析后，确认测不出有用资料的仪器应加以淘汰。内部观测仪器是无法更新的，经过相当长的时间后，大部分仪器到达寿命而不堪使用，观测人员只能依靠外部观测和现场检查，了解大坝的工作状态，指导运用管理。

领导重视和支持是搞好各个阶段观测工作的关键，一座大坝的观测工作没有搞好，往往是领导不够重视形成的结果。观测人员技术上的困难可以通过科研单位的合作加以解决，设计、施工、管理、科研几个方面的大协作有助于观测工作的提高和发展，使观测成果在工程上发挥显著作用。观测资料是关系工程安全的原始资料，施工单位和运行管理单位都有责任妥善保管，加以整理分析，应该欢迎科研单位和高等学校进行分析研究，不应封锁。因为每一工程的观测资料都是人民的技术财富，任何人都没有权利去毁坏或据为己有，应尽最大可能加以利用，以便在水电建设和科学技术发展中发挥作用。

2.4 水工观测研究进展

随着计算机技术的发展，计算机的性能日趋完善而价格日益下降，计算机已深入到水电站自动化的各个领域。最初它主要用于监视电站工况和各种离线计算，后来逐渐进入电站的控制领域，从顺序控制到闭环控制，所实现的功能越来越复杂。计算机不仅能监视和控制全水电站，而且还可构成控制装置。近些年来，计算机在水电站上的应用已经超越电能生产的范围，在水情预报、水工建筑的监测等方面也出现了用计算机控制的系统。水电站的计算机控制将毋庸置疑的成为水电站自动化今后发展的主要方向。

现代计算机技术和现代通信技术的发展推动了计算机网络技术的产生和发展，也改变着人们的工作和生活方式，现代生活和工作方式的变化反过来也促使计算机网络在各行各业的快速发展和普及。网络技术已经渗透到各个行业，从某个企业内部的局域网到面向全球的 Internet，网络技术带来了一场革命。在大坝安全监测信息管理系统的开发中，运用计算机网络技术已是一个不可逆转的趋势。目前的大坝安全自动化监测管理系统更多的是借助计算机网络进行信息的传输，通过计算机网络实现在线监测及有关安全信息的共享。

自 20 世纪 80 年代以来，我国对各大水利工程相继进行了项目繁多的原型观测，具有代表性的原型观测主要有：二滩水电站高双曲拱坝水力学及流激振动原型观测、东风水电站水力学原型观测、天生桥 1 级水电站原形观测、隔河岩大坝消力池消能工水力学原型观测、漫湾水电站泄水建筑物水力学原型监测、三峡水利工程原型观测，以及乌江渡水电站、刘家峡水电站等的水利工程都进行过原型观测，并且这些大坝的高度都在 100m 以上。对于新近研究成功，首次在实际工程中应用的各种消能工、泄水建筑物，常伴有高速水流问题，也都通过原型观测来检验其设计成果，为促进这些新型的技术得到更好的推广应用作出了重要的贡献。观测成果对我国在建和拟建的 300m 级（如小湾、溪洛渡、锦屏等）的高拱坝泄洪建筑物的设计和运行具有非常重要的使用价值和参考价值。

总之，随着社会经济和科学技术的发展，水工观测也在快速的发展，主要体现在如下 7 个方面。

（1）观测和信息数据处理设备更新换代加快，技术进步地很快，设备的种类不断增多，设备的信息化技术水平高，设备的可靠度不断提高，测量精度不断完善，观测技术方面取得的成果主要体现于观测方法、观测设备的创新以及信息采集、图像传送等新技术的应用，其中数据采集基本实现了自动化和智能化。近 20 年，电子科技发展迅猛，有力地带动了水利量测设备的更新，使得水利量测由传统的半人力测读进入了自动化、智能化阶段，节省了大量的人力、物力，同时提高了各类测量数据的准确性。其主要包括流量计、掺气流速仪、空话噪声测试分析系统、脉动压力计、流速仪和水位计（GPS）等新测量仪器。

数据传输方式不断从有线传输到无线传输进行转变。目前的大坝安全监测系统主要采用"有线"方式，具有采集信号准确、抗干扰性好、产品系列化的特点，但利用有线传感器组成的监测网络布线量大、维护费用高，甚至在一些结构中无法实现布线。无线传感器网络（Wireless Sensor Network，WSN）具有微型化、集成化、节省安装时间和维护费用等优点，可以弥补有线传输的不足。

（2）观测范围从低维度（一维）向高维度（三维）延伸，可以做到实时监控，观测数据支持决策的响应也能做到同步化，并建立了多种研究模型。我国大坝安全监测的资料分析工作起步相对较晚，最初只以定性分析为主，通过绘制实测过程线和统计最大值和最小值等特征值来定性分析和评价大坝的运行状况。20 世纪 70 年代以后，河海大学陈久宇教授等开创了应用统计回归建立统计模型来分析评价大坝的安全状况。自此，资料分析工作在纵深方面不断发展。随后，河海大学吴中如院士等在大坝安全监测领域进行了全面的总结、发展和创新，建立了大坝与坝基安全监控模型体系，主要包括统计模型、确定性模型、混合模型的因子用坝工理论和力学原理等进行分析和演绎，应用多种统计数学（如逐步回归、加权回归、正交多项式回归和插值回归等方法），结合实测资料，建立了各类监测效应量的测点及空间位移量的统计模型；或者用有限元法分析计算水压分量、温度分量或仅水压分量，结合实测资料，用范数的最小二乘法，建立了测压孔和变形测点及空间位移场的确定性模型和混合模型。另外，武汉大学的李珍照教授也是国内大坝安全监测领域的开拓者之一。

采用以神经网络为代表的一些新的智能化方法建模为标准对安全监测资料正分析模型进行分类，监测模型可分为传统模型和新的智能化模型。目前，国内外大坝安全监测的资料正分析（定量）领域主要形成了以下三种常用的传统监测模型：①依赖于统计分析建立的统计模型（Statistical model）；②靠物理力学关系和演绎推理所建立的确定性模型（Deterministicmodel）；③一部分靠物理力学关系，一部分靠统计分析关系所建立的混合性模型（Hybrid model）。

（3）不断保证专业化观测人员的培养，提高了观测人员的整体素质，进而增强了职业化的发展。观测技术革新和监测系统的配备，加快了对高层次专业人员的需求，同时，水工观测人员的素质在相关的培训过程中不断提升。大型水利工程中开发了专门针对观测人员的培训仿真系统，不仅增加了培训项目，具有培训效率高、时间灵活、成本低、延续性强等特点，而且有力地提升了观测人员的整体素质。

（4）开展大量的观测技术理论与实践研究，催生了观测相关技术的进步和革新，相应地进步和革新帮助观测工作更加高效、可靠。

（5）水工观测相关的行业规范不断完善，观测规程不断细化，为工程观测相关设计、安装、运行管理的制度化做好了充分的保障。

（6）各层次人员对观测的重视程度不断增强，责任意识不断提高，保证观测工作的质量。

（7）水工观测专项工作与枢纽或水电站的其他工作之间的关系得到了广泛的关注。

思考题与练习

1. 水工观测的目的有哪些？

2. 水工观测的项目包括哪些？

3. 水工观测的基本要求有哪些？

第3章 误差基本理论

测量工作是由观测者使用观测仪器（或工具），按照一定的操作方法，在一定的外界条件下进行的。由于人的感觉和视觉的限制、外界条件的变化以及仪器、工具本身不够完善等原因，致使观测都含有误差。例如，在距离丈量中，对某一段距离进行往返丈量，两次丈量的结果往往不同；观测三角形的内三角，其和往往不等于180°等。在大坝变形观测时，不论是沉陷观测或水平位移观测，也一样会产生这种情况。随着人们对仪器、工具不断地改善和革新，对客观世界的认识日益扩大和加深，尽可能地减小观测误差，使精度逐渐提高。测量工作者的一个重要任务是不断地改进仪器、工具和方法，进一步掌握影响测量精度的多种因素，从而有效地控制这些因素，达到既能获得高质量的测量成果，又能大大提高测量工作的效率。

因此，必须对误差的产生、误差的性质、误差的种类及其对测量的影响有所了解。这样才能在工作之前，根据工作的要求选择适当的仪器和合理的方法。在工作完成后，还要根据产生误差的规律，整理外业成果，以求得最合理的测量成果。

观测过程就是多次测量，观测精度相当于测量精度。测量精度是指测量的结果相对于被测量真值的偏离程度。在测量中，任何一种测量的精密程度的高低都只能是相对的，皆不可能达到绝对精确，总会存在有各种原因导致的误差。为使测量结果准确可靠，尽量减少误差，提高测量精度，必须充分认识测量可能出现的误差，以便采取必要的措施来加以克服。

3.1 误 差 的 产 生

误差的产生如下：

（1）在数据处理的各个环节均会产生误差，其主要来源有：

1）模型误差。数学模型与实际问题之间的误差称为模型误差。一般来说，生产和科研中遇到的实际问题是比较复杂的，要用数学模型来描述，需要进行必要的简化，忽略一些次要的因素，这样建立起来的数学模型与实际问题之间有一定的误差。它们之间的误差就是模型误差。

2）观测误差。实验或观测得到的数据与实际数据之间的误差称为观测误差或数据误差。数学模型中通常包含一些由观测（实验）得到的数据，例如用 $s(t) = \frac{1}{2}gt^2$ 来描述初始速度为0的自由落体下落时距离和时间的关系，其中重力加速度 $g \approx 9.8\mathrm{m/s^2}$ 是由实验得到的，它和实际重力加速度之间是有出入的，其间的误差就是观测误差。

3）截断误差。数学模型的精确解与数值方法得到的数值解之间的误差称为方法误差或截断误差。例如，由泰勒公式得：

$$e^x = 1 + x + \frac{x^2}{2!} + \cdots + \frac{x^n}{n!} + R_n(x) \tag{3.1}$$

用 $p_n(x) = 1 + x + \frac{x^2}{2!} + \cdots + \frac{x^n}{n!}$ 近似代替 e^x，这时的截断误差为：$R_n(x) = \frac{e^\xi}{(n+1)!} x^{n+1}$，　ξ 介于 0 与 x 之间。

4）舍入误差。对数据进行四舍五入后产生的误差称为舍入误差。

（2）根据误差性质的不同，可分为系统误差和偶然误差两类：

1）系统误差。在相同的观测条件下，做一系列的观测，其误差常保持同一性质、同一符号，或者随着观测条件的不同，其误差遵循着一定的规律变化，凡具有这种性质的误差称为系统误差。例如用视准轴不平行于水准仪进行高程测量，则标尺读数的误差就与水准仪至标尺的距离成正比，也保持同一符号。

这种误差是由于仪器构造不完善或检验校正不严格而产生的，这种误差的变化具有规律性。因此，采用一定的观测方法或计算改正的方法就可以把它消除。例如，水准测量时，使前后视距离相等，就可以消除视准轴不平行于水准轴所引起的标尺读数误差对高差的影响；经纬仪测角采取正、倒镜观测，就可以消除视准轴不垂直于水平轴所产生的误差对水平角的影响；又如，用长度不合格的钢尺去测量距离所产生的误差，就可用钢尺检定的改正数经过计算加以消除。

外界的自然条件和观测者的某种习惯影响，也是产生系统误差的重要因素。例如，空气温度变化使钢尺的长度发生变化，大气折光对水准测量产生折光差；又如，观测者照准目标时，习惯把望远镜十字丝交点对在目标中央之右侧或左侧而产生误差等均属系统误差。

自然条件对观测的影响，其规律不容易掌握，人的习惯影响一般不容易发现。因此，除采取一定的观测方法和计算方法以消除或减少其影响外，在观测时应注意自然条件的变化，尽量使系统误差减少至最小。

2）偶然误差。如果观测误差在大小（绝对值）和符号（正负）上，都表示不出它们的一致性，也不能按观测顺序得出一定的规律，这种性质的误差称为偶然误差。偶然误差产生的原因有很多，例如在量距工作中，在尺上估读毫米数时，比准确数可能读得大一些，也可能读得小一些；又如，用经纬仪瞄准目标时，虽用十字丝很仔细地对准了目标，但由于眼睛的分辨能力以及望远镜放大倍率等的限制，瞄得可能偏左了一些，也可能偏右了一些，这些都是偶然误差。

由于客观世界在不断地变化，偶然误差产生的原因很复杂，找不到一个完全消除它的方法，故在一切观测值中，都不可避免地含有偶然误差。但是，当我们去观测时，有可能使其对观测结果的影响减少到很小。用最小二乘法原理研究观测误差的基本性质，消除观测结果与理论要求的矛盾，求得最可靠的结果，这个过程称为平差计算。

在平差计算时，其所用的观测结果绝不允许存在错误，一般也不含有系统误差。因为事先以做过详尽的检查校核和消除工作。但是，有些系统误差的来源，我们无法事先知道。因此，在所得的观测结果中，实际上除含有偶然误差外，同时含有较小的不易发现的系统误差。如果某一组观测成果，其误差的数值及符号均有一定的规律，则这组观测所包含的主要误差就是偶然误差。观测者的任务，就是在观测过程中，尽可能地消除系统误差对观测成果的影响，或者减少到比偶然误差的影响小得多。因此，在判断观测结果质量的好坏时，一般均指该观测结果含有偶然误差的大小，在平差计算中所指的误差也是指偶然误差。

3.2 偶然误差的性质

在相同的观测条件下，只进行少量次数的观测，则偶然误差的出现，看不出遵循什么必然的规律。但通过大量的观测就可以发现偶然误差的出现，具有一定的统计规律性。观测的次数越多，这种规律性表现就越明显。根据统计学的方法获得的偶然误差的性质分述如下。

（1）在一定的观测条件下，偶然误差的绝对值不会超过一定的限值。

（2）绝对值相等的正误差与负误差出现的机会相等。

（3）绝对值小的误差比绝对值大的误差出现的机会多，趋近于零的误差出现的机会最多。

（4）偶然误差的算术平均值，随着观测次数的增加而趋近于零。

上述第一种性质说明在一定的观测条件下，偶然误差有一定的范围；第二种性质、第三种性质说明误差的规律性；第四种性质说明误差的抵偿性。下面以一列误差为例来说明上述偶然误差的几个性质。这列误差共 40 个，照观测的次序如表 3.1 所示。

表 3.1　　　　　　　　　　　　　　　某次观测数据记录表

观测顺序	真误差	观测顺序	真误差	观测顺序	真误差	观测顺序	真误差
1	0.15	11	−1.30	21	−0.15	31	−0.58
2	−0.02	12	−1.56	22	−0.50	32	0.95
3	−1.15	13	0.50	23	0.02	33	−1.55
4	066	14	−0.50	24	−0.25	34	1.12
5	118	15	0.82	25	−0.72	35	−0.66
6	067	16	1.29	26	−1.28	36	0.25
7	−0.28	17	0.15	27	1.45	37	0.65
8	−0.17	18	−0.91	28	−0.05	38	−0.22
9	−0.52	19	0.71	29	−2.42	39	1.65
10	−0.83	20	1.27	30	0.98	40	0.17

现在，来观察上列按观测顺序排列的误差，在其大小和符号上都没有任何的规律性，这说明这列误差是偶然误差。为了便于说明偶然误差的性质，将上列误差按绝对值大小排列，如表 3.2 所示。

表 3.2　　　　　　　　　　　　　　　观测误差排序处理表

观测顺序	真误差	观测顺序	真误差	观测顺序	真误差	观测顺序	真误差
23	0.02	24	-0.25	4	0.66	3	-1.15
2	-0.02	7	-0.28	6	0.67	5	1.18
28	-0.05	22	-0.50	19	0.71	20	1.27
1	0.15	13	0.50	25	-0.72	26	-1.28
21	-0.15	14	-0.50	15	0.82	16	1.29
17	0.15	9	-0.52	10	-0.83	11	-1.30
8	-0.17	12	-0.56	18	-0.91	27	1.45
40	0.17	31	-0.58	32	0.95	33	-1.55
38	-0.22	37	0.65	30	0.98	39	1.65
36	0.25	35	-0.66	34	1.12	29	-2.42

　　不难发现：①这列误差中最大的误差为-2.42（按绝对值）；②绝对值不超过 1 的误差个数，40 个中占 29 个；而绝对值在 1～2.42 之间的，40 个中只占 11 个，这说明绝对值小的误差比绝对值大的误差出现的个数要多；③正误差 19 个，负误差 21 个，同时正误差的总和为 14.64，很接近于负误差的总和-14.62，这就是说，绝对值相同的正、负误差出现的个数近于相等；④该列误差的算术平均值 $0.0214 \div 40 = 0.0005$，几乎等于零。

　　根据偶然误差的性质，建立了误差理论和处理这些误差的原理和方法。

3.3　误差的数学基本概念

1. 绝对误差和绝对误差限、相对误差和相对误差限

定义 1　设 x^* 为准确值，x 是 x^* 的近似值，则称：

$$e = x^* - x \tag{3.2}$$

为近似值 x 的绝对误差，简称误差。

　　显然误差 e 既可为正，也可为负。一般来说，准确值 x^* 是不知道的。因此，误差 e 的准确值无法求出。不过在实际工作中，可根据相关领域的知识、经验及测量工具的精度，事先估计出误差绝对值不超过某个正数 ε，即：

$$|e| = |x^* - x| \leqslant \varepsilon \tag{3.3}$$

则称 ε 为近似值 x 的绝对误差限，简称误差限或精度。

　　由式（3.2）得：

$$x - \varepsilon \leqslant x^* \leqslant x + \varepsilon$$

这表示准确值 x^* 在区间 $[x - \varepsilon, x + \varepsilon]$ 内，有时将准确值 x^* 写成：

$$x^* = x \pm \varepsilon$$

　　例如，用卡尺测量一个圆杆的直径为 $x = 350\mathrm{mm}$，它是圆杆直径的近似值，由卡尺的精度可知，这个近似值的误差不会超过 0.5mm，则有：

$$|x^* - x| = |350 - x| \leqslant 0.5\,(\mathrm{mm})$$

于是该圆杆的直径为：

$$x^* = 350 \pm 0.5 \quad (\text{mm})$$

用 $x^* = x \pm \varepsilon$ 表示准确值可以反映它的准确程度，但不能说明近似值的好坏。例如，测量一根 10cm 长的圆钢时发生了 0.5cm 的误差，和测量一根 10m 长的圆钢时发生了 0.5cm 的误差，其绝对误差都是 0.5cm。但是，后者的测量结果显然比前者要准确得多。这说明决定一个量的近似值的好坏，除了要考虑绝对误差的大小，还要考虑准确值本身的大小，这就需要引入相对误差的概念。

定义 2 设 x^* 为准确值，x 是 x^* 的近似值，则称：

$$e_r = \frac{e}{x^*} = \frac{x^* - x}{x^*} \tag{3.4}$$

为近似值 x 的相对误差。

在实际计算中，由于准确值 x^* 总是未知的，因此有：

$$e_r = \frac{e}{x} = \frac{x^* - x}{x} \tag{3.5}$$

称为近似值 x 的相对误差。

在上面的例子中，前者的相对误差是 $0.5/10 = 0.05$，而后者的相对误差是 $0.5/1000 = 0.0005$。一般来说，相对误差越小，表明近似程度越好。与绝对误差一样，近似值 x 的相对误差的准确值也无法求出。仿绝对误差限，称相对误差绝对值的上界 ε_r 为近似值 x 的相对误差限，即：

$$|e_r| = \left| \frac{x^* - x}{x} \right| \leqslant \varepsilon_r \tag{3.6}$$

注：绝对误差和绝对误差限有量纲，而相对误差和相对误差限没有量纲，通常用百分数来表示。

2. 有效数字、有效数字与相对误差限的联系

用 $x \pm \varepsilon$ 表示一个近似值，这在实际计算中很不方便。当在实际运算中遇到的数的位数很多时，如 π，e 等，常常采用四舍五入的原则得到近似值，为此引进有效数字的概念。

定义 3 设 x 是 x^* 的近似值，如果 x 的误差限是它的某一位的 1/2 个单位，那么称 x 准确到这一位，并且从这一位起直到左边第一个非零数字为止的所有数字称为 x 的有效数字。具体来说，就是先将 x 写成规范化形式，即：

$$x = \pm 0.a_1 a_2 \cdots a_n \times 10^m \tag{3.7}$$

其中 a_1，a_2，$\cdots$，a_n 是 $0\sim9$ 之间的自然数，$a_1 \neq 0$，m 为整数。如果 x 的误差限为：

$$|x^* - x| \leqslant \frac{1}{2} \times 10^{m-l}, \ 1 \leqslant l \leqslant n \tag{3.8}$$

那么称近似值 x 具有 l 位有效数字。

3.4 避免误差危害的若干原则

在用计算机实现算法时，我们输入计算机的数据一般是有误差的（如观测误差等），

计算机运算过程的每一步又会产生舍入误差，由十进制转化为机器数也会产生舍入误差，这些误差在迭代过程中还会逐步传播和积累。因此，必须研究这些误差对计算结果的影响。但一个实际问题往往需要亿万次以上的计算，且每一步都可能产生误差，因此我们不可能对每一步误差进行分析和研究，只能根据具体问题的特点进行研究，提出相应的误差估计。特别地，如果在构造算法的过程中注意了以下一些原则，那么将有效地减少和避免误差的危害，控制误差的传播和积累。

1. 要避免两个相近的数相减

在数值计算中两个相近的数相减会造成有效数字的严重损失，从而导致误差增大，影响计算结果的精度。

【例 3.1】 当 $x = 10003$ 时，计算 $\sqrt{x+1} - \sqrt{x}$ 的近似值。

解：若使用 6 位十进制浮点运算，运算时取 6 位有效数字，结果有：

$$\sqrt{x+1} - \sqrt{x} = 100.020 - 100.015 = 0.005$$

只有一位有效数字，损失了 5 位有效数字，使得绝对误差和相对误差都变得很大，影响计算结果的精度。若改用：

$$\sqrt{x+1} - \sqrt{x} = \frac{1}{\sqrt{x+1} + \sqrt{x}} = \frac{1}{100.020 + 100.015} = 0.00499913$$

则其结果有 6 位有效数字，与精确值 0.00499912523117984… 非常接近。

再如，$x_1 = 1.99999$，$x_2 = 1.99998$，求 $\lg x_1 - \lg x_2$。若使用 6 位十进制浮点运算，运算时取 6 位有效数字，则 $\lg x_1 - \lg x_2 \approx 0.301028 - 0.301026 = 0.000002$ 只有一位有效数字，损失了 5 位有效数字。若改用 $\lg x_1 - \lg x_2 = \lg \dfrac{x_1}{x_2} \approx 2.17149 \times 10^{-6}$，则其结果有 6 位有效数字，与精确值 $2.171488695634… \times 10^{-6}$ 非常接近。

2. 要防止重要的小数被大数"吃掉"

在数值计算中，参加运算的数的数量级有时相差很大，而计算机的字长又是有限的。因此，如果不注意运算次序，那么就可能出现小数被大数"吃掉"的现象。这种现象在有些情况下是允许的，但在有些情况下，这些小数很重要，若它们被"吃掉"，就会造成计算结果的失真，影响计算结果的可靠性。

【例 3.2】 求二次方程 $x^2 - (10^9 + 1)x + 10^9 = 0$ 的根。

解：用因式分解易得方程的两个根为 $x_1 = 10^9$，$x_2 = 1$。但用求根公式，则有：

$$x_{1,2} = \frac{-b \pm \sqrt{b^2 - 4ac}}{2a}$$

编制程序，如果在只能将数表示到小数后 8 位的计算机上运算，那么首先要对阶，有：

$$-b = 10^9 + 1 = 0.1000000 \times 10^{10} + 0.0000000001 \times 10^{10}$$

而计算机上只能达到 8 位，故计算机上 $0.0000000001 \times 10^{10}$ 不起作用，即视为 0，于是有：

$$-b = 0.1000000 \times 10^{10} = 10^9$$

类似地有 $\sqrt{b^2 - 4ac} = |b| = 10^9$，故所得两个根为 $x_1 = 10^9$，$x_2 = 0$。x_2 严重失真的原因是

大数吃掉小数的结果。

如果把 x_2 的计算公式写成 $x_2 = \dfrac{-b - \sqrt{b^2 - 4ac}}{2a} = \dfrac{2c}{-b + \sqrt{b^2 - 4ac}}$，则有：

$$x_2 = \frac{2 \times 10^9}{10^9 + 10^9} = 1$$

注：需要说明的是大数吃小数在有些情况下是允许的，但在有些情况下却会造成失真。再如，已知 $x = 3 \times 10^{12}$，$y = 7$，$z = -3 \times 10^{12}$，求 $x + y + z$。如果按 $x + y + z$ 的次序来编程序，x "吃掉" y，而 x 与 z 互相抵消，其结果为零。若按 $(x + z) + y$ 的次序来编程序，其结果为 7。由此可见，如果事先大致估计一下计算方案中各数的数量级，编制程序时加以合理的安排，那么重要的小数就可以避免被 "吃掉"。此例还说明，用计算机作加减运算时，交换律和结合律往往不成立，不同的运算次序会得到不同的运算结果。

3. 在要避免出现除数的绝对值远远小于被除数绝对值的情形

在用计算机实现算法的过程中，如果用绝对值很小的数作除数，往往会使舍入误差增大。即在计算 $\dfrac{y}{x}$ 时，若 $0 < |x| \ll |y|$，则可能产生较大的舍入误差，对计算结果带来严重影响，应尽量避免。

【例 3.3】　在 4 位浮点十进制数下，用消去法解线性方程组，即：

$$\begin{cases} 0.00003x_1 - 3x_2 = 0.6 \\ x_1 + 2x_2 = 1 \end{cases}$$

解： 仿计算机实际计算，将上述方程组写成：

$$\begin{cases} 0.3000 \times 10^{-4} x_1 - 0.3000 \times 10^1 x_2 = 0.6000 \times 10^0 \quad\quad (1) \\ 0.1000 \times 10^1 x_1 + 0.2000 \times 10^1 x_2 = 0.1000 \times 10^1 \quad\quad (2) \end{cases}$$

$(1) \div (0.3000 \times 10^{-4}) - (2)$（注意：在第一步运算中出现了用很小的数作除数的情形，相应地在第二步运算中出现了大数 "吃掉" 小数的情形），得：

$$\begin{cases} 0.3000 \times 10^{-4} x_1 - 0.3000 \times 10^1 x_2 = 0.6000 \times 10^0 \\ -0.1000 \times 10^6 x_2 = 0.2000 \times 10^5 \end{cases}$$

解得：

$$x_1 = 0, \ x_2 = -0.2$$

而原方程组的准确解为 $x_1 = 1.399972\cdots$，$x_2 = -0.199986\cdots$，显然上述结果严重失真。

如果反过来，用第二个方程消去第一个方程中含 x_1 的项，那么就可以避免很小的数作除数的情形。即：

$(2) \times (0.3000 \times 10^{-4}) - (1)$，得：

$$\begin{cases} -0.3000 \times 10^1 x_2 = 0.6000 \times 10^0 \\ 0.1000 \times 10^1 x_1 + 0.2000 \times 10^1 x_2 = 0.1000 \times 10^1 \end{cases}$$

解得：

$$x_1 = 1.4, \ x_2 = -0.2$$

这是一组相当好的近似解。

4. 简化计算步骤

同样一个问题，如果能减少运算次数，那么不但可以节省计算机的计算复杂性，而且还能减少舍入误差。因此，在构造算法时，合理地简化计算公式是一个非常重要的原则。

【例 3.4】 已知 x，计算多项式 $p_n(x) = a_0 + a_1 x + \cdots + a_{n-1} x^{n-1} + a_n x^n$ 的值。

解： 若直接计算，即先计算 $a_k x^k$，$k = 1, 2, \cdots, n$，然后逐项相加，则一共需要做

$$1 + 2 + \cdots + (n-1) + n = \frac{n(n+1)}{2}$$

次乘法和 n 次加法。

若对 $p_n(x)$ 采用秦九韶算法，则有：

$$\begin{cases} s_n = a_n \\ s_k = a_k + x s_{k+1}, \ k = n-1, n-2, \cdots, 2, 1, 0 \\ p_n(x) = s_0 \end{cases} \tag{3.9}$$

则只要 n 次乘法和 n 次加法，就可得到 $p_n(x)$ 的值。且秦九韶算法的计算过程简单、规律性强、适于编程，所占内存也比前一种方法要小。此外，由于减少了计算步骤，相应地也减少了舍入误差及其积累传播。此例说明合理地简化计算公式在数值计算中是非常重要的。

5. 注意算法的数值稳定性

为了避免误差在运算过程中的累积增大，在构造算法时，还要考虑算法的稳定性。首先介绍数值稳定性的概念。

定义 4 一个算法如果输入数据有误差，而在计算过程中舍入误差不增长，那么称此算法是数值稳定的，否则称此算法为数值不稳定的。

下面的例子说明了算法稳定性的重要性。

【例 3.5】 当 $n = 0, 1, 2, \cdots, 11$ 时，计算积分 $I_n = \int_0^1 \frac{x^n}{x+9} \mathrm{d}x$ 的近似值。

解： 由

$$I_n + 9 I_{n-1} = \int_0^1 \frac{x^n + 9 x^{n-1}}{x+9} \mathrm{d}x = \int_0^1 x^{n-1} \mathrm{d}x = \frac{1}{n}$$

得递推关系为：

$$I_n = \frac{1}{n} - 9 \times I_{n-1} \tag{3.10}$$

因为 $I_0 = \int_0^1 \frac{1}{x+9} \mathrm{d}x = \ln 10 - \ln 9 \approx 0.105361 = \bar{I}_0$，利用递推关系式（3.10）得：

$$\begin{cases} \bar{I}_0 = 0.105361 \\ \bar{I}_n = \frac{1}{n} - 9 \times \bar{I}_{n-1}, \ n = 1, 2, \cdots, 11 \end{cases} \tag{3.11}$$

由式（3.11）得，$\bar{I}_1=0.051751$，$\bar{I}_2=0.034241$，$\bar{I}_3=0.025164$，$\bar{I}_4=0.023521$，$\bar{I}_5=-0.011689$，…。由 I_n 的表达式可知，对所有正整数 n，$I_n>0$，而上面得出的 $\bar{I}_5=-0.011689<0$ 显然是错误的。下面分析产生错误的原因，设初始误差为 ε_0，则 $\varepsilon_0=I_0-\bar{I}_0=-4.84342\times10^{-7}$，这时有：

$$\varepsilon_1=I_1-\bar{I}_1=\left(\frac{1}{2}-9\times I_0\right)-\left(\frac{1}{2}-9\times\bar{I}_0\right)=-9\times\varepsilon_0=4.35908\times10^{-6}$$

$$\varepsilon_2=I_2-\bar{I}_2=\left(\frac{1}{2}-9\times I_1\right)-\left(\frac{1}{2}-9\times\bar{I}_1\right)=-9\times\varepsilon_1=(-1)^2\times9^2\varepsilon_0^2-3.92317\times10^{-5}$$

$$\varepsilon_3=I_3-\bar{I}_3=\left(\frac{1}{2}-9\times I_2\right)-\left(\frac{1}{2}-9\times\bar{I}_2\right)=-9\times\varepsilon_2=(-1)^3\times9^3\varepsilon_0^3$$
$$=3.53085\times10^{-4}$$

$$\varepsilon_4=I_4-\bar{I}_4=\left(\frac{1}{2}-9\times I_3\right)-\left(\frac{1}{2}-9\times\bar{I}_3\right)=-9\times\varepsilon_3=(-1)^4\times9^4\varepsilon_0^4$$
$$=-3.17777\times10^{-3}$$

$$\varepsilon_5=I_5-\bar{I}_5=\left(\frac{1}{2}-9\times I_4\right)-\left(\frac{1}{2}-9\times\bar{I}_4\right)=-9\times\varepsilon_4=(-1)^5\times9^5\varepsilon_0^5=0.028600$$

而 I_5 的准确值是 $0.01691092101\cdots$，显然误差的传播和积累淹没了问题的真解。可知虽然初始误差 ε_0 很小，但是上述算法误差的传播是逐步扩大的，也就是说，它是不稳定的。因此，计算结果不可靠。

换一种算法，由式（3.10）得：

$$I_{n-1}=\frac{1}{9}\times\left(\frac{1}{n}-I_n\right) \tag{3.12}$$

首先估计初值 I_{12} 的近似值。因为有：

$$\frac{1}{10(n+1)}=\frac{1}{10}\int_0^1 x^n\mathrm{d}x\leqslant I_n\leqslant\frac{1}{9}\int_0^1 x^n\mathrm{d}x=\frac{1}{9(n+1)}$$

故 $\frac{1}{130}\leqslant I_{12}\leqslant\frac{1}{117}$，因为 $\frac{1}{2}\times\left(\frac{1}{130}+\frac{1}{117}\right)\approx0.008120$，故可取 $\bar{I}_{12}=0.008120$。

建立递推关系为：

$$\begin{cases}\bar{I}_{12}=0.008120\\\bar{I}_{n-1}=\frac{1}{9}\times\left(\frac{1}{n}-\bar{I}_n\right),\ n=12,\ 11,\ \cdots,\ 2,\ 1\end{cases} \tag{3.13}$$

计算结果如表 3.3 所示。

从表 3.3 中的数据可以看出，用第二种算法得出的结果精度很高。这是因为，虽然初始数据 $\bar{I}_{12}=0.008120$ 有误差，但是这种误差在计算过程的每一步都是逐步缩小的，即此算法是稳定的。这个例子告诉大家，用数值方法在解决实际问题时一定要选择数值稳定的算法。

表 3.3　　　　　　　　　　　　　　　计算结果表

n	I_n（准确值）	$\bar{I}_n$	n	I_n（准确值）	$\bar{I}_n$
0	0.105361	0.105361	6	0.014468	0.014468
1	0.051755	0.051755	7	0.012642	0.012642
2	0.034202	0.034202	8	0.011224	0.011224
3	0.025517	0.025517	9	0.010093	0.010092
4	0.020343	0.020343	10	0.009168	0.009172
5	0.016911	0.016911	11	0.008401	0.008357

3.5　最小二乘法原理

3.5.1　算术平均值原理

设 l_1、l_2、$\cdots$、l_n 为某一个量的几个等精度观测值，该量的真值为 X，该量的真值与观测值之差，称为该观测值的真误差，用数学式子表示为：

$$\left. \begin{array}{l} \Delta_1 = X - l_1 \\ \Delta_2 = X - l_2 \\ \quad\vdots \\ \Delta_n = X - l_n \end{array} \right\} \tag{3.14}$$

等式两边相加，则有：

$\Delta_1 + \Delta_2 + \cdots + \Delta_n = nX - (l_1 + l_2 + \cdots + l_n)$ 或 $[\Delta] = nX - (l)$，（其中的符号 $[\ ]$，表示总和的意义），将上式两边各除以观测值的个数 n，得：

$$\frac{[\Delta]}{n} = X - \frac{[l]}{n} \quad \delta = \bar{X} - x \tag{3.15}$$

设 $\dfrac{[l]}{n} = x$；　　$\dfrac{[\Delta]}{n} = \delta$

$$X = x + \delta \tag{3.16}$$

式中　x ——该量是根据几个观测值求出的算术平均值；

$\quad\quad$ δ —— n 个观测值真误差的算术平均值。

根据偶然误差的定义 4，从式（3.16）可知，当 $n \to \infty$ 时，$\delta \to 0$，则 $x \to X$。也就是说，如果对某一量测了无穷多次，则根据此无穷多次的观测值求出的算术平均值就可以认为是某一量的真值。很显然，这个真值就不受偶然误差的影响。

但是，对某一量进行无穷多次的观测，在实际上是不可能的，故真值也不能获得。在实际作业中，对任一量的观测次数是有限的，根据这有限个观测值求出其量的算术平均值 x，与其真值 X 只差一个 δ，然而 δ 很小，故算术平均值 x 很接近于真值 X，是该量最可靠的值，故算术平均值又称为最或是值，而 δ 又称为最或是值的真误差。因此，在实际作业中，对同一量做了 n 次等精度观测，求出该量最或是值（即算术平均值）的公式为：

$$x = \frac{[l]}{n} \tag{3.17}$$

最或是值与观测值之差称为观测值的改正数，其表达式为：

$$\nu_i = x - l_i, \quad i = 1, 2, \cdots, n \tag{3.18}$$

上面讨论到的算术平均值（最或是值）其实是最可靠值的问题。但是，还必须注意，所谓最可靠值，其可靠程度不是绝对的。例如，我们对同一量做了两组观测，第一组观测的次数较第二组多，如按算术平均值公式分别求出其最或是值，则显而易见，这两个最或是值的准确程度是不一样的，前者要比后者可靠。

【例 3.6】 用视准线法观测了某坝段的活动觇标，共观测了 10 次，其结果如下：（等精度观测，以 mm 为单位）82.30；82.90；83.20；81.80；82.50；82.70；82.60；83.10；81.90；83.00。

解： 这里所谓的等精度观测，是指在同一类型的仪器、同样的观测方法、同样的观测次数、同样的自然条件下进行观测。依据 10 个观测值，求出该观测值的最可靠值，则必须按算术平均值公式求得：

$$x = \frac{82.30 + 82.90 + 83.20 + 81.80 + 82.50 + 82.70 + 81.90 + 82.60 + 83.10 + 83.00}{10}$$

$$= \frac{826.00}{10} = 82.60 \ (\text{mm})$$

3.5.2 最小二乘法原理

在两个观测量中，往往总有一个量的精度比另一个量的精度高得多。为简单起见，把精度较高的观测量看作没有误差，并把这个观测量选作 x，而把所有的误差只认为是 y 的误差。设 x 和 y 的函数关系由理论公式给出，即：

$$y = f(x; c_1, c_2, \cdots, c_m) \tag{3.19}$$

式中　$c_1, c_2, \cdots, c_m$——m 个要通过实验确定的参数。

对于每组观测数据 (x_i, y_i) $i = 1, 2, \cdots, N$，都对应于 xy 平面上一个点，若不存在测量误差，则这些数据点都准确落在理论曲线上。只要选取 m 组测量值代入式（3.19），便得到方程组，即：

$$y_i = f(x; c_1, c_2, \cdots, c_m) \tag{3.20}$$

式中 $i = 1, 2, \cdots, m$。

求 m 个方程的联立解即得 m 个参数的数值。显然 $N < m$ 时，参数不能确定。

在 $N > m$ 的情况下，式（3.20）成为矛盾方程组，不能直接用解方程的方法求得 m 个参数值，只能用曲线拟合的方法来处理。设测量中不存在着系统误差，或者说已经修正，则 y 的观测值 y_i 围绕着期望值 $\langle f(x; c_1, c_2, \cdots, c_m) \rangle$ 摆动，其分布为正态分布，则 y_i 的概率密度为：

$$p(y_i) = \frac{1}{\sqrt{2\pi}\sigma_i} \exp\left\{ -\frac{[y_i - \langle f(x_i; c_1, c_2, \cdots, c_m) \rangle]^2}{2\sigma_i^2} \right\}$$

式中　σ_i——分布的标准误差。

为简便起见，下面用 C 代表 $(c_1, c_2, \cdots, c_m)$。考虑各次测量是相互独立的，故观测值（y_1，y_2，$\cdots$，c_N）的似然函数为：

$$L = \frac{1}{(\sqrt{2\pi})^N \sigma_1 \sigma_2 \cdots \sigma_N} \exp\left\{-\frac{1}{2}\sum_{i=1}^{N} \frac{[y_i - f(x; C)]^2}{\sigma_i^2}\right\}$$

取似然函数 L 最大来估计参数 C，应使

$$\sum_{i=1}^{N} \frac{1}{\sigma_i^2}\left[y_i - f(x_i; C)\right]^2 \mid = \min \tag{3.21}$$

取最小值：对于 y 的分布不限于正态分布来说，式（3.21）称为最小二乘法准则。若为正态分布的情况，则最大似然法与最小二乘法是一致的。因权重因子 $\omega_i = 1/\sigma_i^2$，故式（3.21）表明，用最小二乘法来估计参数，要求各测量值 y_i 的偏差的加权平方和为最小。

根据式（3.21）的要求，应有：

$$\frac{\partial}{\partial c_k}\sum_{i=1}^{N} \frac{1}{\sigma_i^2}\left[y_i - f(x_i; C)\right]^2 \mid_{c=\hat{c}} = 0, \quad k = 1, 2, \cdots, m$$

从而得到方程组，即：

$$\sum_{i=1}^{N} \frac{1}{\sigma_i^2}\left[y_i - f(x_i; C)\right]\frac{\partial f(x; C)}{\partial C_k}\mid_{c=\hat{c}} = 0, \quad k = 1, 2, \cdots, m \tag{3.22}$$

解方程组（3.22），即得 m 个参数的估计值 $\hat{c}_1$，$\hat{c}_2$，$\cdots$，$\hat{c}_m$，从而得到拟合的曲线方程 $f(x; \hat{c}_1, \hat{c}_2, \cdots, \hat{c}_m)$。

然而，对拟合的结果还应给予合理的评价。若 y_i 服从正态分布，可引入拟合的 x^2 量，即：

$$x^2 = \sum_{i=1}^{N} \frac{1}{\sigma_i^2}\left[y_i - f(x_i; C)\right]^2 \tag{3.23}$$

把参数估计 $\hat{c} = (\hat{c}_1, \hat{c}_2, \cdots, \hat{c}_m)$ 代入式（3.23），并比较式（3.21），便可得到最小的 x^2 值，即：

$$x_{\min}^2 = \sum_{i=1}^{N} \frac{1}{\sigma_i^2}\left[y_i - f(x_i; \hat{c})\right]^2 \tag{3.24}$$

可以证明，$x_{\min}^2$ 服从自由度 $v = N - m$ 的 x^2 分布，由此可对拟合结果作 x^2 的检验。

由 x^2 分布得知，随机变量 $x_{\min}^2$ 的期望值为 $N - m$。如果由式（3.24）计算出 $x_{\min}^2$ 接近 $N - m$（例如，$x_{\min}^2 \leqslant N - m$），则认为拟合结果是可接受的；如果 $\sqrt{x_{\min}^2} - \sqrt{N - m} > 2$，则认为拟合结果与观测值有显著的矛盾。根据上述［例 3.6］的相关数据制成如表 3.4 所示，计算处理如表 3.5 所示。

表 3.4　　　　　　　　　　［例 3.6］中相关数据汇总表

列　　　　行	1	2	3	4	5	6	7
	L/mm	V/mm	V^2	V'/mm	V'^2	V''	V''^2
1	82.30	+0.30	0.09	+0.20	0.04	+0.50	0.25
2	82.90	−0.30	0.09	−0.40	0.16	−0.10	0.01
3	83.20	−0.60	0.36	−0.70	0.49	−0.40	0.16
4	81.80	+0.80	0.64	+0.70	0.49	+1.00	1.00

行 列	1	2	3	4	5	6	7
	L/mm	V/mm	V^2	V'/mm	V'^2	V''	V''^2
5	82.50	+0.10	0.01	0	0	+0.30	0.09
6	82.70	−0.10	0.01	−0.20	0.04	+0.10	0.01
7	82.60	0	0	−0.10	0.01	+0.20	0.04
8	83.10	−0.50	0.25	−0.60	0.36	0.03	0.09
9	81.90	+0.70	0.49	+0.60	0.36	+0.90	0.81
10	83.00	−0.40	0.16	−0.30	0.25	−0.20	0.04

表 3.5　　　　　　　　　　　　　　［例 3.6］中数据处理表

1	2	3	4	5	6	7
观测值平均值 L/mm	观测值与平均值之差求和	观测值与平均值之差的方差	平均值与 82.50 之差求和	平均值与 82.50 之差方差之和	平均值与 82.80 之差方差之和	平均值与 82.80 之差方差之和
82.60	0	2.10	−1.00	2.20	2.00	2.50

表 3.5 中第 1 列是各观测值，最下面是求出的算术平均值；第 2 列是算术平均值与各观测值之差，即观测值的改正数，最下面为各改正数的代数和；第 3 列为第 2 列改正数的平方，最下面为改正数的平方和，第 2 列和第 3 列之和用式子表示则为：

$$[V] = 1.90 - 1.90 = 0, \quad [VV] = 2.10$$

表 3.5 中第 4 列为一个不等于算术平均值而略小的值 82.50 与各观测值之差，其最下面为各差的代数和；第 5 列为第 4 列各差的平方，最下面为平方和。第 4 列和第 5 列之和用式子表示为：

$$[V'] = 1.50 - 2.50 = 1.0, \quad [V'V'] = 2.20$$

表 3.5 中第 6 列为一个比算术平均值略大的值 82.80 与各观测值之差，其最下面为各差的代数和；第 7 列为第 6 列各差的平方，其最下面为平方和。用式子表示为：

$$[V'] = 3.00 - 1.00 = 2.00, \quad [V''V''] = 2.50$$

从上面的 3 个式子中，可以得到如下的事实，即：

$$[V] = 0, \ [V'] \neq 0, \ [V''] \neq 0, \ [VV] < [V'V'], \ [VV] < [V''V'']$$

这就说明了由算术平均值求得的观测值改正数的代数和为零，不是由算术平均值求得的观测值改正数的代数和不为零；同时，算术平均值求得的观测值改正数的平方和小于不是由算术平均值求得的观测值改正数的平方和。根据上述事实可获得的重要结论为：由算术平均值求得的改正数，其代数和恒为零，改正数的平方和为最小。

上面所研究的事实，在本质上是非常简单的。然而，它却是测量平差的理论基础，由这些事实说明了下列两个基本课题，即：

（1）根据一组等精度观测值的最或是值（算术平均值）求得的观测值的改正数，其平方和必定等于最小，即 $[VV] = $ 最小。

（2）反之，在 $[VV]$ 为最小的条件下，根据一组观测值用数学方法可求出一个数值，这个数值就是最或是值（算术平均值）。

这两个课题被人们称为最小二乘法原理，测量平差就是根据这原理去求出最或是值（算术平均值）的。

3.6 衡量观测精度的标准

在同样的观测条件下，对未知量进行了多次观测，由于存在着不可避免的偶然误差，观测结果往往是不一致的。为了说明观测结果的精确程度，必须规定一个衡量观测结果精度的统一标准。通常采用的就是中误差（亦称为均方误差）。

3.6.1 中误差

设对同一个量 X 进行多次观测的结果是 l_1，l_2，$\cdots$，l_n，每个观测结果相应的真误差为 Δ_1，Δ_2，$\cdots$，Δ_n，取各个真误差中方和的平均数，再开方作为衡量的标准，即：

$$m = \pm\sqrt{\frac{[\Delta\Delta]}{n}} \tag{3.25}$$

m 称为中误差，它表示在同样的观测条件下，一次观测值的精确程度。

【例 3.7】 设一列等精度观测的真误差为 $4''$、$-2''$、0、$-4''$、$3''$，求中误差。

解： 根据式（3.25）计算出该观测值的中误差为：

$$m = \pm\sqrt{\frac{16 + 4 + 0 + 16 + 9}{5}} = \pm 3'' \tag{3.26}$$

这里就产生这样一个问题，既然已知每一观测值的真误差，为什么还要去计算一次观测值的中误差呢？从中误差的定义可清楚地得出，中误差与真误差之间的关系，中误差并不等于每个观测值的真误差，它仅是一组真误差的代表，用它来说明这一观测值的精度。很显然，当一组观测值的真误差越大，中误差也就越大，精度就越低。如果对同一量进行两组观测，它们的中误差相同，表示两组观测的精度也相同。

中误差是衡量观测精度的最基本的标准，却不是唯一的标准。为了适应不同的用途和需要，下面还将介绍两种衡量观测精度的标准，无疑这两种标准都是以中误差这一基本标准为基础的。

3.6.2 相对误差

中误差的绝对值与相应观测量的比值，称为相对误差。相对误差为无名数，通常以分子为1的分数式来表示。从这一意义上来对比，中误差是一种绝对误差，它带有测量单位的个数。

对于衡量精度来说，有时单靠中误差还不能完全表达观测结果的好坏。用相对误差来表示，在某些情况下，比用中误差来表示观测精度更为妥当。

【例 3.8】 设丈量两条导线，一条长 400m，中误差为 ±0.02m，另一条长 100m，中误差亦为 ±0.02m。试比这两条导线的精度。

解： 此两条导线，从中误差的绝对值来看，似乎精度是相等的，但由于两条导线的长度不相同，故相对误差也不同，其值各为：

$$f_1 = \frac{0.02\text{m}}{400\text{m}} = \frac{1}{20000}, \quad f_2 = \frac{0.02\text{m}}{100\text{m}} = \frac{1}{5000}$$

由此可知，第一条导线比第二条导线的精度高 4 倍。

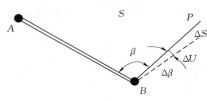

图 3.1 三角观测示意图

在三角测量中，经常会遇到由于测角与量距的误差所引起的电位误差问题，如图 3.1 所示在固定点 B 上观测 β 角，丈量了边长 $BP = S$。由于边长的误差为 ΔS，使 P 点在边长的方向上移动了 ΔS 值，这就是 P 点的纵向误差。由于测角误差 $\Delta \beta$，使 P 点在边长的垂直方向上移动了一个 ΔU 的值，ΔU 值就是 P 点的横向误差。

显然，纵向相对误差为 $\dfrac{\Delta S}{S}$，而横向相对误差为 $\dfrac{\Delta U}{S}$，由图 3.1 可知：

$$\frac{\Delta U}{S} = \frac{\Delta \beta}{\rho}$$

$\dfrac{\Delta \beta}{\rho}$ 实际上就是由弧度来表示的角度误差（弧度等于 $57.3°$，记在 $\rho°$，同样 $\rho' = 3438'$，$\rho'' = 206265''$），它可以与距离丈量的相对误差比较。例如，边长 BP 的相对误差为 $\dfrac{1}{5000}$，而 BP 边的方向误差为 $20''$，以无名数表示，即为 $20''/206265'' \approx 1/10300$。

根据上面计算的结果可知，方向对点位的影响比对距离的影响要小。

3.6.3 容许误差

从偶然误差的性质可知，在一定的观测条件下，偶然误差的绝对值，不会超过一定的限度。如果在测量工作中，某一观测值的误差超过这个界限，就认为这次观测的质量不符合要求。应该怎样确定这个界限呢？根据误差理论以及由实验得出的统计证明，大于 2 倍中误差的偶然误差，其出现的机会只有 5%；大于 3 倍中误差的偶然误差，其出现的机会只有 0.3%，这就是确定容许误差的依据。由于观测精度的要求各有不同，可以容许误差的规定也不同，一般规定为：

$$\Delta_\text{容} = 2m \ \text{或} \ \Delta_\text{容} = 3m$$

在作业规范中，有各种观测误差限度的规定，这些误差限度就是这里所讲的容许误差。或者可以说，规范中规定的各项观测误差的限度都是根据容许误差而确定的。

3.6.4 观测值函数的中误差

有些未知量，经常是不可能直接测定的，而是采用间接的方法来确定的，例如：

（1）安置一次水准仪测得两点的高差为 $h = a - b$，后视读数 a 和前视读数 b 为观测值，则 h 为 a、b 的函数。

（2）由同一量级的 n 次观测值计算未知量的算术平均值，即：

$$x = \frac{l_1 + l_2 + \cdots + l_n}{n} - \frac{1}{n} l_1 + \frac{1}{n} l_2 + \cdots \frac{1}{n} l_n \tag{3.27}$$

式中　l_i ——观测值，$i = 1 \sim n$；

　　　x —— l_i 的函数。

（3）计算坐标时，要先根据边长 S 及方位角 α 计算坐标变量 Δx 及 Δy，即：

$$\Delta x = S \cos \alpha , \ \Delta y = S \sin \alpha \tag{3.28}$$

式中　Δx、Δy —— S 及 α 的函数。

各独立观测值包含有误差，则其函数亦必受其影响而产生误差。函数误差的大小，随观测值误差的大小而决定。

下面就各种函数的形式，分别求出函数的中误差。

1. 观测值的倍数函数

设有函数

$$F = Kl \tag{3.29}$$

式中　K ——常数；

　　　l ——观测值。

它的中误差为 m，函数 F 的中误差为 m_f，观测值 l 含有其误差 Δl，而其函数 F 也受其影响而产生真误差 ΔF，于是式（3.29）变为：

$$F + \Delta F = K(l + \Delta l) \tag{3.30}$$

式（3.29）减去式（3.28）可得：

$$\Delta F = K \Delta l \tag{3.31}$$

这就是观测值真误差与函数真误差的关系式，如观测了 n 次，就可得 n 个与式（3.31）相似的关系式。

$$\left. \begin{array}{l} \Delta F_1 = K \Delta l_1 \\ \Delta F_2 = K \Delta l_2 \\ \quad\vdots \\ \Delta F_n = K \Delta l_n \end{array} \right\} \tag{3.32}$$

为了取得观测值中误差与函数中误差的关系式，将式（3.32）两端平方后相加，再各除以 n 可得：

$$\frac{\Delta F_1^2 + \Delta F_2^2 + \cdots + \Delta^2 F_n}{n} = K^2 \frac{\Delta l_1^2 + \Delta l_2^2 + \cdots + \Delta l_n^2}{n} \quad \frac{[\Delta F \Delta F]}{n} = \frac{K^2 [\Delta l \Delta l]}{n}$$

由中误差定义按式（3.25）则得：

$$m_F = \pm K m_l \tag{3.33}$$

也就是说，观测值与该常数的乘积的中误差，等于观测值的中误差乘上该常数。

【例 3.9】　在 1：1000 的地形图上量得其坝轴线的长度为 234.5mm，其中误差为 0.1mm，求该坝轴线的长度 S 及其中误差 m_s。

解：$S = 1000 \times 234.5\text{mm} = 234.5\text{m}$；$m_s = \pm Km = \pm 1000 \times 0.1 = \pm 0.1$（m）

最后写为：$S = 234.5\text{m} \pm 0.1\text{m}$

2. 观测值的和或差的函数

设有函数

$$F = l' \pm l'' \tag{3.34}$$

式中　l'、l'' ——观测值。

它们各含有真误差 $\Delta l'$、$\Delta l''$，则函数 F 必受其影响而产生真误差 ΔF，于是，式（3.34）变为：

$$F + \Delta F = (l' + \Delta l') \pm (l'' + \Delta l'') \tag{3.35}$$

式（3.34）减去式（3.35），可得：

$$\Delta F = \Delta l' \pm \Delta l'' \tag{3.36}$$

这就是观测值的真误差与函数的真误差的关系式。设 l' 及 l'' 各观测了 n 次，由此可得 n 个与式（3.36）相似的关系式，即：

$$\Delta F_1 = \Delta l'_1 \pm \Delta l''_1$$
$$\Delta F_2 = \Delta l'_2 \pm \Delta l''_2$$
$$\vdots$$
$$\Delta F_n = \Delta l'_n \pm \Delta l''_n$$

将上式平方得：

$$\Delta^2 F_1 = \Delta^2 l'_1 \pm \Delta^2 l''_1 \pm 2\Delta l'_1 \Delta l'$$
$$\Delta^2 F_2 = \Delta^2 l'_2 \pm \Delta^2 l''_2 \pm 2\Delta^2 l'_2 l''_2$$
$$\vdots$$
$$\Delta^2 F_n = \Delta^2 l_n + \Delta^2 l''_n \pm 2\Delta l'_n \Delta l''_n$$

各式相加后除以 n 可得：

$$\frac{[\Delta F \Delta F]}{n} = \frac{[\Delta l' \Delta l']}{n} + \frac{[\Delta l'' \Delta l'']}{n} \pm \frac{2[\Delta l' \Delta l'']}{n}$$

因为 $\Delta l'_1$，$\Delta l'_2$，$\cdots$，$\Delta l'_n$ 及 $\Delta l''_1$，$\Delta l''_2$，$\cdots$，$\Delta l''_n$ 都是偶然误差，其各种不同的互乘：$\Delta l'_1 \Delta l''_1$，$\Delta l'_2 \Delta l''_2$，$\cdots$，$\Delta l'_n \Delta l''_n$，同样具有偶然误差的性质，当 n 很大时，则 $\lim\limits_{n \to \infty} \dfrac{[\Delta l' \Delta l'']}{n} = 0$ 故上式变为：

$$\frac{[\Delta F \Delta F]}{n} = \frac{[\Delta l' \Delta l']}{n} + \frac{[\Delta l'' \Delta l'']}{n}$$

由中误差定义可得：

$$m_F^2 = m^2 l' + m^2 l'' \tag{3.37}$$

或

$$m_F = \pm \sqrt{ml_1^2 + ml''^2}$$

如果

$$ml' = ml'' = m$$

则

$$m_F = \pm m\sqrt{2} \tag{3.38}$$

如果函数 F 有 n 个观测值的代数和，即：

$$F = l' \pm l'' \pm \cdots \pm l^n$$

根据上面的推导过程，很容易得到函数 F 的中误差为：

$$m_F = \pm \sqrt{ml_1^2 + m^2 l_2 + \cdots + m^2 l_n} \tag{3.39}$$

如果

$$ml_1 = ml_2 = \cdots = ml_n = m_1$$

则

$$m_F = \pm m_1 \sqrt{n} \tag{3.40}$$

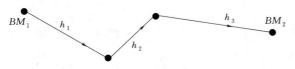

图 3.2　水准路线图及观测值

【例 3.10】　由水准点 BM_1 向水准点 BM_2 进行高程测量，其观测值为 h_1、h_2、h_3，求 BM_1、BM_2 两点间高差及其中误差。其水准路线图及观测值如图 3.2 所示。

解：BM_1、BM_2 之间的高差为

$$h_1 = +3.852\text{m} \pm 5\text{mm}$$

$$h_2 = +6.305\text{m} \pm 3\text{mm}$$

$$h_3 = +9.832\text{m} \pm 4\text{mm}$$

$$h = h_1 + h_2 + h_3 = 19.989\text{m}$$

BM_1、BM_2 之间的高差中误差为：

$$mh = \pm\sqrt{m_1^2 + m_2^2 + m_3^2} = \pm\sqrt{5^2 + 3^2 + 4^2} = \pm 7.1 \text{（mm）}$$

【例 3.11】 设由一正方形厂房，测得一边之长为 a，中误差为 m_a，试求周长及其中误差，若以相同精度实测其四边之长，则其周长精度又如何？

解：（1）设正方形的周长为 c，则 $c = 4a$。

由倍数函数的中误差公式求得周长的中误差为 $m_c = \pm 4m_a$。

（2）如正方形的四边均进行实测，且为等精度观测，测得四边之长各为 a_1、a_2、a_3 和 a_4，其中误差均为 m_a，则正方形的周长为 $c = a_1 + a_2 + a_3 + a_4$。

由和差函数的中误差公式求得正方形周长的中误差为：

$$m_c = \sqrt{m_a^2 + m_a^2 + m_a^2 + m_a^2} = \pm 2m_a$$

在此［例 3.11］中，求同一个正方形的周长采取了不同的观测方法（观测有多、有少）。因此，周长的精度也有所不同，后者的精度要比前者高。这说明了进行多余观测对结果带来的好处。

3. 观测值的直线函数

设有直线函数为：

$$F = K_1 l' \pm K_2 l'' \pm \cdots \pm K_n l^n \tag{3.41}$$

式中 l'，l''，$\cdots$，l^n —— 独立观测值；

K_1，K_2，$\cdots$，K_n —— 函数观测值相应的中误差为 m_1，m_2，$\cdots$，m_n。

令

$$\left.\begin{array}{l} F_1 = K_1 l' \\ F_2 = K_2 l'' \\ \vdots \\ F_n = K_n l^n \end{array}\right\} \tag{3.42}$$

式（3.41）由倍数函数的规律可得中误差的关系式为：

$$\left.\begin{array}{l} m_{F_1} = K_1 m_1 \\ m_{F_2} = K_2 m_2 \\ \vdots \\ m_{F_n} = K_n m_n \end{array}\right\}$$

将式（3.41）代入式（3.40）可得：

$$F = F_1 \pm F_2 \pm \cdots \pm F_n \tag{3.43}$$

式（3.42）由和差函数的规律得出，其中误差为：

$$m_F^2 = m_{F_1}^2 + m_{F_2}^2 + \cdots + m_{F_n}^2$$

将式（3.42）代入上式得：

$$m_F^2 = K_1^2 m_1^2 + K_2^2 m_2^2 + \cdots + K_n^2 m_n^2$$

$$m_F = \pm\sqrt{K_1^2 m_1^2 + K_2^2 m_2^2 + \cdots + K_n^2 m_n^2} \tag{3.44}$$

【**例 3.12**】　对某距离进行等精度往返丈量。往、返丈量的结果为 $L_1 \pm m = 165.358\text{m}$ $\pm 0.007\text{m}$ 及 $L_2 \pm m = 165.401\text{m} \pm 0.007\text{m}$，求该边的最后结果的中误差。

解：此距离的最后结果为：

$$L = (L_1 + L_2)/2 = 165.393（\text{m}）$$

由直线函数的中误差公式可知该距离最后结果的中误差为：

$$m_L = \pm\sqrt{\frac{1}{4}m^2 + \frac{1}{4}m^2} = \pm\frac{m}{\sqrt{2}} = \pm 0.005（\text{m}）$$

4. 观测值的任意函数

设任意函数式为：

$$F = f(l', l'', \cdots, l^n) \tag{3.45}$$

设式中观测值 l'，l''，$\cdots$，l^n 的真误差分别为 $\Delta 1$，$\Delta 2$，$\cdots$，Δn，其函数 F 的真误差为 ΔF，于是上式就变为：

$$F + \Delta F = f(l' + \Delta l_1 l'' + \Delta l_2 l''' + \cdots + \Delta l_{n-1} l^n + \Delta l_n)$$

因 Δl_1，Δl_2，$\cdots$，Δl_n 的值甚小，式（3.44）可用泰罗级数展开并取其一次项，可得：

$$F + \Delta F = f\left(l', l'', \cdots, l^n + \frac{\partial F}{\partial l'}\Delta l_1 + \frac{\partial F}{\partial l''}\Delta l_2 + \cdots + \frac{\partial F}{\partial l^n}\Delta l_n\right) \tag{3.46}$$

将式（3.45）减去式（3.44）可得：

$$\Delta F = \frac{\partial F}{\partial l'}\Delta l_2 + \frac{\partial F}{\partial l''}\Delta l_2 + \cdots + \frac{\partial F}{\partial l^n}\Delta l_n \tag{3.47}$$

式中　$\dfrac{\partial F}{\partial l}$——函数对各自变数的偏导数，是个常数。

令　　　　$\dfrac{\partial F}{\partial l'} = K_1$，$\dfrac{\partial F}{\partial l''} = K_2$，$\cdots$，$\dfrac{\partial F}{\partial l^n} = K_n$

代入式（3.46）可得：

$$\Delta F = K_1 \Delta l_1 + K_2 \Delta l_2 + \cdots + K_n \Delta l_n$$

上式与直线函数中观测值真误差与函数真误差的关系式完全相同，故可按式（3.43）可得：

$$m_F = \pm\sqrt{\left(\frac{\partial F}{\partial l'}\right)^2 m_1^2 + \left(\frac{\partial F}{\partial l''}\right)^2 m_2^2 + \cdots + \left(\frac{\partial F}{\partial l^n}\right)^2 m_n^2} \tag{3.48}$$

从式（3.47）的推导过程，可以总结出一般函数求中误差的 3 个步骤，即：

（1）写出函数式，如 $F = f(l', l'', \cdots, l^n)$。

（2）写出真误差的关系式，此时只要对函数 F 进行全微分

$$\mathrm{d}F = \frac{\partial f}{\partial l''}\mathrm{d}l' + \frac{\partial f}{\partial l''}\mathrm{d}l'' + \cdots + \frac{\partial f}{\partial l^n}\mathrm{d}l^n$$

把微分 $\mathrm{d}F$、$\mathrm{d}t$ 等看成真误差，即可得出式（3.46）所写的真误差关系式。

（3）换成中误差的关系式，即将偏导数值平方，把微分换成中误差平方即得：

$$m_F^2 = \left(\frac{\partial F}{\partial l'}\right)^2 m_1^2 + \left(\frac{\partial F}{\partial l''}\right)^2 m_2^2 + \cdots + \left(\frac{\partial F}{\partial l^n}\right)^2 m_n^2$$

【例 3.13】 某导线的边长为 $S = 205.135\text{m} \pm 0.003\text{m}$，方位角为 $119°45' \pm 4''$，试求由于边长中误差及方位角中误差对该边端点位置所产生的中误差。

解： 依题意写出函数式为：

$$\Delta x = S\cos\alpha$$

$$\Delta y = S\sin\alpha$$

将上式全微分得：

$$\mathrm{d}(\Delta x) = \cos\alpha\,\mathrm{d}S - S\sin\alpha(\mathrm{d}\alpha)$$

$$\mathrm{d}(\Delta y) = \sin\alpha\,\mathrm{d}S + S\cos\alpha(\mathrm{d}\alpha)$$

式中 $\mathrm{d}\alpha$ 采用弧度单位，一般所给的角度误差单位系度、分、秒，故应除以 p 化为弧度单位。题中 m_α 的单位为 s，故上式应为：

$$\mathrm{d}(\Delta x) = \cos\alpha\,\mathrm{d}S - S\sin\alpha\,\frac{\mathrm{d}\alpha''}{p''}$$

$$\mathrm{d}(\Delta y) = \sin\alpha\,\mathrm{d}S + S\cos\alpha\,\frac{\mathrm{d}\alpha''}{p''}$$

转换为中误差，则关系式为：

$$m\Delta x^2 = (\cos\alpha\, m s)^2 + \left(S\sin\alpha\,\frac{m_\alpha''}{p''}\right)^2$$

$$m\Delta y^2 = (\sin\alpha\, m s)^2 + \left(S\cos\alpha\,\frac{m_\alpha''}{p''}\right)^2$$

占点的总影响则为：

$$m^2 = m^2\Delta x + m^2\Delta y = m^2 s + \left(S\,\frac{m_\alpha''}{p''}\right)^2$$

故得：

$$m = \pm\sqrt{m^2 s + \left(S\,\frac{m_\alpha''}{p''}\right)^2}$$

将观测值代入，得：

$$m = \pm\sqrt{3^2 + \left(4 \times \frac{205125}{206265}\right)^2} \approx \pm 5 \text{（mm）}$$

3.7　算术平均值的中误差

设对某一量进行了多次等精度观测，其观测值分别为：l_1，l_2，$\cdots$，l_n，每次观测的中误差均为 m，则算术平均值（即最或是值）x 为：

$$x = \frac{1}{n}l_1 + \frac{1}{n}l_2 + \cdots + \frac{1}{n}l_n$$

根据式（3.43），算术平均值 x 的中误差应为：

$$M = \pm \sqrt{\underbrace{\left(\frac{1}{n}\right)^2 m^2 + \left(\frac{1}{n}\right)^2 m^2 + \cdots + \left(\frac{1}{n}\right)^2 m^2}_{n \text{项}}}$$

即：

$$M = \frac{m}{\sqrt{n}} \qquad (3.49)$$

由式 (3.48) 可知，算术平均值的中误差要比观测值的中误差小 $\sqrt{n}$ 倍。

观测中的中误差是表示等精度观测列任一观测值的精度，而算术平均值的中误差则表示由观测值求出最后结果的精度。由式 (3.48) 可以看出，当观测值中误差 m 均一定时，若观测次数逐渐增多，则 M 逐渐减少，也就是算术平均值的精度逐渐提高，今设观测值中误差为 ± 100，列成如表 3.6 所示。

表 3.6   **观测数据处理汇总表**

n	1	2	3	4	5	6	8	10	20	50	100
M	± 1.00	± 0.71	± 0.58	-0.50	± 0.45	± 0.41	± 0.35	± 0.32	± 0.22	± 0.14	± 0.10

表 3.6 说明，随着观测次数的增加，算术平均值的精度固然随之提高，但是观测次数逐渐增多，算术平均值精度的提高却逐渐缓慢，故当观测次数增加到一定限度时，提高精度的作用是很微小的。例如，观测次数从 20 次增加到 100 次，精度只提高了 1 倍，这是不经济的。要使测量工作达到多、快、好、省的要求，就必须全面的考虑。使用适当的仪器，采取合适的观测方法，增加必要的观测次数，都是能提高观测成果精度的，但必须要做全面细致的安排，选用得合理而经济。

3.8   同精度观测值的中误差

用真误差求一次观测值中误差的公式，即为：

$$m = \pm \sqrt{\frac{[\Delta^2]}{n}}$$

在测量工作中，由于真值往往是未知的、真误差也是难以知道的。因而，在实际计算时，很少应用上面的公式。然而根据一组观测值，就可以算出它的算术平均值，它和观测值的参数（改正数 V）是已知的，故需要导出一个用 V 计算中误差的公式。

设某测量 n 个等精度观测值为 l_1，l_2，$\cdots$，l_n，其算术平均值为 x，则改正数应为：

$$V_i = x - l_i \qquad (3.50)$$

式中 $i = 1$，2，$\cdots$，n。

现在先研究一下改正数 V_i 与真误差 Δ_i 之间的关系。由式 (3.14) 可知，$\Delta_i = X - l_i (X$ 为真值)。将上式减去式 (3.49) 得：

$$\Delta_i - V_i = X - x$$

由式 (3.16) $X = x + \delta$，故可得：

$$\Delta_i - V_i = \delta$$

我们有 n 个这样的式子，即：

$$\left.\begin{aligned} \Delta_1 &= V_1 + \delta \\ \Delta_2 &= V_2 + \delta \\ &\vdots \\ \Delta_n &= V_n + \delta \end{aligned}\right\}$$

将其两边平方得：

$$\left.\begin{aligned} \Delta_1^2 &= V_1^2 + 2V_1\delta + \delta^2 \\ \Delta_2^2 &= V_2^2 + 2V_2\delta + \delta^2 \\ &\vdots \\ \Delta_n^2 &= V_n^2 + 2V_n\delta + \delta^2 \end{aligned}\right\}$$

再进行两边求和得：

$$[\Delta\Delta] = [VV] + 2\delta[V] + n\delta^2$$

最后两边各除以 n 得：

$$\frac{[\Delta\Delta]}{n} = \frac{[VV]}{n} + 2\delta\frac{[V]}{n} + \delta^2 \tag{3.51}$$

因为 $[V] = 0$，所以式（3.50）可写成：

$$\frac{[\Delta^2]}{n} = \frac{[V^2]}{n} + \delta^2 \tag{3.52}$$

$$\delta^2 = \left(X - \frac{[l]}{n}\right)^2 = \frac{1}{n^2}(nX - [l])^2 = \frac{1}{n^2}(X - l_1 + X - l_2 + \cdots + X - l_n)^2$$

又因为 $\delta = X - x$，所以

$$\begin{aligned} \delta^2 &= \frac{1}{n^2}(\Delta_1 + \Delta_2 + \cdots + \Delta_n)^2 \\ &= \frac{1}{n^2}(\Delta_1^2 + \Delta_2^2 + \cdots + \Delta_n^2 + 2\Delta_1\Delta_2 + 2\Delta_1\Delta_3 + \cdots) \\ &= \frac{\Delta^2}{n^2} + \frac{2}{n^2}(\Delta_1\Delta_2 + \Delta_1\Delta_3 + \cdots) \end{aligned}$$

由于真误差 Δ 具有偶然误差的性质，$(\Delta_1\Delta_2 + \Delta_1\Delta_3 + \cdots)$ 的值随着 n 增大而趋于零，因而式（3.51）写成 $\frac{[\Delta^2]}{n} = \frac{[V^2]}{n} + \frac{[\Delta^2]}{n^2}$，即 $m^2 = \frac{[V^2]}{n} + \frac{m^2}{n}$。

所以可得：

$$m = \pm\sqrt{\frac{[VV]}{n-1}} \tag{3.53}$$

这就是录用改正数来求观测值中误差的公式，如将此代入式（3.45），得到算术平均值的中差误差为：

$$m = \pm\sqrt{\frac{[VV]}{n(n-1)}} \tag{3.54}$$

【例 3.14】 用本书第 3.5.2 小节中例题中的数据求观测值的中误差及算术平均值的中误差。

解： 在表 3.4 中，已算得 $[VV] = 2.10$，故有一次观测值的中误差为：

$$m = \pm\sqrt{\frac{2.1}{10-1}} = \pm0.48 \quad (\text{mm})$$

算术平均值的中误差为：

$$m = \pm \frac{m}{\sqrt{n}} = \pm 0.16 \quad （mm）$$

3.9 权

设对某一方向观测了两遍，第一遍重复观测了 4 次，第二遍重复观测了 9 次，每次观测的中误差 m 都是 $\pm 1.2''$，则有：

第一遍观测结果的中误差为：$m_1 = \pm \dfrac{m}{\sqrt{n_1}} = \pm \dfrac{1.2''}{\sqrt{4}} = \pm 0.6''$

第二遍观测结果的中误差为：$m_2 = \pm \dfrac{m}{\sqrt{n_2}} = \pm \dfrac{1.2''}{\sqrt{9}} = \pm 0.4''$

从以上两遍观测中可以看出，虽然各次观测的中误差相同，但是由于两遍的观测次数不同，两遍观测结果的中误差也就各异。也就是说，该方向的两遍观测的精度是不相等的。怎样来判断不等精度的可靠程度呢？下面就来研讨这个问题。

3.9.1 权的概述

从上面的例子可以看出，每遍观测的次数越多，观测结果的误差就越小，精度就越高，也就是说，测量结果的可靠性越大。根据观测值求最后结果时，必须顾及各观测值的可靠程度，才能求得满意的结果。各观测值的可靠程度可用数字分别表示出来，这些数字就叫做观测值的权，用字母 P 表示。

设某量 x 做了 3 组观测，第一组进行了 P_1 次观测。观测值为 a_1，a_2，a_3，$\cdots$，a_{P1}；第二组进行了 P_2 次观测，观测值为 b_1，b_2，b_3，$\cdots$，b_{P2}；第三组进行了 P_3 次观测，观测值为 c_1，c_2，c_3，$\cdots$，a_{P3}。 则各组的算术平均值分别为：

$$\left.\begin{aligned}
l_1 &= \frac{a_1 + a_2 + a_3 + \cdots + a_{P1}}{P_1} \\[2mm]
l_2 &= \frac{b_1 + b_2 + b_3 + \cdots + b_{P2}}{P_2} \\[2mm]
l_3 &= \frac{c_1 + c_2 + c_3 + \cdots + c_{P3}}{P_3}
\end{aligned}\right\} \tag{3.55}$$

若将其 3 组观测值汇合在一起，由于每次观测都是同精度的。因此，也可以认为对某量 x 进行了 $P_1 + P_2 + P_3$ 次等精度观测，应采用这些同精度观测的算术平均值作为测量的最后结果，即：

$$x = \frac{(a_1 + a_2 + a_3 + \cdots + a_{P1}) + (b_1 + b_2 + b_3 + \cdots + b_{P2}) + (c_1 + c_2 + c_3 + \cdots + c_{P3})}{P_1 + P_2 + P_3}$$

$$\tag{3.56}$$

式 (3.54) 可写成：

$$a_1 + a_2 + a_3 + \cdots + a_{P1} = l_1 P_1$$
$$b_1 + b_2 + b_3 + \cdots + b_{P2} = l_2 P_2$$
$$c_1 + c_2 + c_3 + \cdots + c_{P3} = l_3 P_3$$

代入式（3.55），得：

$$x = \frac{l_1 P_1 + l_2 P_2 + l_3 P_3}{P_1 + P_2 + P_3} \tag{3.57}$$

式中　　l_1、l_2、l_3——3 组不等精度的观测值。

P_1、P_2、P_3 是 3 组的观测次数，由于观测次数的多少，直接影响到观测值的可靠程度，故可用 P_1、P_2、P_3 代表 3 组观测的权。

用一般的形式表示式（3.56），可写为：

$$x = \frac{[Pl]}{[P]} \tag{3.58}$$

为了简化计算，取 x 的近似值为 l_0。各观测值与近似值的差数为 Δl_1，Δl_2，Δl_3，$\cdots$，Δl_n。即：

$$\Delta l_1 = l_0 - l_1$$
$$\Delta l_2 = l_0 - l_2$$
$$\vdots$$
$$\Delta l_n = l_0 - l_n$$

将其代入式（3.57），并经过一些简化，可得：

$$x = l_0 + \frac{[P\Delta l]}{[P]} \tag{3.59}$$

【例 3.15】　某长度进行了 3 组观测，结果为：$l_1 = 28.432\text{m}$，测量次数即权为 $P_1 = 3$；$l_2 = 28.435\text{m}$，测量次数即权为 $P_2 = 2$；$l_3 = 28.430\text{m}$，测量次数即权为 $P_3 = 5$。求测量的结果。

解：利用式（3.58），求得：

$$x = l_0 + \frac{[P\Delta l]}{[P]} = 28.430 + \frac{0.002 \times 3 + 0.005 \times 2 + 0 \times 5}{3 + 2 + 5} = 28.430 + 0.002 = 28.432(\text{m})$$

3.9.2　权与中误差的关系

首先，根据中误差与权的含义，必须明确如下的重要概念。

权是对观测列中各观测结果比较质量好坏所表示的数值，它具有相对性质，是无名数的；中误差是直接用来鉴定和衡量观测结果精度的，它是有名的。现在来讨论一下权与中误差之间的关系问题。

设某量的 P_1 次同精度观测的算术平均值为 l_1，其中误差为 m_1，每次单独观测的中误差为 m，则有：

$$m_1 = \frac{m}{\sqrt{P_1}}$$

两边取平方得：

$$m_1^2 = \frac{m^2}{P_1} \tag{3.60}$$

故有：

$$P_1 = \frac{m^2}{m_1^2}$$

由此可知，某一观测值 l_1 的权 P_1 与其相应中误差的平方成正反比关系。

如果某量进行了 n 组观测，观测值分别为 l_1，l_2，l_3，$\cdots$，l_n，对应的中误差分别为 m_1，m_2，m_3，$\cdots$，m_n。（每次单独观测的中误差为 m），则各组观测值的权分别等于：

$$P_1 = \frac{m^2}{m_1^2}, \quad P_2 = \frac{m^2}{m_2^2}, \quad P_3 = \frac{m^2}{m_3^2}, \quad \cdots, \quad P_n = \frac{m^2}{m_n^2} \tag{3.61}$$

因为权是用以比较各组观测质量的数字，各观测结果互相比较，其可靠程度不是依据权的绝对值的大小，而在于权的对比，故它可以用另外任意的与它们成比例的数值来代替。为了便于比较各组观测的相对价值，常用任意一组观测的中误差代替。如果第一组观测值 l_1 的中误差 m_1 代替 m，则各组的相对精度可用权表示成：

$$P_1' = \frac{m_1^2}{m_1^2} = 1, \quad P_2' = \frac{m_1^2}{m_2^2}, \quad P_3' = \frac{m_1^2}{m_3^2}, \quad \cdots, \quad P_n' = \frac{m_1^2}{m_n^2} \tag{3.62}$$

如果用第二组观测值 l_2 的中误差 m_2 代替时，就得到另一列代表权的数值，它们表示以第二组观测作为标准的各组观测的相对精度，即：

$$P_1'' = \frac{m_2^2}{m_1^2}, \quad P_2'' = \frac{m_2^2}{m_2^2} = 1, \quad P_3'' = \frac{m_2^2}{m_3^2}, \quad \cdots, \quad P_n'' = \frac{m_2^2}{m_n^2} \tag{3.63}$$

同理，可用任一组的中误差代替式（3.60）中的 m，使该组的权等于 1。

因此，观测的权不仅被认为是各组观测的可靠程度，而且也可以表示测量的相对精度。综上所述可知，各观测值的权是一个比例的关系，任意假定其中一个观测值的权，就可以决定其他观测值的权。为了计算方便，在假定某一观测值的权时，常命其为 1，这为 1 的权称为单位权，作为计算其他观测值权的标准。

如在一列观测结果中，一个观测值的中误差为 m_0，其他观测值的中误差为 m_j，设中误差为 m_0 的观测值的权为单位权（$P_0 = 1$），其他观测值的权为 P_i，则任一观测值的权，其一般形式可以式（3.63）表示，即：

$$P_i = \frac{m_0^2}{m_j^2} \tag{3.64}$$

式中　　m_0——单位权中误差。

根据式（3.63），可求单位权中误差权 m_0，即：$m_0^2 = m_i^2 P_j$。

$$m_0 = m_{ij} \sqrt{P_{ij}} \tag{3.65}$$

就是说，单位权中误差等于任一观测值的中误差与该观测值的平方根之乘积。

根据式（3.63），也可以求出任一观测值的中误差，即：$m_i^2 = \frac{m_0^2}{P_i}$。

$$m_i = \frac{m_0}{\sqrt{P_i}} \tag{3.66}$$

就是说任一观测值的中误差，等于单位权中误差除以该观测值权的平方根。由上述的意义和权与中误差的关系可知：

（1）如一列不等精度的观测值的中误差都已知，则各观测值的权可根据中误差求得。

（2）如一列观测值的权都已知，则另外还必须知道其中一观测值的中误差（单位权中误差）才可以求得其余的观测值中误差。

【**例 3.16**】 设 l_1、l_2、l_3 为对某一长度的不等精度量测值。对应的中误差为 ± 6mm、3mm、2mm，求各量测值的权。

解：设量测值 l_1 的权 $P_1 = 1$，则 ± 6mm 是单位权中误差 m_0，其他两量测值 l_2、l_3 的权 P_2、P_3 各为：

$$P_2 = \frac{m_0^2}{m_2^2} = \frac{6^2}{3^2} = 4 \; ; \; P_3 = \frac{m_0^2}{m_3^2} = \frac{6^2}{2^2} = 9$$

因此，l_1、l_2、l_3 与第一量测值 l_1 相比的相对精度可以权表示。即：$P = 1$，$P_2 = 4$，$P_3 = 9$。如果令第二量测值 l_2 的权 $P_2 = 1$，则可得到另外一组权的值，即：$P = \frac{1}{4}$，$P_2 = 1$，$P_3 = \frac{9}{4}$。这是 l_1、l_2、l_3 与第二量值 l_2 相比的相对精度，这些权与第一组的值成比例。

【**例 3.17**】 设 l_1、l_2、l_3 为某一方向的不等精度观测值，观测值 l_1 的中误差 $m_1 = \pm 0.6''$。对应于各观测值的权为 $P_1 = 1$，$P_2 = 4$，$P_3 = 9$；求观测值 l_2 及 l_3 的中误差 m_2 及 m_3。

解：因为 $\pm 0.6''$ 是权等于 1 的观测值 l_2 的中误差，它也就是 m_0，故可用公式（3.65）求得，即：

$$m_2 = \frac{m_0}{\sqrt{P_2}} = \frac{m_1}{\sqrt{P_2}} = \frac{0.6''}{\sqrt{4}} = \pm 0.3'' \; ; \; m_3 = \frac{m_0}{\sqrt{P_3}} = \frac{m_1}{\sqrt{P_3}} = \frac{0.6''}{\sqrt{9}} = \pm 0.2''$$

3.9.3 观测值函数的权

1. 函数权的计算公式

由前面介绍可知，权与中误差的平方成反比。为此，可以根据观测值函数中误差的公式来推导出观测值的权与函数权的关系。设 n 个观测值的函数为：

$$F = f(l', l'', \cdots, l^n)$$

又设 m_1，m_2，$\cdots$，m_n 为观测值 l'，l''，$\cdots$，l^n 的中误差；而 P_1，P_2，$\cdots$，P_n 为观测值 l'，l''，$\cdots$，l^n 的权。由式（3.47）可知，函数 F 的中误差为：

$$m_F^2 = \left(\frac{\partial F}{\partial l'}\right)^2 m_1^2 + \left(\frac{\partial F}{\partial l''}\right)^2 m_2^2 + \cdots + \left(\frac{\partial F}{\partial l^n}\right)^2 m_n^2$$

用式（3.65）将 $m_j^2 = \dfrac{m_0^2}{P_j}$ 代入上式，可得：

$$\frac{m_0^2}{P_F} = \left(\frac{\partial F}{\partial l'}\right)^2 \frac{m_0^2}{P_1} + \left(\frac{\partial F}{\partial l''}\right)^2 \frac{m_0^2}{P_2} + \cdots + \left(\frac{\partial F}{\partial l^n}\right)^2 \frac{m_0^2}{P_n}$$

故有：

$$\frac{1}{P_F} = \left(\frac{\partial F}{\partial l'}\right)^2 \frac{1}{P_1} + \left(\frac{\partial F}{\partial l''}\right)^2 \frac{1}{P_2} + \cdots + \left(\frac{\partial F}{\partial l^n}\right)^2 \frac{1}{P_n} \tag{3.67}$$

这就是观测值的权与函数权之间的关系式，与误差传播定律一样，用式（3.66）也可导出其他函数权的公式。

对于和差函数式：

$$F = l' \pm l'' \pm \cdots \pm l^n$$

用式（3.66），可以得出和差函数的权的计算式为：

$$\frac{1}{P_F} = \frac{1}{P_1} + \frac{1}{P_2} + \cdots + \frac{1}{P_n} \tag{3.68}$$

对于倍数函数式有：

$$F = Kl$$

同样用式（3.66），可得出倍数函数的权的计算公式为：

$$\frac{1}{P_F} = \frac{K^2}{P} \tag{3.69}$$

对于直线函数式

$$F = K_1 l_1 \pm K_2 l_2 + \cdots + K_n l_n$$

也可用式（3.66），得：

$$\frac{1}{P_F} = \frac{K_1^2}{P_1} + \frac{K_2^2}{P_2} + \cdots + \frac{K_n^2}{P_n} \tag{3.70}$$

2. 在水准测量中，如何确定权

水准测量中路线的总高差是由各站高差之和来确定的，即：

$$h = h_1 + h_2 + \cdots + h_n$$

式中 h_1，h_2，$\cdots$，h_n ——每一站的商差，共测了 n 站；

           h ——水准路线的总商差。

按式（3.67）可得：

$$\frac{1}{P_h} = \frac{1}{P_1} + \frac{1}{P_2} + \cdots + \frac{1}{P_n}$$

由于每站为等精度观测，故各站观测值的权相等，即 $\dfrac{1}{P_1} = \dfrac{1}{P_2} = \cdots = \dfrac{1}{P_n} = \dfrac{1}{P}$，故有

$\dfrac{1}{Ph} = \dfrac{n}{P}$。

如设一个测站商差的权为单位权，即 $P = 1$，则 n 个测站商差的权为 $\dfrac{1}{Ph} = \dfrac{n}{1}$。

故有：

$$Ph = \frac{1}{n} \tag{3.71}$$

可见，水准测量时，水准路线总的高差的权与其测站数成反比，即测站越多，水准路线总高差的权越小。

【例 3.18】 设 100 个测站水准路线的权为单位权，其中误差 $m_{100} = \pm 7\text{mm}$，求一个测站及 10 个测站的权及其中误差。

解： 令一个测站的中误差为 m，则 100 个测站的中误差为 $m_{100} = \pm m \sqrt{100}$，已知 100 个测站的权为单位权，则其中误差为单位权中误差，即 $m_{100} = m_0$，已知 $m_{100} = \pm 7\text{mm}$，故有 $m_0 = \pm m \sqrt{100} = \pm 7\text{mm}$。

故 1 个测站的中误差为：

$$m_1 = \pm \frac{7}{\sqrt{100}} = \pm 0.7 \ (\text{mm})$$

而 10 个测站的中误差为：

$$m_{10} = \pm m \sqrt{10} = \pm 0.7 \times \sqrt{10} = \pm 2.2 \ (\text{mm})$$

1 个测站的权为：

$$P_1 = \frac{m_0^2}{m_1^2} = \frac{m_1^2 \times 100}{m_1^2} = 100$$

而 10 个测站的权为:

$$P_{10} = \frac{m_0^2}{m_{10}^2} = \frac{m_1^2 \times 100}{m_1^2 \times 10} \times 10$$

此外,如果设水准路线长 1km 的中误差为单位权中误差 m_0,则 1km 时的权为 $P_1 = 1$,而 Lkm 水准路线的中误差为 m_j,即 $m_L = m_0 \sqrt{L}$,即 $m_L^2 = m_0^2 L$。

根据式(3.65),用 $m_L^2 = \frac{m_0^2}{P_L}$ 代入上式,得 $m_0^2 L = \frac{m_0^2}{P_L}$。

故有:

$$P_L = 1/L \qquad (3.72)$$

可见,水准路线总高差的权亦与水准路线的长度成反比。

3.10 平差和精度的几点讨论

3.10.1 单一水准路线的平差和精度讨论

设在水准点 A 与 B 中间有一条水准路线(如图 3.3 所示),点 A 与 B 的高程分别为 H_A 与 H_B。路线上共有 n 个测点,在每个测点上都观测了相邻两点之间的高差 h_j。现在我们来求出路线中 E 点的高程最或是值 H_E,E 点距 A 点有 K 站,E 点的高程可分别由 AE 水准路线和 BE 水准路线算得,设由此可得的观测高程分别为 H_E' 及 H_E'',其值为:

$$H_E' = H_A + \sum_{1}^{K} h \qquad (3.73)$$

$$H_E'' = H_B - \sum_{K+1}^{n} h \qquad (3.74)$$

由图 3.3 可知,因为 AE 及 BE 两条线,测站数量是不相等的,故 H_E' 及 H_E'' 是不等精度的。

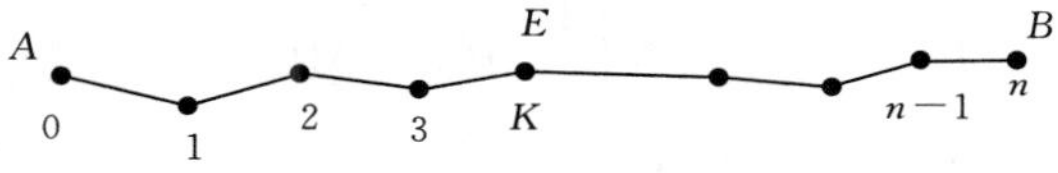

一方面,根据公式 $m_F = mh\sqrt{n}$,可以写出:

图 3.3 单一水准路线观测示意图

$$\left.\begin{array}{l} m_E' = mh\sqrt{K} \\ m_E'' = mh\sqrt{n-K} \end{array}\right\} \qquad (3.75)$$

另一方面,根据权的定义,可以写出:

$$\left.\begin{array}{l} m_E' = \dfrac{m_0}{\sqrt{P_E'}} \\[2mm] m_E'' = \dfrac{m_0}{\sqrt{P_E''}} \end{array}\right\} \qquad (3.76)$$

式中　m_0——单位权中误差。

将式(3.75)代入式(3.74)中,可得:$P_E' = \dfrac{m_0^2}{m_k^2 k}$,$P_E'' = \dfrac{m_0^2}{m_k^2(n-k)}$。

令 $m_0 = mh$，即一个测站的中误差作为单位权中误差，则有：

$$P'_E = \frac{1}{K} \quad 及 \quad P''_E = \frac{1}{n-K} \tag{3.77}$$

现在已经知道了 E 点高程的两个数值 H'_E、H''_E 和它们相应的权 P'_E、P''_E，这样，就可按加权平均值的公式求出 E 点高程的最或是值 H_E，即：

$$H_E = \frac{H'_E P'_E + H''_E P''_E}{P'_E + P''_E} \tag{3.78}$$

为了简化式（3.77），可将式（3.72）、式（3.73）相减得 H'_E 及 H''_E 的差数为：

$$H'_E - H''_E = H_A - H_B + \sum_1^n h = \sum_1^n h - (H_B - H_A) \tag{3.79}$$

虽然，式（3.78）等号右边即为这条水准路线的闭合差 fh。此时有 $H'_E - H''_E = fh$，亦即：

$$H''_E = H'_E - fh \tag{3.80}$$

将式（3.79）代入式（3.77），可得：$H_E = \dfrac{H'_E P'_E + (H'_E - fh) P''_E}{P'_E + P''_E} = H'_E - fh \dfrac{P''_E}{P'_E + P''_E}$，

再将式（3.76）代入上式，可得：$H_E = H'_E - \dfrac{fh}{n} K$。

上式说明，为了求得任一点的高程最或是值，须要将闭合差 fh 反号平均分配到每一站上，按改正后的高差计算高程。

下面再来讨论高程最或是值的精度问题，首先确定加权平均值的权 P_E，由式（3.77）可知，加权平均值的函数式为：

$$H_E = \frac{P'_E}{P_E + P''_E} H'_E + \frac{P''_E}{P_E + P''_E} H''_E \tag{3.81}$$

将其化为权函数式，可得：

$$\frac{1}{P_E} = \left(\frac{P'_E}{P_E + P''_E}\right)^2 \frac{1}{P'_E} + \left(\frac{P''_E}{P'_E + P''_E}\right)^2 \frac{1}{P''_E} = \frac{P'_E}{(P'_E + P''_E)^2} + \frac{P''_E}{(P'_E + P''_E)^2} = \frac{1}{P'_E + P''_E}$$

故有 $P_E = P'_E + P''_E$。

将式（3.76）代入上式，可得：

$$P_E = \frac{1}{K} + \frac{1}{n-K} = \frac{n}{K(n-K)} \tag{3.82}$$

由式（3.81）可知，水准路线上各点高程最或是值的权是不相同的。当 n 不变时，P_E 随 K 值变化而变化，P_E 最小，高程的精度最差。在式（3.81）中，分母 $K(n-K)$ 增加到最大时，P_E 为最小。

设 $y = K(n-K)$，将上式微分，并令其等于零，可得 $\dfrac{\mathrm{d}y}{\mathrm{d}K} = n - K - K = 0$，故得：

$$K = \frac{n}{2} \tag{3.83}$$

这里，在已平差的水准路线上，最弱点就是路线的中间点。此时，$P_{E_{最小}} = 4/n$。

$$m_{E_{最大}} = \frac{m_0}{\sqrt{P_{E_{最小}}}} = \frac{m_h}{\sqrt{\dfrac{4}{n}}} = \frac{m_h}{2}\sqrt{n} \tag{3.84}$$

在规定了精度的条件下，可利用公式（3.83）来估算水准路线上允许的测站数目。

平差之前水准路线中间点（即最弱点）的中误差为：

$$m_E = m_h \sqrt{k} = m_h \sqrt{\frac{n}{2}} = \frac{m_h}{\sqrt{2}} \sqrt{n} \tag{3.85}$$

将式（3.84）与式（3.83）进行比较，可以看出平差后最弱点的精度要比平差前的精度高 $\sqrt{2}$ 倍。

3.10.2　具有一个结点的水准路线平差

举一个例子来介绍具有一个结点的水准路线平差。

【例 3.19】　如图 3.4 所示中 A、B、C 为 3 个已知高程的水准点，从 3 条路线分别测得 E 点的高程为 $H_{E1} = 18.243\mathrm{m}$、$H_{E2} = 18.251\mathrm{m}$、$H_{E3} = 18.239\mathrm{m}$，$AE$ 具有 $n_1 = 2$ 个测站，BE 具有 $n_2 = 10$ 个测站，CE 具有 $n_3 = 5$ 个测站，求 E 点的高程最或是值。

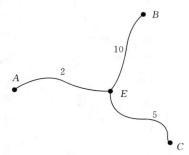

图 3.4　有一个结点的水准路线观测示意图

解：设每一测点高差的权为单位权，即 $P = 1$，则由式（3.71）可知，AE、BE、CE 水准路线的权分别为 $P_1 = 1/n_1$，$P_2 = 1/n_2$，$P_3 = 1/n_3$。

将具体数字代入，得：$P_1 = 1/2$，$P_2 = 1/10$，$P_3 = 1/5$。

为了计算方便，将 P_1、P_2、P_3 各乘以 10，即从 10 个测站的权为单位权，则得：$P_1 = 5$，$P_2 = 1$，$P_3 = 2$。

根据式（3.58），就可求得 E 点高程最或是值为：

$$H_E = H_{E0} + \frac{P\delta_H}{P} = 18.239 + \frac{0.004 \times 5 + 0.012 + 0}{5 + 1 + 2} = 18.239 + 0.004 = 18.243(\mathrm{m})$$

得到了 E 点的高程最或是值后，即可求出观测值的改正数，即：$V_1 = H_E - H_1 = 0$，$V_2 = H_E - H_2 = -8\mathrm{mm}$，$V_3 = H_E - H_3 = +4\mathrm{mm}$。

可以用式（3.85）求得 10 个测站作为单位权的中误差，即：

$$m_0 = \pm \sqrt{\frac{[PVV]}{n-1}} \tag{3.86}$$

式中　n——水准路线的数目。

E 点高程最或是值的误差为：

$$M_E = \pm m_0 / \sqrt{P} \tag{3.87}$$

式（3.85）及式（3.86）两式的推导，与书中第 1.7 节中所述的方法相仿，此处从略：

将 [例 3.19] 的数字代入上面两式，可得：$m_0 = \pm \sqrt{\dfrac{5 \times 0 + 1 \times 6 + 2 \times 16}{3 - 1}} = \pm 6.9$（mm），

如以 1 个测站的权为单位权，则单位权中误差为：$m_1 = \dfrac{m_0}{\sqrt{10}} = \pm \dfrac{6.9}{\sqrt{10}} = \pm 2.1$（mm），

$m_E = \pm m_0 / \sqrt{P} = \pm \dfrac{6.9}{\sqrt{8}} = \pm 2.4$（mm）。

3.11　测量平差及其程序设计

3.11.1　水准模型网的间接平差

3.11.1.1　"权"值的确定

当在相同的条件下进行水准测量时，其精度是相同的，因而观测结果的可靠性也是一样的。但如果在不同的条件下进行水准测量时，高程的精度就有所不同，此时称为不等精度观测。所求出的未知量的值、高程的最或是值并对其精度进行评定时，就需要"权"了。

由于观测的不等精度，因而观测值的可靠程度不同，求未知量的最或是值时，这样的一个因素就必须考虑了，这个因素是可靠性大的某观测值，其精度高，对测量的最后结果的影响也就越大。此时，如果用"权"值来表示观测值的可靠程度，那么，"权"值越大，观测值的可靠程度就越高。另外，在观测过程中，观测值的中误差越小，观测结果越可靠，它的"权"值就越大。因而，根据中误差来确定"权"值是非常适当的。设以 P_i 表示观测值 L_i 的"权"，m 为中误差，则"权"值的定义为：

$$P_i = \frac{A}{m_i^2} \tag{3.88}$$

式中　A——任意的正常数，在一组观测值中为一个定数。

在实际测量中，通常是观测值的中误差事先是未知的，因而必须先确定观测值的"权"，然后才能求出未知量的最或是值。此时，可以利用距离（S）或测站数（N）来确定观测值——高程的"权"。

根据偶然误差传播定律，各观测点高程 H_i 的中误差 m_i 由测站数 N_i 确定时，则有：

$$m_i = m \sqrt{N_i} \tag{3.89}$$

式中　m——一组观测值的中误差，为一个定数。

由式（3.87）、式（3.88）两式可得：

$$P_i = \frac{A}{m_i^2 N_i} = \frac{C'}{N_i} \tag{3.90}$$

式中　C'——$C' = \dfrac{A}{m_i^2}$，由于 A、m_i 为常数，故 C' 也是常数。

同样，可得出：

$$P_i = \frac{C'}{S_i} \tag{3.91}$$

式中　C——定数；

　　　S_i——测距。

由式（3.89）、式（3.90）两式可以得出这样一个结论：当测站观测高差等精度时，观测总高差的"权"与测站数或距离成反比。

3.11.1.2　水准路线的平差计算

1. 附合路线的平差计算

假定在如图 3.5 所示的 A、B 两水准点之间布设一条水准路线，A、B 两水准点的高程为已知，分别设为 H_A、H_B、n_1、n_2、…，C 为中间水准点。假定观测了所有点的高程，现拟求 C 点的高程 H_C 的最或是值。

H_C 可由水准路线 $A \to C$、$B \to C$ 分别观测的高差 Δh_{AC}、Δh_{BC} 计算得出，由此而得到的观测高程分别设为 H_{C1}、H_{C2}，其值为：

$$H_{C1} = H_A + \Delta h_{AC}; \quad H_{C2} = H_B + \Delta h_{BC}$$

当 H_{C1}、H_{C2} 在不等精度条件下观测得出时，它们的"权"也不同，分别设为 P_{C1}、P_{C2}，这样 C 点的高程 H_C 的最或是值为：

$$H_C = \frac{P_{C1} H_{C1} - P_{C2} H_{C2}}{P_{C1} + P_{C2}} \tag{3.92}$$

根据 A 点的高程 H_A，$A \to C$ 水准路线观测的高差 Δh_{AC} 以及 $B \to C$ 水准路线观测的高差 Δh_{BC}，可推算出 B 点的观测高程 H_B 为：

$$H'_B = H_A + h_{AC} - \Delta h_{AC}$$

水准路线 $A \to B$ 的高程闭合差为：

$$f_h = H'_B - H_B = H_{C1} - H_{C2} \tag{3.93}$$

由式（3.92）得到：

$$H_{C2} = H_{C1} - f_h$$

由式（3.89）得到：$P_{C1} = \dfrac{C}{N_{AC}}$、$P_{C2} = \dfrac{C}{N_{BC}}$（$N_{AC}$、$N_{BC}$ 分别表示水准路线 $A \to C$、$B \to C$ 的测站数，水准路线 $A \to B$ 的测站数为 $N_{AB} = N_{AC} + N_{BC}$）。

将上述表达式代入式（3.91）中，可得到：

$$H_C = H_{C1} - \frac{P_{C2}}{P_{C1} + P_{C2}} f_h = H_{C1} - \frac{N_{AC}}{N_{AB}} f_h \tag{3.94}$$

如果以水准路线 $A \to C$ 的距离 S_{BC}、$B \to C$ 的距离 S_{BC}、$A \to B$ 的距离 S_{AB}（$S_{AB} = S_{AC} + S_{BC}$）来确定高程观测值的"权"值时，同样可以得到：

$$H_C = H_{C1} - \frac{S_{AC}}{S_{AB}} f_h \tag{3.95}$$

2. 闭合路线的平差计算

闭合路线的平差计算原理与附合路线相同，因而式（3.93）、式（3.94）两式的结论适用于闭合路线的平差计算。

3. 具有一个结点的水准网的平差计算

如图 3.5 所示为具有一个结点的水准网，B，C，D，…为已知高程水准点，$B \to A$，$C \to A$，$D \to A$，…为水准路线，则结点 A 的高程最或是值为：

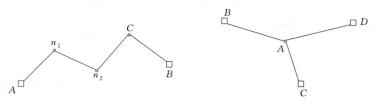

图 3.5 水准路线图

$$H_A = \frac{P_{A1}H_{A1} + P_{A2}H_{A2} + P_{A3}H_{A3} + \cdots}{P_{A1} + P_{A2} + P_{A3} + \cdots} = \frac{\sum_{i=1}^{n} P_{Ai}H_{Ai}}{\sum_{i=1}^{n} P_{Ai}} \tag{3.96}$$

式中　　H_{A1}，H_{A2}，H_{A3}，$\cdots$——水准路线 $B{\rightarrow}A$，$C{\rightarrow}A$，$D{\rightarrow}A$，$\cdots$。

计算 A 的观测高程，各高程相应的"权"值为 P_{A1}，P_{A2}，$P_{A3}\cdots$。

设 H_{A1}，H_{A2}，H_{A3}，$\cdots$ 的算术平均值为 H_A^0，各高程观测值与 H_B^0 的差值分别为 δ_{A1}，δ_{A2}，δ_{A3}，$\cdots$，则有：

$$\left. \begin{array}{lll} \delta_{A1} = H_{A1} - H_A^0 & & H_{A1} = \delta_{A1} + H_A^0 \\ \delta_{A2} = H_{A2} - H_A^0 & \text{或} & H_{A2} = \delta_{A2} + H_A^0 \\ \delta_{A3} = H_{A3} - H_A^0 & & H_{A3} = \delta_{A3} + H_A^0 \\ \cdots & & \cdots \end{array} \right\} \tag{3.97}$$

将式（3.96）代入式（3.95）得到：

$$H_A = H_A^0 + \frac{\sum_{i=1}^{n}(P_{Ai}\delta_{Ai})}{\sum_{i=1}^{n} P_{Ai}} \tag{3.98}$$

当以测站数和距离来确定"权"值时，式（3.97）分别可以转化为：

$$H_A = H_A^0 + \frac{\sum_{i=1}^{n}\dfrac{\delta_{Ai}}{N_i}}{\sum_{i=1}^{n}\dfrac{1}{N_i}} \tag{3.99}$$

$$H_A = H_A^0 + \frac{\sum_{i=1}^{n}\dfrac{\delta_{Ai}}{S_i}}{\sum_{i=1}^{n}\dfrac{1}{S_i}} \tag{3.100}$$

上述结论也可应用于小三角水准网的平差计算。

3.11.1.3　精度评定

单位权中误差：
$$\sigma_0 = \sqrt{\frac{V^{\mathrm{T}}PV}{n-t}} \tag{3.101}$$

平差参数的协方差阵：
$$D_{\hat{X}\hat{X}} = \sigma_0^2 N_{bb}^{-1} \tag{3.102}$$

平差函数的协方差阵：
$$Q_{\hat{\varphi}\hat{\varphi}} = \sigma_0^2 F^{\mathrm{T}} N_{bb}^{-1} F \tag{3.103}$$

3.11.2　测边网平差程序设计

3.11.2.1　数学模型

1. 误差方程和法方程的组成

控制网中的观测值为边长，误差方程非零项最多为 4 个，故误差方程系数矩阵采用压缩格式进行储存。

可采用以下的方法，即：

$$A(m, n) \rightarrow A(m, 9)$$

其中，m 为观测值的个数，n 为未知点个数的两倍。

改进后的 A 阵格式为：$A_i =$（编号 1，系数 1，编号 2，系数 2，…，编号 4，系数 4，常数项），共 9 列。即只存储误差方程的 4 个非零参数系数。

法方程系数阵 N_A 为对称阵，在存储时，只需要存其上三角部分就可以了。其占用的空间为：$\text{sum} = \dfrac{n(n+1)}{2}$。

现有 A 阵：$A = $（编号 1，系数 1，编号 2，系数 2，…，编号 4，系数 4，常数项），其中偶数项为系数，加上最后的 A_9 为常数项，在组成法方程时，从 A_2 开始分别与剩下的偶数项以及常数项相乘，然后再用 A_4 与剩余的项相乘，一直到 A_8 为止，这样就完成了 $N_A = A^{\mathrm{T}} P A$ 的过程。需要注意的是：若 A_1、A_3、A_5、A_7 小于零，则表示该点已知点，不参与法方程的组成。

2. 边长观测的权

边长观测的精度一般与其长度有关，定权公式为：

$$P_{s_i} = \frac{\sigma_0^2}{\sigma_{s_i}^2}, \ i = 1, \ 2, \ \cdots, \ n$$

式中　$\sigma_{s_i}^2$ ——所测边长 s_i 的方差；

σ_0^2 ——任意选定的单位权方差。

为了定权 P_{s_i}，必须已知测边的先验方差 $\sigma_{s_i}^2$，但精确的已知是十分困难的，一般采用厂方给定的测距仪精度，即：

$$\sigma_{s_i} = a + bS_i \tag{3.104}$$

式中　a——固定误差，mm；

b——比例误差，mm/km；

S_i ——边长，km。

3. 解算法方程

由于法方程是对称正定阵。因此，可采用改进的平方根法进行解算。平方根法是对称正定矩阵非常有效的三角分解的方法，设 A 为 n 阶方阵，如果其所有顺序主子式均不为零，则其存在唯一的分解式，即：

$$A = LDR$$

其中　$L = \begin{bmatrix} 1 & & & \\ l_2 & & & \\ \vdots & & \ddots & \\ l_{n1} \cdots l_{n,\ n-1} & & & 1 \end{bmatrix}$, $D = \begin{bmatrix} d_1 & \cdots & 0 \\ \vdots & \ddots & \vdots \\ 0 & \cdots & d_n \end{bmatrix}$, $R = \begin{bmatrix} 1 & r_{12} & \cdots & r_{1n} \\ & & \ddots & \vdots \\ & & & r_{n-1,\ n} \\ & & & 1 \end{bmatrix}$

由于此处 A 对称性，得 $L = R^{\mathrm{T}}$，又根据 A 阵正定的性质，可证明 D 均为正数。现在设：

$$D = \begin{bmatrix} d_1 & & \\ & \ddots & \\ & & d_n \end{bmatrix} = \begin{bmatrix} \sqrt{d_1} & & \\ & \ddots & \\ & & d\sqrt{d_1} \end{bmatrix} \begin{bmatrix} \sqrt{d_1} & & \\ & \ddots & \\ & & d\sqrt{d_1} \end{bmatrix}$$

即：
$$D = D^{\frac{1}{2}} D^{\frac{1}{2}}$$

则：
$$A = LDL^{\mathrm{T}} = LD^{\frac{1}{2}} D^{\frac{1}{2}} L^{\mathrm{T}} = (LD^{\frac{1}{2}})(D^{\frac{1}{2}} L^{\mathrm{T}}) = \widetilde{L}\,\widetilde{L}^{\mathrm{T}}$$

为了方便，记为：
$$A = LL^{\mathrm{T}}$$

称为 Cholesky 分解，即正定对称矩阵的平方根分解法。解 $AX = b$ 等阶于求解两个三角方程组，即：
$$LY = b \text{ 和 } L^{\mathrm{T}} X = Y$$

在用平方根分解法计算时，需要进行 n 次开方运算。为了避免开方，可以直接采用对称正定的 $A = LDL^{\mathrm{T}}$ 分解式对平方根法进行改进，从而解方程组 $AX = b$ 可以按如下步骤进行：把 A 分解成 $A = LDL^{\mathrm{T}}$，则 $AX = b$ 变成 $(LDL^{\mathrm{T}})X = b$，即等价于：
$$\begin{cases} LY = b \\ L^{\mathrm{T}} X = D^{-1} Y \end{cases}$$

由此可以解出 X 和 Y，这称为改进的平方根法，在计算中避免了开方运算。

平方根法和改进的平方根法的计算量和存储量比消去法节约近 $1/2$，而且不需要选主元，能得到比较精确的数值解。

法方程用改进平方根法解算的过程如下：

（1）分解。
$$C = S^{\mathrm{T}} D^{-1} S$$

其中
$$S = \begin{pmatrix} s_{11} & \cdots & s_{1n} \\ & \ddots & \vdots \\ & & s_{mn} \end{pmatrix}, \quad D = \begin{pmatrix} s_{11} & & \\ & \ddots & \\ & & s_{mn} \end{pmatrix}$$

$$\begin{pmatrix} c_{11} & \cdots & c_{1n} \\ \vdots & \ddots & \vdots \\ c_{n1} & \cdots & c_{nn} \end{pmatrix} = \begin{pmatrix} 1 & & & \\ \dfrac{s_{12}}{s_{11}} & & & \\ \vdots & \ddots & & \\ \dfrac{s_{1n}}{s_{11}} & \cdots & \dfrac{s_{n-1,\,n}}{s_{n-1,\,n-1}} & 1 \end{pmatrix} \begin{pmatrix} s_{11} & \cdots & s_{1n} \\ & \ddots & \vdots \\ & & s_{mn} \end{pmatrix}$$

$$s_{1j} = c_{1j}$$

$$c_{2j} = \frac{s_{12} s_{1j}}{s_{11}} s_{2j}, \quad s_{2j} = c_{2j} - \frac{s_{12} s_{1j}}{s_{11}}, \quad j \geqslant 2$$

$$c_{3j} = \frac{s_{13} s_{1j}}{s_{11}} + \frac{s_{23} s_{2j}}{s_{22}} + s_{3j}, \quad s_{3j} = c_{3j} - \frac{s_{13} s_{1j}}{s_{11}} - \frac{s_{23} s_{2j}}{s_{22}}, \quad j \geqslant 3$$

纯量计算公式为：
$$s_{1j} = \begin{cases} c_{ij}, & i = 1 \\ c_{ij} - \displaystyle\sum_{k=1}^{i-1} \frac{s_{ki} s_{kj}}{s_{kk}}, & i > 1, \ j \geqslant 2 \end{cases}$$

（2）求逆 $R = S^{-1}$。

即：
$$R = \begin{bmatrix} r_{11} & \cdots & r_{1n} \\ & \ddots & \vdots \\ & & r_{nn} \end{bmatrix}$$

由 $RS = I$ 得：

$$\begin{bmatrix} r_{11} & r_{12} & \cdots & r_{1n} \\ & r_{22} & \cdots & r_{2n} \\ & & \ddots & \vdots \\ & & & r_{nn} \end{bmatrix} \times \begin{bmatrix} s_{11} & s_{12} & \cdots & s_{1n} \\ & s_{22} & \cdots & s_{2n} \\ & & \ddots & \vdots \\ & & & s_{nn} \end{bmatrix} = \begin{bmatrix} 1 & 0 & \cdots & 0 \\ 0 & 1 & \cdots & 0 \\ \vdots & \vdots & \ddots & \vdots \\ 0 & 0 & \cdots & 1 \end{bmatrix}$$

纯量计算公式为：

$$r_{ii} = \frac{1}{s_{ii}}, \ r_{12} = -\frac{r_{11}s_{12}}{s_{22}}, \ r_{13} = \frac{-(r_{11}s_{13} + r_{12}s_{23})}{s_{33}}, \ r_{1n} = \frac{-(r_{11}s_{1n} + \cdots + r_{1(n-1)}s_{(n-1)n})}{s_{nn}},$$

$$r_{23} = -\frac{r_{22}s_{12}}{s_{33}}, \ r_{24} = \frac{-(r_{22}s_{24} + r_{23}s_{34})}{s_{44}}$$

通式为：

$$\begin{cases} r_{ii} = \dfrac{1}{s_{ii}} \\ r_{ij} = -\dfrac{\sum\limits_{k=1}^{j-1} r_{ik}s_{kj}}{s_{ij}}, \ j > i \end{cases}$$

（3）求积。

$$Q = (S^T D^{-1} S)^{-1} = S^{-1} D (S^{-1})^T = RDR^T$$

$$Q = RDR^T = \begin{bmatrix} r_{11} & \cdots & r_{1n} \\ & \ddots & \vdots \\ & & r_{nn} \end{bmatrix} \begin{bmatrix} s_{11} & & \\ & \ddots & \\ & & s_{nn} \end{bmatrix} \begin{bmatrix} r_{11} & & \\ \vdots & \ddots & \\ r_{1n} & \cdots & r_{nn} \end{bmatrix}$$

$$= \begin{bmatrix} s_{11}r_{11} & s_{12}r_{12} & \cdots & s_{1n}r_{1n} \\ & s_{22}r_{22} & \cdots & s_{2n}r_{2n} \\ & & \ddots & \vdots \\ & & & s_{nn}r_{nn} \end{bmatrix} \begin{bmatrix} r_{11} & & \\ r_{nn} & r_{nn} & \\ \vdots & \vdots & \ddots \\ r_{1n} & r_{nn} & \cdots & r_{nn} \end{bmatrix}$$

4. 精度评定

（1）坐标改正数以及单位权中误差的计算 m_0。使用上三角一维数组形式存储坐标改正数的公式为：

$$\delta x_i = -\sum_{j=1}^{i-1} q_{ji} w_j - \sum_{j=1}^{n} q_{ij} w_j, \ i = 1, \cdots, n \tag{3.105}$$

式中 $n = 2 \times dd$，$\hat{x}_i$ 的单位是 cm。

平差值为：

$$\hat{X} = X^0 + \hat{x}$$

写成分量的形式为：

$$X_i = X_i^0 + \delta x_i$$

如果近似坐标的误差较大，或网形较大，平差的结果不会精确，这时就需要进行迭代平差，直到两次平差间互差在允许值内。

由测量平差理论可得：

$$\hat{\sigma} = \sqrt{\dfrac{V^{\mathrm{T}}PV}{n-t}}$$

同样，可得到单位权中误差为：

$$m_0 = \sqrt{\dfrac{[PVV]}{m-n}}$$

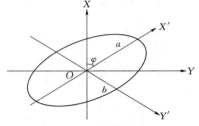

图 3.6　误差椭圆的表达

式中　$m-n$——观测个数减去未知点个数，其中，$m = m_1 + m_2 + m_3$，$n = 2 \times dd + ST$，ST 为方向观测站数量。

（2）点位误差椭圆。误差椭圆表示了网中点或点与点之间的误差分布情况如图 3.6 所示。在测量工作中，常用的误差椭圆对布网方案做精度分析。绘制误差椭圆只需要 3 个数据，分别为：椭圆长半轴 a，短半轴 b 和主轴方向 φ，其求法为：

$$\left.\begin{aligned} a^2 &= \frac{1}{2}\big[\sigma_x^2 + \sigma_y^2 + \sqrt{(\sigma_x^2 - \sigma_y^2)^2 + 4\sigma_{xy}^2}\,\big] \\ b^2 &= \frac{1}{2}\big[\sigma_x^2 + \sigma_y^2 - \sqrt{(\sigma_x^2 - \sigma_y^2)^2 + 4\sigma_{xy}^2}\,\big] \end{aligned}\right\}, \quad \tan 2\varphi = \frac{2\sigma_{xy}}{\sigma_x^2 - \sigma_y^2}$$

顾及方差与权倒数的关系，得：

$$\left.\begin{aligned} a^2 &= \frac{\sigma_0^2}{2}\big[Q_{xx} + Q_{yy} + \sqrt{(Q_{xx} - Q_{yy})^2 + 4Q_{xy}^2}\,\big] \\ b^2 &= \frac{\sigma_0^2}{2}\big[Q_{xx} + Q_{yy} - \sqrt{(Q_{xx} - Q_{yy})^2 + 4Q_{xy}^2}\,\big] \end{aligned}\right\}, \quad \tan 2\varphi = \frac{2Q_{xy}}{Q_{xx} - Q_{yy}}$$

根据上述的理论，我们实际要求的是 m_{x_i}、m_{y_i}、$m_{x_i y_i}$。只要得到了这些元素，就能依照上面的公式来求得椭圆的元素了。

3.11.2.2　测边网平差信息设计

外业测量的数据首先应进行预处理，包括测站平差、归心计算、观测值归化到椭球面的改正、椭球面归化到高斯平面的改正等，然后将预处理后的数据输入到以后缀名为 .TXT 的文本文件中，该数据文件的组织格式如表 3.7 所示。

表 3.7　　　　　　　　　　　数 据 组 织 格 式

次序	内　容
1	已知点个数 ed，未知点个数 dd
2	点号 p_n，先输入已知点编号，各点输入顺序无要求
3	已知点坐标，x_0，y_0，x_1，y_1，x_2，y_2，…
4	测量边的个数 m_1
5	边长的固定误差 m_s（cm），边长的比例误差 pp（$\times 10^{-6}$）

次序	内　容
6	边长的起始点号 e，终点点号 d，边长 sid。每一条边一行，依次列出
7	推算近似坐标的路线经过的边数
8	推算近似坐标的起算已知点坐标（按顺时针）
9	推算近似坐标的路线经过的边的边号

3.11.2.3　主要的技术要求

测边网的技术要求如表 3.8 所示。

表 3.8　测边网的技术要求

等级	平均边长/km	测距中误差/mm	测距相对中误差
二等	9	±30	1/30 万
三等	5	±30	1/16 万
四等	2	±16	1/12 万
一级小三角	1	±16	1/6 万
二级小三角	0.5	±16	1/3 万

3.11.2.4　利用 MATLAB 的绘图语句绘制网图

1. 网形的绘制

由于网形图与误差椭圆绘制在同一个图形上。因此，必须对误差椭圆进行放大，在本书的程序中，使用了 inputdlg 对话框输入语句，其中，确认的放大倍数为 100。在程序中，使用了 ed dd pn m1 x y e d sid ai bi fi 等变量，其意义与前面的变量相同。对绘制的网图有效放大和缩小功能，即单击放大图形，右击缩小图形，利用 MATLAB 菜单本身的功能，可以将该图形输出为各种图形文件格式。

2. 误差椭圆的绘制

无论多么复杂的图形，其基本单元还是点和线。换句话说，只需要利用基本元素的点或线，通过各种组合，也能绘制出复杂的图形。MATLAB 中没有提供直接绘制椭圆的命令，因此可以直接利用连线来绘制椭圆。

测量中描述误差椭圆用长半轴 A，短半轴 B 和方位角 FI 3 个量。在如图 3.7 所示的 $x'Oy'$ 直角坐标系中，椭圆的标准方程为：

$$\frac{x'^2}{A^2} + \frac{y'^2}{B^2} = 1 \tag{3.106}$$

如果以角度 i 为变量，则椭圆的标准参数方程为：

$$\left.\begin{array}{l} x' = A\cos i \\ y' = B\sin i \end{array}\right\} \tag{3.107}$$

设在测量坐标系 xOy 中椭圆长半轴的方位角为 φ_0，则有：

$$\begin{pmatrix} x \\ y \end{pmatrix} = \begin{bmatrix} \cos\varphi_0 & -\sin\varphi_0 \\ \sin\varphi_0 & \cos\varphi_0 \end{bmatrix} \begin{pmatrix} x' \\ y' \end{pmatrix} \tag{3.108}$$

用参数方程代入，得到：

$$
\left.\begin{array}{l}
x = A\cos\varphi_0\cos i - B\sin\varphi_0\sin i \\
y = A\sin\varphi_0\cos i + B\cos\varphi_0\sin i
\end{array}\right\} \tag{3.109}
$$

测量坐标系与 MATLAB 或 AutoCAD 绘制的数学坐标系的 x，y 坐标轴不同，绘图时，需要调换 x，y 坐标。

在式（3.109）中，i 取不同的值，就有一组（x，y），只需要将这些点连接起来，就可以绘出一个椭圆。

3.11.2.5　测边网程序和使用说明

使用本程序的全部数据都按规定的格式编辑成数据文件储存在磁盘上。数据文件的编辑取决于平差网型和观测值的编号。为此，先绘制平差网的略图，在图上标明各项数据的信息。以下就测边网的点号、观测边的编号、推算近似坐标的路线、输入数据、输出成果以及运行程序等问题作简明说明。

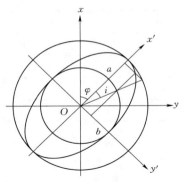

图 3.7　误差椭圆的参数方程

1. 点号和观测边的编号

已知点和待定点的编号为 p_n（取三位数），已知点在前，未知点在后，其顺序无要求。但为了减小法方程系数的带宽，应使相邻的待定点编号的差数尽可能小。平差网的编号如图 3.8 所示。

2. 推算近似坐标的路线

近似坐标的路线是用户在测边网格图上指定出来的，如图 3.8 所示的箭头，就是表示推算路线。路线的两个起算点必须为已知点，从两个已知推算出的第一个未知点开始，选择观测边，由观测边和已求得的近似坐标或已知坐标推算出观测边所对的未知点。本程序是按推算的 3 个点 A、B、P 顺序为顺时针。

3. 数据的输入

（1）简单变量。为了在程序运行中数据的传递，定义了一些全局变量。

（2）数据文件。外业测量的数据首先应进行预处理，包括测站平差、归心计算、观测值归化到椭球面的改正、椭球面归化到高斯平面的改正等，然后将预处理后的数据输入到以后缀名为 .txt 的文本文件中。

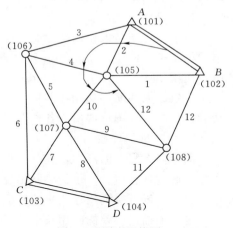

图 3.8　测边网格图

4. 输出成果

本程序的计算成果是以文件的形式输出到文本文件中，用户可以在文本中查看和编辑。

3.11.2.6　程序代码说明

测边网总体的流程图如图 3.9 所示。

（1）数据读入块。本模块的功能是打开一个 *.txt 的数据文件，同时生成一个

＊out.txt的文本文件，以便记录用户数据和输出成果。程序调用 fscanf 函数时，把文件中的数据赋值给相应的变量，这些变量是后面计算的数据依据。

（2）近似坐标的计算。测边网的观测数据是边长，故在近似坐标的计算时只能用测边交会计算，以及 A、B 两点坐标及 A、B 到 P 点的距离 b、a，c 为 A、B 两点的距离，A、B、P 3 点按顺时针排列，则 P 点的坐标计算公式如下：

$$e = \frac{b^2 + c^2 - a^2}{2c}, \quad f = \sqrt{b^2 - e^2}$$

$$\left. \begin{array}{l} X_P = X_A + e\cos\alpha_{AB} - f\sin\alpha_{AB} \\ Y_P = X_A + e\sin\alpha_{AB} + f\cos\alpha_{AB} \end{array} \right\}$$

计算近似坐标的流程图如图 3.10 所示。

数据的读入
近似坐标计算
误差方程和法方程的组成
解算法方程
精度评定
输出计算结果
绘制控制网图和误差椭圆

图 3.9　测边网总体流程图

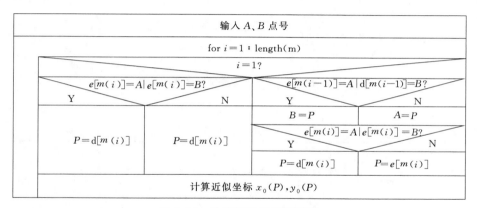

图 3.10　计算近似坐标流程图

（3）误差方程和法方程的形成。程序中，用数组 a 来存储误差方程的编号和系数，$a(i, 9)$ 为存储常数项，w 和 c 分别为存储法方程系数和法方程常数。

（4）解算法方程。平方根法求逆程序的框架图如图 3.11 所示，程序代码（略）。

（5）精度评定。本模块包括坐标改正数、单位权中误差和误差椭圆的计算。程序中定义了 dxy（坐标改正数）、pvv（即存储 $[PVV] = [pll] + [\delta x\omega]$）、uw0（单位权中误差）等。同时，计算出误差椭圆的 3 个参数长半轴 a_i、短半轴 b_i 和主轴方向 f_i。

（6）控制网的绘制。程序中调用 inputdlg 函数打开一个对话框来输入误差椭圆的参数；用 text 函数来对点号进行标注；用 ploth 函数及控制参数绘制线和误差椭圆。

程序的完全代码（略）。

3.11.2.7　程序的使用算例

有测边网如图 3.8 所示。网中 A、B、C、D 点为已知，其余为未知点，现用某测距仪观测了 13 条边长，测距精度 $\sigma_s = (3\text{mm} + 1 \times 10^{-6}S)$。起算数据和观测数据分别如表 3.9 和表 3.10 所示。

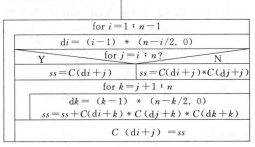

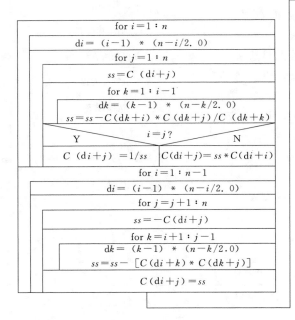

图 3.11 平方根法求逆程序框架图

表 3.9 已 知 点 坐 标

点名	X	Y	点名	X	Y
A	53743.136	61003.826	C	40049.229	53782.79
B	47943.002	66225.854	D	36924.728	61027.086

表 3.10 观 测 值

编号	边观测值	编号	边观测值	编号	边观测值
1	5760.706	6	8720.162	11	5487.073
2	5187.342	7	5598.57	12	8884.587
3	7838.88	8	7494.881	13	7228.367
4	5483.158	9	7493.323		
5	5731.788	10	5438.382		

（1）编辑数据文本文件如图 3.12 所示。

（2）在 MATLAB 命令窗口键入 nnbb 执行程序，运行中会弹出一个对话框提示用户输入误差椭圆的放大比例，默认设置为 100，本例设置选择 500，如图 3.13 所示。

（3）计算出的结果如下：在图 3.14 中，第 1 行、第 2 行分别是已知点和未知点的个数；第 4 行是点的编号；第 5～8 行是已知点的坐标；第 10 行是观测值的个数；第 12 行是测距的固定误差和比例误差；第 13～25 行是观测边的起点号、终点号和观测边长；第 27～39 行（图 3.15）是点号转换为计算机顺序后的观测边起点号、终点号和观测边长。

如图 3.14 和图 3.15 所示中，第 42～49 行是推算的近似坐标；第 52～64 行是计算的误差方程的系数和常数。

在图 3.14～图 3.16 中，第 67～70 行是法方程的系数（上三角一维存储）；第 73～76 行是求逆后的法方程系数；第 79～86 行是坐标改正数和坐标平差值；第 89～92 行是误差椭圆的参数；第 95 行是单位权中误差。

（4）输出的控制网图和误差椭圆如图 3.17 所示。

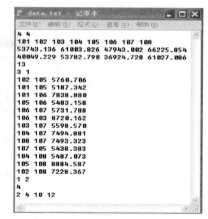

图 3.12　数据文件

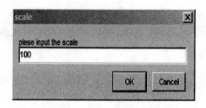

（a）默认设置

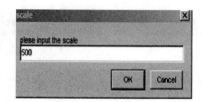

（b）本例设置

图 3.13　运行窗口示意图

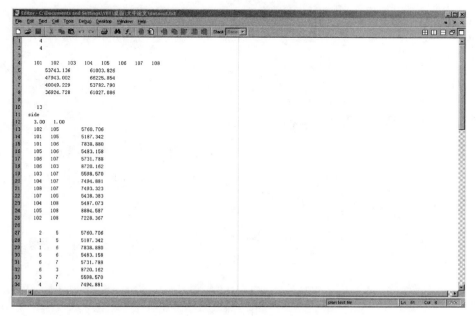

图 3.14　计算结果（1）

```
Editor - C:\Documents and Settings\YBT\桌面\大牛论文\dataout.txt*
File  Edit  Text  Cell  Tools  Debug  Desktop  Window  Help
32    6     3     8720.162
33    3     7     5598.570
34    4     7     7494.881
35    8     7     7493.323
36    8     5     5438.383
37    4     8     5487.073
38    5     8     8884.587
39    2     8     7228.367
40
41    计算的近似坐标
42    53743.136        61003.826
43    47943.002        66225.854
44    40049.229        53782.790
45    36924.728        61027.086
46    48580.270        60500.505
47    48681.390        55018.279
48    43767.222        57968.592
49    40843.218        64867.874
50
51    误差方程系数和常数项
52   -5.000   -0.111   -4.000    0.994    1.000    0.111    2.000   -0.994    0.000
53   -7.000    0.995   -6.000    0.097    1.000   -0.995    2.000   -0.097    0.000
54   -7.000    0.646   -6.000    0.764    3.000   -0.646    4.000   -0.764   -0.000
55    1.000   -0.018    2.000    1.000    3.000    0.018    4.000   -1.000   -0.000
56    3.000    0.857    4.000   -0.515    5.000   -0.857    6.000    0.515    0.000
57    3.000    0.990    4.000    0.142   -3.000   -0.990   -2.000   -0.142   -3.354
58   -3.000   -0.664   -2.000   -0.748    5.000    0.664    6.000    0.748    3.837
59   -1.000   -0.913    0.000    0.408    5.000    0.913    6.000   -0.408    5.799
60    7.000   -0.390    8.000    0.921    5.000    0.390    6.000   -0.921    0.000
61    5.000   -0.885    6.000   -0.466    1.000    0.885    2.000    0.466    0.000
62   -1.000   -0.714    0.000   -0.700    7.000    0.714    8.000    0.700  -15.941
63    1.000    0.871    2.000   -0.492    7.000   -0.871    8.000    0.492    0.000
64   -5.000    0.982   -4.000    0.188    7.000   -0.982    8.000   -0.188   12.094
65
                                                      Ln 51  Col 11
```

图 3.15　计算结果（2）

```
Editor - C:\Documents and Settings\YBT\桌面\大牛论文\dataout.txt*
File  Edit  Text  Cell  Tools  Debug  Desktop  Window  Help
63    1.000    0.871    2.000   -0.492    7.000   -0.871    8.000    0.492    0.000
64   -5.000    0.982   -4.000    0.188    7.000   -0.982    8.000   -0.188   12.094
65
66    法方程系数
67    3.131    0.251   -0.000    0.026   -1.100   -0.579   -0.537    0.303    3.166
68    0.026   -1.389   -0.579   -0.304    0.303   -0.171    2.033   -0.083   -0.964
69    0.579    0.000    0.000    2.248    0.579   -0.347    0.000    0.000    3.556
70    0.007   -0.138    0.326    2.329    0.326   -0.770    2.305    0.241    1.655
71
72    求逆后的法方程系数
73    0.421   -0.058    0.079   -0.082    0.173    0.002    0.130   -0.135    0.512
74   -0.064    0.354   -0.032    0.199   -0.130    0.181    0.673   -0.116    0.238
75   -0.254    0.098   -0.201    0.737   -0.145    0.256   -0.133   -0.219    0.440
76   -0.123    0.109   -0.195    0.716   -0.177    0.403    0.536   -0.219    0.906
77    坐标改正数和坐标平差值
78    pn        vx          z          vy          y
79    101     0.0000    53743.1360    0.0000    61003.8260
80    102     0.0000    47943.0020    0.0000    66225.8540
81    103     0.0000    40049.2290    0.0000    53782.7900
82    104     0.0000    36924.7280    0.0000    61027.0860
83    105    -0.0013    48580.2687   -0.0044    60500.5004
84    106    -0.0082    48681.3820    0.0097    55018.2890
85    107    -0.0338    43767.1884    0.0157    57968.6082
86    108     0.1028    40843.3211    0.1055    64867.9798
87    parameter of error ellipse
88    pn(i)    mx      my      mm       a       b       fi
89    105     2.287   2.521   3.404   2.590   2.209   116.011
90    106     2.892   3.025   4.185   3.202   2.694   127.337
91    107     2.338   2.981   3.788   3.077   2.210   110.878
92    108     2.579   3.353   4.230   3.536   2.321   114.891
93         mse  of unit weight=   3.523741
94         the average station error mm=    3.902
95    uv0=    3.5237
96
                                                      Ln 77  Col 9
```

图 3.16　计算结果（3）

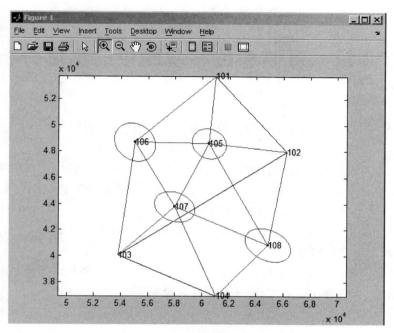

图 3.17　控制网图

思考题与练习

1. 系统误差和偶然误差是如何产生的？通过什么样的方法可以消除或减小它对观测成果的影响？

2. 为什么要用改正数计算中误差，而不直接用中误差的公式 $m=\pm\sqrt{\dfrac{[\Delta\Delta]}{n}}$ 求中误差？

3. 衡量观测精度时，哪些情况下必须要用相对误差才能说明问题？试举例说明。

4. 在实际的观测工作中，容许误差有什么作用？

5. 在实际工作中，等精度观测的算术平均值为什么称为最或是值？

6. 最小二乘法的原理是什么？

7. 简述权与中误差的关系。

8. 本章中所讨论的中误差、容许误差等是指系统误差还是偶然误差？并说明原因。

9. 权与单位权有什么关系？

10. 举例说明观测工作中，如何减小误差，提高观测精度。

11. 测量平差及其程序设计的基本步骤有哪些？

第 4 章　沉陷和位移观测中的精度分析

4.1　沉陷观测中的精度分析

大坝的沉陷观测，主要采用精密水准测量的方法来进行。目前各大坝所采用的仪器大多是 Ni004 型精密水准仪或威尔特 N3 型精密水准仪，它们的望远镜放大倍率 V 分别为 44 倍和 42 倍，管状水准器分划值 τ 均为 $10''/2\text{mm}$。

现根据上述数据，对沉陷观测中的几个误差问题，用误差理论做如下的初步分析。

4.1.1　水准尺上的读数精度

水准测量时，影响水准尺上读数精度而产生误差的主要原因是望远镜照准误差和水准器气泡置中误差，现根据 Ni004 型精密水准仪讨论如下。

1. 照准误差的影响

精密水准仪望远镜的分辨视角可取 $d=\dfrac{30''}{V}$，已知 $V=44$ 倍，则对于视距为 S 的水准尺，其照准误差为：

$$m_{照}=\pm\frac{30''}{44\times\rho''}\times S\approx 3.3\times10^{-6}\times S$$

2. 水准器气泡置中误差的影响

管状水准器的气泡置中误差约为 $\mu=0.15\tau''$，符合水准器的置中精度可提高 5～6 倍，现取 5 倍计算，则 $\mu=0.03\tau''$，已知 $\tau''=10''$，则 $\mu=0.3''$。因此，当视距为 S 时，置中误差对水准尺读数的影响为：

$$m_{置}=\pm\frac{\mu''}{\rho''}\times S=\pm\frac{0.3''}{\rho''}\times S\approx\pm1.5\times10^{-6}\times S$$

照准误差及气泡置中误差对水准尺读数的总影响为：

$$m_{观}=\pm\sqrt{m_{照}^2+m_{置}^2}=\pm3.6\times10^{-6}\times S \tag{4.1}$$

根据《水利水电工程测量规范规定》（SL 197—2013）（本章以下简称规范）规定，一等、二等水准测量的视线长度分别为 36m 和 50m，则由于视线偏差而产生水准尺上读数的误差为：

一等水准测量：　　　$m_{观}=\pm3.6\times10^{-6}\times35000=\pm0.126$（mm）

二等水准测量：　　　$m_{观}=\pm3.6\times10^{-6}\times50000=\pm0.180$（mm）

规范规定，一等、二等水准测量的 m 观分别为 0.12mm 和 0.18mm，与上面推导的结果相符。

4.1.2　水准测量中测站限差的分析

在水准测量中，因为仪器误差和外界条件引起的误差都应最大限度地加以限制。因此，在确定测站限差时，都是以不可避免的误差 $m_观$ 为基础来进行分析的。

1. 按基、辅分划两次读数差数的限差

精密水准尺一般均为基本分划和辅助分划两行分划，根据误差传播定律，按基、辅分划两次读数之差的中误差应为：

$$m_{基、辅} = m_观\sqrt{2} \tag{4.2}$$

取两倍中误差作为限差，则有：

$$\Delta_{基、辅} = 2m_{基、辅} = 2\sqrt{2}\,m_观 \tag{4.3}$$

将一等、二等水准测量中所规定 $m_观$ 的分别代入式（4.2）可得基、辅读教之差的限差分别为：

一等水准测量： $\Delta_{基、辅} = 2 \times \sqrt{2} \times (\pm 0.12) = \pm 0.33$（mm）

二等水准测量： $\Delta_{基、辅} = 2 \times \sqrt{2} \times (\pm 0.18) = \pm 0.50$（mm）

所以规范规定，一等、二等水准测量中，同一尺子基、辅读数之差分别不得超过 0.30mm 和 0.50mm。

2. 同一测站上基、辅高差之差的限差

一个测站由后、前水准尺的基本分划算得的高差为 $h_基 = 基_后 - 基_前$，用辅助分划算得的高差为 $h_辅 = 辅_后 - 辅_前$，两者之差 $\Delta h = h_基 - h_辅 = (基_后 - 基_前) - (辅_后 - 辅_前)$，其中，$基_后$、$基_前$、$辅_后$、$辅_前$ 为后、前水准尺基本分划和辅助分划的读数，它们的中误差均为 $m_观$，则 $m_h = \sqrt{4}\,m_观 = 2m_观$。

取两倍中误差作为限差，则 $\Delta_站 = 2m_{\Delta h} = 2 \times 2 \times m_观$。

将一等、二等水准测量中所规定的 $m_观$ 分别代入上式，可得一个测站基、辅高差之差的限差为：

一等水准测量： $\Delta_站 = \pm 2 \times 2 \times 0.12 = \pm 0.48$（mm）

二等水准测量： $\Delta_站 = \pm 2 \times 2 \times 0.18 = \pm 0.72$（mm）

所以规范规定，一等、二等水准测量一个测站基、辅高差之差的限差分别为 0.50mm 和 0.70mm。

3. 两固定测点间往、返高差之差的限差

在混凝土坝的沉陷观测中，两个固定水准测点间，一般只有一个测站，此时可按误差传播定律，确定其往返高差之差的限差，即：

$$\Delta h_{往返} = h_往 - h_返 \tag{4.4}$$

因为有 $h_往 = \dfrac{1}{2}(h_{基往} + h_{辅往})$，$h_返 = \dfrac{1}{2}(h_{基返} + h_{辅返})$，其中，$h_{基往}$、$h_{辅往}$、$h_{基返}$、$h_{辅返}$ 为基本分划和辅助分划往、返测所得的高差值。将其代上式得：

$$\Delta h_{往返} = \frac{1}{2}(h_{基往} + h_{辅往} - h_{基返} + h_{辅返})$$

故有：

$$m^2_{\Delta h_{往返}} = \frac{1}{4}(m^2_{h_{基往}} + m^2_{h_{辅往}} + m^2_{h_{基返}} + m^2_{h_{辅返}})$$

因为有：
$$m_{h_{基往}} = m_{h_{辅往}} = m_{h_{基返}} = m_{h_{辅返}} = m_{基辅} = \sqrt{2}\, m_{观}$$

故有：
$$m_{\Delta h_{往返}} = \sqrt{2}\, m_{观}$$

以两倍中误差作为限差，则有：

$$\Delta h_{往返} = 2\sqrt{2}\, m_{观} \tag{4.5}$$

将一等、二等水准测量中所规定的 $m_{观}$ 分别代入上式，可得：

一等水准测量：　　　　　　　$\Delta h_{往返} = \pm 0.34\text{mm}$

二等水准测量：　　　　　　　$\Delta h_{往返} = \pm 0.51\text{mm}$

4.1.3　水准测量每千米中误差的计算

在 1974 年以前，水准测量的精度一般用往、返测高差中数每千米的偶然中误差 η 和系统中误差 σ 来衡量。外业工作结束后，要用拉列曼公式估算每千米高差中数的偶然中误差 η 和系统中误差 σ。《国家一、二等水准测量规范》（GB 12897—2006），对拉列曼公式从理论和实践上作了分析，并提出两个简便的公式来估算水准测量的精度。下面将拉列曼公式和我国 1974 年规定的公式作简要的介绍。

1. 拉列曼公式

拉列曼公式如下：

$$\eta^2 = \frac{1}{4}\left\{\frac{\Delta^2}{L} - \frac{R^2}{L^2} - \frac{S^2}{L}\right\} \tag{4.6}$$

$$\sigma^2 = \frac{1}{4L}\frac{S^2}{L} \tag{4.7}$$

式中　　η——每千米偶然中误差；

　　　　σ——每千米系统中误差；

　　　　Δ——往、返测高差不符值；

　　　　R——测段的距离（即段长），km；

　　　　L——在同样作业情况下系统误差的影响相同的线段长度，km；

　　　　S——线段 L 中往、返测高差的总系统误差。

拉列曼公式的推导是以往、返测不符值 Δ 为基础的，在短距离中认为偶然误差的影响占主导地位，因此利用测段往、返测不符值 Δ 推求 η；长距离中认为系统误差的影响占主导地位，因此利用节长往、返测高不符值 S 推求 σ。众所周知，影响水准测量精度的因素有很多，且其性质和变化规律又相当复杂。有的系统误差影响往、返测高差的中数，但在往、返测高差不符值中却反映不出来（如路线倾斜方向大致不变时的大气垂直折光等影响）；而有的系统误差在往、返测高中数里即可得到消除和削弱，但在往、返测高差不符值中却有反映（尺台、脚架的垂直位移等影响）。由此可知，用节长往、返测不符值 S 来估算系统中误差 σ，并不能客观地反映高差中数实际所包含的系统误差。其次，由于这些公式在计算时需要按不符值积累情况，需把水准路线分节，然而实际计算表明，由于分节长度没有什么严格的标准，在很大程度上取决于人的主观因素。因此，计算 η 及 σ 带有一定的任意性。由于拉列曼公式有以上的缺陷，所以国家水准测量已不用它来估算精度了。在混凝土坝垂直位移的水准观测中，一般只有几千米，甚至不到 1km，因此把路线分节，往往不易办到，即使能分节，计算的结果也不正确，所以拉列曼的完全公式不能应用。

为此采用了简化的拉列曼公式，即：

$$\eta^2 = \frac{1}{4}\frac{(\Delta^2)}{(L)} \tag{4.8}$$

$$\sigma^2 = \frac{1}{4(L)}\frac{S^2}{L} \tag{4.9}$$

式（4.9）主要是在偶然中误差公式中不计算系统误差影响的部分，这是符合在短距离中偶然中误差影响占主导地位的假定的，在计算中节长 L 和段长 R 相等，即在式（4.9）中（L）$=L$。根据丰满坝顶二等水准测量共 40 余次观测的平均值所计算的偶然中误差及系统中误差分别为 $\eta=\pm0.38\text{mm}, \sigma=\pm0.27\text{mm}$。实践中可知，$\eta$ 值比较符合实际情况，σ 值太大，这是因为测段太短，S 值受偶然误差的影响太大所致。

2.《国家一、二等水准测量规范》（GB 12897—2006）中所采用的公式

《国家一、二等水准测量规范》（GB 12897—2006）中所采用的公式，即：

$$M_\Delta = \pm\sqrt{\frac{1}{4n}\frac{\Delta^2}{R}} \tag{4.10}$$

$$M_W = \pm\sqrt{\frac{1}{N}\frac{W^2}{F}} \tag{4.11}$$

式中　　M_Δ——往、返测高差中数的每千米偶然中误差；

　　　　M_W——往、返测高差中数的每千米全中误差；

　　　　n——测段数；

　　　　R——测段长，km；

　　　　Δ——测段往返测高差不符值，mm；

　　　　N——水准环数；

　　　　F——水准环线周长，km；

　　　　W——水准环线的闭合差，mm。

现将式（4.10）推导如下：

在水准测量中，每段线路进行了往返观测，这种成对的观测值称为双观测值。

设每段的往测高差分别为 h'_1，h'_2，h'_3，…，h'_n，相应的返测高差分别为 h''_1，h''_2，h''_3，…，h''_n。

则相应的闭合差为：

$$\Delta_1 = h'_1 - h''_1$$
$$\Delta_2 = h'_2 - h''_2$$
$$\vdots$$
$$\Delta_n = h'_n - h''_n$$

如果观测值没有误差，则 $h'_j = h''_j = 0$。也就是说，Δ_j 的真值应为零。由于观测值不可能没有误差，故 Δ_i 不为零，但可以把 Δ_i 看成是真误差，根据中误差的定义，可得单位权中误差为：

$$\mu = \pm \sqrt{\frac{(P\Delta\Delta)}{n}}$$

因为 Δ_i 为两个观测值的数差，即 $\Delta_i = h_i - h''_i$，所以 $\mu = m_k\sqrt{2}$，故有：

$$m_h = \frac{\mu}{\sqrt{2}} = \pm\sqrt{\frac{(P\Delta\Delta)}{2n}}$$

往、返测高平均值的中误差可依照以下函数关系求得：

$$h_i = \frac{1}{2}(h'_i + h''_i)$$

故有：

$$M_\Delta = \frac{m_h}{\sqrt{2}} = \frac{\mu}{\sqrt{4}} = \pm\sqrt{\frac{(P\Delta\Delta)}{4m}}$$

令 1km 单程高差的权为 1，则千米的权为 $P_i = 1/R_i$，将其代入上式，即得式（4.10）。

$$M_\Delta = \pm\sqrt{\frac{1}{4n}\left(\frac{\Delta\Delta}{R}\right)}$$

同理可推证得式（4.11），此处从略。

　　将拉列曼的简化公式与《国家一、二等水准测量规范》（GB 12897—2006）中规定的公式即式（4.9）比较，可以发现当距离很短，不需分测段时，则式（4.10）中的 $n=1$，此时式（4.8）与式（4.10）完全相同。一、二等水准测量根据式（4.10）所测得的数值及不超过表 4.1 所规定的数值。

表 4.1　　　　　　　　　　观 测 观 测 规 定 数 值　　　　　　　　　单位：mm

水准测量等级	一等	二等
M_Δ 的限值	≤0.5	≤1.0
M_W 的限值	≤1.0	≤2.0

　　根据上面的分析，由于大坝沉陷观测中距离比较短，一段只有几千米，甚至不到 1km，系统误差的影响与偶然误差的影响相比较，前者是很小的。因此，在设计大坝沉陷观测每千米中误差时，只考虑偶然误差的影响更会符合实际情况。因为没有考虑到系统误差的影响，在实际观测中，应采取各种有效措施，尽量减少系统误差的影响。

4.1.4　水准测量中若干闭合差的限差

　　当沉陷观测结束后，要检查闭合差是否合乎要求，所以必须合理地规定闭合差的限差，这样既能保证成果质量又不至于造成不必要的返工浪费。下面根据不同路线的情况，以一等、二等水准测量的基本指标，如表 4.1 所示来讨论闭合差限差的规定。

　　1. 往、返测不符值的限差

　　水准路线往、返测高差中数的函数式为：$h = \frac{1}{2}(h_{往} + h_{返})$。

　　其中误差的关系式为：$m_h^2 = \frac{1}{4}(m_{h往}^2 + m_{h返}^2)$。

因为有：$m_{h往} = m_{h返} = m$，故有：$m_{\Delta h}^2 = \dfrac{1}{2}m^2$。

设 Δh 为往、返测高差的不符值，其函数式为：$\Delta h = h_{往} - h_{返}$。

其中误差关系式为：$m_{\Delta h}^2 = m_{h往}^2 + m_{h返}^2 = 2m^2$。

由式（4.11）可知，$m = \sqrt{2}\,m_h$，代入上式得：

$$m_{\Delta h} = \pm\sqrt{2}\,m = \pm 2m_h$$

以两倍中误差为限差，则有：

$$\Delta_{限} = \pm 2m_{\Delta h} = \pm 4m_h \tag{4.12}$$

如水准路线两端点的距离为 $R\,\mathrm{km}$，则有：$m_h = m_{\Delta}\sqrt{R}$。

将其代入式（4.12），得：

$$\Delta_{限} = \pm 4m_{\Delta}\sqrt{R} \tag{4.13}$$

现将一等、二等的 M_{Δ} 值代入式（4.13），可得：

一等
$$\Delta_{限} = \pm 2\sqrt{R} \tag{4.14}$$

二等
$$\Delta_{限} = \pm 4\sqrt{R} \tag{4.15}$$

按规范规定，一等水准测量的视线长度为 35m，二等水准测量的视线长度为 50m，将式（4.14）、式（4.15）换成测站为单位，则有：

一等
$$\Delta_{限} = \pm 0.5\sqrt{n} \tag{4.16}$$

二等
$$\Delta_{限} = \pm 1.2\sqrt{n} \tag{4.17}$$

式中　n——测站数。

2. 环线闭合差的限差

水准环线较长，系统误差的影响较显著，所以考虑限差时，应以相应等级的全中误差 N_W 代入，如环线长为 F，则有：

$$m_F = M_W\sqrt{F}$$

取两倍中误差为限差，则有：

$$\Delta_{限} = 2m_F = 2M_W\sqrt{F} \tag{4.18}$$

将一等、二等水准测量所规定的 M_W 值代入式（4.18），可得：

一等
$$\Delta_{限} = \pm 2\sqrt{F} \tag{4.19}$$

二等
$$\Delta_{限} = \pm 4\sqrt{F} \tag{4.20}$$

3. 附合水准路线闭合差的限差

当水准路线两端点为已知高程的水准点时，所测高差与已知高差的闭合差也应检查闭合情况。其限差规定可按下列函数关系推出，即：$W' = \Delta h_{已} - \Delta h_{测}$。

转换为中误差关系式为：　　　$m^2_{W} = m_{已}^2 + m_{测}^2$

取中误差的两倍为限差，则有：$W'_{限} = 2m_W'\sqrt{L}$

即：

$$W'_{限} = \pm 2\sqrt{m_{已}^2 + m_{测}^2}\,\sqrt{L} \tag{4.21}$$

式中　$m_{已}$——已知点的每千米高差中数的中误差，mm；

$m_{测}$——新测水准路线每千米高差中数的中误差，mm；

L——新测水准路线的千米数。

考虑到符合水准路线与已测路线构成闭合环，故式中 m_2 及 m 测则应以相应等级的全中误差代入。

一等 $\qquad W'_{限}=\pm 2\sqrt{0.7^2+10^2}\sqrt{L}\approx\pm 2\sqrt{L}$ （4.22）

二等 $\qquad W'_{限}=\pm 2\sqrt{1.0^2+2.0^2}\sqrt{L}\approx\pm 4\sqrt{L}$ （4.23）

4.2　视准线法观测位移的精度分析

视准线法按其使用的工具和作业的方法不同，可分为活动"觇牌法"和"测微器法"两种，现就这两种方法的精度按误差理论进行初步的分析。

4.2.1　活动"觇牌法"的精度分析

如图 4.1 所示，直线 AB 为视准线，A、B 两点为视准线的端点，所用仪器为威尔特 T_3 光学经纬仪，其望远镜的放大率为 40 倍，而照准一方向的中误差 $m_v=\pm\dfrac{30''}{v}=\pm\dfrac{30''}{40}=\pm 0.75''$。

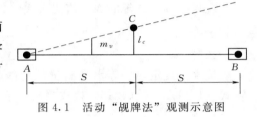

图 4.1　活动"觇牌法"观测示意图

1. 确定一个测回的中误差

设置仪器于 A 点，照准后视点 B 的照准误差在 C 点的影响为 m_1，由于 α 角甚小，故有 $m_1=\dfrac{S\alpha''}{\rho}$。

C 点重复照准 n 次的照准误差为：

$$m^2=\frac{S\alpha''}{\rho''\sqrt{n}}$$

半个测回 C 点总误差为：

$$m_{半}=\pm\sqrt{m_1^2+m_2^2}=\pm\frac{S\alpha''}{\rho''}\sqrt{\frac{n+1}{n}} \qquad (4.24)$$

一个测回的中误差为：

$$m=\frac{m_{半}}{\sqrt{2}}=\pm\frac{S\alpha''}{\rho''}\sqrt{\frac{n+1}{2n}} \qquad (4.25)$$

设 $S=400\text{m}$，观测次数 $n=3$，已知 $m_r=\alpha=0.75''$，则有：

$$m=\pm\frac{S\alpha''}{\rho''}\sqrt{\frac{4}{6}}=\pm\frac{400\times 1000\times 0.75''\times 2}{2\times 10^5\times 2.45}=\pm 1.22(\text{mm})$$

也就是说，半个测回中瞄准后视点定向一次，瞄准活动觇牌 3 次，当 $S=400\text{m}$ 时，一个测回的中误差为 1.22mm。

2. 规定了限差，求测回数

如果说，要求限差在 1.0mm 以下，问当 $S=400\text{m}$ 时，应测几个测回？限差为 1.00mm，则中误差为 0.50mm，从上面的分析已知一个测回的中误差为 1.22mm，现要求中误差不超过 0.50mm。根据误差传播定律有：

$$0.50 = \frac{1.22}{\sqrt{n}}$$

$$\sqrt{n} = \frac{1.22}{0.5} = 2.44$$

$$n = 6 \text{ 个测回}$$

3. 瞄准活动觇牌 n 次读数互差的限差

根据上面的推导，照准觇牌 1 次的误差为：

$$m = \frac{S\alpha''}{\rho''} \tag{4.26}$$

设觇牌第一次读数 l_1 与第二次读数 l_2 之差的函数式为：$\Delta l = l_1 - l_2$。

根据误差传播定律，则有：$m_{\Delta l} = \sqrt{m_1^2 + m_2^2} = m\sqrt{2}$。

将式（4.26）代入上式，可得：

$$m_{\Delta l} = \pm \frac{S\alpha''\sqrt{2}}{\rho''} \tag{4.27}$$

已知 $m_v = \alpha = 0.75$，并设 $S = 400\text{m}$，将其代入式（4.26），可得：

$$m_{\Delta l} = \pm \frac{400 \times 1000 \times 0.75'' \times \sqrt{2}}{2 \times 10^5} = \pm 2.1 \text{（mm）}$$

以两倍中误差作为限差，则 $W_{\text{限}} = 2 \times m_{\Delta l} = \pm 2 \times 2.1 = \pm 42$（mm）

也就是说，当 $S = 400\text{m}$ 时，瞄准活动觇牌次的互差最大不得超过 4.2mm。

4. 两个半测回差数的限差

两个半测回之差的函数式为：$\Delta l = l_{\text{上半}} - l_{\text{下半}}$。

根据误差传播定律，则有：$m_{\Delta l}^2 = m_{\text{上半}}^2 + m_{\text{下半}}^2 = 2m_{\text{半}}^2$，$m_{\Delta l} = m_{\text{半}}\sqrt{2}$。

由式（4.25）可知，当 $n = 3$ 时，半个测回的中误差为：$m_{\text{半}} = \pm \frac{S\alpha''}{\rho''}\sqrt{\frac{n+1}{n}} = \pm \frac{S\alpha''}{\rho''} \times \frac{\sqrt{4}}{\sqrt{3}}$ 将其代入上式，可得：$m_{\Delta l} = \pm \frac{S\alpha''\sqrt{4}\sqrt{2}}{\rho''\sqrt{3}}$。

以两倍中误差作为限差，则有：

$$\Delta_{\text{允}} = \pm 2m_{\Delta l} = \pm \frac{2S\alpha''\sqrt{4}\sqrt{2}}{\rho''\sqrt{3}} \tag{4.28}$$

当 $S = 400\text{m}$ 时，可得：

$$\Delta_{\text{允}} = \pm \frac{2 \times 400 \times 1000 \times 0.75'' \times 2 \times \sqrt{2}}{2 \times 10^5 \times \sqrt{3}} = \pm 4.90 \text{（mm）}$$

5. 两个测回之差的限差

两个测回之差的函数式为：$\Delta l = l_1 - l_2$。

根据误差传播定律，则有：$m_{\Delta l}^2 = m_1^2 + m_2^2 = 2m^2$，即 $m^{4l'} = \sqrt{2}m$。

由式（4.25）可知，当 $n = 3$ 时，一测回的中误差为：

$$m = \pm \frac{S\alpha'' \sqrt{4}}{\rho'' \times \sqrt{6}} \qquad (4.29)$$

将其代入式（4.29），可得：

$$\Delta_{允} = \pm 2m_{\Delta l}{}' = \pm \frac{2 \times 400 \times 1000 \times 0.75'' \times \sqrt{4}}{2 \times 10^5 \times \sqrt{3}} = \pm 3.46 \text{（mm）} \qquad (4.30)$$

4.2.2　测微器法（即测小角法）的精度分析

测微器法是用精密经纬仪测出固定方向线与测点之间的微小角度 α，如图 4.2 所示，并量取距离 S，然后按照下式计算偏离方向线的值 l。

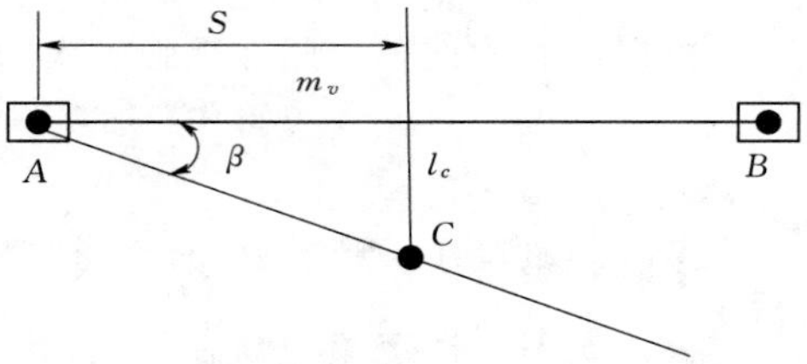

由图 4.2 所示可知：$l = S \dfrac{\alpha''}{\rho''}$。

图 4.2　测微器法观测示意图

将式（4.30）进行全微分，得：$dl = \dfrac{\alpha''}{\rho''} dS + \dfrac{S}{\rho''} d\alpha$。

再将其化为中误差公式得：

$$m_l^2 = \left(\frac{\alpha''}{\rho''} m_s \right)^2 + \left(\frac{S}{\rho''} m_\alpha \right)^2 \qquad (4.31)$$

根据误差等影响原则，即式（4.31）等号右边两部分误差的影响相等，即 $\dfrac{\alpha''}{\rho''} m_s = \dfrac{S}{\rho''} m_\alpha$

亦即：

$$m_l = \sqrt{2} \frac{\alpha''}{\rho''} m_s \qquad (4.32)$$

$$m_l = \sqrt{2} \frac{S}{\rho''} m_\alpha \qquad (4.33)$$

1. 对 m_α 及 m_s 的精度要求

如欲使 m_l 不超过 ± 1mm，当 $\alpha = 60''$ 时，则 m_α 及 m_s 各应等于多少？

将 m_l 及 α 值代入式（4.32）中，可得：

$$m_s = \frac{m_l}{\alpha''} \frac{\rho''}{\sqrt{2}} = \pm \frac{1 \times 2 \times 10^5}{60'' \times 1.41} = \pm 2.4 \text{（m）}$$

如果 $S = 400$m，量距的相对精度为 $m_s / S = 1/2000$，即 $m_s = \pm 0.2$m，当 $\alpha = 60''$ 时，有：

$$m_l = \frac{\sqrt{2} \alpha'' m_s}{\rho''} = \pm \frac{1.41 \times 60 \times 200}{2 \times 10^5} = \pm 0.08 \text{（mm）}$$

由此可见，距离 S 的误差对照准点的测定误差 m_l 的影响很小，一般来讲，距离 S 有 1/2000 的精度就足够了。

下面再来研究测角误差 m_α 对照准点测定误差 m_l 的影响由式（4.33）可知：$m_\alpha = \pm \dfrac{m_l \rho''}{\sqrt{2} s}$

如 $m_l = 1$mm，$S = 400$m，则 $m_\alpha = \pm \dfrac{1 \times 2 \times 10^5}{1.41 \times 4 \times 10^5} \approx \pm 0.36''$。

这就是说，当 $m_\alpha = \pm 0.36''$ 时，才能达到使 m_l 在 ± 1.0mm 以下的要求。

2. 当测角误差 m_a 要求不超过 $\pm 0.36''$ 时，应测几个测回

由上面的分析可知，照准中误差为 $m_V = 0.75''$，也就是瞄准一个方向的瞄准误差，因为半测回的角度为两个方向之差，故其中误差为 $m_{a半} = m_V \sqrt{2}$。

而一个角度为两个半测回角的平均值，根据误差传播定律有：

$$m_{a测回} = \frac{m_{a半}}{\sqrt{2}} = \frac{m_V \sqrt{2}}{\sqrt{2}} = m_V \tag{4.34}$$

也就是说，一等测回的中误差 $m_{a测回} = m_V = \pm 0.75''$，当 m_a 要求小于 $\pm 0.36''$ 时，应测几个测回？根据误差传播定律有：

$$m_a = \frac{m_{a测回}}{\sqrt{n}} = \frac{m_V}{\sqrt{n}}$$

$$0.36'' = \frac{0.75''}{\sqrt{n}} \quad \sqrt{n} = \frac{0.75''}{0.36''} = \pm 2.1$$

所以，$n \approx 5$ 测回。

3. 两个半测回之差的限差

已知半测回的中误差为：

$$m_{a半} = m_V \sqrt{2} \tag{4.35}$$

根据误差传播定律，两个半测回之差的中误差为 $m_\Delta = m_{a半} \sqrt{2} = 2 \times m_V = \pm 2 \times 0.75''$。以两倍中误差作为限差，则有：

$$\Delta_限 = 2 \times m_\Delta = \pm 2 \times 1.5'' = \pm 3.0'' \tag{4.36}$$

4. 两测回之差的限差

由式（4.34）可知，一测回的中误差 $m_{a测回} = m_V = \pm 0.75''$，两测回之差的中误差应为 $m_v = m_a \sqrt{2} = \pm 0.75'' \times \sqrt{2} = \pm 1.05''$。

则限差为：

$$\Delta_限 = 2m\delta = \pm 2 \times 1.05'' = \pm 2.1'' \tag{4.37}$$

4.3　前方交会观测水平位移的方法和精度分析

对用视准线法不方便的曲线型坝，采用前方交会法来观测水平位移较为有利。这种方法是在坝的下游建立独立三角网，从该三角网的某些点上，定期地用前方交会法测得坝上各测点的坐标，用以了解大坝水平位移的情况。

4.3.1　一般原理和方法

如图 4.3 所示，置仪器于测站点 A、B，通过第一次交会求得 C 点坐标 (x, y)。一定周期后，进行第二次观测，由于坝体的微小变化，使得第二次观测的 C' 点坐标 (x', y') 与原来的坐标 (x, y) 有差异。此坐标差值即为位移值的分量 l_x、l_y，图中 x'、y' 是以测站连线为 Y 轴的坐标系。因为测站坐标系在位移分析时感到不便，故在实用上采用坝轴线坐标系，具体公式推导如下：

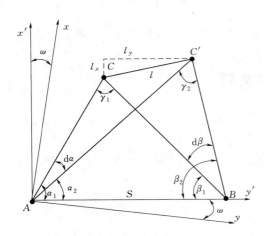

设 S 为测站间的距离，C、C' 分别为第一次、第二次交会观测时所得的点位，w 为由测站连线坐标轴顺时针转到坝轴线坐标系统相应坐标轴的角度，在坝轴线坐标系统中有：

$$x = AC\sin(\alpha_1 + w)$$
$$y = AC\cos(\alpha_1 + w)$$
(4.38)

式中 $AC = \dfrac{S\sin\beta_1}{\sin(\alpha_1 + \beta_1)}$，其中 $\sin(\alpha_1 + \beta_1) = \sin(180° - \gamma_1) = \sin\gamma_1$。

将 AC 带入式（4.38）则有：

$$x = S\frac{\sin\beta_1\sin(\alpha_1 + w)}{\sin\gamma_1}$$
$$y = S\frac{\sin\beta_1\cos(\alpha_1 + w)}{\sin\gamma_1}$$

图 4.3　前方交会观测水平位移的方法计算示意图

同理，可求得 C' 点位移后的 $(x'，y')$ 点的坐标为：

$$x' = S\frac{\sin\beta_2\sin(\alpha_2 + w)}{\sin\gamma_2}$$
$$y' = S\frac{\sin\beta_2\cos(\alpha_2 + w)}{\sin\gamma_2}$$

所以位移分量 l_x、l_y 为：

$$\left.\begin{array}{l} l_x = x' - x = S\left[\dfrac{\sin\beta_2\sin(\alpha_2 + w)}{\sin\gamma_2} - \dfrac{\sin\beta_1\sin(\alpha_1 + w)}{\sin\gamma_1}\right] \\ l_y = y' - y = S\left[\dfrac{\sin\beta_2\cos(\alpha_2 + w)}{\sin\gamma_2} - \dfrac{\sin\beta_1\cos(\alpha_1 + w)}{\sin\gamma_1}\right] \end{array}\right\}$$
(4.39)

即：

$$\left.\begin{array}{l} l_x = \dfrac{S}{\rho}\left[\dfrac{\sin\beta_2\sin(\alpha_2 + w)}{\sin\gamma_2}\mathrm{d}\alpha - \dfrac{\sin\beta_1\sin(\alpha_1 + w)}{\sin\gamma_1}\mathrm{d}\beta\right] \\ l_y = \dfrac{S}{\rho}\left[\dfrac{\sin\beta_2\cos(\alpha_2 + w)}{\sin\gamma_2}\mathrm{d}\alpha - \dfrac{\sin\beta_1\cos(\alpha_1 + w)}{\sin\gamma_1}\mathrm{d}\beta\right] \end{array}\right\}$$
(4.40)

在实际工作中，由于度盘是按照顺时针刻划，交会时在测站上求角 α 的方向与之相反，因而对 $\mathrm{d}\alpha$ 还需要改变符号，即：

$$\left.\begin{array}{l} l_x = \dfrac{S}{\rho}\left[-\dfrac{\sin\beta_2\sin(\alpha_2 + w)}{\sin\gamma_2}\mathrm{d}\alpha - \dfrac{\sin\beta_1\sin(\alpha_1 + w)}{\sin\gamma_1}\mathrm{d}\beta\right] \\ l_y = \dfrac{S}{\rho}\left[-\dfrac{\sin\beta_2\cos(\alpha_2 + w)}{\sin\gamma_2}\mathrm{d}\alpha - \dfrac{\sin\beta_1\cos(\alpha_1 + w)}{\sin\gamma_1}\mathrm{d}\beta\right] \end{array}\right\}$$
(4.41)

令：$A = \dfrac{\sin\beta_2\sin(\alpha_2 + w)}{\sin\gamma_2}$，$B = \dfrac{\sin\beta_1\sin(\alpha_1 + w)}{\sin\gamma_1}$，$C = \dfrac{\sin\beta_2\cos(\alpha_2 + w)}{\sin\gamma_2}$，$D =$

$\dfrac{\sin\beta_1\cos(\alpha_1+w)}{\sin\gamma_1}$ 并代入式（4.41），可得：

$$
\left.
\begin{aligned}
l_x &= \frac{S}{\rho}(-A\,\mathrm{d}\alpha - B\,\mathrm{d}\beta) \\
l_y &= \frac{S}{\rho} - C\,\mathrm{d}\alpha - D\,\mathrm{d}\beta
\end{aligned}
\right\}
\tag{4.42}
$$

这就是计算位移值公式的最后形式。

由式（4.42）可知，经第一次观测后，即可把 A、B、C、D 系数全部算出，之后不变，每经过一次观测，只需求出两次观测方向之差，即可求出位移值。

4.3.2 观测点位移值的计算步骤

1. 整理外业成果

主要是检查外业记录和计算结果有无错误，是否超限，如发现与规范不符之处，应及时返工。

2. 进行测站平差

一个测站上各方向均观测了几个测回，这些成果虽然都合乎限差要求，但由于观测时受各种误差的影响，各测回间必然存在着矛盾。所谓测站平差，就是消除观测误差所引起的矛盾求出各方向的最或是值。

全圆测回法测站平差较为简单，因各测回的观测值是互相独立而且是等精度的，所以各方向的测站平差方向值就等于该方向各测回观测值归零后的平均值。

在实际工作中，测站平差是在固定表格上进行的。如表 4.2 所示为测站平差的示例。

测回方向值为：

$$
\mu = K\frac{\sum M}{n} = 0.23 \times \frac{14.5}{4} = \pm 0.83''
$$

测回方向值的中误差为：

$$
M = K\frac{\mu}{\sqrt{m}} = \pm 0.34'' \ ; \ K = \frac{1.25}{\sqrt{m(m-1)}}
$$

式中　n ——方向数；

　　　m ——测回数。

表 4.2　　　　　　　　　　　测 站 平 差 数 据

观测日期	测回号	方向 1		方向 2		方向 3		方向 4		备注
		0°00′	V	59°15′	V	141°44′	V	238°37′	V	
	Ⅰ	0°00′		14.0	−1.0	45.6	−0.3	25.1	−0.4	
	Ⅱ	0°00′		12.5	+0.5	46.0	−0.7	25.0	−0.3	
	Ⅲ	0°00′		11.6	+1.4	45.0	+0.3	23.4	+1.3	
	Ⅳ	0°00′		11.7	+1.3	46.3	−1.0	26.0	−1.3	
	Ⅴ	0°00′		13.2	−0.2	44.7	+0.6	24.4	+0.3	
	Ⅵ	0°00′		15.0	−2.0	44.1	+1.2	24.1	+0.6	
中数				13.0		45.3				
Σ+					+3.2			+2.1	+2.2	
Σ−					−3.2			−2.0	−2.0	

3. 计算系数 A、B、C、D

由公式（4.41）可知，A、B、C、D 为第一次观测值，S、ρ、w 均为常数，所以 A、B、C、D 只需计算一次，以后不必重新计算。

用计算机计算时，可按表 4.3 中的序号进行，具体算例列于表 4.3 中。

表 4.3　　　　　　　　　　　　测站平差数值计算简表

序号	符号	207 观测点	备注
1	α_0	$49°56'59.32''$	
2	β_0	$59°25'57.32''$	
3	w_0	$359°21'00.80''$	
4	$\alpha_0 + w_0$	$49.3000°$	
5	$\beta_0 - w_0$	$-299.9177°$	
6	$\gamma_0 = 180° - (\alpha_0 + \beta_0)$	$70.6177°$	
7	S	148288.5	
8	ρ	206265	
9	$\sin(\beta_0 - w)$	0.8667	
10	$\cos(\beta_0 - w)$	0.4988	
11	$\sin\beta_0$	0.8610	
12	$\sin(\alpha_0 + w)$	0.7581	
13	$\cos(\alpha_0 + w)$	0.6521	
14	$\sin\alpha_0$	0.7655	
15	$\cos\gamma_0$	0.9433	
16	$\rho\sin^2\alpha_0$	1834547.5	
17	$\dfrac{S}{\rho\sin^2\alpha_0}$	0.80789	
18	$A = (17)(9)(11)$	-0.603	
19	$C = (11)(10)(17)$	0.469	
20	$B = (17)(12)(14)$	0.347	
21	$D = (14)(13)(17)$	0.103	

207 观测点

02　α　β　0.1

坝轴线方向

计算公式：

$$A = \frac{\sin\beta_2 \sin(\alpha_2 + w)}{\sin\gamma_2}$$

$$B = \frac{\sin\beta_1 \sin(\alpha_1 + w)}{\sin\gamma_1}$$

$$C = \frac{\sin\beta_2 \cos(\alpha_2 + w)}{\sin\gamma_2}$$

$$D = \frac{\sin\beta_1 \cos(\alpha_1 + w)}{\sin\gamma_1}$$

4. 计算位移分量 l_x、l_y

计算出系数 A、B、C、D 后，就可以计算位移分量 l_x、l_y，其方法是：只要将每次观测的方向值减去首次观测的方向值，求出 $\mathrm{d}\alpha$、$\mathrm{d}\beta$，例如第 n 次观测的方向值为 α_n、β_n，首次观测的方向值为 α_1、β_1，则有：

$$(\mathrm{d}\alpha)_n = \alpha_n - \alpha_1$$

$$(\mathrm{d}\beta)_n = \beta_n - \beta_1$$

将算出的值代入式（4.42）中，即可求得 l_x、l_y。

4.3.3 精度分析

1. 测角误差对位移法精度的影响

将式（4.41）换成中误差的关系式，可得：

$$m_x^2 = \frac{S^2 \sin\beta_1 \sin^2(\beta_1 - w)}{\sin^2\gamma_1 \rho^2} m_{d\alpha}^2 + \frac{S^2 \sin\alpha_1 \sin^2(\alpha_1 - w)}{\sin^2\gamma_1 \rho^2} m_{d\beta}^2$$

$$m_y^2 = \frac{S^2 \sin\beta_1 \cos^2(\beta_1 - w)}{\sin^2\gamma_1 \rho^2} m_{d\alpha}^2 + \frac{S^2 \sin\alpha_1 \cos^2(\alpha_1 - w)}{\sin^2\gamma_1 \rho^2} m_{d\beta}^2$$

因为 $m_{d\alpha} = m_{d\beta} = \sqrt{2}\,m$，其中 m 为测角中误差。又因为 $M_l = \pm\sqrt{m_x^2 + m_y^2}$，可得：

$$M_l = \pm \frac{\sqrt{2}\,mS}{\sin^2\gamma_1 \rho} \sqrt{\sin^2\alpha_1 + \sin^2\beta_1} \tag{4.43}$$

如果以方向中误差代替角度中误差，将 $m = \pm\sqrt{2}\,m_h$ 代入式（4.43）可得：

$$M_l = \pm \frac{\sqrt{2}\,m_h S}{\sin^2\gamma_1 \rho} \sqrt{\sin^2\alpha_1 + \sin^2\beta_1} \tag{4.44}$$

式（4.43）、式（4.44）就是测角误差及方向观测误差对位移值精度影响的公式，设 $\alpha = \beta = 45°$、$\gamma = 90°$、$c = 100\text{m}$，当以不同的测角中误差 m 代入式（4.43），其结果列于表 4.4 中。

表 4.4　　　　　　　　　　平 差 结 果 计 算 值

次数	α	β	m	$M_l = \pm \dfrac{\sqrt{2}\,m_h S}{\sin^2\gamma_1 \rho}\sqrt{\sin^2\alpha_1 + \sin^2\beta_1}$	M_l
1			3.0″		2.054
2			2.5″		1.711
3	45°00′00″	45°00′00″	2.0″	$\sqrt{2} \times 100$	1.369
4			1.5″		1.027
5			1.0″		0.686
6			0.5″		0.342

从表 4.4 可看出，测角误差对位移值精度的影响是很高的，一般不得超过 $0.7″\sim1″$。

2. 控制网边长对位移值的影响

众所周知，用前方交会法观测水平位移时，边长误差是一种系统误差，它对位移值精度的影响，可以在两次相减中大部分抵消，而剩下的只是与边长相对误差和位移值成正比的微小部分 Δ。下面就讨论边长误差对位移值的影响，如图 4.4 所示中 C 点为第一次交会点，C_1 为包含有边长误差时的第一次交会点，C' 为包含有边长误差时的第二次观测交会点。从图 4.4 中可得出：

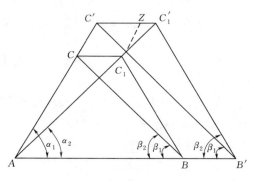

图 4.4　控制网边长对位移值计算示意图

$$\triangle AC'C_1 \sim \triangle ACC_1 \quad \triangle AB'C_1 \sim \triangle ABC_1$$

由此有：$\dfrac{C'C_1'}{CC_1} = \dfrac{AC_1'}{AC_1} = \dfrac{AB_1'}{AB_1}$，$\dfrac{AB'-AB}{AB} = \dfrac{C'C_1'-CC_1}{CC_1}$

过 C_1 点作 $C_1 Z \parallel CC'$，所以有 $CC_1 = C'Z$，代入上式 $\dfrac{AB'-AB}{AB} = \dfrac{C'C_1'-CC_1}{CC_1} = \dfrac{\Delta}{CC_1}$，即有：

$$\frac{BB'}{AB} = \frac{\Delta}{CC_1} \tag{4.45}$$

在式（4.45）中，$\dfrac{BB'}{AB}$ 为控制网边长的相对误差，CC_1 为位移值，如果假设 $\dfrac{BB'}{AB} = \dfrac{1}{2000}$，位移值 CC_1 达到 100mm 时，则有：

$$\Delta = \frac{BB'}{AB} \times CC_1 = \frac{1}{2000} \times 100 = 0.005(\text{mm})$$

从上面的分析中，可以得到如下结论：

（1）位移值的精度，不仅与控制网边长的相对误差有关，而且还与位移值的大小成正比。

（2）控制网边长相对误差要求不高，一般 1/2000 即可满足位移值精度的要求。

3. 前方交会最有利的图形分析

根据前方交会位移宜精度估算公式（4.43）可以看出，如果测角精度始终不变，当交会角越接近 90°时，交会点的点位特度就越高。当 $\gamma = 90°$ 时，交会的精度最高。但是，在 γ 不变时，α 和 β 可以在较大的范围内变动，因此研究一下，当 γ 角固定时，α 与 β 应有怎样的关系。设 $y = \sin^2\alpha + \sin^2\beta$，因为有 $\beta = 180° - (\alpha + \gamma)$，此时 $\sin\beta = \sin[180° - (\alpha + \gamma)] = \sin(\alpha + \gamma)$，所以可得 $y = \sin^2\alpha + \sin^2(\alpha + \gamma)$。

现在，求出满足 y 是最小值时的 α 值，将上式微分，并令其为零，则有：$\dfrac{\mathrm{d}y}{\mathrm{d}\alpha} = 2\sin\alpha\cos\alpha + 2\sin(\alpha + \gamma)\cos(\alpha + \gamma) = 0$，即 $\sin 2\alpha + \sin 2(\alpha + \gamma) = 0$。

由于 $\sin 2(\alpha + \gamma) = \sin 2(180° - \beta) = -\sin 2\beta$，所以可得 $\sin 2\alpha - \sin 2\beta = 0$，即 $\alpha = \beta$。

由此可知，对于一定的角值，当未知点到两个已知点的距离相等时，最有利于交会的精度。故在采用前方交会法测大坝水平位移时，选择有利的交会图形是十分重要的。

4.4　外部因素对观测的影响

在沉陷观测和水平位移观测中，仪器误差和观测误差都可以控制到最小限度，但受外界因素的影响是比较难以控制。

4.4.1　温度变化的影响

阳光直接照射到仪器上，将使仪器各部分有不均匀的变形，其后果是引起视准轴与水准管轴的夹角 i 发生变化，因而影响到观测的精度。根据实验的结果，温度升高 1℃，一般仪器的 i 角将平均变化 0.3″。由此可见影响是很大的。不论是在水准测量或角度观测中，它都是系统误差。

要减弱温度变化而引起的误差，首先在野外观测时，必须用伞挡住阳光，不但要使仪器不受阳光的直接照射，还应注意不要让伞遮住仪器的一面，使仪器的这一面与另一面温度相差太大。另外，在每次工作开始前，必须让仪器在空气充分流通的地点放一段时间，使其与空气的温度一致，这样在观测时，仪器的温度就不会有急剧的升降。

如果温度变化与时间成正比，在水准测量时可采取单数测站和双数测站互换前后视观测顺序，以消除这种影响的一部分。例如：

单数测站（左分划）前视、后视；（右分划）后视、前视。

双数测站（左分划）后视、前视；（右分划）前视、后视。

用经纬仪瞄准同一目标，盘左、盘右两次观测结果之差称为两倍视准轴误差 $2c$。如在连续观测几个测回的过程中，温度不断变化，则每测回的 $2c$ 值有着系统性的差异，此时就说明经纬仪的视准轴受了温度的影响引起了变化。上面已经讲过，一般仪器当温度变化 $2c$ 时，视准轴平均发生 $0.3''$ 的变化，也就是说 $2c$ 发生 $0.6''$ 的变化，这一数值是相当可观的。

在测角过程中，如温度变化与时间成正比时，采用前半测器与后半测器照准目标的次序相反的方法，可以抵消一部分影响。

4.4.2 地面折光的影响

光线通过不均匀的介质时，其实际行程不是一条直线而是一条曲线。由于地面空气的密度不同，存在着梯度，所以当视线通过时就产生了弯曲。这种弯曲视线的垂直分量称为垂直折光，弯曲视线的水平分量称为水平折光（或旁折光）。

1. 垂直折光对水准测量的影响

根据物理学光线在空气中的传播定律为，即：

$$n_{2-1} = \frac{\sin i}{\sin \gamma} = \frac{v_1}{v_2} \tag{4.46}$$

式中　　n_{2-1}——介质 2 对介质 1 的折射率；

　　　　i——入射角；

　　　　γ——折射角；

v_1、v_2——光线在介质 1 与介质 2 中的速度。

从光的传播理论可知：介质的密度 ρ 越大光速越小，密度越小则光速越大。同时空气的温度与其密度成反比，设 ρ_1、ρ_2 为介质 1 与介质 2 的密度，则可得出以下的关系：$\rho_1 < \rho_2$，$v_1 > v_2$，即光线由高温空气层进入低温空气层时，入射角 i 将大于折射角 γ；光线由低温空气层进入高温空气层时，入射角 i 小于折射角 γ。

假定给出如图 4.5 所示的温度场，根据折射定律，得出垂直折光的方向为当近地面空气温度高时，由于折光作用将使水准尺读数增大；当近地面空气温度低时，将使水准尺读数减小。

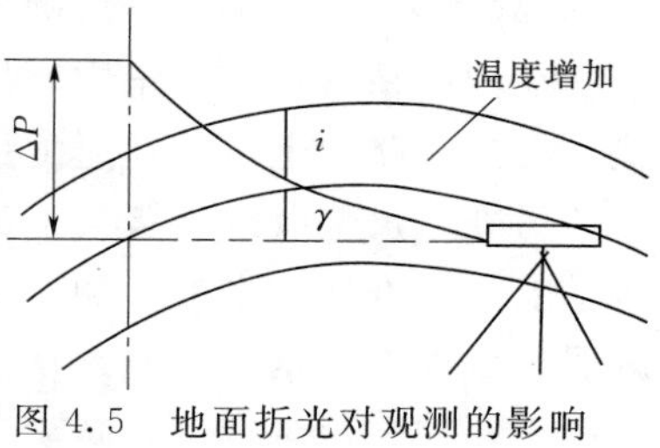

在精密水准测量时，垂直折光差为 $\Delta P = P_后 - P_前$，

图 4.5　地面折光对观测的影响

其中 $P_后$、$P_前$ 分别为垂直折光引起的后、前水准尺读数误差。

根据有关单位研究，垂直折光差的大小与仪器至标尺的距离平方成正比；同时与视线的高度也有关系。根据以上的研究，得出了如下的几点结论：

（1）在几何水准测量中，折光差是最主要的系统误差。

（2）往测和返测中因折光差而产生的误差无论在数值上和符号上都几乎相同。

（3）折光差的影响在闭合环线的闭合差中几乎显示不出来。

（4）增加视线超出地面的高度将减少折光差的影响。

另外，建筑物的廊道如有热源，由于通风不好，因而会形成温度梯度，也能使廊道水准测量时产生垂直和折光差。

根据以上情况来看，可采用一些措施来减弱垂直折光差的系统性影响。即：①缩短视距，最长视距为 35m；②提高视线高度，最小为 0.5m；③选择有利的观测时间，最好选择在连续的阴天进行观测，平时必须按规范的规定去做。

2. 水平折光的影响

在水平位移的观测中，由于观测的时间不同，方向线与测站和测点连线的夹角在昼夜有着系统的变化，影响到测点的变化有时可达几十个毫米，这是由于水平折光所造成的。

根据实践证明，对水平折光的影响规律做了如下几点结论：

（1）在夜间或连续的阴天，坝顶温度场是稳定的，温度分布比较均匀，水平折光的影响很小或者没有。

（2）在晴天日间，坝顶以上 2m 内温度分布不均匀，平均温度梯度变化过程的特点是：一般春夏秋三季的晴天，每日从 4—5 时开始上升，11—12 时达到最大值，13 时以后开始下降，到 19 时左右开始稳定。折光角变化趋势与温度梯度变化趋势完全一致，说明阴天或夜间观测最为适宜。

（3）为了减少水平折光的影响，在设置方向线时，方向线基点高出坝面适当高度是完全必要的。

4.4.3　水准观测中尺垫和仪器脚架对观测结果的影响

尺垫和仪器脚架的下沉是精密水准测量中系统误差的主要部分。当角架随时间而逐渐下沉时，在读完后视读数转向前视读数的一段时间内，水准仪视线将有微小的下降，使前视读数略小。当水准尺连同尺垫在转点上随时间而逐渐下沉，则水准仪在前一站读完前视读数后移动到下一站构这段时间内，水准尺将有微小的下沉，因而在下一站上构后视读数将略大，这两种影响均使测得的高差过大。采用双排分划的水准尺，如果在每一测站上读数时，按前一后一后一前的程序进行观测，取其平均数计算高差，则可以消除水准仪下沉的一部分。至于尺垫的下沉则不能用此法消除。

在坝区精密水准测量中，最好设置永久性尺垫或在施测前 1～2d 先打好固定的临时尺垫，在同一路线上进行往返测量，可使尺垫下沉误差大大减少。

另外，尺垫及仪器脚架下沉误差与观测速度有极大关系。例如，目前逐渐广泛使用的自动安平水准仪，在一个测站上的观测速度约比管式水准仪提高 60%。显然，这将大大减弱许多误差因素的影响，从而提高了精度。因此，在水准测量中，在不违反操作规程的原则下，加快观测速度是减少误差的有效途径。

4.5 条 件 观 测 平 差

在三角测量工作中，为了消除由于多余观测而在三角网中所产生的几何矛盾，同时求出三角网中各未知量的最或是值，并计算各观测值的精度，所以必须根据最小二乘法原理进行三角网的平差计算。

平差方法一般有间接观测平差和条件观测平差两种，本书只介绍了条件观测平差的一般方法，先以具有对角线的四边形为例，阐明平差计算的过程，再举一个水准网条件观测平差的例子，进一步熟悉计算的过程和方法。

4.5.1 条件方程式与误差方程式

线性条件方程式化为误差方程式。平差计算的第一个步骤，就是要根据图形的几何条件列出条件方程式和误差方程式。

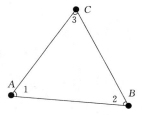

图 4.6 三角形内角
观测示意图

【例 4.1】 在一个三角形 ABC 中，如图 4.6 所示，欲获得 3 个内角的值，只需直接测出其中两个角就行了，其他一个角可以根据几何定理计算出来。但是为了校核成果，并提高观测质量，直接测出了 3 个角值（1）、（2）、（3），此时有一个多余观测。

在理论上这些观测值的最或是值应满足下列的几何条件，即：

$$（1）+（2）+（3）-180°=0 \qquad (4.47)$$

称为条件方程式。

但由于观测值（1）、（2）、（3）中包含有误差，故有：

$$（1）+（2）+（3）-180°=w \qquad (4.48)$$

w 是由于角度（1）、（2）、（3）的观测误差所形成的不符值。要取消不符值 w，必须对观测的角度给予一定的改正数 V_1、V_2、V_3，于是得到：

$$（1）+V_1+（2）+V_2+（3）+V_3-180°=0 \qquad (4.49)$$

式（4.49）减去式（4.46），得：

$$V_1+V_2+V_3=-w$$

即：

$$V_1+V_2+V_3+w=0 \qquad (4.50)$$

称为误差方程式。

平差计算的目的就是要按最小二乘法原理求出改正数，然后将观测值进行改正，求得未知量的最或是值，求法将在后面讨论。

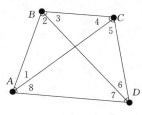

图 4.7 条件方程平差
计算示意图

再取具有对角线的四边形为例如图 4.7 所示，在四边形 $ABCD$ 内观测了 8 个角，观测值为（1）、（2）、（3）、（4）、（5）、（6）、（7）和（8），它们相应的最或是值为（1）、（2）、（3）、（4）、（5）、（6）、（7）和（8），根据内角和的条件，可列出 3 个独立的角条件方程式，即：

$$（1）+（2）+（3）+（4）-180°=0$$
$$（3）+（4）+（5）+（6）-180°=0$$
$$（5）+（6）+（7）+（8）-180°=0$$

按照图形，还可以列出其他内角和的条件式，但是这些条件式都可以根据上列 3 个条件方程式推算而得，所以它们不是独立的，独立的角条件方程式只有 3 个。

除了上述的 3 个角条件以外，还有一个几何条件必须满足，设对角线的交点为 M，以 MA 为出发边，经过 $\triangle ABM$、$\triangle BCM$、$\triangle CDM$、$\triangle ADM$，利用正弦定律可推算出 MB、MC、MD、MA 各边的长度，推算出来的 MA 的长度应该与它作为出发边的长度相等，此条件称为以 M 为极的极条件，逐步推导如下：

在 $\triangle ABM$ 中有：$MB = \dfrac{MA \sin(1)}{\sin(2)}$

在 $\triangle BCM$ 中有：$MC = \dfrac{MB \sin(3)}{\sin(4)} = \dfrac{MA \sin(1) \sin(3)}{\sin(2) \sin(4)}$

在 $\triangle CDM$ 中有：$MD = \dfrac{MC \sin(5)}{\sin(6)} = \dfrac{MA \sin(1) \sin(3) \sin(5)}{\sin(2) \sin(4) \sin(6)}$

在 $\triangle ADM$ 中有：$MD = \dfrac{MD \sin(7)}{\sin(8)} = \dfrac{MA \sin(1) \sin(3) \sin(5) \sin(7)}{\sin(2) \sin(4) \sin(6) \sin(8)}$

推算出来的 MA 与作为起始边的 MA 应相等，故有：

$$\frac{\sin(1) \sin(3) \sin(5) \sin(7)}{\sin(2) \sin(4) \sin(6) \sin(8)} = 1$$

这就是以 M 为极的极条件方程式。

总的来讲，具有对角线的四边形，共有 4 个条件方程式，3 个是角条件方程式，1 个是极条件方程式，它们是：

$$\left. \begin{array}{l} (1) + (2) + (3) + (4) - 180° = 0 \\ (3) + (4) + (5) + (6) - 180° = 0 \\ (5) + (6) + (7) + (8) - 180° = 0 \\ \dfrac{\sin(1) \sin(3) \sin(5) \sin(7)}{\sin(2) \sin(4) \sin(6) \sin(8)} = 1 \end{array} \right\} \tag{4.51}$$

在上面的条件方程式中，前面 3 个是线性的方程式，很容易把它们变为误差方程式，即

$$V_1 + V_2 + V_3 + V_4 + w_a = 0$$
$$V_3 + V_4 + V_5 + V_6 + w_b = 0$$
$$V_5 + V_6 + V_7 + V_8 + w_c = 0$$

然而最后一个极条件方程式却是非线性的方程式，用什么方法可以把它变为线性的误差方程式呢？下面专门来讨论这个问题。

4.5.2 将非线性条件方程式化为误差方程式

在式（4.51）中，最后一个极条件方程式是 $\dfrac{\sin(1) \sin(3) \sin(5) \sin(7)}{\sin(2) \sin(4) \sin(6) \sin(8)} = 1$，等号两边取对数，则有：

$$[\lg\sin(1) + \lg\sin(3) + \lg\sin(5) + \lg\sin(7)] - [\lg\sin(2) + \lg\sin(4) + \lg\sin(6) \sin(8)] = 0$$
$$\tag{4.52}$$

利用泰勒公式可得：

$$\delta_1 V_1 - \delta 2 V_2 + \delta_3 V_3 - \delta_4 V_4 + \delta_5 V_5 - \delta_6 V_6 + \delta_7 V_7 - \delta_8 V_8 + w_d = 0 \qquad (4.53)$$

这就是由式（4.53）变成的线性式，也就是极条件的误差方程式，其中 w_d 为不符值，改正数 V_1，必须以 s 为单位，δ_1 就是当观测值（1）变化 $1''$ 时，其正弦对数的变化值，所以在查表求观测值（1）的正弦对数时，从旁边的小表中，就可以查得 1s 的变化值 δ_1。当观测值（1）在第 Ⅰ 象限时，则查得的 δ_1 值应为正号；当观测值在第 Ⅱ 象限时，δ_1 值应为负号。

综合起来，对角线四边形的 4 个误差方程式为：

$$\left.\begin{aligned}
V_1 + V_2 + V_3 + V_4 + w_a &= 0 \\
V_3 + V_4 + V_5 + V_6 + w_b &= 0 \\
V_5 + V_6 + V_7 + V_8 + w_c &= 0 \\
\delta_1 V_1 - \delta_2 V_2 + \delta_3 V_3 - \delta_4 V_4 + \delta_5 V_5 - \delta_6 V_6 + \delta_7 V_7 - \delta_8 V_8 + w_d &= 0
\end{aligned}\right\} \qquad (4.54)$$

现在举一个对角线四边形的数字例子，设 8 个角度的观测值为：

（1）$= 61°07'57''$，（2）$= 38°28'37''$，（3）$= 38°22'21''$，（4）$= 42°01'15''$，（5）$= 29°14'35''$，（6）$= 70°22'00''$，（7）$= 49°26'16''$，（8）$= 30°57'02''$。

先算出不符值 w：

（1）（1）$+$（2）$+$（3）$+$（4）$-180° = w_a = +10''$。

（2）（3）$+$（4）$+$（5）$+$（6）$-180° = w_b = +11''$。

（3）（5）$+$（6）$+$（7）$+$（8）$-180° = w_a = -7''$。

（4）$[\lg\sin(1) + \lg\sin(3) + \lg\sin(5) + \lg\sin(7)] - [\lg\sin(2) + \lg\sin(4) + \lg\sin(6)\sin(8)] = w_d$。

其中 δ 和 w_d 可列出表格来进行计算。

	δ		δ
$\lg\sin 61°07'57'' = 9.9423744$		$[\lg\sin 38°28'37'' = 9.1939298$	
$\lg\sin 38°22'21'' = 9.9729318$	$+1.16$	$\lg\sin 42°01'15'' = 9.9256862$	$+2.65$
$\lg\sin 29°14'35'' = 9.6888783$	$+2.65$	$\lg\sin 70°22'00'' = 9.7939873$	$+2.34$
$\lg\sin 49°26'16'' = 9.8806423$	$+3.76$	$\lg\sin 30°57'02'' = 9.7112150$	$+3.75$
$\sum(1) = 9.3048268$	$+1.81$	$\sum(2) = 9.3048183$	$+3.51$

δ 和 w_d 都是以对数第 6 位为单位。因此，按照式（4.54），4 个误差方程式为：

$$\left.\begin{aligned}
V_1 + V_2 + V_3 + V_4 + w_a &= 0 \\
V_3 + V_4 + V_5 + V_6 + w_b &= 0 \\
V_5 + V_6 + V_7 + V_8 + w_c &= 0 \\
1.16 V_1 - 2.652 V_2 + 2.65 V_3 - 2.34 V_4 + 3.76 V_5 - 0.75 V_6 + 1.81 V_7 - 3.51 V_8 + 8.5 &= 0
\end{aligned}\right\}$$

4.5.3 列出法方程式

上面所讲的误差方程式，写成一般的形式，即：

$$\left.\begin{array}{l} a_1V_1 + a_2V_2 + \cdots + a_nV_n + w_a = 0 \\ b_1V_1 + b_2V_2 + \cdots + b_nV_n + w_b = 0 \\ \qquad\qquad\qquad \vdots \\ r_1V_1 + r_2V_2 + \cdots + r_nV_n + w_r = 0 \end{array}\right\} \qquad (4.55)$$

条件观测平差是从条件方程式出发，在满足式（4.55）和 $[VV]$ 为极小的两个条件下求出改正数的。要解决这样一个问题，从高等数学中可知，需要用 $[VV]$ 和式（4.55）组成一个新的函数，以不定乘数 $-2k_a$，$-2k_b$，$\cdots$，$-2k_r$ 次乘以式（4.55）中各式的左边，并相加，再加 $[VV]$，即：

$$\varPhi = [VV] - 2k_a([aV] + w_a) - 2k_b([bV] + w_b) - \cdots - 2k_r([rV] + w_r)$$

组成这个新函数仍应等于极小，由高等数学的知识可得：

$$\left.\begin{array}{l} V_1 = a_1k_a + b_1k_b + \cdots + r_1k_r \\ V_2 = a_2k_a + b_2k_b + \cdots + r_2k_r \\ \qquad\qquad\qquad \vdots \\ V_n = a_nk_a + b_nk_b + \cdots + r_nk_r \end{array}\right\} \qquad (4.56)$$

式中　k_a，k_b，$\cdots$，k_r ——联系数，其个数与误差方程式个数相等。

这些表示改正数的公式，称为联系数方程式，其个数与观测值个数相等。如果联系数已经求得，则改正数就可以通过式（4.56）计算出来。

将式（4.56）代入式（4.55）中，消去全部 v 值，而后按 k 集项，经整理后可得：

$$\left.\begin{array}{l} [aa]k_a + [ab]k_b + \cdots + [ar]k_r + w_a = 0 \\ [ab]k_a + [bb]k_b + \cdots + [br]k_r + w_b = 0 \\ \qquad\qquad\qquad \vdots \\ [ar]k_a + [br]k_b + \cdots + [rr]k_r + w_r = 0 \end{array}\right\} \qquad (4.57)$$

在式（4.57）中共有 r 个方程式，可以解出 r 个 k 值，这组方程式称为联系数法方程式。在实际计算时，无需组成函数 $\varPhi$，也不必作微分，只需根据误差方程式的系数及不符值按式（4.57）组成法方程式，解出 k 值，代入式（4.56），就可以求得各个改正数了。

如果是一个具有对角线的四边形，则法方程式有 4 个联系数，共有 4 个法方程式，即：

$$\left.\begin{array}{l} [aa]k_a + [ab]k_b + [ac]k_c + [ad]k_d + w_a = 0 \\ [ab]k_a + [bb]k_b + [bc]k_c + [bc]k_d + w_b = 0 \\ [ac]k_a + [bc]k_b + [cc]k_c + [cd]k_d + w_c = 0 \\ [ad]k_a + [bc]k_b + [cd]k_c + [dd]k_r + w_d = 0 \end{array}\right\}$$

现在再将第 4.5.2 小节中的数字例子继续计算下去，列出它的法方程式，计算法方程式的系数时，可用表 4.5 的格式来进行。表中最后一栏内的 f 其含义及求法将在下面叙述。

在计算过程中，为了防止计算错误，用如下几个关系式进行校核：

表 4.5　计算法方程式的系数简表

测点编号	a	b	c	d	s	aa	ab	ac	ad	a_i	bb	bc	bd	b_i	cc	cd	c_i	dd	d_i	f	af	bf	cf	df	ff
1	1			+1.16	+2.16	1			+1.16	+2.16								1.346	+2.506						
2	1			-2.65	-1.65	1			-2.65	-1.65								7.022	+4.372						
3	1	1		+2.65	+4.65	1	1		+2.65	+4.65	1		+2.65	+4.65				7.022	+12.322	-2.65	-2.65	-2.65		-7.022	+7.022
4	1	1		-2.34	-0.34	1	1		-2.34	-0.34	1		-2.34	-0.34				5.476	+0.796						
5		1	1	+3.76	+5.76						1	1	+3.76	+5.76	1	+3.75	-5.76	14.138	+21.658	-3.76		-3.76	-3.76	-14.138	+14.138
6		1	1	-0.75	+1.25						1	1	-0.75	+1.25	1	-0.75	+1.26	0.562	-0.938	+0.75		+0.75	+0.75	-0.562	+0.562
7			1	+1.81	+2.81										1	+1.81	+2.81	3.276	+5.086						
8			1	-3.51	-2.51										1	-3.51	-2.51	12.32	+8.810						
Σ	4	4	4	+0.13	+12.3	4	2		-1.18	+4.82	4	2	+3.32	+11.31	4	+2.31	+7.31	51.162	+54.612	-2.15	-0.65	-5.66	+0.50	-34.0422	+34.04

1）$[a]+[b]+[c]+[d]=[s]$；

2）$[aa]+[ab]+[ac]+[ad]=[a]$；

3）$[ab]+[bb]+[bc]+[bd]=[b]$；

4）$[ac]+[bc]+[cc]+[cd]=[c]$；

5）$[ad]+[bd]+[cd]+[dd]=[d]$。

根据表 4.5 中计算的结果，列出法方程如下：

$$\left.\begin{array}{l} 4k_a+4k_b+0-1.18k_d+10=0 \\ 2k_a+4k_b+2k_c+3.32k_d+11=0 \\ 0k_a+2k_b+4k_c+1.13k_d-7=0 \\ -1.18k_a+3.32k_b+1.13k_c+51.162k_r+8.5=0 \end{array}\right\}$$

4.5.4　法方程的求解

当法方程式的个数不多时，可用代数中解联立方程式的方法进行解算，但是如果法方程式的个数较多，为了避免计算错误，则须采用一种特定的计算方法，这种计算是在表格中进行的，而且每步计算都有校核。为了简明起见，以 3 个法方程式为例，将解算的方法叙述于后。

设法方程式为：

$$[aa]k_a+[ab]k_b+[ac]k_c+w_a=0$$
$$[ab]k_a+[bb]k_b+[bc]k_c+w_b=0$$
$$[ac]k_a+[bc]k_b+[cc]k_c+w_c=0$$

利用高斯消元法可得：

$$\left.\begin{array}{l} [aa]k_a+[ab]k_b+[ac]k_c+w_a=0 \\ [bb1]k_b+[bc1]k_c+[w_b1]=0 \\ [cc2]k_c+[w_c2]=0 \end{array}\right\} \tag{4.58}$$

解得：

$$\left.\begin{array}{l} k_c=-\dfrac{[w_c2]}{[cc2]} \\[3mm] k_b=-\dfrac{[bc1]}{[bb2]}k_c-\dfrac{[w_b2]}{[bb2]} \\[3mm] k_a=-\dfrac{[ab1]}{[aa]}k_b-\dfrac{[ac]}{[aa]}k_c-\dfrac{w_c}{[aa]} \end{array}\right\} \tag{4.59}$$

如果是 4 个法方程式，则根据高斯消元法可得：

$$\left.\begin{array}{l} [aa]k_a+[ab]k_b+[ac]k_c+[ad]k_d+w_a=0 \\ [bb1]k_b+[bc1]k_c+[bd1]k_d+[w_b1]=0 \\ [cc2]k_c+[cd2]k_d+[w_c2]=0 \\ [dd]k_d+[w_d3]=0 \end{array}\right\} \tag{4.60}$$

解得：

$$\left.\begin{array}{l} k_d = -\dfrac{[w_d 3]}{[dd 3]} \\[3mm] k_c = -\dfrac{[cd 2]}{[cc 2]}k_d - \dfrac{[w_c 2]}{[cc 2]} \\[3mm] k_b = -\dfrac{[bc 1]}{[bb 2]}k_c - \dfrac{[cd 2]}{[cc 2]}k_d - \dfrac{[w_b 1]}{[bb 1]} \\[3mm] k_a = -\dfrac{[ab]}{[aa]}k_b - \dfrac{[ac]}{[aa]}k_c - \dfrac{[ad]}{[aa]}k_d - \dfrac{w_a}{[aa]} \end{array}\right\} \qquad (4.61)$$

表 4.6 就是解算 4 个法方程式所用的表格，表内"横和"一栏是计算的校核。现将这种表格的计算方法说明如下：

（1）将法方程式的系数及不符值依次写入第 1 列～第 5 列。

（2）以第 1 列法方程式第一个联系数 k_a 的系数 $[aa]$ 除以该式所有联系数的系数和常数项（包括横和），其商反号写入第 6 列。

第 6 列所表示的式子就是式（4.59）的第 4 式，以这些商 $-\dfrac{[ab]}{[aa]}$、$-\dfrac{[ac]}{[aa]}$、$-\dfrac{[ad]}{[aa]}$

和 $-\dfrac{w_a}{[aa]}$ 为乘数，与第 1 列中的各项相乘，分别写入第 7 列～第 10 列中。

第 2 列与第 7 列相加，写入第 11 列，这式就是消去 k_a 后的式子，也就是式（4.60）中的式（$b-1$），用横和进行检查计算有无错误，如无错误则继续往下计算。

（3）仍然按照上述约化的规律，继续消去 k_b。以第 11 列联系数 k_b 的系数除以该式各项，所得之商反号写入第 12 列。同样以 $-\dfrac{[bc 1]}{[bb 1]}$、$-\dfrac{[bd 1]}{[bb 1]}$、$-\dfrac{[w_b 1]}{[bb 1]}$ 为乘数，分别乘以第 11 列中各相应项，乘积写入第 13 列～第 15 列。

将第 3 列、第 8 列、第 13 列各项相加，写入第 16 列，这就是消去 k_a、k_b 后的式（4.60）中的式（$c-2$），用横和检查无误后，继续进行计算。

（4）为了消去 k_c，以联系数 k_c 的系数 $[cc 2]$ 除以该式，其商反号写入第 17 列，这就是式（4.61），式中的第 2 式，同样 $-\dfrac{[cd 2]}{[cc 2]}$、$-\dfrac{[w_c 2]}{[cc 2]}$ 为乘数，分别乘第 16 列的各项，分别写入第 18 列、第 19 列。

将第 4 列、第 9 列、第 14 列、第 18 列各项分别相加，得第 20 列，这就是式（4.60）中的式（$d-3$）。校核无误后，再继续计算。

（5）在第 20 列中，以 $[dd 3]$ 除以该式，其商反号写入第 21 列，这列所表示的式子就是式（4.59）的第一式，以为乘数乘该式各项，分别写入第 22 列。然后将第 5 列、第 10 列、第 15 列、第 19 列、第 22 列相加即为 $-[VV]$，写入第 23 列。

$$k_d = -\frac{w_d 3}{dd 3}$$

（6）第 21 列中的 $-\dfrac{[w_d 3]}{[dd 3]}$，就是 k_d 值，把它写入第 24 列中，将此值乘以第 17 列中

表 4.6　　　　　　　　　　　　解算 4 个法方程式所用的表格

$k_1(q_1)$	$k_2(q_2)$	$k_3(q_3)$	$k_4(q_4)$	不符值	横和	F / f	计算程序
$[aa]$	$[ab]$	$[ac]$	$[ad]$	w_a	$[a_s]+w_a$	$[af]$	1
	$-\dfrac{[ab]}{[aa]}$	$-\dfrac{[ac]}{[aa]}$	$-\dfrac{[ad]}{[aa]}$	$-\dfrac{w_a}{[aa]}$	$-\dfrac{[a_s]+w_a}{[aa]}$	$-\dfrac{[af]}{[aa]}$	6
$k_a=$	$-\dfrac{[ab]}{[aa]}k_b$	$-\dfrac{[ac]}{[aa]}k_c$	$-\dfrac{[ad]}{[aa]}k_d$	$-\dfrac{w_a}{[aa]}$	$[a_s]+w_b$	$[bf]$	27
	$[bb]$	$[bc]$	$[bd]$	w_b	$[b_s]+w_b$	$[bf]$	2
	$-\dfrac{[ab]}{[aa]}[ab]$	$-\dfrac{[ab]}{[aa]}[cc]$	$-\dfrac{[ab]}{[aa]}[ad]$	$-\dfrac{[ab]}{[aa]}w_a$	$-\dfrac{[ab]}{[aa]}[a_s]-\dfrac{[ab]}{[aa]}w_a$	$-\dfrac{[ab]}{[aa]}[af]$	7
	$[bb1]$	$[bc1]$	$[bd1]$	$[w_b1]$	$[b_s1]+[w_b1]$	$[bf1]$	11
		$-\dfrac{[bc1]}{[bb1]}$	$-\dfrac{[bd1]}{[bb1]}$	$-\dfrac{[w_b1]}{[bb1]}$	$-\dfrac{[b_s1]+[w_b1]}{[bb1]}$	$-\dfrac{[bf1]}{[bb1]}$	12
	$k_b=$	$-\dfrac{[bc1]}{[bb1]}k_c$	$-\dfrac{[bd1]}{[bb1]}k_d$	$-\dfrac{[w_b1]}{[bb1]}$			26
		$[cc]$	$[cd]$	w_c	$[c_s]+w_c$	$[cf]$	3
		$-\dfrac{[ac]}{[aa]}[ac]$	$-\dfrac{[ad]}{[aa]}[ad]$	$-\dfrac{[ac]}{[aa]}w_c$	$-\dfrac{[ac]}{[aa]}[a_s]+\dfrac{[ac]}{[aa]}w_a$	$-\dfrac{[ac1]}{[aa1]}[cf]$	8
		$-\dfrac{[bc1]}{[bb1]}[bc1]$	$-\dfrac{[bc1]}{[bb1]}[bd1]$	$-\dfrac{[bc1]}{[bb1]}[w_b1]$	$-\dfrac{[bc1]}{[bb1]}[b_s1]-\dfrac{[bc1]}{[bb1]}[w_b1]$	$-\dfrac{[bc1]}{[bb1]}[cf1]$	13
		$[cc2]$	$[cd2]$	$[w_c2]$	$[c_s2]+[w_c2]$	$[cf2]$	16
			$-\dfrac{[cd2]}{[cc2]}$	$-\dfrac{[w_c2]}{[cc2]}$	$-\dfrac{[c_s2]+[w_c2]}{[cc2]}$	$-\dfrac{[cf2]}{[cc2]}$	17
		$k_c=$	$-\dfrac{[cd2]}{[cc2]}k_d$	$-\dfrac{[w_c2]}{[cc2]}$			25
			$[dd]$	w_d	$[d_s]+w_d$	$[df]$	4
			$-\dfrac{[ad]}{[aa]}[ad]$	$-\dfrac{[ad]}{[aa]}w_d$	$-\dfrac{[ad]}{[aa]}[a_s]-\dfrac{[ad]}{[aa]}w_a$	$-\dfrac{[ad]}{[aa]}[df]$	9
			$-\dfrac{[bd1]}{[bb1]}[bd1]$	$-\dfrac{[bd1]}{[bb1]}[w_b1]$	$-\dfrac{[bd1]}{[bb1]}[b_s1]-\dfrac{[bd1]}{[bb1]}[w_b1]$	$-\dfrac{[bd1]}{[bb1]}[df1]$	14
			$-\dfrac{[cd2]}{[cc2]}[cd2]$	$-\dfrac{[cd2]}{[cc2]}[w_c2]$	$-\dfrac{[cd2]}{[cc2]}[c_s2]-\dfrac{[cd2]}{[cc2]}[w_c2]$	$-\dfrac{[cd2]}{[cc2]}[cf2]$	18
			$[dd3]$	$[w_d3]$	$[s_s3]+[w_d3]$	$[df3]$	20
				$-\dfrac{[w_d3]}{[dd3]}$	$-\dfrac{[s_s3]+[w_d3]}{[dd3]}$	$-\dfrac{[df3]}{[dd3]}$	21
			$k_d=$	$-\dfrac{[w_d3]}{[dd3]}$			24
				0	$sw+0$	$[ff]$	5
				$-\dfrac{w_a^2}{[aa]}$	$-\dfrac{w_a}{[aa]}[a_s]-\dfrac{w_a^2}{[aa]}$	$-\dfrac{[af]^2}{[aa]}$	10
				$-\dfrac{[w_b1]^2}{[bb1]}$	$-\dfrac{[w_b1]}{[bb1]}[b_s1]-\dfrac{[w_b1]^2}{[bb1]}$	$-\dfrac{[bf1]^2}{[bb1]}$	15
				$-\dfrac{[w_c2]^2}{[cc2]}$	$-\dfrac{[w_c2]}{[cc2]}[b_s2]-\dfrac{[w_c2]^2}{[cc2]}$	$-\dfrac{[cf2]^2}{[cc2]}$	19
				$-\dfrac{[w_d3]^2}{[dd3]}$	$-\dfrac{[w_d3]}{[dd3]}[d_s3]-\dfrac{[w_d3]^2}{[dd3]}$	$-\dfrac{[df3]^2}{[dd3]}$	22
				$-[VV]$		$-\dfrac{1}{P_f}$	23
					$s_w=w_a+w_b+w_c+w_d$		

的 $-\dfrac{[cd2]}{[cc2]}$，写入第 25 列的相应项内，再将第 17 列中的 $-\dfrac{[w_c2]}{[cc2]}$ 写入第 25 列的相应项内，将第 25 列的各项相加，即得 k_c 值。

$$k_c = -\frac{cd2}{cc2}k_d - \frac{w_c2}{cc2}$$

将第 12 列中的 $-\dfrac{[bc1]}{[bb1]}$ 乘以 k_c，$-\dfrac{[bd1]}{[bb1]}$ 乘以 k_d，分别写入第 26 列的相应项中，再将第 12 列中的 $-\dfrac{[w_b1]}{[bb1]}$ 移入到第 26 列的相应项中，将第 26 列各项相加，即得 k_b 的值。

第 6 列中的 $-\dfrac{[ab]}{[aa]}$、$-\dfrac{[ac]}{[aa]}$、$-\dfrac{[ad]}{[aa]}$ 分别乘以 k_b、k_c、k_d 写入第 27 列的相应项中，再将第 6 列中的 k_d 移入第 27 列中，将第 27 列各项相加，即得 k_a 之值。

$$k_a = -\frac{[ab]}{[aa]}k_b - \frac{[ac]}{[aa]}k_c - \frac{[ad]}{[aa]}k_d - \frac{w_a}{[aa]}$$

以上就是求 5 值的方法和规律，如果理解和牢记了这一规律，解任意一个法方程式都毫无问题了。

解法方程式求出联系数 k 以后，将 k 的值分别代入式（4.56），就可以求得各改正数 V 的数值。再将各观测值加上相应的改正数，就获得了观测值的最或是值。

现在，还是用上面所举的对角线四边形为例，把已经列出的法方程式进行解算如表 4.7 所示。

要根据解算出来的 k 计算改正数 V，必须先根据式（4.56）列出本例题中的联系数方程式，即：

$$\begin{aligned}
V_1 &= k_a + 1.16k_d, & V_2 &= k_a + 1.16k \\
V_3 &= k_a + k_b + 2.65k_d, & V_4 &= k_a + k_b - 2.34k_d \\
V_5 &= k_b + k_c + 3.76k_d, & V_6 &= k_b + k_c - 0.75k_d \\
V_7 &= k_c + 1.81k_d, & V_8 &= k_c - 3.51k_d
\end{aligned}$$

计算时，可用表 4.8 来进行。

$$V_1 + V_2 + V_3 + V_4 + 10 = 0$$
$$V_3 + V_4 + V_5 + V_6 + 11 = +0.001$$
$$V_5 + V_6 + V_7 + V_8 - 7 = -0.001$$
$$[v] = 0, \quad [VV] = 82.421$$

求得各观测值的最或是值为：

$[1] = (1) + V_1 = 61°07'57'' + 0.0'' = 61°07'57.0''$

$[2] = (2) + V_2 = 38°38'37'' - 0.2'' = 38°38'36.8''$

$[3] = (3) + V_3 = 38°22'21'' - 4.8'' = 38°22'16.2''$

$[4] = (4) + V_4 = 42°01'15'' - 5.0'' = 42°01'10.0''$

$[5] = (5) + V_5 = 29°14'35'' - 0.5'' = 29°14'34.5''$

$[6] = (6) + V_6 = 70°22'00'' - 0.7'' = 70°21'59.3''$

$$[7]=(7)+V_7=49°26'16''+4.2''=49°26'20.2''$$
$$[8]=(8)+V_8=30°57'02''+4.0''=39°57'06.0''$$

表 4.7　　　　　　　　　　　解算 4 个法方程式结果简表

k_1	k_2	k_3	k_4	w_a	横和	$F\diagdown f$	计算程序
+4	+2	0	−1.18	10	+14.82	−2.65	1
	−0.50	0	+0.295	−2.50	−3.705	+0.663	6
$k_a=-0.0830$							27
	+4	+2	+3.32	11	+22.32	−5.660	2
	−1.0	0	+0.59	−5.00	−7.41	+1.325	7
	+3.0	+2	+3.9	+6.00	+14.91	−4.335	11
		−0.6667	−1.303	−2.00	−4.970	+1.445	12
	$k_b=-4.8117$						26
		+4	+1.310	−7	+0.31	+0.500	3
		0	0	0	0	0	8
		−1.333	−2.607	−4.000	−9.940	+1.445	13
		+2.667	−1.297	−11.000	−−9.630	+2.890	16
			+0.4863	+4.1244	+3.6107	−1.2711	17
		$k_c=+4.1429$					25
			+51.162	+8.50	+63.112	−34.0042	4
			−0.348	+2.950	−4.372	0.782	9
			−5.095	−7.818	−19.428	+5.648	14
			−0.631	−5.349	+4.683	+1.648	18
			+45.088	−1.717	+43.373	−27.528	20
				+0.0381	−0.9620	+0.6105	21
			$k_d=+0.0381$				24
				0	+22.500	+34.042	5
				−25.00	−37.050	−1.758	10
				−12.000	−29.820	−6.264	15
				−45.368	−39.718	−4.309	19
				−0.065	+1.652	−16.800	22
				−82.433	−82.436	+4.911	23

表 4.8 系数方程式计算简表

项目	a $k_a = -0.0830$	b $k_b = -4.8117$	c $k_c = +4.1429$	d $k_d = +0.0381$	V	V^2
V_1	-0.0830			$+0.0422$	-0.039	0.000
V_2	-0.0830			-0.1010	-0.184	0.034
V_3	-0.0830	-4.8117		$+0.1010$	-4.793	22.973
V_4	-0.0830	-4.8117		-0.0892	-4.984	24.840
V_5		-4.8117	$+4.1429$	$+0.1432$	-0.524	0.274
V_6		-4.8117	$+4.1429$	-0.286	-0.698	0.487
V_7			$+4.1429$	$+0.0690$	-4.212	17.741
V_8			$+4.1429$	-0.1337	$+4.009$	16.072

将这些值代入条件方程式，进行校核，即：

$$[1] + [2] + [3] + [4] - 180° = 0$$
$$[3] + [4] + [5] + [6] - 180° = 0$$
$$[5] + [6] + [7] + [8] - 180° = 0$$

第 4 式的校核从略。

4.5.5 改正数平方和的计算、精度估算

改正数平方和的计算方法有 3 种，这些公式是：

(1) $[VV] = V_1^2 + V_2^2 + \cdots + V_n^2$。

(2) $[VV] = -k_a w_a - k_b w_b - \cdots - k_r w_r$。

(3) $[VV] = \dfrac{w_a^2}{[aa]} + \dfrac{[w_b 1]^2}{[bb1]} + \cdots + \dfrac{[w_r(r-1)]^2}{[rr(r-1)]}$。

现以上 3 个条件式为例，将第（2）式和第（3）式证明如下。根据式（4.54）联系方程为：

$$V_1 = a_1 k_a + b_1 k_b + c_1 k_c$$
$$V_2 = a_2 k_a + b_2 k_b + c_2 k_c$$
$$\vdots$$
$$V_n = a_n k_a + b_n k_b + c_n k_c$$

以依次乘上式后相加，并按联系数集项得：

$$[VV] = (a_1 V_1 + a_2 V_2 + \cdots + a_n V_n)k_a + (b_1 V_1 + b_2 V_2 + \cdots + b_n V_n)k_b$$
$$+ (c_1 V_1 + c_2 V_2 + \cdots + c_n V_n)k_c$$

由误差方程式（4.55）可获得：

$$a_1 V_1 + a_2 V_2 + \cdots + a_n V_n = -w_a$$
$$b_1 V_1 + b_2 V_2 + \cdots + b_n V_n = -w_b$$
$$c_1 V_1 + c_2 V_2 + \cdots + c_n V_n = -w_c$$

代入上式可得：

$$[VV] = -k_a w_a - k_b w_b - k_c w_c \qquad (4.62)$$

至此，第（2）式就证明完毕。

由式（4.59）可知，联系数的求法是：

$$k_c = -\frac{[w_c 2]}{[cc 2]}, \quad k_b = -\frac{[bc 1]}{[bb 1]}k_c - \frac{[w_b 1]}{[bb 1]}k_a = -\frac{[ab]}{[aa]}k_b - \frac{[ac]}{[aa]}k_c - \frac{w_a}{[aa]}$$

将 k_a、k_b、k_c 逐步代入式（4.62），并利用约化符号，得：

$$[VV] = \frac{w_a^2}{[aa]} + \frac{[w_b 1]^2}{[bb 1]} + \frac{[w_c 2]^2}{[cc 2]} \tag{4.63}$$

第（3）式就证明完毕。

$[VV]$ 的计算列在介算法方程式表格的左下方，根据表 4.5 计算出来的结果，$[VV]=$ 82.433，它与表 4.8 中算出的 $[VV]$ 以及根据 $[VV]=-[kw]$ 算出的结果均相等，用以作为校核。现在表 4.8 中所求的 $[VV]=82.421$、$-[kw]=82.437$，它们各与表 4.7 计算出来的结果相差：$82.421-82.433=-0.012$；$82.437-82.433=+0.004$，这是属于计算误差。

下面再来介绍测角中误差问题。根据数学推导，可得测角中误差为：

$$m = \pm\sqrt{\frac{[VV]}{\text{法方程式个数}}} \tag{4.64}$$

用上例中计算出来的数值代入式（4.64）可得：$m = \pm\sqrt{\dfrac{82.433}{\Delta}} = \pm 4.53''$。

最后讨论一下平差值函数中误差的问题，假设对角线四边形中 AD 的边长是原先已知的，根据平差值推算出来的 $\overline{\overline{BC}}$ 边长为 $\overline{\overline{BC}} = \dfrac{\overline{AD}\sin[8]\sin[6]}{\sin[5]\sin[3]}$。

此时 BC 是 $[8]$、$[6]$、$[5]$、$[3]$ 的函数，现在要求出 BC 的中误差，将上面的函数取对数，得：

$$\lg BC = \lg AD + \lg\sin[6] + \lg\sin[8] - \lg\sin[3] - \lg\sin[5]$$

用第 4.5.2 小节中所述的类似方法，以 f_3、f_5、f_6、f_8 各代表角度变化 $1''$ 时，$\lg\sin[3]$、$\lg\sin[5]$、$\lg\sin[6]$、$\lg\sin[8]$ 的变化值，查表时在小表内查得。

求 $\overline{BC}$ 边的对数中误差时，可用下面的公式，即：

$$m\lg BC = m\sqrt{\frac{1}{PF}} \tag{4.65}$$

$$\frac{1}{PF} = [ff] - \frac{[af]^2}{[aa]} - \frac{[bf 1]^2}{[bb 1]} - \frac{[cf 2]^2}{[cc 2]} - \frac{[df 3]^2}{[dd 3]} \tag{4.66}$$

而 $[bf 1] = [hf] - \dfrac{[ab][af]}{[aa]}$；$[cf 2] = [cf 1] - \dfrac{[bc 1][bf 1]}{[bb 1]}$；$[df 3] = [df 2] - \dfrac{[cd 2][cf 2]}{[cc 2]}$。

在平差计算的过程中，将有关 f 的计算及 $\dfrac{1}{PF}$ 的计算附在表 4.5 及表 4.8 中，与其他计算一并进行。在表 4.8 的右下方就是 $\dfrac{1}{PF}$ 的计算，求出 $\dfrac{1}{PF}=4.911$，代入式（4.65）

中，可得：$m\lg BC = 4.53\sqrt{4.911} = \pm 9.966$。

$\overline{BC}$ 边的相对中误差为 $\dfrac{m\,\overline{BC}}{BC} = \dfrac{m\lg BC}{M} = \dfrac{9.966}{0.434} \times 10^{-6} \approx \dfrac{1}{40000}$，其中，$M$ 为对数模。

4.5.6 水准网按条件观测平差

前面通过四边形的介算叙述了条件观测平差的过程和方法。现再举一个水准网按条件观测平差的例子。

图 4.8 所示为一个水准网，直线段旁边的数字为路线编号，圆点旁的数字表示测站数，箭头表示观测方向。按顺时针方向计算Ⅰ、Ⅱ、Ⅲ、Ⅳ各环的闭合差分别为 $-2.42\,\text{mm}$、$+1.13\,\text{mm}$、0、$-0.12\,\text{mm}$。列出误差方程式为：

$$
\left.
\begin{array}{l}
V_1 + V_2 + V_{11} + V_{12} - 2.42 = 0 \\
-V_2 - V_3 + V_9 - V_{10} + 1.13 = 0 \\
-V_4 - V_5 - V_6 - V_{10} + 0 = 0 \\
-V_7 - V_8 - V_9 - 0.12 = 0
\end{array}
\right\}
$$

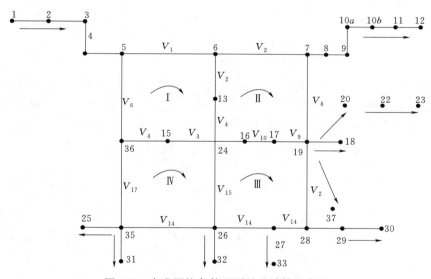

图 4.8 水准网按条件观测平差计算示意图

表 4.9　　　　　　　　　　计算方程式各系数的结果

观测编号	a	b	c	d	s	$\dfrac{1}{P}$	$\dfrac{aa}{P}$	$\dfrac{ab}{P}$	$\dfrac{ac}{P}$	$\dfrac{ad}{P}$	$\dfrac{as}{P}$	$\dfrac{bb}{P}$	$\dfrac{bc}{P}$	$\dfrac{bd}{P}$	$\dfrac{bs}{P}$	$\dfrac{cc}{P}$	$\dfrac{cd}{P}$	$\dfrac{cs}{P}$	$\dfrac{dd}{P}$	$\dfrac{ds}{P}$	f	$\dfrac{af}{P}$	$\dfrac{bf}{P}$	$\dfrac{cf}{P}$	$\dfrac{df}{P}$	$\dfrac{ff}{P}$
1	1				1	30	30				30										1	30				30
2	1	−1			0	18	18	−18			18										1	18	−18			18
3		−1	│	−1	6					6	6									1		−6			6
4			1		1	34										34		34			1			34		34

观测编号	a	b	c	d	s	$\frac{1}{P}$	$\frac{aa}{P}$	$\frac{ab}{P}$	$\frac{ac}{P}$	$\frac{ad}{P}$	$\frac{as}{P}$	$\frac{bb}{P}$	$\frac{bc}{P}$	$\frac{bd}{P}$	$\frac{bs}{P}$	$\frac{cc}{P}$	$\frac{cd}{P}$	$\frac{cs}{P}$	$\frac{dd}{P}$	$\frac{ds}{P}$	f	$\frac{af}{P}$	$\frac{bf}{P}$	$\frac{cf}{P}$	$\frac{df}{P}$	$\frac{ff}{P}$
5			1		1	10										10		10								
6			1		1	16										16		16								
7				1	1	14													14	14						
8				1	1	8													8	8						
9		1		1	2	14						14		14	28				14	28						
10		1	1		2	10						10	10		20	10		20								
11	1				1	8	8				8															
12	1				1	30	30				30															
总和	4	0	4	3	11		86	−18			68	48	10	14	54	70		80	36	50	4	48	−24	34	0	88

即：
$$V_1 + V_2 + V_{11} + V_{12} - 2.42 = 0$$
$$-V_2 - V_3 + V_9 + V_{10} + 1.13 = 0$$
$$V_4 + V_5 + V_6 + V_{10} + 0 = 0$$
$$V_7 + V_8 + V_9 + 0.12 = 0$$

在本例中，由于各条路线的测站数不同，因此观测精度是不等的。每条路线都应有它的相应的权，在求出改正数 V 时，除应满足上面的误差方程式以外，还应满足 $[P_{rr}]=$ 极小 的条件，故采用与第 4.5.3 小节类似的推导方法，可得出法方程式为：

$$\left[\frac{aa}{P}\right]k_a + \left[\frac{ab}{P}\right]k_b + \left[\frac{ac}{P}\right]k_c + \left[\frac{ad}{P}\right]k_d + w_a = 0$$
$$\left[\frac{ab}{P}\right]k_a + \left[\frac{bb}{P}\right]k_b + \left[\frac{bc}{P}\right]k_c + \left[\frac{bd}{P}\right]k_d + w_b = 0$$
$$\left[\frac{ac}{P}\right]k_a + \left[\frac{bc}{P}\right]k_b + \left[\frac{cc}{P}\right]k_c + \left[\frac{cd}{P}\right]k_d + w_c = 0$$
$$\left[\frac{ad}{P}\right]k_a + \left[\frac{bd}{P}\right]k_b + \left[\frac{cd}{P}\right]k_c + \left[\frac{dd}{P}\right]k_d + w_d = 0$$

根据表 4.9 中计算方程式各系数的结果，列出该水准网的法方程式如下：

$$86k_a - 18k_b + 0 + 0 - 2.42 = 0$$
$$-18k_a + 48k_b + 10k_c + 14k_d + 1.13 = 0$$
$$0 + 10k_b + 70k_c + 0 + 0 = 0$$
$$0 + 14k_b + 0 + 36k_d + 0.12 = 0$$

按表 4.10 法方程式得：

$$k_a = +0.0249$$
$$k_b = -0.0154$$
$$k_c = \pm 0.0022$$
$$k_d = +0.0026$$

表 4.10　　　　　　　　　　　　**法方程式计算数值**

k_a	k_b	k_c	k_d	w_a	横和	F / f	计算程序
+86	−18	0	0	−2.42	+65.58	+48	1
	+0.2093	0	0	+0.0281	−7626	−0.5581	6
$k_a = +0.0249 - 0.0830$		0	0	+0.0281			27
	+48	+10	+14	+1.13	+55.13	−24	2
	−3.767	0	0	−0.506	+1.325	−26.789	7
	+44.233	+10	+14	+0.624	+68.855	−13.954	11
		−0.2261	−3.165	−0.141	−1.5566	+0.3155	12
	$k_b = -4.8117 = -0.0005$		−0.008	−0.0141			26
		+70	0	0	+80	+34	3
		0	0	0	0	0	8
		−2.261	−3.165	−0.141	−15.568	+3.155	13
		+67.739	−3.165	−0.141	+64.432	+37.155	16
			+0.4467	+0.0021	−0.9512	−0.5485	17
		$k_c = +0.0022 = +0.0001$		+0.0021			25
			+36	+0.120	+50.120	0	4
			0	0	0	0	9
			−4.431	−0.197	−21.793	+4.416	14
			−0.148	−0.006	+3.009	+1.735	18
			+31.421	−0.083	+31.336	+6.151	20
				+0.0026	−0.9973	+0.1958	21
			$k_d = +0.0026$				24
				0	−1.170	+88	5
				−0.068	+1.843	−26.789	10
				−0.009	−0.971	−4.402	15
				0	+0.135	−20.380	19
				0	+0.085	−1.204	22
				−0.077	−0.076	+27.225	23

根据各值，在表 4.11 内计算各水准路线的改正数及将值代入误差方程式内进行校核，即：

0.747＋0.725＋0.199＋0.747−2.420＝0

−0.725−0.091−0.179−0.132＋1.130＝＋0.002

＋0.075＋0.022＋0.035−0.132＋0＝0

＋0.036＋0.021−0.179＋0.120＝−0.002

精度估算为：由表 4.10 介算出 $[PVV] = 0.0770$，由表 4.11 介算出 $[PVV] = 0.0772$。

按 $[PVV]=-[Wk]$ 可得出：

$[PVV]=+2.42\times0.0249+1.13\times0.0154+0-0.120\times0.0026=+0.0773$

说明计算无误。

表 4.11　　　　　各水准路线的改正数及将值代入误差方程式内进行校核简表

观测编号	a	b	c	d	$\dfrac{1}{p}$	$k_a=+0.249$	$k_b=-0.0154$	$k_c=+0.0022$	$k_d=+0.0026$	PV	V	PVV
						ak_a	bk_b	ck_c	dk_d			
1	1				30	+0.0249				+0.0249	+0.707	0.0186
2	1	−1			18	+0.0249	+0.0154			+0.0403	+0.725	0.0292
3		−1			6		+0.0154			+0.0154	+0.092	0.0014
4			1		34			+0.0022		+0.0022	+0.075	0.0002
5			1		10			+0.0022		+0.0022	+0.022	0
6			1		16			+0.0022		+0.0022	+0.035	0.0001
7				1	14				+0.0026	+0.0026	+0.036	+0.0001
8				1	8				+0.0026	+0.0026	+0.021	0
9		1		1	14		−0.0154		+0.0026	−0.0128	−0.179	0.0023
10		1	1		10		−0.0154	+0.0022		−0.0132	−0.132	0.0017
11	1				8	+0.0249				+0.0249	+0.199	0.0050
12	1				30	+0.0249				+0.0249	+0.747	0.0186

单位权中误差（以一个测站的权为 1）为：

$$\mu=\pm\sqrt{\frac{[PVV]}{\text{法方程式个数}}}=\pm\sqrt{\frac{0.077}{4}}=\pm0.139(\text{mm})$$

最弱点 18 的中误差为：

$$M=\mu\sqrt{\frac{1}{PF}}=\pm0.139\sqrt{27.225}=\pm0.726(\text{mm})$$

4.5.7　逐渐趋近平差法

下面介绍水准网平差的另一种方法——逐渐趋近平差法。当水准路线是单一的闭合环线时，其高闭合差可根据线路上测站数的比例（或距离的比例）进行分配。若水准网的闭合环不止一个，存在着环与环之间的公共边时，并使各环的高差与闭合差同时都为零，必须考虑上一环分配于公共边的改正数，并参与下一环的分配调整，反之亦然。逐渐趋近平差方就是根据上述的法则逐步进行调整的，最后求出各路线全部正确的改正数。这种方法计算时比价简单，有一定的实用价值，介绍之后，以供参考。

现仍以第 4.5.6 小节的水准网为例，说明其计算的步骤和方法，为了方便计算，将闭合差扩大了 100 倍。

（1）绘出线路图，如图 4.8 所示，并标上各环的顺序和方向（以顺时针方向作为正方向），标上线路名称、观测方向及测站数（如按距离调整，则标上公里数）。

（2）绘制一表格，如表 4.12 所示，第一栏为闭合环号码；第二栏为各环的闭合差；第三栏、第四栏、第五栏……为线路顺序，最后一栏为检校。

表 4.12　　　　　　　　　　　闭 合 差 计 算 简 表

分配比例／路线名／闭合差	闭合差	1	2	3	4	5	6	7	8	9	10	11	12	检校
Ⅰ	−242	0.349	0.209	0.125							0.208	0.093	0.349	1.000
Ⅱ	+113		0.375		0.486	0.143	0.228				0.143			1.000
Ⅲ	0							0.389	0.222	0.389				1.000
Ⅳ	−12	−84	−51											1.000
平Ⅰ	−242		+23	+8								−23	−84	−242
平Ⅱ	+62				+6	+2	+3			+18	+13			+62
平Ⅲ	+13							+2	+1	+3	+2			+13
平Ⅳ	+6	+8	+5											+6
平Ⅰ	+23		+4	+1						+3	+2	+2	+8	+23
平Ⅱ	+10				+1	0	+1				0			+10
平Ⅲ	+2							+1	+1	+1				+2
平Ⅳ	+3		+1									0	+2	+3
平Ⅰ	+4		+1	0						+1	0			+4
平Ⅱ	+2				0	0	0				0			+2
平Ⅲ	0							+1	0	0				0
平Ⅳ	+1	+1	0									0	0	+1
平Ⅰ	+1		0	0						0	0			+1
平Ⅱ	0				0	0	0				0			0
平Ⅲ	0							+1	0	0				0
平Ⅳ		−74	+27/−45	+9	+7	+2	+4	+4	+2	+4/+22	+2/+15	−21	−74	
总和		+0.74	+0.73	+0.09	+0.07	0.02	+0.04	+0.04	+0.02	−0.18	−0.13	+0.21	+0.4	
改正值														

（3）顺时针方向计算各环闭合差，填入第二栏。

（4）计算分配比例，即根据每环的测站数，除以这环上各线路的测站数即得。分别写入这环的各线路上，最后检验此环的总比例数是否为 1，否则应略加调整。对于有公共边的环应在对应的格子内绘制一斜线，数字一般用红字填写，并应写在与它公共环的一侧。如第二条的线路是第一环与第二环的公共边，则第一环第二条线路红色数字应写在斜线下方，第二环第二条线路红色数字应写在斜线上方。

（5）平差应从闭合差大的环开始，将这环的闭合差分别乘以对应于此环的各比例数字，写在相应的位置上，并检查其总和是否等于被分配的闭合差，否则应进行适当调整。

然后将第二环进行平差，这环要分配的闭合差为原来此闭合差加上公共边上分来的闭合差，分配方法同上。

四环均分配好了，再开始第二次平差。此时第一环应分配的闭合差为各环分配给此环的误差总和，写在闭合差一栏内，按同法进行调整。

当所有斜线格内数字均为零时，则平差结束。

(6) 计算改正数。先算出各线路平差值的总和，在有斜线的格内，应分上、下进行相加，如线路观测方向和该环正方向一致，则其总数的反号为此路线的改正值，反之，其总和即为此线路的改正值。亦就是方向相同符号相反，方向相反符号相同，对于有斜线的方格，还应检查斜线的下方（或上方）是由那一环分来的闭合差，在此格内按上述方法改变一方的符号然后相加，就可得到这一公共边的改正数。计算时，表及图应很好地配合进行。

(7) 精度估算。由改正数 v 计算单位权中误差 $\mu = \pm \sqrt{\dfrac{[PVV]}{r}}$（其中 r 为闭合环数目）。计算 $[PVV]$ 在表 4.13 内进行。

故有
$$\mu = \pm \sqrt{\frac{0.0772}{4}} = \pm 0.139\,(\text{mm})$$

从上面算出的结果看来，它与条件观测平差计算的结果是一致的。

表 4.13　　　　　　　　　**计 算 $[PVV]$ 简 表**

线路	测站 $N = \dfrac{1}{p}$	改正数 v	f^2	$[PVV]$
1	30	+0.74	0.5476	0.0182
2	18	+0.73	0.5329	0.0296
3	6	+0.09	0.0081	0.0014
4	34	+0.07	0.0049	0.0001
5	10	+0.02	0.0004	0
6	16	+0.04	0.0016	0.0001
7	14	+0.04	0.0016	0.0001
8	8	+0.02	0.0004	0
9	14	−0.18	0.0324	0.0023
10	10	−0.13	0.0169	0.0017
11	8	+0.21	0.0441	0.0055
12	30	+0.74	0.5476	0.0182
总和				0.0772

思考题与练习

1. 前方交会法观测中，测角误差与边长误差哪一个对位移值误差的影响大？简述原因。

2. 前方交会法观测水平位移，最有利的图形是怎样的？实际中怎样选择前方交会的图形？

3. 温度的变化对观测中用的水准仪、经纬仪产生什么影响？对观测有无影响？若有影响说明如何减小其影响。

4. 地面折光对观测工作有什么影响？举例说明。

5. 在观测工作中为什么要严格按照操作规程进行观测？试以精密水准测量为例说明。违反操作规程会造成什么后果？

6. 推导三角测量中条件方程式与误差方程式。

7. 如何将非线性条件方程式化为误差方程式？

8. 法方程的求解如何进行消元处理？

9. 水准网按条件观测平差与逐渐趋近平差法的主要区别和特点有哪些？

第5章 条件平差原理

在条件观测平差中，以 n 个观测值的平差值 $\hat{L}_{n\times 1}$ 作为未知数，列出 v 个未知数的条件式，在 $V^{\mathrm{T}}PV = \min$ 情况下，用条件极值的方法求出一组 v 值，进而求出平差值。

5.1 基础方程和它的解

设某平差问题，有 n 个带有相互独立的正态随机误差的观测值 $L_{n\times 1}$，其相应的权阵为 $P_{n\times n}$，它是对角阵，改正数为 $V_{n\times 1}$，平差值为 $\hat{L}_{n\times 1}$。当有 r 个多余观测时，则平差值 $\hat{L}_{n\times 1}$ 应满足 r 个平差值条件方程为：

$$\left. \begin{aligned} a_1\hat{L}_1 + a_2\hat{L}_2 + \cdots + a_n\hat{L}_n + a_0 &= 0 \\ b_1\hat{L}_1 + b_2\hat{L}_2 + \cdots + b_n\hat{L}_n + b_0 &= 0 \\ \vdots \\ r_1\hat{L}_1 + r_2\hat{L}_2 + \cdots + r_n\hat{L}_n + r_0 &= 0 \end{aligned} \right\} \tag{5.1}$$

式中　a_i，b_i，$\cdots$，$(i=1,2,\cdots,n)$——条件方程的系数；
　　　　a_0，b_0，$\cdots$，r_0——条件方程的常项数。

以 $\hat{L}_i = L_i + v_i$，a_i，b_i，$\cdots$，$(i=1,2,\cdots,n)$ 代入式（5.1）得条件方程为：

$$\left. \begin{aligned} a_1v_1 + a_2v_2 + \cdots + a_nv_n + w_a &= 0 \\ b_1v_1 + b_2v_2 + \cdots + b_nv_n + w_b &= 0 \\ \vdots \\ r_1v_1 + r_2v_2 + \cdots + r_nv_n + w_r &= 0 \end{aligned} \right\} \tag{5.2}$$

式中　w_a，w_b，$\cdots$，w_r——条件方程的闭合差，或称为条件方程的不符值，即：

$$\left. \begin{aligned} w_a &= a_1L_1 + a_2L_2 + \cdots + a_nL_n + a_0 \\ w_b &= b_1L_1 + b_2L_2 + \cdots + b_nL_n + b_0 \\ \vdots \\ w_n &= r_1L_1 + r_2L_2 + \cdots + r_nL_n + r_0 \end{aligned} \right\} \tag{5.3}$$

令　　$V_{n\times 1} = \begin{bmatrix} V_1 \\ V_2 \\ \vdots \\ V_n \end{bmatrix}$，$A_{r\times n} = \begin{bmatrix} a_1 & a_2 & \cdots & a_n \\ b_1 & b_2 & \cdots & b_n \\ \vdots & \vdots & \vdots & \vdots \\ r_1 & r_2 & \cdots & r_n \end{bmatrix}$，$\hat{L}_{n\times 1} = \begin{bmatrix} \hat{L}_1 \\ \hat{L}_2 \\ \vdots \\ \hat{L}_n \end{bmatrix}$，$L_{n\times 1} = \begin{bmatrix} L_1 \\ L_2 \\ \vdots \\ L_n \end{bmatrix}$，$A_{0\atop r\times 1} = \begin{bmatrix} a_0 \\ b_0 \\ \vdots \\ r_0 \end{bmatrix}$

$$P_{n \times n} = \begin{pmatrix} p_1 & 0 & \cdots & 0 \\ 0 & p_2 & \cdots & 0 \\ \vdots & \vdots & \vdots & \vdots \\ 0 & 0 & \cdots & p_n \end{pmatrix}, \quad V_{n \times 1} = \begin{pmatrix} V_1 \\ V_2 \\ \vdots \\ V_n \end{pmatrix}, \quad W_{n \times 1} = \begin{pmatrix} W_1 \\ W_2 \\ \vdots \\ W_n \end{pmatrix}$$

则式（5.1）及式（5.2）两式的矩阵表达式为：

$$A\hat{L} + A_0 = 0 \tag{5.4}$$

$$AV + W = 0 \tag{5.5}$$

以上改正数条件方程式中 V 的解不是唯一的解，根据最小二乘法原理，在 V 的无穷多组解中，取 $V^T PV =$ 最小的一组解是唯一的，V 的该组解，可用拉格朗日乘数法解出。为此，设 $K^T_{1 \times r} = (k_a, k_b, \cdots, k_r)$，$K$ 称为联系数向量，它的唯数与条件方程个数相等，按拉格朗日乘数法解条件极值问题时，要组成新的函数，即：

$$\Phi = V^T PV - 2K^T(AV + W)$$

将 Φ 对 V 求一阶导数，并令其为零得：

$$\left. \begin{aligned} \frac{\partial \Phi}{\partial V} &= 2V^T P - 2K^T A \\ V^T P &= K^T A \\ PV &= A^T K \\ V &= P^{-1} A^T K \end{aligned} \right\} \tag{5.6}$$

式（5.6）称为改正数方程，其纯量形式为：

$$v_i = \frac{1}{p_i}(a_i k_a + b_i k_b + \cdots + r_i k_r), \quad i = 1, 2, \cdots, n \tag{5.7}$$

代入 $V = P^{-1} A^T K$ 到 $AV + W = 0$ 得：

$$\left. \begin{aligned} AP^{-1}A^T K + W &= 0 \\ N_{r \times r} &= A_{r \times n} P^{-1}_{n \times n} A^T_{n \times r} \\ NK + W &= 0 \end{aligned} \right\} \tag{5.8}$$

式（5.8）称为联系数法方程，简称法方程。其中 N 为法方程系数矩阵，即：

$$N = \begin{bmatrix} \left[\dfrac{aa}{p}\right] & \left[\dfrac{ab}{P}\right] & \cdots & \left[\dfrac{ar}{P}\right] \\ \left[\dfrac{ab}{P}\right] & \left[\dfrac{bb}{P}\right] & \cdots & \left[\dfrac{br}{P}\right] \\ \vdots & \vdots & \vdots & \vdots \\ \left[\dfrac{ar}{P}\right] & \left[\dfrac{br}{P}\right] & \cdots & \left[\dfrac{rr}{P}\right] \end{bmatrix} \tag{5.9}$$

因 $\qquad N^T = (AP^{-1}A^T)^T = (A^T)^T P^{-1} A^T = AP^{-1}A^T = N$

所以 N 是 r 阶的对称方阵。

法方程的纯量形式为：

$$\left.\begin{array}{l} \left[\dfrac{aa}{p}\right]k_a + \left[\dfrac{ab}{p}\right]k_b + \cdots + \left[\dfrac{ar}{p}\right]k_r + w_a = 0 \\[3mm] \left[\dfrac{ab}{p}\right]k_a + \left[\dfrac{bb}{p}\right]k_b + \cdots + \left[\dfrac{br}{p}\right]k_r + w_b = 0 \\[1mm] \vdots \\[1mm] \left[\dfrac{ar}{p}\right]k_a + \left[\dfrac{br}{p}\right]k_b + \cdots + \left[\dfrac{rr}{p}\right]k_r + w_r = 0 \end{array}\right\} \tag{5.10}$$

从法方程解出联系数 k 后，将 k 值代入改正数方程，求出改正数 V 值，再求平差值 $\hat{L} = L + V$，这样就完成了按条件平差求平差值的工作。

5.2 精 度 评 定

当各被观测量的平差值求出后，下一步就是对观测精度及平差值或平差值函数的精度进行评定，下面来讨论这个问题。

1. 单位权中误差

条件平差中单位权中误差，即：

$$\hat{\sigma}_0 = \pm \sqrt{\frac{V^{\mathrm{T}} P V}{n-t}} \tag{5.11}$$

或

$$\hat{\sigma}_0 = \pm \sqrt{\frac{[PVV]}{r}} \tag{5.12}$$

从中误差计算公式可知，为了计算 $\hat{\sigma}_0$，关键是计算 $V^{\mathrm{T}} P V$、$[PVV]$。下面将讨论 $V^{\mathrm{T}} P V$、$[PVV]$ 的计算方法。

（1）由 V_i 直接计算，即：

$$[PVV] = P_1 v_1^2 + P_2 v_2^2 + \cdots + P_n v_n^2 \tag{5.13}$$

（2）由联系数 K 及常数项 W 计算，即：

因

$$AV + W = 0, \quad V = P^{-1} A^{\mathrm{T}} K$$

故有：

$$V^{\mathrm{T}} P V = V^{\mathrm{T}} P (P^{-1} A^{\mathrm{T}} K) = V^{\mathrm{T}} P P^{-1} A^{\mathrm{T}} K = V^{\mathrm{T}} A^{\mathrm{T}} K = (AV)^{\mathrm{T}} K = -W^{\mathrm{T}} K \tag{5.14}$$

（3）直接在高斯-杜力特表格中解算。

将式（5.4）的矩阵方程写为纯量形式，则有：

$$-V^{\mathrm{T}} P V = 0 + W_a k_a + W_b k_b + \cdots + W_r k_r$$

令 $W_w = 0$，则有：

$$-V^{\mathrm{T}} P V = W_w + W_a k_a + W_b k_b + \cdots + W_r k_r$$

$$-V^{\mathrm{T}} P V = W_w - \frac{W_a}{\left[\dfrac{aa}{p}\right]} W_a - \frac{[W_b 1]}{\left[\dfrac{bb}{p} 1\right]}[W_b 1] - \cdots - \frac{[W_r (r-1)]}{\left[\dfrac{rr}{p}(r-1)\right]}[W_r(r-1)]$$

$$= [W_w r] = 0 + (w) \times (w) \tag{5.15}$$

2. 平差值函数的权倒数

设有平差值函数为：

$$\phi = f(\hat{L}_1, \hat{L}_2, \cdots, \hat{L}_n) \tag{5.16}$$

它的权函数式为：

$$d\phi = \left[\frac{\partial \phi}{\partial \hat{L}_1}\right] d\hat{L}_1 + \left[\frac{\partial \phi}{\partial \hat{L}_2}\right] d\hat{L}_2 + \cdots + \left[\frac{\partial \phi}{\partial \hat{L}_n}\right] d\hat{L}_n = f_1 d\hat{L}_1 + f_2 d\hat{L}_2 + \cdots + f_n d\hat{L}_n$$

$$\tag{5.17}$$

令　　　　　$f^T = (f_1, f_2, \cdots, f_n)$，$d\hat{L} = (d\hat{L}_1, d\hat{L}_2, \cdots, d\hat{L}_n)^T$

则有：

$$d\phi = f^T d\hat{L}$$

$$\frac{1}{P_\phi} = \left[\frac{ff}{P}\right] - \frac{\left[\frac{af}{P}\right]}{\left[\frac{aa}{P}\right]}\left[\frac{af}{P}\right] - \frac{\left[\frac{bf}{P}1\right]}{\left[\frac{bb}{P}1\right]}\left[\frac{bf}{P}1\right] - \cdots - \frac{\left[\frac{rf}{P}(r-1)\right]}{\left[\frac{rr}{P}(r-1)\right]}\left[\frac{rf}{P}(r-1)\right] = \left[\frac{ff}{P}r\right]$$

$$\tag{5.18}$$

这就是高斯约化表中 $\dfrac{1}{P_\phi}$ 的计算公式，其规律与 $[W_w r]$ 的计算规律完全相同。

条件平差的数学模型为：

$$\underset{r,n}{A}\ \underset{n,1}{\Delta} - \underset{r,1}{W} = 0 \tag{5.19}$$

$$\underset{n,n}{D} = \sigma_0^2 \underset{n,n}{Q} = \sigma_0^2 P^{-1} \tag{5.20}$$

条件方程个数等于多余观测数 r，n 为观测值总个数，t 为必要观测数，它们存在关系即：

$$r = n - t \tag{5.21}$$

由于 $r < n$，从式（5.19）不能计算出 Δ 的唯一解，但可按最小二乘法原理（$V^T PV = \min$），求出 Δ 的最或然值 V，从而进一步计算观测量 $\hat{L}$ 的最或然值 $\hat{L}$（又称平差值）。

$$\hat{L} = L + V \tag{5.22}$$

将式（5.19）中的 Δ 改写成其估值（最或然值）V，条件方程式变为：

$$AV - W = 0 \tag{5.23}$$

条件平差就是在满足 r 个条件方程的条件下，求解满足最小二乘法（$V^T PV = \min$）的 V 值，在数学中就是求函数的条件极值问题。

5.3　条件平差原理

设在某个测量作业中，有 n 个观测值 $\underset{n,1}{L}$，均含有相互独立的偶然误差，相应的权阵为 $\underset{n,n}{P}$，改正数为 $\underset{n,1}{V}$，平差值为 $\underset{n\times1}{\hat{L}}$，表示为：

$$\underset{n,1}{L} = \begin{pmatrix} L_1 \\ L_2 \\ \vdots \\ L_n \end{pmatrix}, \quad \underset{n,1}{V} = \begin{pmatrix} V_1 \\ V_2 \\ \vdots \\ V_n \end{pmatrix}, \quad \underset{n,n}{P} = \begin{pmatrix} p_1 & 0 & \cdots & 0 \\ 0 & p_2 & \cdots & 0 \\ \vdots & \vdots & \vdots & \vdots \\ 0 & 0 & \cdots & p_n \end{pmatrix}, \quad \underset{n\times1}{\hat{L}} = \begin{pmatrix} \hat{L}_1 \\ \hat{L}_2 \\ \vdots \\ \hat{L}_n \end{pmatrix}$$

式中 $\underset{n, n}{P}$ ——对角阵。

$$\underset{n \times 1}{\hat{L}} = \underset{n, 1}{L} + \underset{n, 1}{V}，即：\begin{bmatrix} \hat{L}_1 \\ \hat{L}_2 \\ \vdots \\ \hat{L}_n \end{bmatrix} = \begin{bmatrix} L_1 + V_1 \\ L_2 + V_2 \\ \vdots \\ L_n + V_n \end{bmatrix} \tag{5.24}$$

在这 n 个观测值中，有 t 个必要观测数，多余观测数为 r。

可以列出 r 个平差值线性条件方程，即：

$$\left.\begin{array}{l} a_1 \hat{L}_1 + a_2 \hat{L}_2 + \cdots + a_n \hat{L}_n = 0 \\ b_1 \hat{L}_1 + b_2 \hat{L}_2 + \cdots + b_n \hat{L}_n = 0 \\ \vdots \\ r_1 \hat{L}_1 + r_2 \hat{L}_2 + \cdots + r_n \hat{L}_n = 0 \end{array}\right\} \tag{5.25}$$

式中 a_i，b_i，$\cdots$，r_i（$i = 1，2，\cdots，n$）——各平差值条件方程式中的系数。

将式（5.24）代入式（5.25），得相应的改正数条件方程式，即：

$$\left.\begin{array}{l} a_1 v_1 + a_2 v_2 + \cdots + a_n v_n = 0 \\ b_1 v_1 + b_2 v_2 + \cdots + b_n v_n = 0 \\ \vdots \\ r_1 v_1 + r_2 v_2 + \cdots + r_n v_n = 0 \end{array}\right\} \tag{5.26}$$

若采用改正数条件方程来表示得：

$$\left.\begin{array}{l} w_a = -(a_1 L_1 + a_2 L_2 + \cdots + a_n L_n + a_0) \\ w_b = -(b_1 L_1 + b_2 L_2 + \cdots + b_n L_n + b_0) \\ \vdots \\ w_r = -(r_1 L_1 + r_2 L_2 + \cdots + r_n L_n + r_0) \end{array}\right\} \tag{5.27}$$

式中 w_a，w_b，$\cdots$，w_r——改正数条件方程的闭合差（或不符值）。

若取：

$$\underset{r, n}{A} = \begin{bmatrix} a_1 & a_2 & \cdots & a_n \\ b_1 & b_2 & \cdots & b_n \\ \vdots & \vdots & \vdots & \vdots \\ r_1 & r_2 & \cdots & r_n \end{bmatrix}，\underset{r, 1}{A} = \begin{bmatrix} a_0 \\ b_0 \\ \vdots \\ r_0 \end{bmatrix}，\underset{r, 1}{W} = \begin{bmatrix} W_a \\ W_b \\ \vdots \\ W_r \end{bmatrix}$$

式（5.25）～式（5.27）可分别表达成矩阵形式如下：

$$A\hat{L} + A_0 = 0 \tag{5.28}$$

$$AV - W = 0 \tag{5.29}$$

$$W = -(AL + A_0) \tag{5.30}$$

按求函数极值的拉格朗日乘数法，引入乘系数 $\underset{r,1}{A} = [k_a, k_b, \cdots, k_r]^T$（又称为联系数向量），构成函数，即：

$$\phi = V^T P V - 2K^T(AV - W) \tag{5.31}$$

为引入最小二乘法，将 ϕ 对 V 求一阶导数，并令其为零，即：

$$\frac{d\phi}{dV} = \frac{\partial V^T P V}{\partial V} - 2\frac{K^T(AV - W)}{\partial V} = 2V^T P - 2K^T A = 0$$

可得 $V^T P = K^T A$。

上式两端转置，可得 $P^T V = A^T K$。

由于 P 是主对角线阵，则 $P = P^T$，得 $PV = A^T K$。

将上式两边左乘权逆阵 P^{-1}，可得：

$$V = P^{-1} A^T K \tag{5.32}$$

式（5.32）称为改正数方程，其纯量形式为：

$$v_i = \frac{1}{p_1}(a_i k_a + b_i k_b + \cdots + r_i k_r), \quad i = 1, 2, \cdots, n \tag{5.33}$$

将式（5.32）代入式（5.29），得：

$$AP^{-1}A^T K - W = 0 \tag{5.34}$$

式（5.34）称为联系数法方程（简称法方程），其纯量形式为：

$$\left. \begin{array}{c} \left[\dfrac{aa}{p}\right]k_a + \left[\dfrac{ab}{p}\right]k_b + \cdots + \left[\dfrac{ar}{p}\right]k_r - w_a = 0 \\[2mm] \left[\dfrac{ab}{p}\right]k_a + \left[\dfrac{bb}{p}\right]k_b + \cdots + \left[\dfrac{br}{p}\right]k_r - w_b = 0 \\[2mm] \vdots \\[2mm] \left[\dfrac{ar}{p}\right]k_a + \left[\dfrac{br}{p}\right]k_b + \cdots + \left[\dfrac{rr}{p}\right]k_r - w_r = 0 \end{array} \right\} \tag{5.35}$$

取法方程的系数阵 $AP^{-1}A^T = N$，由式（5.35）易知 N 阵关于主对角线对称，得法方程表达式为：

$$NK - W = 0 \tag{5.36}$$

法方程数阵 N 的秩为：$R(N) = R(AP^{-1}A^T) = r$。

即：N 是一个 r 阶的满秩方阵，且可逆。将式（5.36）移项，得 $NK = W$。

上式两边左乘法方程系数阵 N 的逆阵 N^{-1}，得联系数 K 的唯一解为：

$$K = N^{-1}W \tag{5.37}$$

将式（5.37）代入式（5.32）或式（5.33），可计算出 V，再将 V 代入式（5.24），即可计算出所求的观测值的最或然值 $\hat{L} = L + V$。

通过观测值的平差值 $\hat{L}$，可以进一步计算一些未知量（如待定点的高程、纵横坐标以及边的长度、某一方向的方位角等）的最或然值。

由上述推导可看出，K、V 及 $\hat{L}$ 都是由式（5.29）和式（5.32）解算出的。因此，把式（5.29）和式（5.32）合称为条件平差的基础方程。

5.4　精 度 评 定

在第一个问题中已经阐述了计算未知量最或然值的原理和公式,下面来论述测量平差的第二个任务,即评定测量成果的精度。精度评定包括单位权方差 $\hat{\sigma}_0^2$ 和单位权中误差 $\hat{\sigma}_0^2$ 的计算、平差值函数 $[F = f(\hat{L})]$ 的协因数 Q_{FF} 及其中误差 $\hat{\sigma}_F$ 的计算等。

当已知单位权方差 σ_0^2 时,如果已知某量的权为 P,则该量的方差为 $\sigma_F^2 = \sigma_0^2 \dfrac{1}{P_F}$。在实际工作中,由于观测值的个数 n 是有限值。因此,只能求出 σ_0^2 的估值 $\hat{\sigma}_0^2$ 和 σ_F^2 的估值 $\hat{\sigma}_F^2$。则有:

$$\sigma_F^2 = \sigma_0^2 \frac{1}{P_F} \tag{5.38}$$

估值形式为:

$$\hat{\sigma}_F^2 = \hat{\sigma}_0^2 \frac{1}{P_F} \tag{5.39}$$

根据协因数的定义,有了单位权方差 $\hat{\sigma}_0^2$ 和某平差值函数的验后协因数阵 Q_{FF},也可按式(5.40)计算该平差值向量的协方差阵。

$$D_{FF} = \hat{\sigma}_0^2 Q_{FF} \tag{5.40}$$

例如,已知观测值的平差值 $\hat{L}$ 的协因数阵 $Q_{\hat{L}_n\hat{L}_n}$,则 $\hat{L}$ 的协方差阵为 $D_{\hat{L}_n\hat{L}_n} = \hat{\sigma}_0^2 Q_{\hat{L}_n\hat{L}_n}$。

下面,分别讨论单位权中误差 $\hat{\sigma}_0$ 和平差值函数协因数阵 Q_{FF} 的计算方法。

5.5　计算单位权方差和中误差的估值

根据前面对中误差的定义,单位权中误差的计算公式为 $\hat{\sigma}_0 = \pm\sqrt{\dfrac{[p\Delta\Delta]}{r}}$。

在一般情况下,观测值的真误差 Δ 是不可知的,也就不可能利用上式计算单位权中误差。但在条件平差中,可以通过观测值的改正数 V 来计算单位权方差和中误差,即:

$$\hat{\sigma}_0^2 = \frac{V^T P V}{r} \tag{5.41}$$

$$\hat{\sigma}_0 = \pm\sqrt{\frac{V^T P V}{r}} \tag{5.42}$$

式中　r——多余观测值个数,$r = n - t$。

在式(5.42)中,须先算出 $V^T P V$ 的值,才能计算单位权中误差。$V^T P V$ 可用下列几种方法计算。

1. 直接利用定义式(5.41)计算

纯量形式为:

$$V^{\mathrm{T}}PV = [PVV] = p_1 v_1 + p_2 v_2 + \cdots + p_n v_n \tag{5.43}$$

由式（5.32）和式（5.29）导出，即：

$$V^{\mathrm{T}}PV = V^{\mathrm{T}}P(P^{-1}A^{\mathrm{T}}K) = V^{\mathrm{T}}A^{\mathrm{T}}K = (AV)^{\mathrm{T}}K = W^{\mathrm{T}}K \tag{5.44}$$

其纯量形式为：

$$V^{\mathrm{T}}PV = w_a k_a + w_b k_b + \cdots + w_r k_r \tag{5.45}$$

2. 协因数阵

条件平差的基本向量 L、W、K、V、$\hat{L}$ 都可以表达成随机向量 L 的函数，即：

$$L = L$$
$$W = -AL - A_0$$
$$K = N^{-1}W = -N^{-1}(AL + A_0) = -N^{-1}AL - N^{-1}A_0$$
$$V = P^{-1}A^{\mathrm{T}}K = P^{-1}A^{\mathrm{T}}(-N^{-1}AL - N^{-1}A_0) = -P^{-1}A^{\mathrm{T}}N^{-1}AL - P^{-1}A^{\mathrm{T}}N^{-1}A_0$$
$$\hat{L} = L + V = L + (-P^{-1}A^{\mathrm{T}}N^{-1}AL - P^{-1}A^{\mathrm{T}}N^{-1}A_0) = (E - P^{-1}A^{\mathrm{T}}N^{-1}A)L - P^{-1}A^{\mathrm{T}}N^{-1}A_0$$

将向量 L、K、V、$\hat{L}$ 组成列向量，并以 Z 表示之，即：

$$Z = \begin{bmatrix} L \\ W \\ K \\ V \\ \hat{L} \end{bmatrix} = \begin{bmatrix} E \\ -A \\ -N^{-1}A \\ -P^{-1}A^{\mathrm{T}}N^{-1}A \\ E - P^{-1}A^{\mathrm{T}}N^{-1}A \end{bmatrix} L + \begin{bmatrix} 0 \\ -A_0 \\ -N^{-1}A_0 \\ -P^{-1}A^{\mathrm{T}}N^{-1}A_0 \\ E - P^{-1}A^{\mathrm{T}}N^{-1}A_0 \end{bmatrix} \tag{5.46}$$

式中等号右端第二项是与观测值无关的常数项阵，按协因数传播律，得 Z 的协因数阵为：

$$Q_{ZZ} = \begin{bmatrix} Q_{LL} & Q_{LW} & Q_{LK} & Q_{LV} & Q_{L\hat{L}} \\ Q_{WL} & Q_{WW} & Q_{WK} & Q_{WV} & Q_{W\hat{L}} \\ Q_{KL} & Q_{KW} & Q_{KK} & Q_{KV} & Q_{K\hat{L}} \\ Q_{VL} & Q_{VW} & Q_{VK} & Q_{VV} & Q_{V\hat{L}} \\ Q_{\hat{L}L} & Q_{\hat{L}W} & Q_{\hat{L}W} & Q_{\hat{L}V} & Q_{\hat{L}\hat{L}} \end{bmatrix}$$

$$= \begin{bmatrix} EQE^{\mathrm{T}} & -EQA^{\mathrm{T}} & -EQA^{\mathrm{T}}N^{-1} \\ -AQE^{\mathrm{T}} & AQA^{\mathrm{T}} & AQA^{\mathrm{T}}N^{-1} \\ -N^{-1}AQE^{\mathrm{T}} & N^{-1}AQA^{\mathrm{T}} & N^{-1}AQA^{\mathrm{T}}N^{-1} \\ -P^{-1}A^{\mathrm{T}}N^{-1}AQE^{\mathrm{T}} & P^{-1}A^{\mathrm{T}}N^{-1}AQA^{\mathrm{T}} & P^{-1}A^{\mathrm{T}}N^{-1}AQA^{\mathrm{T}}N^{-1} \\ EQE^{\mathrm{T}} - P^{-1}A^{\mathrm{T}}N^{-1}AQE^{\mathrm{T}} & -EQA^{\mathrm{T}} + P^{-1}A^{\mathrm{T}}N^{-1}AQA^{\mathrm{T}} & -EQA^{\mathrm{T}}N^{-1} + P^{-1}A^{\mathrm{T}}N^{-1}AQA^{\mathrm{T}}N^{-1} \end{bmatrix}$$

$$\begin{bmatrix} -EQA^{\mathrm{T}}N^{-1}AP^{-1} & EQE^{\mathrm{T}} - EQA^{\mathrm{T}}N^{-1}AP^{-1} \\ AQA^{\mathrm{T}}N^{-1}AP^{-1} & -AQE^{\mathrm{T}} + AQA^{\mathrm{T}}N^{-1}AP^{-1} \\ N^{-1}AQA^{\mathrm{T}}N^{-1}AP^{-1} & -N^{-1}AQE^{\mathrm{T}} + N^{-1}AQA^{\mathrm{T}}N^{-1}AP^{-1} \\ P^{-1}A^{\mathrm{T}}N^{-1}AQA^{\mathrm{T}}N^{-1}AP^{-1} & -P^{-1}A^{\mathrm{T}}N^{-1}AQE^{\mathrm{T}} + P^{-1}A^{\mathrm{T}}N^{-1}AQA^{\mathrm{T}}N^{-1}AP^{-1} \\ (-EQA^{\mathrm{T}}N^{-1} + P^{-1}A^{\mathrm{T}}N^{-1}AQA^{\mathrm{T}}N^{-1})AP^{-1} & (E - P^{-1}A^{\mathrm{T}}N^{-1}A)Q(E - P^{-1}A^{\mathrm{T}}N^{-1}A)^{\mathrm{T}} \end{bmatrix}$$

$$
= \begin{bmatrix}
Q & -QA^T & -QA^TN^{-1} & -QA^TN^{-1}AP^{-1} & Q-QA^TN^{-1}AP^{-1} \\
-AQ & N & E & AP^{-1} & 0 \\
-N^{-1}AQ & E & N^{-1} & N^{-1}AP^{-1} & 0 \\
-P^{-1}A^TN^{-1}AQ & P^{-1}A^T & P^{-1}A^TN^{-1} & P^{-1}A^TN^{-1}AP^{-1} & 0 \\
Q-P^{-1}A^TN^{-1}AQ & 0 & 0 & 0 & Q-P^{-1}A^TN^{-1}AQ
\end{bmatrix}
$$

整理后得：

$$
Q_{ZZ} = \begin{bmatrix}
Q & -QA^T & -QA^TN^{-1} & -QA^TN^{-1}AP^{-1} & Q-QA^TN^{-1}AP^{-1} \\
-AQ & N & E & AP^{-1} & 0 \\
-N^{-1}AQ & E & N^{-1} & N^{-1}AP^{-1} & 0 \\
-P^{-1}A^TN^{-1}AQ & P^{-1}A^T & P^{-1}A^TN^{-1} & P^{-1}A^TN^{-1}AP^{-1} & 0 \\
Q-P^{-1}A^TN^{-1}AQ & 0 & 0 & 0 & Q-P^{-1}A^TN^{-1}AQ
\end{bmatrix}
$$

$$(5.47)$$

由式（5.47）可见，平差值 $\hat{L}$ 与闭合差 W、联系数 K、改正数 V 是不相关的统计量，又由于它们都是服从正态分布的向量，所以 $\hat{L}$ 与 W、K、V 也是相互独立的向量。

5.6　平差值函数的协因数

在条件平差中，平差计算后，首先得到的是各个观测量的平差值。例如，水准网中的高差观测值的平差值，测角网中的观测角度的平差值，导线网中的角度观测值和各导线边长观测值的平差值等。而我们进行测量的目的，往往是要得到待定水准点的高程值、未知点的坐标值、三角网的边长值及方位角值等，并且评定其精度。这些值都是关于观测值平差值的函数。

设有平差值函数，即：

$$\hat{F} = f(\hat{L}_1, \hat{L}_2, \cdots, \hat{L}_n) \tag{5.48}$$

对式（5.48）全微分得：

$$\mathrm{d}\hat{F} = \left(\frac{\partial f}{\partial \hat{L}_1}\right)_{\hat{L}-L} \mathrm{d}\hat{L}_1 + \left(\frac{\partial f}{\partial \hat{L}_2}\right)_{\hat{L}-L} \mathrm{d}\hat{L}_2 + \cdots + \left(\frac{\partial f}{\partial \hat{L}_n}\right)_{\hat{L}-L} \mathrm{d}\hat{L}_n \tag{5.49}$$

取全微分式的系数阵为：

$$f = f(f_1, f_2, \cdots, f_n)^T = \left[\left(\frac{\partial f}{\partial \hat{L}_1}\right)_{\hat{L}-L}, \left(\frac{\partial f}{\partial \hat{L}_2}\right)_{\hat{L}-L}, \cdots, \left(\frac{\partial f}{\partial \hat{L}_n}\right)_{\hat{L}-L}\right]^T \tag{5.50}$$

由协因数传播律可得：

$$Q_{FF} = f^T Q_{\hat{L}\,\hat{L}} f \tag{5.51}$$

根据式（5.47）可知：$Q_{\hat{L}\,\hat{L}} = Q - QA^TN^{-1}AQ$。

代入式（5.51）可得：$Q_{FF} = f^T Q_{\hat{L}\,\hat{L}} f = f^T(Q - QA^TN^{-1}AQ)f$。

即：

$$Q_{FF} = f^{\mathrm{T}} Q_{\hat{L} \hat{L}} f = f^{\mathrm{T}} Q - f^{\mathrm{T}} Q A^{\mathrm{T}} N^{-1} A Q f \tag{5.52}$$

式（5.52）即为平差值函数式（5.48）的协因数表达式。

将式（5.52）代入式（5.40），可求得该平差值函数的方差，即：

$$D_{FF} = \hat{\sigma}_0^2 Q_{FF} \tag{5.53}$$

5.7 条件平差的计算步骤

综合以上所述，按条件平差的计算步骤可归结为以下几步。

（1）根据实际问题，确定出总观测值的个数 n、必要观测值的个数 t 及多余观测个数 $r = n - t$，进一步列出最或是值条件方程式（5.28）或改正数条件方程式（5.29）。

（2）根据式（5.34），组成法方程式。

（3）依据式（5.37）计算出联系数 K。

（4）由式（5.32）计算出观测值改正数 V；并依据式（5.24）计算出观测值的平差值 $\hat{L}$。

（5）根据式（5.41）和式（5.42）计算单位权方差 $\hat{\sigma}_0^2$ 和单位权中误差 $\hat{\sigma}_0$。

（6）列出平差值函数关系式（5.48），并对其全微分，求出其线性函数的系数阵 f，利用式（5.52）计算出平差值函数的协因数 Q_{FF}，代入式（5.40）计算出平差值函数的协方差 D_{FF}。

为了检查平差计算的正确性，可以将平差值 $\hat{L}$ 代入平差值条件方程式（5.28），看是否满足方程关系。

【例 5.1】 如图 5.1 所示，点 A 和点 P 为等级三角点，PA 方向的方位角已知，在测站 P 上等精度测得的各方向的夹角观测值如下：

$$T_{PA} = 48°24'36'', \quad L_1 = 57°32'16'', \quad L_2 = 73°03'08'', \quad L_3 = 126°51'28'', \quad L_4 = 104°33'20''$$

试用条件平差法，计算各观测值的平差值、PC 方向的方位角 T_{PC} 及 T_{PC} 的精度 $\hat{\sigma}_{T_{pc}}$。

解： 本例题中 $n = 4$，$t = 3$，则条件方程个数为 $r = n - t = 1$。

因为是等精度观测，取观测值权阵，即：

$$\underset{n \times n}{P} = \begin{bmatrix} P_1 & & & \\ & P_2 & & \\ & & P_3 & \\ & & & P_4 \end{bmatrix} = \begin{bmatrix} 1 & & & \\ & 1 & & \\ & & 1 & \\ & & & 1 \end{bmatrix}$$

由 $A\hat{L} + A_0 = 0$，列出平差值条件方程的纯量形式，即：

$$\hat{L}_1 + \hat{L}_2 + \hat{L}_3 + \hat{L}_4 - 360° = 0$$

其矩阵形式为：

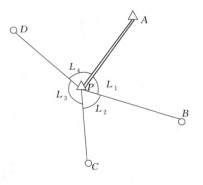

图 5.1 ［例 5.1］附图

$$[1 \quad 1 \quad 1 \quad 1]\begin{bmatrix} \hat{L}_1 \\ \hat{L}_2 \\ \hat{L}_3 \\ \hat{L}_4 \end{bmatrix} - 360° = 0$$

由 $W = -(AL + A_0)$，计算闭合差，即：

$$W = -(AL + A_0) = -\left\{ [1 \quad 1 \quad 1 \quad 1]\begin{bmatrix} 57°32'16'' \\ 73°03'08'' \\ 126°51'28'' \\ 104°33'20'' \end{bmatrix} - 360° \right\} = -12''$$

由 $AV - W = 0$，写出改正数条件方程式，即：

$$[1 \quad 1 \quad 1 \quad 1]\begin{bmatrix} v_1 \\ v_2 \\ v_3 \\ v_4 \end{bmatrix} + 12'' = 0$$

其纯量形式为：

$$v_1 + v_2 + v_3 + v_4 + 12'' = 0$$

根据 $AP^{-1}A^{\mathrm{T}}K - W = 0$，写出法方程，即：

$$[4][k_a] - [-12''] = 0$$

纯量形式为：

$$4k_a + 12'' = 0$$

由 $K = N^{-1}W$，计算联系数，即：

$$k_a = -0.25 \times 12 = -3''$$

其纯量形式为：

$$k_a = -3''$$

由 $V = P^{-1}A^{\mathrm{T}}K$，计算各改正数，即：

$$V = P^{-1}A^{\mathrm{T}}K = \begin{bmatrix} 1 & & & \\ & 1 & & \\ & & 1 & \\ & & & 1 \end{bmatrix}[1 \quad 1 \quad 1 \quad 1][3] = \begin{bmatrix} -3'' \\ -3'' \\ -3'' \\ -3'' \end{bmatrix}$$

由 $\underset{n,1}{\hat{L}} = \underset{n,1}{L} + \underset{n,1}{V}$，计算观测值平差值，即：

$$\begin{bmatrix} \hat{L}_1 \\ \hat{L}_2 \\ \hat{L}_3 \\ \hat{L}_4 \end{bmatrix} = \begin{bmatrix} L_1 + v_1 \\ L_2 + v_2 \\ L_3 + v_3 \\ L_4 + v_4 \end{bmatrix} = \begin{bmatrix} 57°32'33'' \\ 73°03'05'' \\ 126°51'25'' \\ 104°33'17'' \end{bmatrix}$$

由式（5.42），计算单位权中误差，即：

$$V^{\mathrm{T}}PV = \begin{bmatrix} -3 & -3 & -3 & -3 \end{bmatrix} \begin{bmatrix} 1 & & & \\ & 1 & & \\ & & 1 & \\ & & & 1 \end{bmatrix} \begin{bmatrix} -3 \\ -3 \\ -3 \\ -3 \end{bmatrix} = 36$$

$$\hat{\sigma}_0 = \pm\sqrt{\frac{V^{\mathrm{T}}PV}{r}} = \pm\sqrt{\frac{36}{1}} = \pm 6''$$

PC 边的方位角，即：

$$T_{PC} = T_{PA} + \hat{L} + \hat{L}_2 = 48°24'36'' + 57°32'13'' + 73°03'05'' = 178°59'54''$$

其矩阵式为：

$$T_{PC} = \begin{bmatrix} 1 & 1 & 0 & 0 \end{bmatrix} \begin{bmatrix} \hat{L}_1 \\ \hat{L}_2 \\ \hat{L}_3 \\ \hat{L}_4 \end{bmatrix} + 48°24'36''$$

其中系数阵为：

$$f = \begin{bmatrix} 1 & 1 & 0 & 0 \end{bmatrix}$$

计算 PC 边的协因数为：

$$Q_{T_{PC}} = f^{\mathrm{T}}Qf - f^{\mathrm{T}}QfN^{-1}AQF$$

🐛 思考题与练习

1. 发现误差的必要条件是什么？

2. 几何模型的必要元素与什么有关？为什么？

3. 测量平差的函数模型和随机模型分别表示哪些量之间的什么关系？

4. 什么叫必要起算数据？各类控制网的必要起算数据是如何确定的？

5. 条件平差中求解的未知量是什么？能否由条件方程直接求得改正数？

6. 设某一平差问题的观测个数为 n，必要观测数为 t，若按条件平差法进行平差，其条件方程、法方程及改正数方程的个数各为多少？

7. 通常用什么公式将非线性函数模型转化为线性函数模型？

8. 在条件平差中，能否根据已列出的法方程计算单位权方差？

9. 条件平差中的精度评定主要是解决哪些方面的问题？

第6章 内部变形监测

6.1 概　　述

由于变形监测能直观地反映大坝运行状态，许多大坝状态出现异常，最初都是通过变形监测值出现异常得到反映的。因此，变形监测项目通常列为大坝安全监测的首选监测项目。

内部变形监测主要指坝体、坝基（肩）、边坡、地下洞室等工程及岩体内部（或深层）变形监测，内部变形监测是安全监测工作中的重要组成部分，由于其监测成果直观、可靠、分析简便。因此，通常作为工程安全稳定性评价的重要依据之一。

内部变形监测项目主要包括有如下。

（1）坝基（肩）、边坡、地下洞室等岩石工程内部及深层的水平、垂直及任意方向的位移，洞室围岩表面收敛变形，以及基础和结构物等倾斜变形。通常采用测斜仪、多点位移计、滑动测微计、基岩变形计、倾斜计及收敛计等仪器进行水平位移、竖向位移及它特定方向的位移或倾斜监测。

（2）土石坝（心墙）、面板堆石坝（下游堆石体及反滤层）、围堰混凝土防渗墙及堤防等堤坝内部水平、垂直（沉降）位移，以及面板（混凝土面板堆石坝）挠度变形等。通常采用引张线水平位移计、测斜仪、各类分层沉降仪（水管式、电磁式、干簧管式及弦式沉降仪），以及土体位移计等仪器进行水平、垂直及挠度变形监测。

（3）混凝土坝体（块）间施工缝、混凝土与基岩界面接缝、堆石坝面板周边缝以及岩体、混凝土工程随机裂缝等单向及多向位移。通常采用单向及多向测缝计、裂缝计（内部及表面）等进行位移监测，包括缝开合度及剪切位错变形。

另外，混凝土坝（重力坝和拱坝等）坝体内部其他变形，如垂线（正、倒垂线）、引张线、真空（大气）激光准直、静力水准、双金属标等位移监测，通常习惯划为外部变形监测项目，可参阅第4章外部变形部分内容。

6.2 监　测　布　置

根据内部变形监测项目及监测仪器类型、特点和应用范围的差异，各类监测仪器的布置应在其监测设计与布置的总体框架下掌握以下主要原则。

6.2.1 测斜仪（计）类

1. 滑动式测斜仪

滑动式测斜仪分为垂向和水平向两类，其中垂向滑动式测斜仪主要应用于坝基（肩）、边坡、深基坑开挖边坡、地下洞室土石坝（心墙和堆石体）、围堰防渗墙及堤防等岩土工程内部深层的水平位移监测；而水平向滑动式测斜仪则应用于岩土工程及结构物基础的垂直（沉降）变形，但目前应用工程较少。

（1）监测断面及每个监测断面测斜孔的数量，应根据工程规模、工程特点及所处地质条件来确定。

（2）测斜孔的布置应综合考虑工程岩（土）体的受力情况以及地质结构，重点应布置在最有可能发生滑移、对工程施工及运行安全影响最大的部位，同时还应兼顾其他比较典型、有代表性的地段，如图6.1所示。

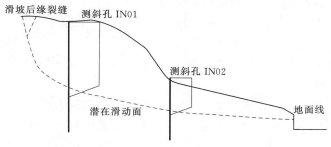

图 6.1　典型岩质边坡测斜管布置及滑移变形示意图

（3）近坝区岩体（含库区）高边坡、古滑坡体、坝基和坝肩范围内的重要断裂或软弱结构面，以及深水围岩混凝土防渗墙体，宜布置深层水平位移监测的测斜孔。

（4）测斜孔宜布置在边坡监测断面的马道上，钻孔呈铅直向布置，钻孔铅直度偏差在50m孔深应不大于3°，钻孔直径应大于测斜管外径30mm。有条件时，孔口附近应设大地水平或垂向位移测点。

（5）测斜管的埋设深度，应超过预计最深变形（位移）带5m，测斜管内的其中一对导槽方向应与预计位移方向相近。

（6）在不影响观测质量的前提下，应尽可能地利用原有的勘探钻孔。另外，由于滑动式测斜仪可重复使用，仅消耗测斜管，因此可根据工程监测需要，设置若干多个测斜孔，监测成本相对较低。

2. 固定式测斜仪

固定式测斜仪也分为垂向和水平向两类，其中垂向固定测斜仪一般布置在已确定或预料有明显滑动或位移发生的区域或混凝土防渗墙内，如图6.2所示，固定测斜仪由若干传感器成串安装在横跨这些区域的测斜管内。如在岩土边坡先期通过滑动式测斜仪或其他监测手段观测已证实确实存在有明显位移的滑动面，可在滑动面附近变形带重点布置少数几支传感器。除外，在堆石坝面板挠度变

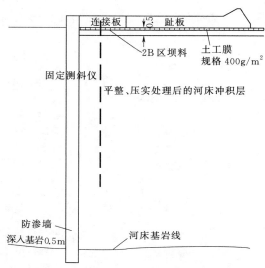

图 6.2　云南那兰面板堆石坝防渗墙固定测斜仪布置示意图

形监测及堤坝水平、垂直（沉降）变形监测中，也可根据工程需要选择关键监测断面呈水平或垂向布置，等间距或不等间距布置多个传感器，传感器呈串由连接杆连接固定于测斜管内，固定式测斜仪传感器本身精度较高，且便于实现自动化监测，可对变形破坏的危险区域进行遥测及报警，但对仪器本身的稳定性要求较高。

总之，固定测斜仪监测布置要重点突出才能获得经济有效的监测成果，切不可在不明岩（土）体变形的情况下盲目布置，以减少不必要的经济投入。

3. 梁式倾斜仪、倾斜计

梁式倾斜仪和各式倾斜计（固定式和便携式）宜布置在边坡、坝体以及其他结构物的中、上部，以及基础（如缆机平台）等可能发生较大倾斜变形的部位，其中梁式倾斜仪和固定式倾斜计测试精度高，可实现自动化监测；而便携式倾斜计可重复使用，仅消耗倾斜盘，且安装、观测读数方便，可设置多测点，但测点应布置在监测人员方便到达的部位。

6.2.2　多点位移计

多点位移计主要应用于坝基（肩）、边坡、地下洞室等岩石工程内部的任意方向不同深度的轴向位移及分布的变形监测仪器，仪器精度较高，且可实现自动化监测、遥测及报警。

监测断面及测孔数量，应根据工程规模、工程特点及地质条件进行布置。测孔方向及深度，以监测目的和地质条件来确定，测孔深度应超出应力扰动区。测点（锚头）数量宜根据位移变化梯度确定，测点位置应避开构造破碎带。

（1）多点位移计宜布置在近坝区岩体、高边坡和滑坡体的断层、裂隙、夹层层面出露的边坡坡面和坝基上（有条件时，孔口附近应设大地水平或垂向位移测点），以及地下洞室围岩顶部和边墙两侧，如图 6.3 所示。仪器可在水平、垂直或任意方向的钻孔中安装埋设，水平孔宜向下倾斜 5°～10°，以便于灌浆和确保最深处锚头的浆液密实。锚头布置一般从孔口向内为由密到疏，在需要监测的软弱结构面两侧应各设一个锚固点（锚头），最深一个锚固点的位置应设置在岩体变形范围以外。

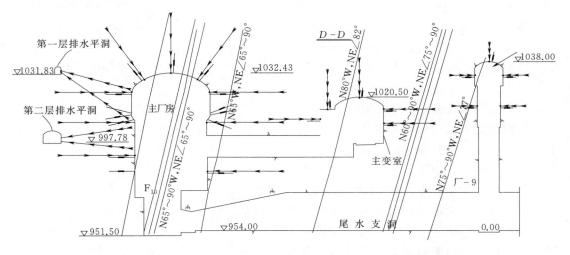

图 6.3　云南小湾水电站地下厂房多点位移计监测布置图

（2）根据钻孔内地质条件和预期岩（土）体位移的影响范围，确定其钻孔方向、角度、深度及锚头类型、数量及其具体位置，一般情况下每个钻孔内可设3～6个测点为宜。

（3）根据监测对象所处环境条件及预期岩（土）体位移大小，合理选择传感器类型、精度、量程和耐水压等仪器指标。

（4）在地下工程及边坡开挖工程中，有条件的情况下尽可能在开挖之前超前预埋，或尽可能靠近开挖工作面，以测得开挖全过程及主要变形（位移）状态及其变化。

6.2.3 滑动测微计

（1）监测孔位设计应布置在需要高精度测定沿某一测线（任意轴线方向）的全部应变和轴向位移分布的各种场合（如坝基、坝肩、边坡和地下洞室等），尤其适合于坝基回弹变形监测，如图6.4所示。

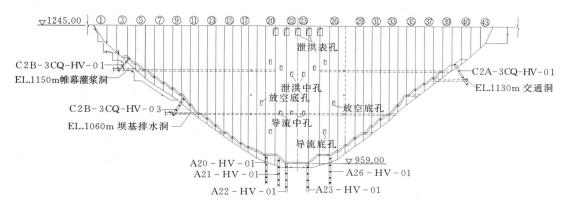

图6.4　小湾水电站大坝坝基（肩）滑动测微计布置图

（2）钻孔深度由工程需要确定，钻孔直径以满足测管灌浆回填要求为宜。通常测管深度一般不宜超过50m，深度过大会造成操作不方便，增加测试难度，降低观测精度。

（3）在有条件的开挖边坡或地下洞室的情况下，也可类似多点位移计实施超前预埋测管，有效地进行开挖全过程岩体变形状态监测。

6.2.4 收敛计

收敛变形监测主要适用于地下洞室开挖过程中的围岩初期（施工期）的变形监测，用以评价施工期围岩稳定性及支护效果。

（1）监测断面布置应根据地质条件、围岩应力大小、施工方法、支护形式及围岩的时空效应等因素，选择具有代表性、地质条件复杂、岩体位移较大或岩体稳定条件最不利的部位，按一定间距布置监测断面和测（点）线位置。

（2）监测断面应尽量靠近开挖掌子面，距离不宜大于1m。测（点）线的数量和方向应根据监测断面的形状、大小及能测到较大位移等条件确定。

（3）在地下洞室开挖断面不是很大时宜选择收敛计进行监测，若断面较大时则采用全站仪（即洞室断面收敛测量系统）进行监测。

（4）由于当地质条件、洞室断面形状和尺寸、施工方法等为已定时，地下洞室围岩的位移主要受"空间效应""时间效应"两种因素的影响。因此，收敛监测断面的布置应遵循以下原则：

1）考虑到"空间效应"（因掌子面约束作用对围岩位移所产生的影响），测点埋设应尽量接近掌子面，当掌子面距观测断面 1.5～2.0 倍洞径后，"空间效应"基本消除。

2）考虑到"时间效应"（指变形随时间而增大的现象），预定的观测断面一经形成，就应立即布点测量，以观测到"时间效应"的影响。

（5）测点（线）布置应根据洞室断面的形状和大小决定，一般应考虑能测到的最大位移，即围岩顶拱、拱肩及两侧边墙。有条件时尽可能结合多点位移计孔布置，以便互相校核，如图 6.5 所示。

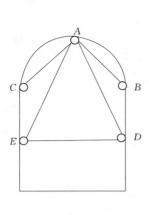 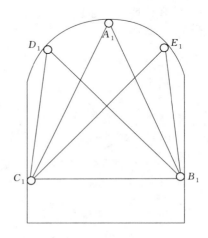

（a）在隧洞侧面布置四个测点　　　　　　（b）在拱顶布置三个测点

图 6.5　地下洞室收敛测线（点）布置图

6.2.5　基岩变形计

基岩变形计与多点位移计、滑动测微计等仪器配合布置，作为坝基（肩）岩体变形监测的补充，通常重点监测建基面浅层的基岩变形。

（1）仪器布置在坝基（肩）基岩与混凝土接触面附近变形区域比较敏感的部位。

（2）锚头深度应布设在基岩变形区域以外的稳定地带，一般孔深约为 20m。

6.2.6　沉降仪

沉降仪类主要应用于土石坝下游堆石体（反滤层）、心墙、堤防等分层竖向位移（沉降），主要采用水管式沉降仪、电磁式沉降仪、干簧管式沉降仪、振弦式沉降仪或水平向固定式测斜仪实施监测。电磁式沉降仪及干簧管式沉降仪所用沉降管的刚度尽量与周围介质相当，且采用伸缩式接头连接。而岩石工程一般垂向变形相对较小，仪器精度难以满足要求，故以上沉降类监测仪器在岩石工程中不宜采用。

（1）观测断面应布置在最大横断面及其他特征断面上（原河床、合龙段、地质及地形条件复杂、结构及施工薄弱段等），一般可设 1～3 个断面。这些地段具有代表性，而且能控制主要沉降变形及其变化情况。

（2）每个断面上可布设 1～3 条观测垂线，其中一条宜布设在坝轴线附近。观测垂线的布置应尽量形成纵向观测断面。

（3）观测垂线上测点的间距，应根据坝高、结构形式、坝料特性及施工方法与质量而定，一般为 2～10m。一条观测垂线上的测点，一般宜 3～15 个测点，最下一个测点应置于坝基以下 3m 左右，以作为坝体沉降变形监测的基点。

（4）沉降管应尽量与测斜管合用一根管，沉降管及沉降环一般随坝体填筑安装埋设，也可在工程填筑完成后钻孔埋设（采用叉簧片的沉降环），但施工期的大部分沉降变形已无法获得。

（5）水管式沉降仪测点，一般沿坝高横向水平布置 3 排，分别在 1/3、1/2 及 2/3 坝高处。对于软基及深覆盖层的坝基表面，还应布设一排点，一般每排布设 3～5 个测点，测点的分布也应尽量形成观测垂线。通常水管式沉降仪与引张线水平位移计组合布设，如图 6.6 所示。

（6）振弦式沉降仪布设同上，但埋设时应注意储液罐安装高程要比传感器和通液管路高。

（7）布设水平向固定式测斜仪时，测点布置可参照分层竖向位移测点间距结合布设。测斜管的刚度尽量与周围介质相当，且采用伸缩式接头连接，同时随坝体填筑同步埋设。

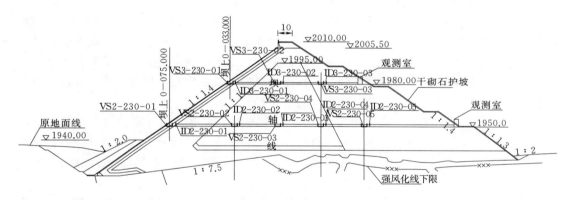

图 6.6　典型面板堆石坝内部变形监测布置图（水管式沉降仪、引张线水平位移计布置）

6.2.7　引张线式水平位移计

引张线式水平位移计主要应用于混凝土面板堆石坝下游堆石体（反滤层）或心墙坝心墙下游侧坝体的分层水平位移监测，如图 6.6 所示。

（1）分层水平位移的监测布置与分层竖向位移监测相同，监测断面可布置在最大断面及两坝端受拉区，一般可设 1～3 个观测断面。观测垂线一般布设在坝轴线或坝肩附近，或其他需要测定的部位，且尽量与分层竖向位移观测垂线一致。

（2）引张线式水平位移计测点布置与水管式沉降仪类同，且应结合水管式沉降仪测点组合布设，每套仪器宜设 3～5 个测点。分开埋设或单独埋设时，钢丝均应与水平线上倾约为预估沉降量的 1/2。

（3）布设垂直向固定式测斜仪时，测点布设也应尽量参照引张线式水平位移计测点布置，或按实际需要布设（如按 3～5m 间隔布设一个测点）。测斜管的刚度尽量与周围介质相当，且采用伸缩式接头连接，同时随坝体填筑同步埋设。

6.2.8　土体位移计

土体位移计多应用于土石坝等工程任意方向位移监测的部位，如两坝肩心墙料沿坝轴线方向的拉压变形，以及心墙土体沿岸坡的剪切变形；坝体与岸坡交界面剪切位移的监测；混凝土面板坝面板脱空监测；也可应用于岩质边坡滑坡体内上下滑动面、裂隙、夹层等地质弱面间的位错滑移监测等，可单支或成串布置。

6.2.9　测（裂）缝计

测（裂）缝计是用来监测水工建筑、围岩、建筑物和构筑物伸缩缝、工程结构周边缝等开合度的仪器。布置要考虑监测对象、仪器特性、目标任务、监测精度和安设空间等条件，其基本原则如下。

（1）宜布置在可能产生裂缝或开裂的部位（如坝体受拉区、并缝处，基岩面高程突变部位及碾压混凝土坝上游防渗层与内部碾压混凝土的界面处、坝内厂房顶部、土体与混凝土建筑物及岸坡基岩接合处易产生裂缝处、窄心墙及窄河谷坝拱效应突出处等）和裂缝可能扩展处，以及在施工过程中出现的危害性混凝土裂缝处。

（2）宜布置在坝体与岸坡连接处、组合坝型不同坝料交界及土石坝与混凝土建筑物连接处，以及测定界面上两种介质材料的法向及剪切位移等处。

（3）在混凝土面板堆石坝周边缝测点的布置，一般在最大坝高处布设 1～2 个测点，在两岸坡大约 1/3、1/2 及 2/3 坝高处各布置 2～3 个测点，在岸坡较陡、坡度突变及地质条件较差的部位应酌情增加测点。受拉面板的接缝也应布设测点，其高程分布与周边缝相同，且宜与周边缝测点组成纵横观测线。接缝测点的布置还应与坝体竖向位移、水平位移及面板中应力应变监测结合布置，便于综合分析和相互验证。

（4）在重力坝纵缝不同高程处宜布置 3～5 个测点，必要时也可在键槽斜面处布置测点。在坝踵、岸坡较陡坝段的基岩与混凝土接合处，宜布置单向及三向测缝计或裂缝计测点。在预留宽槽回填混凝土时，宜在宽槽上、下游面不同高程的基岩与混凝土接合处布置测点。

（5）在混凝土坝体主要监测断面的横缝间分层布置测缝计，以监测大坝在施工和运行期的横缝开合度及其变化。同时，可指导混凝土坝体浇筑后二次冷却横缝灌浆施工质量控制。尤其是在强震区的拱坝、重力坝横缝宜布置适宜数量的测点。

（6）选择坝体或结构物表面有代表性的接缝或裂缝部位，设置单向或多向（两向、三向）测缝计进行裂缝开合度及剪切位错变形监测，对施工或运行中出现的危害性裂缝，宜增设测缝计进行监测。

6.3　监测仪器设施与方法

6.3.1　测斜仪（计）类

测斜仪是自 20 世纪 80 年代初由国外引进后在当前内部位移监测应用较为广泛的监测仪器设备，也是深部岩（土）体内部变形监测的主要手段之一。80 年代中期，国内有关科研单位在引进和消化国外仪器设备的基础上，也先后研制成功伺服加速度计式测斜仪，填补了世界同类先进仪器的国内空白。

根据测斜仪类别的不同可实现水平位移、垂直位移及斜面（面板）挠度监测，按照监测内容和仪器结构形式的不同又可分为垂向测斜仪（常用）和水平测斜仪，垂向测斜仪用来监测水平向位移，水平测斜仪用来监测垂直向（铅直向）位移。依据仪器埋设及操作方式的不同又可分为滑动式和固定式测斜仪两大类，目前应用最为广泛的为垂向测斜仪类中的滑动式测斜仪，或称为便携式测斜仪，其广泛应用的原因是该类测斜仪携带方便，且一套仪器可多孔重复使用，监测成本相对较低。

由于测斜仪类监测仪器大多是在钻孔内预埋的测斜管内实施量测的。因此，通常也将其滑动式测斜仪称为滑动式钻孔测斜仪。

梁式倾斜仪及倾斜计（水平、垂直向）也归为测斜仪（计）类监测仪器，它是以监测工程及结构物的倾斜转动角变化来评价安全稳定状态。该类仪器主要安装固定在被测对象的表面实施倾斜监测，且安装简单、操作方便。按其监测项目及监测操作方式的不同，测斜仪分为水平向或垂直向、固定式或便携式。

6.3.1.1 滑动式测斜仪

1. 仪器的组成及工作原理

滑动式测斜仪有垂向和水平测斜仪两类。

垂向测斜仪广泛用于监测坝体（土石坝）、坝基（肩）、边坡（或深基坑开挖边坡）及浅埋大跨度地下洞室等工程的内部水平位移及其分布；水平测斜仪则可量测工程内部沿某一水平方向的垂向位移（沉降）及其分布。它们均是通过量测预先埋设在被测工程的测斜管倾斜变化来求得其水平位移和垂向位移的。

滑动式测斜仪由装有高精度传感元件的测头、专用电缆、测读仪及其配套的测斜管等5个部分组成，如图6.7所示。测头内的传感元件大多采用精度很高的伺服加速度计，具有精度高、量程大、可靠性好等特点，有单向和双向两种；连接电缆具有钢丝绳加强的多芯专用电缆；测读仪有手工操作记录型和数据采集存储型；测斜管多为材质性能较为稳定的铝合金或ABS工程塑料材料制成，观测时孔口配备滑轮组件，以避免仪器电缆磨损及操作方便。

图6.7 滑动式钻孔测斜仪组成

滑动式垂向测斜仪的工作原理如图6.8所示，测头中的摆锤受重力作用，以铅垂线为基准发生一定弧度变化，通过传感器测量其变化数值。传感器的测斜原理是基于测头内伺服加速度计可以测量重力矢量 g 在测头轴线垂直面上的分量大小，从而确定测头轴线相对水平面的倾斜角。当加速度计的敏感轴位于水平面时，矢量 g 在敏感轴上的投影为零，这时加速度计的输出也为零；当加速度计的敏感轴与水平面存在一个倾斜角时，加速度计就输出一个与其成函数关系的电压信号，通过二次仪表把电压信号转换为水平位移量。

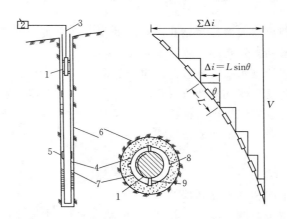

图 6.8　滑动式钻孔测斜仪工作原理示意图

1—测头；2—测读仪；3—电缆；4—测斜管；5—管接头；6—钻孔；7—水泥砂浆填充；8—导槽；9—导轮；
L—测段长；Δi—测段水平偏离量；$\sum\Delta i$—测斜管顶端总水平位移量；V—理想铅垂线

　　测斜仪测头由导轮导持，用专用电缆悬吊在测斜管内，并由测斜管内的两对相互正交方向的导槽控制测头上、下滑动方向。而测斜管则预先埋设在岩（土）体内，由于测斜管与岩（土）体是结合为一体的，当岩（土）体发生位移时，测斜管也随之位移而发生倾斜变化。当每隔一定时间间隔观测时，测头在测斜管内自下而上以一定间距（通常为 0.5m）逐段量测，测头内传感器将敏感地反映出测斜管在每一深度处的倾斜角变化，通过电缆将倾斜角变化转换后的电讯号输送到测读仪进行测读记录或存储数据，经过计算整理从而可获得沿测斜管导槽两组方向各深度的水平位移及孔口的总位移。

　　该方法的最大优点是由传统的点测量实现为沿全测孔的线测量，监测结果可描述全测孔沿不同深度的水平位移全貌，从而可以准确地确定岩（土）体内发生位移（滑动面）的位置及其位移大小和方向。

　　目前常用有代表性的滑动式（伺服加速度计式）垂向测斜仪主要技术指标如表 6.1 所示，水利水电工程应用与其配套的测斜管主要为铝合金和 ABS 工程塑料两种测斜管，具体规格如表 6.2 所示。普通 PVC 塑料测斜管由于其性能难于满足监测工程的要求，不宜选用。

表 6.1　　　　　常用滑动式（伺服加速度计式）垂向测斜仪主要技术指标

名称	美国 Sinco	美国 Geokon	加拿大 Roctest	中国 CX
测头规格	$\phi 26\times 650mm$	$\phi 25\times 700mm$	$\phi 25.4\times 730mm$	$\phi 32\times 660mm$
测头轮距	500mm	500mm	500mm	500mm

名称	美国 Sinco	美国 Geokon	加拿大 Roctest	中国 CX
量程	0°～±53°	0°～±53°	0°～±53°	0°～±53°
分辨率	8s（0.02mm/500mm）	10s（0.025mm/500mm）	0.10mm/0.5m	8s（0.02mm/0.5m）
系统精度	±6mm/25m	±6mm/30m	±6mm/25m	±4mm/15m
温度范围	－20～50℃	－0～50℃	－10～70℃	－10～50℃

注 表中分辨率及系统精度均是指在孔斜 3°以内条件下的技术指标。

表 6.2 常用测斜管主要规格统计表

材质及名称		铝合金测斜管（国产）		ABS 测斜管（进口）	
		Ⅰ	Ⅱ	Ⅰ	Ⅱ
测斜管	最大外径/mm	71.0	86.0	84.8	69.8
	壁厚/mm	2.0	2.5	6.0	5.5
	长度/m	2.0 或 3.0	2.0 或 3.0	1.5 或 3.0	1.5 或 3.0
管接头	最大外径/mm	76.0	92.0	84.8	69.8
	壁厚/mm	2.0	2.5	6.0	5.5
	长度/cm	15.0	15.0		
主要技术指标		导槽光滑平直，导槽扭角不大于 1°/3m			

2. 地质调查

地质调查内容如下：

（1）对软弱夹层（尤其是可能产生滑动的软弱夹层）的产状、分布特点、厚度以及物理力学性质应当查明。

（2）每一测孔的岩心应尽量取全，特别是对于软弱夹层（带），应尽量取出，并按工程地质规范进行详细描述，做出钻孔岩心柱状图，图中标出软弱层（带）的层位、深度和厚度，并对其性状做详细描述。

（3）对于岩心不易取全或难以取心的钻孔，应采用地球物理测井、钻孔电视等手段以了解孔内地质的情况，用以弥补钻探资料的不足。

3. 测斜管的安装埋设

（1）钻孔。用岩心钻在选定的观测地段钻孔，钻孔直径应大于测斜管外径 30mm 以上为宜，钻孔铅直度偏差在 50m 内应不大于 3°。在钻进过程中应按以上地质调查要求编制钻孔柱状图。

（2）准备工作。

1）检查测斜管是否平直，两端是否平整，对不符合要求的测斜管应进行处理或舍去。

2）将测斜管一端套上管接头，在其两导槽间对称钻 4 个孔，用铆钉（铝合金管）或自攻螺丝（ABS 塑料管）将管接头与测斜管固定，然后在管接头与测斜管接缝处用橡皮泥或防水胶、塑料胶带将其缠紧，以防止回填灌浆浆液渗入管内。

3）将一端带有管接头的测斜管进行预接，预接时管内导槽必须对准，以确保测斜仪测头畅通无阻及保持导槽方向不变。预接好以后按步骤 2）要求打孔，并在对接处做好对准标记及编号。经过逐根对接后的测斜管便可运往工地使用。

测斜管的底部端盖的安装密封同以上步骤 2)。

（3）现场安装埋设。

1）测斜管全长超过 40m 时需用起吊设备将测斜管吊起，逐根按照预先做好的对准标记和编号对接固定密封后，并始终保持其中一组导槽方向对准预计岩（土）体位移方向缓慢下入钻孔内。对接及密封方法同上面（2）中的 2）。在深度较大的干孔内下管时，应由一根钢绳来承担测斜管重量，即将钢绳绑扎在测斜管末端，并且每隔一段距离与测斜管绑在一起。钻孔内有地下水位时，宜在测斜管内注入清水，避免测斜管浮起。

2）测斜管按要求的总长全部下入孔内后，必须检查其中一对导槽方向是否与预计的岩体位移方向相近，并进行必要的调整。确定导槽方位符合要求后，将测斜管顶端在钻孔孔口固定，然后将测斜仪测头（或模拟测头）下入钻孔中的测斜管内沿导槽上下滑行一遍，以了解导槽是否畅通无阻。

3）装配好的测斜管导槽转角每 3m 应不超过 1°，全长范围内应不超过 10°。

（4）钻孔灌浆与回填。

1）将灌浆管系在测斜管外侧距测斜管底端 1m 处，随测斜管一同下入孔底为止。

2）按照预先要求的水灰比浆液自下而上进行灌浆，为防止在灌浆时测斜管浮起，宜预先在测斜管内注入清水。当需回收灌浆管时可采用边灌浆边拔管的方法，但不能将灌浆管拔出浆面，以保证灌浆质量。水泥浆凝固后的弹性模量应与钻孔周围岩体的弹性模量相近，为此应事先在试验室进行试验确定配比。

3）在土体钻孔中埋设测斜管时可采用回填粗砂密实，填砂时须边填砂边冲水。

4）待灌浆完毕拔管或回填砂后，测斜管内要用清水冲洗干净，做好孔口保护设施，防止碎石或其他异物掉入管内，以保证测斜管不受损坏。

5）待水泥浆凝固或填砂密实稳定后，量测测斜管导槽的方位，管口坐标及高程，对安装埋设过程中发生的问题要做详细记载。

测斜管安装埋设后，及时做好埋设考证表及相关技术资料。

以上为在岩石钻孔内的测斜管安装埋设的方法。除外，测斜仪监测还应用于土石坝（心墙、堆石体及堤防等）、深水围堰混凝土防渗墙体及地下洞室两侧围岩的水平位移监测，其测斜管埋设要求的主要不同为：①土石坝埋设。一般为随坝体填筑依次连接埋设测斜管（测斜管底端应深入坝基 5m 左右为稳定端）与观测，直至坝顶。这种埋设方法的优点是可获得坝体填筑施工全过程的水平位移，但存在的最大问题是施工干扰大，测斜管难以保护。有时，也可根据工程条件在坝体填筑到顶完工后再钻孔埋设，钻孔回填材料可采用粗砂密实，随之而来的问题是丢失了施工期的变形过程，只能监测坝体内部各深度在运行期的水平位移及其变化；②深水围堰混凝土防渗墙埋设。通常由于混凝土防渗墙墙体较薄（一般不足 1m 厚），不允许建成后钻孔埋设，以防止钻孔偏斜打穿防渗墙，破坏止水。目前应用成功的埋设方法（三峡围堰工程）是在浇筑混凝土防渗墙前放置预埋无缝钢管，钢管直径类同钻孔，满足测斜管灌浆回填直径的要求。待防渗墙混凝土达到初凝状态时，及时采用千斤顶拔出钢管实现成孔，随后测斜管安装埋设及回填灌浆的方法和要求同上；③地下洞室两侧围岩埋设。主要是用于测量大跨度地下洞室边墙围岩的水平位移监测，须在地表（浅埋洞室）或在上部洞室（如试验洞和灌排廊道等）钻孔埋设测斜管，且测斜孔应在地下洞室开挖前布设，以便获得开挖前后洞室围岩位移的全过程，超前距离以不小于3倍洞径为宜，测斜孔深度以超过围岩变形范围以外5m为宜，测斜管埋设方法及回填灌浆方法和要求同上。

（5）测斜管导槽扭角测试。由于测斜管安装埋设质量控制的差异，导槽扭角的累计会导致监测数据的不真实。通常当测斜管长度较短、施工质量较好时可以忽略扭角测试；如果测斜管安装埋设深度较大（>50m），需用测扭仪对其导槽扭角的螺线情况进行测试。当导槽扭角>10°时，必须在资料整理时对其观测数据加以修正，如图6.9所示为典型测扭仪（两端导轮下边为标定用标准垫块）。

测扭仪是专门用于测量测斜管导槽扭角的仪器，美国Sinco公司测扭仪主要技术指标为：测头轮距1.5m，量程±3°，最大旋度±4°，精度±10′，适用于直径70mm和85mm测斜管中的测量。

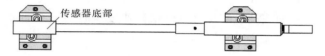

图6.9　测扭仪（美国Sinco公司产品）

4. 观测及资料整理

（1）现场观测。观测记录应包括工程名称、测孔编号及位置、导槽方位、地质描述、测斜管安装情况、观测日期和时间、各深度仪器读数等。

基准值观测时间，一般在钻孔回填灌浆或填砂密实稳定一周后进行。

1）用电缆将测头与读数仪连接，并将测头高导轮朝向主变位方向放入测斜管导槽（A_0）内缓缓下入管底，仪器预热3～5min。

2）自下而上每隔0.5m提拉电缆同时测读A_0、B_0数据（双轴测头），直至管口。

3）取出测头将其顺时针翻转180°，再将测头放入导槽（$A_{180°}$）内下入管底，按上述方法测读$A_{180°}$、$B_{180°}$数据。对于具有双向传感器的测头，至此观测工作即可结束。而对于仅有单向传感器的测头，要按上述方法依次顺时针翻转180°，分别测读$A_{0°}$、$A_{180°}$、$B_{0°}$、$B_{180°}$4个方向导槽的数据。

由于仪器结构的限制，通常A向观测精度较高，而B向观测误差约为A向的数倍。当对于变形较小、要求较高（如坝肩变形监测）时，建议采用类似单向传感器测头的观测操作方法，分别测读$A_{0°}$、$A_{180°}$、$B_{0°}$、$B_{180°}$4个方向导槽的数据。

（2）数据处理。

$$位移\,A(\mathrm{mm}) = \sum_{i=底}^{顶} \frac{差值\,A_i - 差值\,A_{0°}}{100} \tag{6.1}$$

$$位移\,B(\mathrm{mm}) = \sum_{i=底}^{顶} \frac{差值\,B_i - 差值\,B_{0°}}{100} \tag{6.2}$$

$$合位移(\mathrm{mm}) = \sqrt{位移\,A^2 + 位移\,B^2} \tag{6.3}$$

$$合位移方向 = \arctan \frac{位移 B}{位移 A} \tag{6.4}$$

式中　差值 A_i——差值 A_i = 测值 $A_{0°}$ - 测值 $A_{180°}$，差值 A_i 为 A 向当前值；

差值 B_i——差值 B_i = 测值 $B_{0°}$ - 测值 $B_{180°}$，差值 B_i 为 B 向当前值；

差值 $A_{0°}$——差值 $A_{0°}$ = 初值 $A_{0°}$ - 初值 $A_{180°}$，差值 $A_{0°}$ 为 A 向初始值；

差值 $B_{0°}$——差值 $B_{0°}$ = 初值 $B_{0°}$ - 初值 $B_{180°}$，差值 $B_{0°}$ 为 B 向初始值。

根据以上计算结果，绘制出各种关系曲线，结合地质条件及被测岩（土）体或结构物特点，对其观测成果进行分析。常需绘制的关系曲线为：

1）A 向变化值（差值 A_i - 差值 $A_{0°}$）或 B 向变化值（差值 B_i - 差值 $B_{0°}$）与深度关系曲线 [图 6.10（a）]。

2）A 向位移或 B 向位移与深度分布曲线，如图 6.10（b）所示。

3）合位移与深度关系曲线。

4）典型深度（滑移面或孔口）位移（位错）与时间关系曲线，如图 6.10（c）所示。

5）典型深度（滑移面或孔口）位移（位错）速度与时间关系曲线（当位移及变化量较大时）。

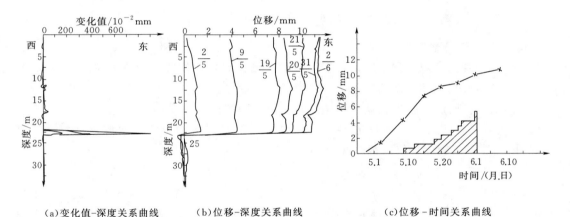

（a）变化值-深度关系曲线　　　（b）位移-深度关系曲线　　　（c）位移-时间关系曲线

图 6.10　天生桥水电站（二级）厂房后边坡测斜观测曲线

目前，中国水利水电科学研究院已开发专用的测斜程序"测斜仪监测数据管理系统"，如图 6.11 所示，且多年来已在国内大中型岩土工程中推广应用。该系统除包括一般常用的数据处理及作图功能外，还包括有观测数据和值检验、扭角修正等。

5. 技术要点

（1）测斜管垂直埋设。测斜管钻孔必须呈铅直向，且全孔孔斜在 3° 以内才能保证仪器的测试精度，而不是"一般呈铅直布置"。另外，钻孔终孔直径不应是"不小于91mm"（通常测斜管最大外径为 71mm），而应以大于测斜管外径 30mm 以上为宜，否则无法下入灌浆管实施灌浆工序。另外，测斜管与钻孔间隙过小也难于保证灌浆回填密实。

（2）测斜管与管接头的选择。

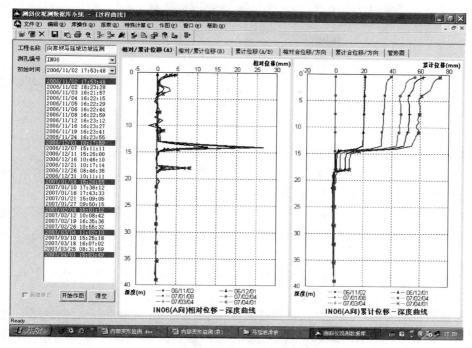

图 6.11　测斜仪观测数据库管理系统

1）测斜管主要由铝合金、ABS 工程塑料及普通塑料等材料制成，内有两对互相垂直的纵向导槽，测斜管直径应与选用的测头相匹配。测斜管的正确选择与否对测斜系统精度的影响极大，在永久性观测中，一般宜选用铝合金管；在腐蚀性较强的地段（如海堤和码头等）宜选用 ABS 工程塑料管，在运输及保存时注意防止测斜管的弯曲变形；普通塑料管由于导槽加工精度难以保证、导槽扭角偏大、日光暴晒下易变形及长期稳定性差等原因，一般不适用于永久性监测工程。

2）管接头有固定式和伸缩式两种，固定式接头适用于轴向位移不明显的岩体，在有明显轴向位移的地段宜采用伸缩式管接头（如土石坝、堆石坝坝体变形监测）。

目前常用的是最大外径 71mm、壁厚 2mm 的铝合金测斜管及配套的固定式接头。另外，在变形较大的地段可选用直径稍大的测斜管（最大外径 86mm、壁厚 2.5mm，该规格通常用于水平测斜仪），以延长观测时段。而 ABS 工程塑料测斜管，国内产品质量难以满足观测要求，目前多为国外进口，成本较高。

（3）测斜管与孔壁间的填料问题。为了使测斜管与周围岩体一起协调变形，必须把它与钻孔间的间隙充填密实。由于岩体大多数比较坚硬，规程中规定用水泥灌浆的方法，但也有主张用砂充填的，曾在 100m 孔深获得较好观测成果。用砂充填可以在岩体位移的突变面产生渐变的保护带，减缓测斜管的折裂或剪断。当岩体位移较小情况下，用砂填不合适，因为严格地讲，砂的变形不能与岩体变形同步，由此将吸收岩体部分变形而使测斜管灵敏度降低，实测变形偏小。当有较大位移时，允许用粗砂作为充填料，操作时要边填砂边冲水，密实稳定时间也相对较长。但在岩体覆盖层及土体中埋设需以粗砂作为充填料为宜；无论何种情况（岩体或土体）均禁止以水泥浆和砂互层（段）或混合回填。

（4）观测数据正确与否的快速判断方法。在观测过程中，除要保证每次对准电缆深度标记外，可用"和值检验"的方法快速判断观测数据的正确性。一般情况下，同一组观测方向每个观测深度的正反读数（$A_{0°}$、$A_{180°}$ 或 $B_{0°}$、$B_{180°}$）的和值应为一个变幅较小的常数，如果差别较大或无变化规律，通常是由于观测深度的错位引起的，否则仪器本身性能不稳定，需送回厂家检修标定。

对于双向传感器测头，通常 A 向"和值"较小，测试精度也较高；而 B 向"和值"及波动范围相对较大，测试精度明显低于 A 向。通过"和值检验"的直方图概率分布及离差分析，可定量地判断出仪器测试精度及工作状态正常与否。"和值"越小，变幅越小，则测试精度越高，该和值通常称为"零点偏值"。采用数理统计的方法对"和值"进行评价，一般情况符合于正态分布规律，均值反映"和值"（即零点偏值）的大小，离差反映"和值"离散程度（即测值稳定性）。

利用"和值检验"评价仪器精度及性能，前提是必须采用质量较好的测斜管，因为测斜管的质量好坏对测试数据影响极大。

（5）测斜仪综合精度。测斜仪观测精度是一个系统综合精度，任何的传感器性能不稳定、测头导轮磨损（轴承间隙大）、测斜管质量低劣、安装埋设质量差（灌浆回填不密实）、导槽内壁不清洁、导槽扭角偏大以及测试人员不精心等都将降低观测精度，导致较大误差（累计误差）。在正常情况下，B 向测值误差是 A 向误差的两倍以上。

目前，各类测斜仪中以伺服加速度计式为当前最高水平，以美国 Sinco 公司伺服加速度计式测斜仪说明书给出，测斜仪在孔斜不超过 $±3°$ 时，其综合精度为 $±6mm/25m$ 左右。这意味着观测时，在没有丝毫位移情况下，对于 25m 测孔累积到孔口的最大可能误差可达 $±6mm$，如果测孔更深，则累积到孔口的误差将更大。工程测试经验表明，当严格控制测斜管选择、安装埋设及观测程序等各环节，其最大测试误差可做到 $±3mm$ 左右/30m 以下。

岩体的滑移或变形大多数是沿着厚度不大的软弱带（面）发生，而这些带（面）厚度一般不大，测斜仪的优点就是在于能精确地测出在特定深度上的位移变化，它在一个有限深度间隔上，其位移的测定是相当精确的。

（6）测量间隔。当在边坡变形较大，且测斜管埋深较深的情况下，为提高测试工作效率，可在满足监测要求的前提下适当增大测试间隔，但在进行数据计算处理时，其位移增量（相对位移）应乘以（测试间隔/0.5m）的倍数。

6. 滑动式水平测斜仪

滑动式水平测斜仪常用于土石坝或结构物基础等沉降变形观测，其仪器结构、工作原理及主要技术指标与上述滑动式垂向测斜仪相同，只是测斜仪测头内传感器仅为单向，且其传感器位置安装需变换 $90°$，适用于外径 86mm 的测斜管，并呈水平向埋设。观测时在水平向测管一端或两端拉（推）动测头，每次观测时仅测读竖向一对导槽数据，数据处理与滑动式垂向测斜仪类似。滑动式水平测斜仪安装埋设及观测示意图见图 6.12。

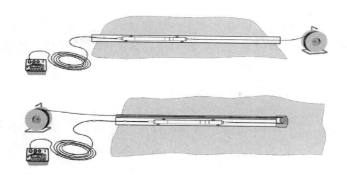

图 6.12　滑动式水平测斜仪安装埋设及观测示意图

6.3.1.2　固定式测斜仪

固定式测斜仪是在滑动式测斜仪的基础上发展起来的，是由测斜管和一组串联安装的固定测斜传感器组成，主要应用于边坡、堤坝、混凝土面板等岩土工程的内部水平、垂直位移或面板挠度变形观测。它的最大优点是固定安装测头的位置可获得高精度的测量结果，且对于可能出现较大变形的区域进行实时自动化监测，当位移及位移速率超过某预订境界值时可自动报警。

1. 仪器组成及工作原理

固定测斜仪的工作原理和滑动式测斜仪类似，所不同的是根据工程需要将多个测头成串固定于测斜管内多个位置，它们之间由铝杆连接固定串接而成。

根据监测项目的不同，分为垂向和水平向固定式测斜仪两类，其传感器类型可为伺服加速度计式、电解液式和振弦式等，考虑到仪器成本，目前应用较多的为电解质式固定测斜仪，如图 6.13 所示。

电解质式固定测斜仪是由检测器件和相关电路而组成的，检测器件由一定化学成分的电解质溶液和电极构

图 6.13　电解质式固定测斜仪测头

成，通过向电极提供交流激励电源后激发溶液中离子之间的运动，便会形成相应的电场。而电场强度与电极浸入电解质溶液中的深度有关，当监测对象发生倾斜变形时，检测器件也会相应发生倾斜变化，激励电源引入的两个电极浸入电解质溶液的深度会有所不同，它们相对于中间电极的电场也有差异。通过测量被相关电路放大的电场差异，便可获得倾斜角度大小和倾斜变形方向。

固定测斜仪传感器也有单向和双向两种，单向只测量一个方向的位移，双向可以测量两个方向的位移，进而可以计算出垂直于测管埋设方向平面内的合位移及位移方向。

美国 Sinco 公司 EL 电解液式固定测斜仪的主要技术指标：

量程±10°，分辨率 9s（0.04mm/m），重复性±22s（±0.1mm/m）。

2. 安装埋设

固定式测斜仪测斜管的安装埋设及灌浆回填要求和方法与滑动式测斜仪测斜管相同，在完成测斜管安装埋设后进行以下固定式测斜仪设备的安装。测斜管及仪器设备安装埋设后，及时做好埋设考证表及相关技术资料。

（1）垂向传感器安装。垂直向固定式测斜仪测斜管为垂直向埋设，其中一组导槽要与预定最大变形方位一致。

图 6.14　垂向固定式
测斜仪的安装示意图

1）预接传感器和连接杆（传感器上端与连接杆为刚性固定连接），校核连接杆长度，做好编号标记和记录，按安装次序排列放置好，如图 6.14 所示。

2）第一支传感器底部安装一支摆动夹，以固定传感器底部连接装置（传感器下端与连接杆为铰链连接）。必要时可在传感器底部系一根安全绳，可有效防止传感器意外掉入管内。

3）将第一支传感器放入选定的一组导槽内，固定轮应指向预期的位移方向。

4）将传感器下入测斜管内，连接杆顶部应露出测斜管。

5）将第二支传感器对准选定导槽，用管夹将传感器连接到第一支传感器的连接杆。

6）将传感器下入测斜管，继续步骤 4）和步骤 5）直至完成全部传感器串的安装，确保固定导轮在预期位移方向的同一侧。

7）固定悬挂部件或定位部件，排列上引电缆，确保互不干扰，最后做好孔口保护装置。

（2）水平向传感器安装。水平固定式测斜仪测斜管为水平向埋设，其中一组导槽要保持铅直向。其传感器安装与垂直向类似，不同之处是测头固定轮需安放在靠下的导槽中，在固定端管口采用夹板装置定位传感器串，如图 6.15 所示。

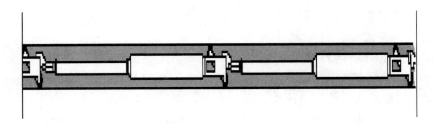

图 6.15　水平向固定式测斜仪安装示意图

目前在国内水利工程中，水平及垂直向埋设固定式测斜仪均有应用，效果较好。

（3）面板内埋设。混凝土面板堆石坝面板的变形状态对大坝工程的安全极为重要，采用电解质式固定测斜仪对混凝土面板进行挠度变形监测已得到了初步的应用，如图 6.16 所示。其埋设方法是：

1）随着混凝土面板施工浇筑的过程，将测斜管浇于面板内。浇筑前，测斜管的连接如同以上要求做好密封，防止混凝土浆液渗入管内。另外，整个管长其中一组导槽须垂直面板放置。

2）整个面板浇筑完成后，按照上述传感器安装要求安装传感器及连接杆件。

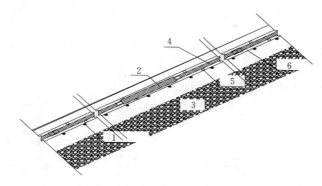

图 6.16　混凝土面板内固定式测斜仪布置埋设示意图
1—面板钢筋；2—测斜仪；3—垫层；4—延伸杆；5—测轮；6—测斜仪导管

3. 观测及资料整理

固定式测斜仪观测仅需将测读仪与传感器电缆连接测读即可，但在大多数情况下，是将传感器电缆连接到自动采集装置上，数据处理由计算机系统来完成。

垂直安装的传感器可测量垂直向的倾斜（水平位移），水平安装的传感器可测量水平向的倾斜（垂直位移）。倾角是通过每支传感器标距的位移读数测量得到的。

$$偏移率（mm/m）=C_5 EL^5 + C_4 EL^4 + C_3 EL^3 + C_2 EL^2 + C_1 EL + C_0 \tag{6.5}$$

$$偏移量（mm）=偏移率（mm/m）× 传感器测量长度（m） \tag{6.6}$$

$$位移值（mm）=当前偏移值（mm）- 初始偏移值（mm） \tag{6.7}$$

$$总位移值（mm）=位移值 1 + 位移值 2 + 位移值 N（N 为传感器个数） \tag{6.8}$$

式中　EL——传感器电压读数；

$C_0 \sim C_5$——传感器标定系数，用于将电压读数转换为每串测量长度的位移。

垂直向传感器布置位移方向：在垂向测斜管中安装传感器时，当以测斜管底部作为相对不动点时，正值位移数据代表向固定轮方位移动（通常为预期方向）。

水平向传感器布置位移方向：在水平向测斜管中安装传感器时，当以测斜管或传感器远端作为相对不动参考端时，正值位移数据代表向下移动（沉降），反之负值位移数据代表向上移动（抬起）；当以测斜管或传感器近端作为相对不动参考端时，正值位移数据代表向上移动（抬起），反之负值位移数据代表向下移动（沉降）。

传感器一般具有温度测试功能，但考虑到测斜管通常均埋设在岩（土）体地下数 10m 以下，其温度变化相对稳定，温度影响可忽略不计。

同样，根据以上计算结果，绘制各种关系曲线，结合地质条件及被测岩（土）体或结构物的特点，对其观测成果进行分析。常需绘制的关系曲线为：

（1）垂直向传感器布置。

1）A 向位移或 B 向位移与深度分布曲线。

2）合位移与深度分布曲线。

3）典型深度（滑移面）位移（位错）与时间关系曲线。

4）典型深度（滑移面）位移（位错）速度与时间关系曲线（当位移及变化量较大时）。

（2）水平向传感器布置。

1）沉降变形分布曲线，如图 6.17 所示为安徽临淮岗堤坝水平向固定式测斜仪观测成果。

2）典型位置（变化较大）位移与时间关系曲线。

3）典型位置（变化较大）位移速度与时间关系曲线。

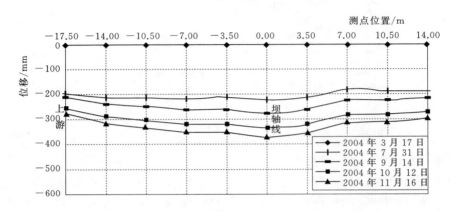

图 6.17　安徽临淮岗堤坝水平向固定式测斜仪观测成果

4. 技术要点

技术要点如下：

（1）固定测斜仪布置要合理有效，重点布置在预期有明显滑动或位移发生的区域，固定测斜仪传感器串重点安装在横跨这些区域的测斜管内。

（2）固定测斜仪传感器与连接杆连接时，一端为固定式刚性连接，另一端为铰链式连接。另外，要测定连接杆长度，以在计算偏移量时准确确定传感器的测量长度。

（3）由于固定测斜仪观测不能实现一组导槽正反两次测读，自动消除仪器的零漂误差。因此，固定测斜仪传感器应具有较高的稳定性及可靠性。

（4）在堤坝等工程布置水平测斜仪时，测斜管一端相对不动点参考端管口，必须采用其他辅助观测手段确定其端点位置的绝对位移，以修正整个固定式测斜仪的观测数值，才能获得可靠准确的位移观测成果。

6.3.1.3　梁式倾斜仪

梁式倾斜仪主要用于岩体边坡、基础（缆机平台等）及建筑物的不均匀位移和旋转监测，如果布置两支或多支梁式倾斜仪呈串联接安装，可以获得断面挠度曲线和测点绝对位移。梁式倾斜仪分为水平梁式和垂直梁式倾斜仪，水平梁式倾斜仪可测量倾斜和垂直位移，而垂直梁式倾斜仪可测量倾斜和水平（横向）位移，常用的为电解质式梁式倾斜仪（也称电平梁）。由于其固定安装，因而便于实现自动化监测。

1. 仪器组成及工作原理

电解质式梁式倾斜仪是由一支高灵敏电解质倾斜传感器附着在其上面的硬质合金或合金材料梁组成，该梁顺序安装在待测结构物上，测出其角度变化转换成相对于梁长的位移。一系列这样的梁组合在一起，能够获得结构物的挠度变形分布。

电解质式梁式倾斜仪，如图 6.18 所示，其工作原理同上，传感器测量范围 $\pm 15°$、$\pm 1°$、$\pm 3°$，工作温度 $-20 \sim 50℃$，分辨率 0.03%FSR（1s，0.005mm/m），重复性 0.3%FSR（$\pm 3s$，$\pm 0.015mm/m$），仪器长度 1m 或 2m。

图 6.18 梁式倾斜仪

2. 安装埋设

通常安装在有丝扣的螺杆上，该螺栓又通过灌浆、环氧或膨胀螺栓锚固在被测结构物上。

（1）螺孔定位，钻孔前要保证螺孔水平（水平梁）或垂直（垂直梁）。

（2）钻孔，孔深 40~50mm。钻孔时，要保持钻孔与梁面垂直。

（3）用灌浆、环氧或膨胀螺栓安装锚固螺栓。

（4）安装梁式倾斜仪，注意一定要按顺序放置塑料衬垫，因为它们是固定在梁两末端接头上，让梁在进行调平和调零时离开墙体或岩石表面。

3. 观测及资料整理

（1）观测。用专用读数仪按技术要求及频次观测，有条件时可实现自动化监测。

注意，在所有仪器放置在户外的情况下，应将仪器遮盖和隔热，使其温度对仪器测试读数的影响为最小。

（2）资料整理。

1）线性计算公式如下：

$$\left.\begin{array}{l}倾斜角(\varphi) = M(R_i - R_0) \\ 位移(mm) = \sin\varphi L\end{array}\right\} \qquad (6.9)$$

式中　M ——仪器系数，度/V；

　　　R_i ——当前仪器读数，V；

　　　R_0 ——初始仪器读数，V；

　　　L ——梁长度。

2）多项式计算公式如下：

$$\left.\begin{array}{l}倾斜角(\varphi) = A(R_i - R_0)^2 + B(R_i - R_0) + C \\ 位移(mm) = \sin\varphi L\end{array}\right\} \qquad (6.10)$$

式中　A、B、C——仪器系数。

3）根据监测结果绘制如下：

a. 倾斜（位移）与时间关系过程曲线。

b. 多点成串安装时，倾斜（位移）分布曲线。

c. 当倾斜（位移）变化较大时，绘制典型测点倾斜（位移）速率与时间关系过程曲线。

6.3.1.4　倾斜（角）计

倾斜（角）计用于监测岩体或结构物表面的转角及其变化，倾斜（角）计按工作方式分为便携式和固定式两类；按监测内容及安装方式分为水平向及垂直向两类。倾斜（角）计的类型、测量范围及精度等技术参数的选择，应根据测点部位可能的转角大小及观测要求确定。

图 6.19　便携式倾斜计

1. 便携式倾斜计

（1）仪器组成及工作原理。便携式倾斜计系统包括倾斜计基座（倾斜盘）、倾斜计和读数仪 3 个部分组成，如图 6.19 所示，应用时将成本较低的倾斜计基座水平或垂直固定于岩（土）体或建筑结构物表面上，利用测读仪可在逐个基座上分别进行测量（较大范围的倾斜变化）。该仪器由人工测量、操作简单、使用方便。

1）倾斜计基座。一铜质或陶瓷材料圆盘，直径约为 140mm，该基座可用胶结剂或螺栓安装到结构物上，其上的 4 个定位销用于给倾斜仪定位。水平向安装的基座可使倾斜仪在两个相互垂直的方向上进行测量。

2）倾斜计。便携式倾斜计可方便地安装在倾斜计基座上进行测量，倾斜计上位于底部和两侧的定向杆使得倾斜计准确地定位在基座上。在每个基座上进行两次测读，正向（＋）和负向（－）各测读一次。倾斜计底板上标有符号"＋"和"－"，以便倾斜计定向。

便携式倾斜计的工作原理与伺服加速度计式滑动式或固定式测斜仪相同，仪器内装有伺服加速度计传感器，读数仪与以上滑动式测斜仪的读数仪通用，测量范围±53°，分辨率 8s（0.04mm），重复性±50s。

（2）基座安装。基座应安装到能反映大体积结构变形的分部构件上，当单个安装点不能完整反映整个结构的变形时，应选择其他位置安装多个基座。基座数量的选取同所测结构的刚度和测量精度有关，精度越高，所需的基座数量越多。

1）定向。

a. 定向。基座的安装定向通常应选取一组定向销，朝向预测的旋转方向，基座也可按照测绘网格的定向进行安装。

b. 水平基座的定向。水平基座提供 2 个测量平面。平面 A 由定位销 1 和 3 确定，定位销 1 通常朝着倾斜方向；平面 B 由定位销 2 和 4 确定，定位销 4 通常朝着倾斜方向，如图 6.20 所示。

c. 垂直基座的定向。垂直基座应使定位销 1 和 3 位于同一条垂线上，其测量的转动方向如图 6.21 所示。

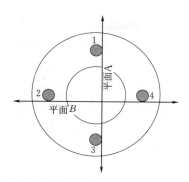

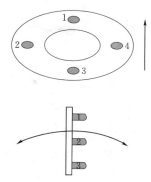

图 6.20　基座水平安装示意图　　　　图 6.21　基座垂直安装示意图

2）锚固。

a. 基座锚固。基座可用底脚螺栓和螺母，也可用黏结剂固定在结构上。如工作环境有较大的温度和气候变化，两种方法共用可得到最佳监测效果。

b. 底脚螺栓、螺母和锚固的安装。①清理、整平安装位置，将倾斜计按所需量测的方向放到结构上，对螺栓位置做出标记；②在结构上钻孔，深度和直径应适合所用的锚固螺栓，锚固螺栓应选用便于灌浆的类型；③将基座用螺母固定到锚固螺栓上，建议使用6～8mm 直径的平头螺母或类似产品；④将水泥浆或其他锚固浆液注入孔中，然后将基座放到安装位置，检查确认基座水平或垂直准确就位，确保定位销上没有涂上灌浆液体。

c. 黏结剂的固定。①清理、整平安装位置，将黏结剂（稠水泥浆）放到安装位置。黏结剂应有足够的稠度，使得基座能被压入黏结剂中并能找准水平或垂直；②将基座放准到黏结剂上，并压入进黏结剂中。黏结剂可进入螺孔或同基座边缘齐平，但确保定位销上没有涂上黏结液。

2. 观测及资料整理

（1）观测。便携式倾斜计是由人工读取数据的，所以基座应安装在便于进行量测的位置。仪器读数采用成对读数（相隔 180°），以消除仪器的偏差。

1）水平倾斜盘基座的测读。①读取 A 平面数据。定位销 1 和 3 确定平面 A。将倾斜仪的"＋"号端放到 1 号定位销上，等到获取一个稳定的读数后，将其记入记录表。然后将倾斜仪转动 180°，把"－"号端放到 1 号定位销上，记下稳定后的数值；②将上述步骤重复 3 次，确认获得重复性好的数据。理论上，A＋和 A－读数值应是符号相反、数值相同。但在实际应用中，可能发现其数值的差别可能达到 50 读数单位，这是由于倾斜计的内在误差和基座的不规则性所致；③下一步进行 B 平面的读数。B 平面由定位销 2 和 4 定义。将倾斜计的"＋"号端对准定位销 4，等到读数稳定后记下数据。然后将倾斜仪转动 180°，把"－"号端对准定位销 4，同样地将稳定数据记入表格。

2）垂直倾斜盘基座的测读。垂直基座可在一个由定位销 1 和 3 定义的平面内读数，倾斜计的方向根据倾斜计上的定向杆确定。①读取 A＋读数。将倾斜计的"＋"端对准定位销 1 和 3（"＋"标在倾斜计的下底板上）。待数据稳定后记下读数。然后读取 A－读数，将倾斜计的"－"端对准定位销 1 和 3。待数据稳定后记下读数；②重复上述步骤 3

遍，确保获取重复性的读数。

（2）资料整理。监测结果可以通过倾斜角度或位移两种方式给出。

1）倾斜角（度）公式如下：

$$倾斜角 = \sin^{-1}\left[(差值_i - 差值_0)/(2 \times 2500)\right] \tag{6.11}$$

式中 2500——仪器常数（厂家给出）；

    差值$_i$——差值$_i$＝（读数$_i$＋）－（读数$_i$－），也就是当前正、负读数差值；

    差值$_0$——差值$_0$＝（读数$_0$＋）－（读数$_0$－），也就是初始正、负读数差值。

差值为"＋"则表示结构的倾斜与倾斜计的"＋"方向一致。

2）位移（mm）公式如下：

$$位移 = 结构长度 \times \left[(差值_i - 差值_0)/(2 \times 2500)\right] \tag{6.12}$$

根据监测成果绘制如下：

1）倾斜角（或位移）与时间关系过程曲线。

2）如倾斜（或位移）变化较大，则须绘制倾斜角（或位移）速率与时间关系过程曲线。

3. 固定式倾斜计

固定式倾斜计是固定于岩（土）体或建筑结构物（如大坝、基础、挡墙和混凝土结构等），长期监测其倾斜微小变化的高精度监测仪器，且适用于人工或自动化监测，其基本原理是利用安装在被测结构物上的倾斜传感器来精确测量倾斜度。固定式倾斜计类型有电解质式和振弦式等，但较为常用的是电解质式单轴倾斜计如图 6.22 所示，仪器可水平或垂直向安装。

电解质式固定倾斜计工作原理同上，测量范围±40′（可调），分辨率 1s，重复性±3s。

振弦式固定倾斜计的组成及工作原理：仪器内部由悬挂的摆块和弹性铰组成，振弦应变针支撑着摆块，应变针感应由摆块重心偏转产生的力的变化。悬垂块和传感器安装在防水的不锈钢保护壳内，其包括连接传感器和固定板的组件，如图 6.23 所示。为防止传感器因受到振动产生读数不稳或受损，对于分辨率高于 10 弧度的仪器，使用摆块实现自阻尼，对于更灵敏的仪器则须使用阻尼液。振弦式固定倾斜计量程±15°，工作温度－40～90℃，分辨率 10s，精度 0.1%FSR（反馈移位寄存器）。

图 6.22　电解质式固定单轴倾斜计

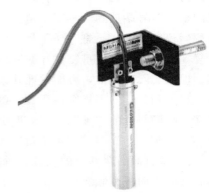

图 6.23　振弦式倾斜仪

固定式倾斜计的安装，通常主要采用上述的底脚螺栓、螺母（膨胀螺栓）锚固，也可用黏结剂安装，观测及资料整理类同电解质式和振弦式传感器。

6.3.2 多点位移计

多点位移计是埋设在岩体钻孔内实施内部以及深层位移监测的，它可以监测任意钻孔方向不同深度的轴向位移及分布，从而了解岩体变形及松动范围，为合理确定岩体加固参数及稳定状态提供依据。因此，广泛应用于坝基（肩）、边坡和地下洞室等岩体内部位移观测。多点位移计尤其是在地下洞室围岩变形监测中应用最为普遍和重要的监测仪器设备，最大观测深度可达近百米。

1. 仪器组成及工作原理

多点位移计是由测头、传感器、测杆（包括护管、隔离架和支撑环等）、锚头和读数仪等 5 个部分组成，如图6.24 所示。传感器分电测式和机械式两大类，其中电测式具有测试快速、精度高和可遥测等优点，但结构复杂、价格昂贵，且对环境条件要求较高；而机械式操作简单可靠、稳定直观，无电器元件，测值受环境条件影响小，经济实用，但测读麻烦，尤其是观测人员无法到达的地段或部位，且不能实现遥测及自动化。电测式传感器类型主要有振弦式、线性电位器式、差动电阻式、电感调频式以及差动变压器式等多种型式，机械式采用深度千分尺测读。测杆有不锈钢杆和玻璃纤维柔性杆两种，其中不锈钢杆测试精度较高，测杆外部护管为普通 PVC 塑料管。常用的锚头有灌浆式、伸缩式和液压式等，锚头是该设备中极其重要的组成部分，其在钻孔内的锚固稳定与否，将直接影响测量结果的可靠性。锚头应根据工程及地质情况选用，灌浆式锚头适用面广、牢固可靠，适用于破碎岩体，尤其是在爆破震动范围内；伸缩式锚头适用于地下洞室顶拱最深锚固点及软土中安装，或采用伸缩式锚头加灌浆。但伸缩式锚头结构复杂、需配以加压装置和连接管路，应用成本较高。

目前采用最多的是振弦式传感器、不锈钢测杆及灌浆式锚头组合。当变形较大时为安装方便，可采用玻璃纤维测杆。

通常根据岩体结构和观测深度的不同，在同一钻孔内沿深度大多设置 3～6 个测点（锚头）。多点位移计测头安装固定在孔口，测头内装有测量基准板（机械式）或固定位移传感器的装置及位移传感器，孔口测头内的传感器与钻孔内的测杆、锚头连在一起传递位移。

多点位移计的工作原理是当相对埋设于钻孔内不同深度的锚头发生位移时，经测杆将位移传递到测头内的位移

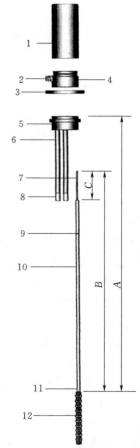

图 6.24 多点位移计结构图
1—传感器保护罩；2—电缆出线孔；3—法兰盘（选装件）；4—电测基座；5—安装基座；6—过渡管；7—不锈钢测杆；8—护管对接头；9—加长连接点；10—测杆保护管；11—锚头适配器；12—灌浆锚头

传感器，就可获得测头相对于不同锚固点深度的相对位移。再通过换算，可以得到沿钻孔不同深度的岩体（或结构物）的绝对位移。钻孔内最深锚头要求埋设在岩体相对不动点深度。

2. 地质调查

地质调查类同以上测斜仪监测要求，但要特别查清岩体软弱结构面的大小、厚度、产状及分布特点，这是确定传感器性能指标和锚头类型、数量及布置深度等监测设计参数的重要参考依据。

3. 安装埋设

如图 6.25 所示为典型多点位移计安装埋设示意图，仪器安装埋设是先在岩（土）体钻孔后实施。

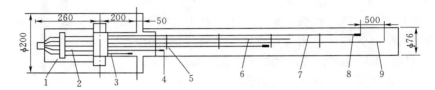

图 6.25　典型多点位移计安装埋设示意图（单位：mm）
1—保护罩；2—传感器；3—预埋安装管；4—排气管；5—支承板；6—护套管；
7—传递杆；8—锚头；9—灌浆管

（1）钻孔。

1）多点位移计要求的钻孔深度和直径，取决于工程观测要求以及锚头的类型、特性和数量。

2）钻孔方法取决于岩性和工程要求。一般工程或岩性较均一的可用冲击钻；对于大型重要工程或岩性变化较大的地段应使用岩心钻，并对岩心进行详细的描述和记录。

3）开孔孔位与设计位置的偏差不得大于 50mm，开孔直径 200mm，深度 0.5m，以满足安装测头部件要求。随后钻孔直径根据锚头数量确定，一般为 76～110mm，钻孔要求两孔保持同心。

4）钻孔开始前和钻孔过程中，应随时校核钻孔位置、方向和孔深，钻孔轴线应保持直线，孔斜偏差一般不得大于±3°。

5）钻孔完毕仪器安装前，应用压力水将钻孔彻底冲洗干净。

6）在不良地质条件下，可采用特殊方法（如注浆法固壁）以防止塌孔，确保仪器设备的顺利安装。

（2）安装埋设。

1）埋设前预先在驻地或现场对仪器设备进行检查、组装和编号，并做好必要的标记和记录。

2）安装现场条件允许时，可将各部件连接组装好随同灌浆管和排气管一次性整体送入孔内。

3）安装现场不具备一次性整体送入孔内的条件时，则需在孔口边连接边送入孔内。锚头、不锈钢测杆及护管之间连接处要用专用胶黏结，护管接头做好密封，防止灌浆浆液渗入管内。护管间要用隔离架相互隔开，以保证回填灌浆密实，杜绝存有空洞。

4）各部件全部送入孔内后，安装、固定测头及预接传感器，全部安装完成后，应对整个系统进行彻底的检查，防止意外。

5）用水泥砂浆将测头周围填实密封，地下洞室顶拱及拱肩部位上仰孔或水平孔孔口要全部密封，而下倾孔孔口可局部密封固定，待灌浆完毕后再全部密封。

（3）回填灌浆。

1）灌浆材料的选择，要求其凝固后的力学特性与周围岩（土）体介质材料的力学性能相近。

2）开始灌浆，灌浆压力视现场条件而定，一般情况采用不大于 0.5MPa 灌浆压力即可，直至排气管返浆后再持续几分钟后停止灌浆，堵住灌浆管和排气管，以保证钻孔内灌浆饱满密实。次日再对孔口部分（水平孔或下倾孔）由于浆液沉淀形成的空间进行二次灌浆，浆液灌满后最终封孔，至此灌浆工作结束。

注意对在上仰或上斜孔灌浆时，要充分估计仪器设备在孔口承受的荷载（仪器设备自重和灌浆压力）。若孔口岩面较好，可用锚栓和钢筋作担梁支撑，岩石差的孔口专门搭设构架作孔口支撑，再配合在固定孔口测头部分时采用锚固剂处理，无疑是一个很好的保证孔口密封稳固的处理办法，直至钻孔注浆固化后再将孔口支撑构架拆除。

3）待孔内浆液及孔口装置达到初期强度后，剪去孔口多余的灌浆管和排气管，安装或调整位移计传感器，使其留有一定的压缩量（预拉总量程的 1/4 左右）。连接电缆，测试检查没有问题后做好孔口保护装置和电缆引线。

4. 观测及资料整理

灌浆终凝一周后可进行基准值测试，随后根据要求开始进行正常的周期观测。

观测记录应包括工程名称、观测断面及观测点的编号与位置、地质描述、位移读数、观测日期及时间、观测时的环境温度、观测断面与开挖掌子面的距离等。

（1）各锚点相对测头位移。

$$XW_i = K(R_i - R_{i0}) + C(T_i - T_{i0}) \quad (i = 1, 2, \cdots, 6 \text{ 锚头编号，编号顺序由浅至深})$$

$$(6.13)$$

式中　XW_i——各相应锚头当前相对位移，mm；

　　　R_i——各相应锚头当前值；

　　　R_{i0}——各相应锚头初始值（基准值）；

　　　T_i——当前温度，℃；

　　　T_{i0}——初始温度，℃；

　　　K——仪器系数；

　　　C——温度系数，mm/℃。

注意：由于各仪器厂家测头内的位移传感器与传递杆的连接方式不同，各锚头相对于测头位移（相对位移）的计算符号取值也有所差异，具体规定如下：

1）当位移传感器直接与测杆丝扣连接，则按式（6.13）计算，即拉伸位移为正，压缩位移为负。

2）当位移传感器与测杆平行布置侧向固定连接，按式（6.13）计算则出现负号相反的情况，即拉伸位移为负，压缩位移为正。因此，在按式（6.13）计算后必须乘以负号。

（2）各深度绝对位移。

各深度绝对位移为相对于不动点的位移，通常不动点设在孔底。以 4 点位移计为例，如现场实际埋设 4 个埋头，设 XW_4 为孔底最深的锚头，按两种埋设方法，其计算方法分别为：

1）测头安装埋设在开挖洞室或边坡岩体表面。

$$孔口（0深度）位移（mm）＝最深锚头位移（XW_4）$$
$$第1锚头深度的位移（mm）＝XW_4－XW_1$$
$$第2锚头深度的位移（mm）＝XW_4－XW_2$$
$$第3锚头深度的位移（mm）＝XW_4－XW_3$$
$$第4锚头深度的位移（mm）＝0$$

2）在地下洞室或边坡岩体内的排水洞或探洞内超前预埋。

当在上述 2）条件下超前预埋仪器时可不做以上计算，所对应各锚头深度的位移就是该深度绝对位移，其中钻孔最深的锚头应是最贴近地下洞室或边坡表面的位置（一般情况下，此锚头位置距地下洞室或边坡表面约 0.5m）。即：

$$第1锚头深度的位移（mm）＝XW_4$$
$$第2锚头深度的位移（mm）＝XW_3$$
$$第3锚头深度的位移（mm）＝XW_2$$
$$第4锚头深度的位移（mm）＝XW_1$$
$$测头处（0深度）位移（mm）＝0$$

根据以上计算结果，可以绘制以下曲线（向家坝水电站地下厂房第一层开挖工程实例）如下：

a. 各深度位移与时间关系曲线，如图 6.26 所示。

b. 为了监测洞室在开完后围岩的安全，通过监测各个洞室横剖面围岩随深度方向的位移特征，比较各剖面位移特征，分析判断围岩的安全性能，如图 6.27 所示为监测断面（5—5 横剖面）洞室围岩位移随深度之间的分布形象图。

c. 围岩初期的安全与施工进度相关，围岩在此阶段的位移变形反映了围岩安全。因此，为了保证洞室开挖过程中安全施工，需要监测施工进度与围岩位移关系，如图 6.28 所示为开挖掌子面（8m×9m）距监测断面距离关系曲线。

5. 技术要点

（1）在有条件的情况下，尽可能在开挖之前超前预埋仪器，或尽可能靠近开挖工作面，以获得开挖全过程或主要位移量。

（2）传感器量程及精度的选择，通常设计出于保守考虑，传感器量程选择一般较大（200mm 左右）。但是，量程选大必然损失测试精度，尤其不适宜岩体较为完整、变形较小的地段。因此，传感器量程及精度选择必须综合地质条件、参照同类工程经验及理论计算值确定。

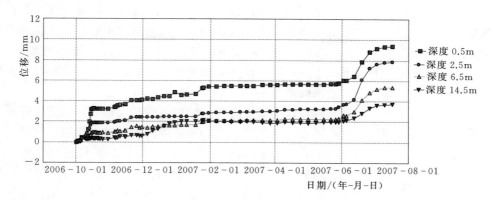

图 6.26　地下厂房顶拱围岩各深度位移-时间关系曲线

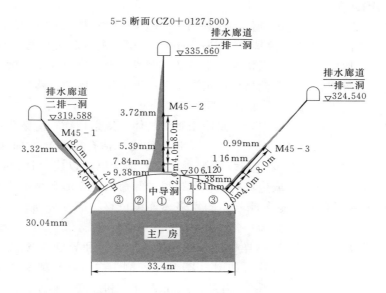

图 6.27　监测断面洞室围岩位移分布形象图（2007 年 7 月 17 日）

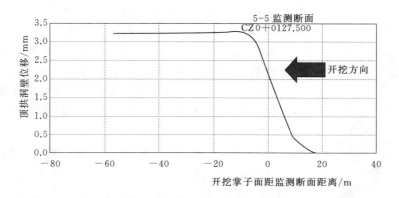

图 6.28　开挖掌子面（8m×9m）距监测断面距离关系曲线

（3）开挖后围岩各深度位移是以最深锚固位置为相对于不动点，因此最深一个锚点的设计深度应设置在岩（土）体变形范围以外。为使最深锚头灌浆密实稳固，钻孔最大深度一般应超过设计最深锚头 30cm 以上；在上仰孔应超过 50cm 以上为宜。钻孔回填灌浆时，向下钻孔必须以孔底开始自下而上进行；上仰孔必须由孔口压浆，直至孔底排气管出浆后仍要稳压数分钟，以保证钻孔灌浆的质量。

（4）在做不到超前预埋仪器时，监测成果存在初始值（前期位移值）的丢失问题。即当开挖掌子面接近监测断面时，围岩已开始变形；当到达监测断面时，围岩变形已达到开挖总变形的 20%～30%。通常情况下，监测断面仪器布置距工作面最近也仅是 0.5～1.0m 范围内，太近因爆破损坏仪器，而丢失的初始值约为总位移量的 30%。因此，如何估算丢失的初始值是个十分复杂的问题，目前丢失比率可根据工程经验，前期开挖或有限元计算分析成果参考确定。

6.3.3 滑动测微计

滑动测微计是 20 世纪 80 年代初由瑞士联邦苏黎世科技大学岩石及隧洞工程系 K. Kovari 教授提出，近几年来由瑞士 Solexperts 公司引进的高精度位移（应变）观测仪器设备，它可有效地应用于需要高精度测定沿某一测线的全部应变和轴向微小位移分布的各种场合。另外，与测斜仪配套使用可测定沿钻孔三维空间方向的位移。

1. 仪器组成及工作原理

滑动测微计和多点位移计类似，主要用于观测岩体（或结构物）沿钻孔不同深度的轴向位移，但不同的是它以独特的测量方式可沿一测线（钻孔轴线）方向实现不同深度（1.0m 间隔）的轴向位移或应变分布线性测量，以区别于以往以应变计为代表的点法测量原理，尤其是在大坝坝基（或边坡）岩体开挖后的卸荷回弹变形观测中显示出独具特点（精度高，可修正温度影响及零点漂移；测点多、连续位移、应变分布；仪器不被损坏）和应用前景。

滑动测微计是由测头、电缆、操作杆、读数仪、标定筒和导管（含标芯）等部分组成，如图 6.29 所示。测头内装有高精度差动变压器式线性位移传感器（LVDT）和温度传感器，测头两端加工为高精度球面接触；测读仪为数字显示且具有采集数据功能的专用测读设备；连接电缆为加强型测量电缆，并配有专用电缆绞盘车；操作杆为单根 2m 长的铝合金杆，两端具有操作方便的连接接头；标定筒为钢瓦合金制成的便携式标定筒架，是观测前、后进行测头标定的必备标定设备，以保证仪器的长期稳定性和精度；导管为 1m 长的 HPVC 塑料管，两端装有高精度的防锈金属球面测标（标芯）。

图 6.29 滑动测微计组成图

滑动测微计的工作原理是滑动测微计测头内装有两套高精度的线圈系统（标距为 1m），当被测岩体（结构物）发生轴向变形时，测头内的两套线圈系统在测量位置上通过两个测环感应，产生一个与两测量环实际间距成比例的电信号，并由测读仪读出，经换算得出长度变化。测量导管预先埋设在岩体或混凝土的钻孔内，观测时将滑动测微计的测头放入导管内，使测头与导管标芯顶紧，利用锥面—球面原理测量相邻测环（标芯）的精确距离，从而获得沿一测线（钻孔轴线）方向不同深度的轴向位移或应变分布。

由于采用锥面—球面原理，探头的放置具有极好的重复性，使探头和测标间的位置关系极为精确，测量精度可以达到目前世界最高水平。

滑动测微计主要的技术指标有量程：10mm（±5mm），分辨率：0.001mm/m（$1\mu\varepsilon$），精度：0.003mm，测头尺寸：$\phi24\times1000$mm。

瑞士 Solexperts 公司在滑动测微计的基础上，还研制生产了可精确测量垂直钻孔内三维空间方向位移的 TRIVEC 三向位移计，即在此基础上增加了测斜传感元件，导管也需进行相应地改进。

2. 地质调查

地质调查类同以上监测要求，查明监测对象所处的地质条件，为测孔布置的孔位、方向及深度等提供参考依据。

3. 安装埋设

安装埋设的步骤如下：

（1）埋设前在室内将带有管底盖的第一根导管（长 25cm）用密封胶与环形测量标芯连接，连接前需将环形标芯油渍清洗干净，连接时与导管上的标志准确定位，其误差不应大于±0.5mm。在连接处上好螺钉并用密封胶带裹好以防灌浆浆液渗入。然后，用同样的方法依次预接其他各导管，并做好各导管的顺序编号和对准标记。

（2）安装时，在第一节套管的底部系紧安装绳并将有底盖的第一根导管放进孔内，然后按编号顺序将导管不带环形测量标芯一端与带有环形标芯的另一根导管按标志用密封胶准确连接，用螺钉加以固定并裹上密封胶带。同样，连接好的导管与环形标芯上的标志之间误差应小于±0.5mm，以保证整个导管和环形标芯在一条直线上。重复上述步骤将导管逐一连接放入孔内，直至达到预定深度，如图 6.30 所示。

（3）全孔导管连接下入钻孔后，用测头试通至孔底检查是否通畅。

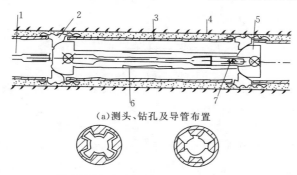

（a）测头、钻孔及导管布置

（b）滑入测量标志时状态　　（c）测量时状态

图 6.30　滑动测微计安装埋设及观测示意图

1—操作杆；2—锥形测量标志；3—导管；4—灌浆充填；5—球面测头头部；6—保护套；7—LVDT（位移传感器）

（4）导管安装埋设后即可下入灌浆管，对导管与钻孔孔壁空隙进行灌浆，灌浆材料、要求及方法同上，灌浆完毕后做好孔口保护装置。

（5）滑动测微计导管灌浆埋设一周后，便可进行测试建立基准值。

4. 观测及资料整理

观测及资料整理的步骤如下：

（1）观测。

1）打开仪器箱取出仪器测头，将测头与读数仪用电缆接好，打开读数仪电源预热 20min。

2）在标定筒中分别从两端（E_1、E_2）对滑动测微计测头进行标定，标定时应记录时间、天气及气温。

3）打开管口保护盖，将探头与导向链、送进杆接好，将有导向链的一头放入孔中。

4）每次测试时连测 2 遍，从孔口至孔底再从孔底至孔口，具体方法为：顺时针旋转 45°，使测头的两端点分别接触环形标芯，此时测头处于测量状态，即显示读数，然后在原测量位置放松送进杆，并再次拉紧使测头接触环形测量标芯而处于测量状态，如此反复 3 次，便可获得连续 3 次在同一标距长度的读数。若 3 次读数误差小于 5μm，其平均值即可作为该标距长度的初测值。重复上述操作步骤对全孔不同深度（间隔 1m）测量标距进行测量，便可获得全孔的每一标距长度的初始值（L_0）。每次测量时，送进杆应在同一个方向，为此在孔口应作送入标志，测头在孔内的基准方向由导向链控制。

5）测量结束后，取出测头，再次在标定筒中进行标定。然后将测孔孔口封闭好，及时将仪器清洁干净。

（2）资料整理。

1）编号从孔口开始，即孔口数据放在测点 1 号位置。

2）测前、测后都要对测头进行标定：

测前：

负值：E_1：值 1，值 2，值 3，计算均值：

$$E_1 = \frac{值1+值2+值3}{3} \tag{6.14}$$

正值：E_2：值 1，值 2，值 3，计算均值：

$$E_2 = \frac{值1+值2+值3}{3} \tag{6.15}$$

$$\Delta E = E_2 - E_1 \tag{6.16}$$

$$零点：Z_0 = \frac{E_1+E_2}{2} \tag{6.17}$$

校正系数 $K = \dfrac{4.635}{\Delta E}$（4.635 为厂家提供的系数）

同理可知，测后也可得到 ΔE、Z_0、K 值。

3）本次测量值的修正：（1、2 分别为测前、测后的值）

$$零点\ Z_0 = \frac{Z_{01}+Z_{02}}{2}，K = \frac{K_1+K_2}{2} \tag{6.18}$$

4）对首次观测值进行校正，得到校正后的首次测值 M_0，即：

$$M_0 = K \times (a - Z_0) \quad (a \text{ 为仪器测量未修正的均值}) \tag{6.19}$$

5）按步骤 4）对以后各测量值进行校正，得到当前校正后的值 M_i。

6）各测段按式（6.20）计算便可得到相应测段的相对位移（增量位移），也称为该测线前后的应变分布，即：

$$M = M_0 - M_i \quad (10^{-3}\,\text{mm}) \tag{6.20}$$

7）对相对位移值 M 进行累加即可得到该测次各深度直至孔口的钻孔轴向位移 M_s。

$$M_s = \sum_{i=\text{底}}^{i=\text{顶}} (M_0 - M_i) \tag{6.21}$$

根据以上计算结果，可以绘制以下曲线：

a. 小湾坝基位移与深度分布关系曲线，如图 6.31 所示。

b. 典型深度位移（速度）与时间关系过程曲线。

5. 技术要点

（1）滑动测微计应与多点位移计配合使用，重点布置在需要高精度测定沿某一测线全部应变和轴向位移分布的各种场合，以降低监测成本。

（2）钻孔回填密实，埋设套管内的接触环形标芯务必清洁干净，任何沉淀物的渗入将导致测试精度的降低。

（3）观测前后，必须在标定筒内对测头进行标定，以保证仪器的长期稳定性和精度。

（4）监测深度范围不宜太深，一般适宜在 30m 以内，超过此深度将明显增加测试难度，且测试精度也会相应降低。

6.3.4 收敛计

洞室围岩表面收敛观测是用收敛计测量洞室围岩表面两点连线（基线）方向上的相对位移，即收敛值。根据观测结果，可以判断岩体的稳定状况及支护效果，为优化设计方案、调整支护参数、指导施工以及监视工程实际运行情况提供快捷可靠的参考依据。

本观测也适用于地面工程岩（土）体表面或结构物两点间距离变化的监测。

采用收敛计实施洞室围岩收敛观测是"新奥法"施工位移监测的主要手段之一，其特点是：

（1）测量方法简单易行、经济有效，测点安装方便、及时。

（2）仪器结构简单、携带方便、使用灵活。

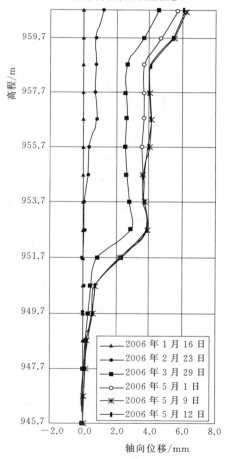

图 6.31 小湾坝基位移-深度分布曲线

（3）除环境因素如温度等须做分析和修正外，观测资料的分析直观、可靠，可直接用于工程稳定状态的评价和判断。

但是，该监测方法又存在施工干扰大、测点难以保护、操作不便（大断面洞室）等问题。

近年来，随着测量仪器的进步与发展，各种洞室断面收敛测量系统相继出现，大大提高了工作效率及测试精度，简化了操作程序。

6.3.4.1 常用收敛计

1. 仪器组成及工作原理

收敛计是一种可以迅速测量地下洞室净空断面内各方向两点之间相对位移（收敛）的专用仪器，按传递位移采用部件不同，可分为钢丝式、钢尺式和杆式 3 种类型的收敛计，它们均由位移传递部件（钢丝、钢尺或金属杆）、使位移传递部件在量测过程中保持恒力的装置和测力部件、位移测读装置（百分表或位移传感器）及固定测桩等 4 个部分组成。钢丝式（钢丝采用 $\phi 1 \sim 2mm$ 铟钢丝）、钢尺式收敛计通常适用于较大洞室断面的收敛监测，而杆式收敛计适应于洞室断面较小（洞径、高一般不大于 3m）、要求较高的特殊情况（如试验研究等），目前地下洞室较为常用的是钢尺式收敛计。

常用的测桩有涨壳式、楔式和预埋式 3 种：①涨壳式，采用扳手拧动螺母，使外壳张开，将测桩固定在钻孔内；②楔式，采用锤击，借楔的作用，将测桩固定在钻孔内；③预埋式，采用水泥砂浆将测桩固定在钻孔内。前两种测桩具有埋设迅速，埋后即可立即使用的特点，常用于开挖施工过程中的洞室围岩变形监测，预埋式测桩牢固可靠，适用于长期监测。

钢尺式收敛计主要是由测尺、百分表、测量拉力装置、锚栓测桩及连接挂钩等部分组成，如图 6.32 所示。

测尺为带式（铟瓦钢或高弹性工具钢），钢尺按每 2.5cm 或 5cm（2in）孔距高精度加工穿孔，以便对测力装置进行张拉定位拉力粗调。弹簧控制拉力使钢尺张紧，用百分表进行位移微距离测读。近年来，国外已有厂家将仪器测读改进为电子数字显示，使现场观测更为方便、准确。

收敛计的工作原理是测量时将收敛计一端的连接挂钩与测点锚栓相连，展开钢尺使挂钩与另一测点锚栓相连。张力粗调可把收敛计测力装置上的插销定位于钢尺穿孔中来完成，张力细调则通过测力装置微调至恒定拉力时为止。在弹簧拉力的作用下，钢尺固紧，高精度百分表（或数字显示）可测出细调值。每次测读后，将钢尺读数加上（或减去）细调值与初读数相比较，即为本次观测洞壁两点间的相对收敛位移值。

对于机测收敛计来说，其分辨率以表面的最小刻度表示，如百分表、千分表分别为 0.01mm 和 0.001mm。对于每种类型收敛计的系统精度，可在现场或室内模拟实际测量条件进行整体率定获得。

为确保收敛测量精度，每个工程使用一专用收敛计，并要在观测前或观测过程中定期在专用标定架上对收敛计进行标定，以检验仪器的稳定性、可靠性及工作状态正常与否。率定检验方法是将收敛计吊挂在率定架上端，仪器下端吊一标准重锤，检验仪器在承受一恒定拉力条件下，反复测读仪器读数的变化是否在仪器规定的允许误差范围之内。

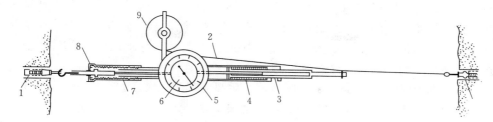

图 6.32　钢尺式收敛计结构组成示意图

1—锚固埋点；2—50 英尺钢带（每隔 2in 穿一孔）；3—校正拉力指示器；4—压力弹簧；
5—密封外壳；6—百分表（2in 量程）；7—拉伸钢丝；8—旋转轴承；9—钢带卷轴

2. 测点安装埋设

（1）用电锤或风钻在选定的测点处，垂直洞壁打孔，孔径与孔深视测桩直径、长短和形式而定。安装必须牢固，外露挂钩圆环（或球头、锥体）应尽量靠近岩面，不宜出露太多。

（2）每个测点必须用保护罩保护，保护罩应有足够的刚度，安装要牢固，以防止爆破飞石或施工作业碰动测桩。

3. 观测及资料整理

（1）观测。观测记录应包括工程名称、观测段和观测断面及观测点的编号与位置、基线长度、地质描述、收敛计编号、收敛计读数、观测日期及时间、观测时的环境温度、观测断面与开挖掌子面的距离等，每个断面的监测布置附以必要的图式说明。每次具体的观测步骤如下：

1）卸下测点的保护罩，擦净测桩头上的圆环。

2）用挂杆把收敛计上的钢尺或钢丝的两端头分别挂到测线两端的测点上，洞室过高时，也可采用轻便伸缩梯、台车挂尺。

3）拉紧钢尺使收敛计一端的销钉插进钢尺上适当的孔内。使用钢丝收敛计时，同时要确定拉直后的钢丝长度。

4）调节拉力装置，拉紧钢尺必须施加一恒定的拉力，该力的大小应根据测距的长短确定，尺长则需加大拉力，尺短则需相应减小拉力，具体大小可参照收敛计说明书。即收敛计上的拉力百分表达到预定标准值或某一指示达到要求，便可读数。

5）读数应准确无误，初始读数应反复多次量测，以确保数值的正确性。读数时视线应垂直测表，避免视差。量测操作一般不要换人，以避免人为误差。

a. 读记钢尺（或钢丝）的读数（准确到 mm），然后读记收敛计内部滑尺和测表的读数（准确到测表的最小精度），并做好记录。

b. 每次量测应反复测读 3 次，即读完一次后，拧松调节螺母，然后再调节螺母并拉紧钢尺（或钢丝）至恒定拉力后重复读数，如此反复进行 3 次，3 次读数差不应超出精度范围，取其平均值即为收敛观测值。

c. 观测结束后装上保护罩，以免碰动测点。

6）每次观测时必须测量现场温度，以便对观测成果进行温度修正。

7）系统应连续地进行观测，并严格按照规定的测次和时间进行。测次和时间的规定应考虑工程或试验研究的需要，制定观测方案或大纲。测次和时间也可根据具体情况进行适当调整，但必须说明原因。一般在洞室开挖或支护后的 7～15d 内，每天应观测 1～2次，在下述情况下则应加密观测次数：

a. 在观测断面附近进行开挖时，爆破前、后都应观测一次。

b. 在观测断面做支护和加固处理时，应增加观测次数。

c. 测值出现异常情况时，应增加测次，以便正确地进行险情预报和获得关键性的资料。

一般情况下，当掌子面推进到距观测断面大于两倍洞跨度后，两天观测一次，变形稳定后，每周观测一次。总的观测时间是根据观测目的确定的。

8）设立值班记录本，详细记载洞室开挖施工过程及观测期间的一切情况。

（2）资料整理。

1）现场观测记录应于 24h 内对原始数据进行校对、整理、绘图，以便及时对围岩的稳定性做出评价。遇有异常读数或发现错误时，应与值班记录本对照分析，说明原因，并做出正确判断，必要时应立即重新测读。

2）计算出各断面两测点间的收敛值。

3）观测值的温度修正。根据现场量测的温度，计算收敛计的温度变化值，以便对测值进行修正，获得实际收敛值，即：

$$U = U_i + \alpha L (T_i - T_0) \tag{6.22}$$

式中 　U——实际收敛值，mm；

$\quad U_i$——收敛读数值，mm；

$\quad \alpha$——钢尺（钢丝）的线膨胀系数，一般采用 $\alpha = 12 \times 10^{-6}$；

$\quad L$——初始温度时的钢尺（钢丝）长度，mm；

$\quad T_0$——初始温度，℃；

$\quad T_i$——某次观测时的温度，℃。

（3）绘制图表。

1）用表格列出各量测断面两测点间的收敛值。

2）绘制位移与时间和开挖进尺空间关系曲线，如图 6.33 所示。

3）绘制位移速率与时间关系曲线以及收敛值的断面分布图。

4. 技术要点

（1）收敛位移的分配计算。由于采用收敛计观测岩体地下洞室的位移，测得的是各测点间距离的变化，所以是两个测点的位移之和。要得到各测点的位移，可通过计算求得近似值，如用"坐标法""联立方程法""余弦定理法"和"测角计算法"等方法计算。

以下给出联立方程求解法求收敛计测点的绝对位移。

1）计算条件假定。洞壁轮车廊线上的位移为径向位移，切向位移忽略不计；基线的角度变化忽略不计。

2）任意三角形测点位移的计算方法。如图 6.34 所示，A、B、C 为洞壁上的任意 3个测点，解下列方程组可求得 3 个测点垂直洞壁的位移，分别为 u_a、u_b 和 u_c，则有：

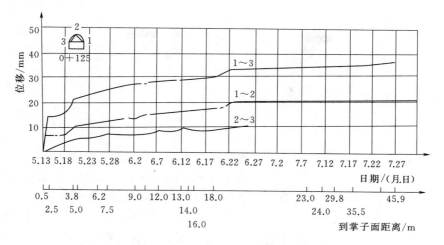

图 6.33 断面收敛位移与时间及开挖进尺空间关系曲线图

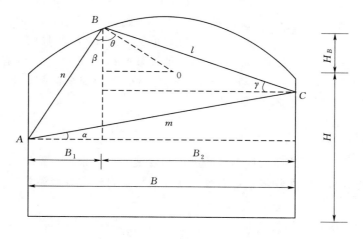

图 6.34 任意三角形测点位移计算图

$$
\left.
\begin{aligned}
u_a\cos\alpha + u_c\cos\alpha &= S_m \\
u_a\sin\beta + u_b\cos(\beta+Q) &= S_n \\
u_c\cos\gamma + u_b\cos(90°-\gamma-Q) &= S_l
\end{aligned}
\right\}
\tag{6.23}
$$

当 B 点在顶拱，A、C 点在同一高程，则 $\alpha = \theta = 0$，上述方程为：

$$
\left.
\begin{aligned}
u_a + u_c &= S_m \\
u_a\sin\beta + u_b\cos\beta &= S_n \\
u_c\cos\gamma + u_b\cos\gamma &= S_l
\end{aligned}
\right\}
\tag{6.24}
$$

式中 $\cos\alpha$ —— $\cos\alpha = \dfrac{B}{m}$；

179

$$\cos\gamma \longrightarrow \cos\gamma = \frac{B_2}{l};$$

$$\cos\beta \longrightarrow \cos\beta = \sqrt{1 - \left(\frac{B_1}{n}\right)^2};$$

$$\sin\beta \longrightarrow \sin\beta = \frac{B_1}{n};$$

l、m、n——三个方向上基线长度；

S_l、S_m、S_n——l、m、n 基线测得的并经温度修正后的收敛值。

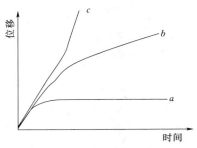

图 6.35　洞室收敛变形-
时间关系曲线

在选择计算方法时注意，要考虑方法的假定是否符合或接近所测洞室的实际情况。

（2）观测曲线分析。根据位移与时间关系曲线的变化趋势，判断围岩的稳定状况和确定支护时机。如图 6.35 所示中的 a 线，说明岩体是稳定的；b 线说明岩体有可能失稳；c 线说明岩体很快就会失去稳定。当变形曲线变陡时，则应及时进行支护。某段时间内位移变化量与时间之比，称为该时段的平均位移速率，即位移与时间关系曲线上某点切线的斜率。采用位移与位移速率双重指标进行安全监控，是当前较为通用，并经实践证明行之有效的位移指标控制方法。

6.3.4.2　收敛监测新进展

1. 洞室断面收敛测量系统

随着测量技术、测量仪器及计算机的进步与发展，近年来将全站仪引入洞室围岩收敛监测领域，研制出洞室断面收敛测量系统（无反射棱镜自动跟踪全站仪）。

该系统将传统的测点锚栓，改为无反射棱镜标靶或电控免维护反光标靶。观测时，将全站仪架设在监测断面洞室底板中央位置，按照操作人员的预先设置，全站仪自动跟踪收敛标靶测量，经过计算机专用软件进行数据处理，可以获得每次测量时设定点的斜距及角度，并计算出设定点间的距离。通过将每次测值与初值比较，就可得到各观测时刻洞室围岩收敛变形的状态，如图 6.36 所示。

2. 巴赛特收敛测量系统

本测量系统是英国伦敦帝国科技大学理查德·巴赛特教授研制推出的

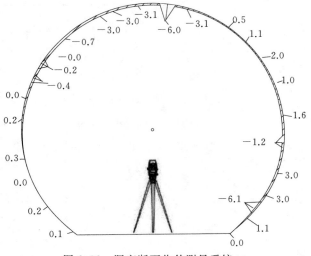

图 6.36　洞室断面收敛测量系统

一种独特的隧洞剖面收敛自动测量仪器，巴赛特收敛测量系统不仅能用于隧道的收敛监测，还能用于结构物基础的不均匀沉降监测。该系统的优点是可实现隧洞和地下洞室断面的连续变形监测及自动化，因此安装于大型运输隧洞和地下洞室的危险断面可用于监测由于结构变形而引起的潜在变形破坏，如图 6.37 所示。它的基本测量部件是一种特制的电解质（EL）倾角传感器或成对的硅晶片伺服传感器（安装在长臂杆和短臂杆中），一套首尾互相铰接的长、短杆件安装在洞壁表面，构成一个测量环。不同时刻观测，由传感器反映洞壁各处的位移变形。通过专用软件计算出隧洞开挖后，洞壁围岩位移的分布。

该系统传感器测量范围为 ±10°，分辨率 9s，精度 0.05mm/m（系统精度可达 0.2mm/m）。

图 6.37　巴赛特收敛测量系统

6.3.5　基岩变形计

基岩变形计是常用于监测坝基、坝肩及地下洞室岩体等单点轴向位移的监测仪器，一般采用单点杆式钻孔位移计或由测缝计改装制成的基岩变形计。工程地质条件要求较为单一，仪器结构简单、工作可靠、经济实用。

6.3.5.1　单点杆式钻孔位移计

单点杆式钻孔位移计的结构、工作原理、埋设方法及观测等与前述的多点位移计相同，但它只仅采用一支位移传感器、一根传递杆和一个锚头，测头规格尺寸相对较小，具有安装埋设较容易，资料整理分析工作较简单等特点。

6.3.5.2　测缝计改装基岩变形计

1. 仪器组成及工作原理

目前由差阻式测缝计改装制成的基岩变形计应用较多，主要由测缝计、传递杆及锚头、基座板及固定框架和测缝计护管等 4 个部分组成，如图 6.38 所示。

（1）测缝计。用于测量基座与锚头之间的变形量，仪器量程选择要与基岩预估变形量

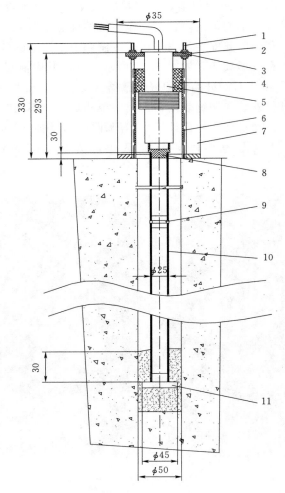

图 6.38　由测缝计改装的基岩变形计
1—框架调节杆；2—框架调节板；3—U 形槽卡板；4—充填棉纱；5—CF 型差动电阻式测缝计；
6—测缝计护管；7—基座板；8—测缝计接头；9—传递杆接头；10—传递杆；11—锚头

相匹配。差阻式传感部件有电阻比 Z 和电阻 R_t 两个测值，利用这两个测值及仪器特性参数可算出所测岩体的轴向伸缩变形，利用电阻 R_t 测值和仪器特性参数可算出测点位置的温度，由此可对所测变形进行温度修正。

（2）传递杆及锚头。传递杆上端接测缝计，下端连接锚头，用于传递基岩变形；锚头常为灌浆式锚头。

（3）基座板及固定框架。应平稳的放置在基岩孔口上，是测缝计安装时的固定框架，用于固定测缝计，并可调整和设定测缝计工作零点。

（4）测缝计护管。用于隔离测缝计与混凝土。

2. 仪器安装埋设

现场安装前首先将全套仪器进行预装，做到心中有数。安装埋设分两步进行，首先将锚头、传递杆放入孔中预定位置，灌浆回填；然后安装测缝计，具体操作顺序如下：

（1）钻孔方向任意，孔径 50mm，深度一般为 10～20m。钻孔后检查钻孔深度，清理钻孔。

（2）将锚头和传递杆连接好，与灌浆管一同放入孔中，使传递杆位于钻孔中心，以便与测缝计连接。

（3）灌浆浆液可采用粒径小于 1mm 的细砂和高标号水泥配制，水灰比 1∶2。灌浆量控制在能将锚头埋入 30cm，并能和基岩孔壁牢固结合。

（4）灌浆结束后，拆除灌浆管。待水泥凝固后，可用黄泥护孔。

（5）测缝计下端经接头和传递杆用螺纹连接；上端（出电缆端）卡在 U 形槽中。

安装测缝计的操作步骤如下：

1）用接头连接传递杆和测缝计，连接时螺纹拧紧。

2）将护管套在测缝计外，并拧入基座框架底板。

3）将 3 根调节杆拧在底板上，将框架调节板套在调节杆上。

4）将 U 形槽卡板卡入测缝计电缆出线端，最后上下调节螺母，设定测缝计工作零点。

（6）通过调整基座框架上的调节螺母，预拉测缝计（预留一定压缩量），设定仪器工作零点。

（7）整套仪器组装调整好后，将测缝计和基座框架一起用混凝土覆盖，然后检测仪器工作状态，如正常可继续浇注混凝土，否则应重新埋设。

3. 观测及资料整理

观测要求类同多（单）点位移计及测缝计，观测频次视工程变形情况而定。

资料整理取决于位移传感器的类型，如由 CF 型差阻式测缝计改装的基岩变形计同"CF 型差阻式测缝计"，根据观测成果绘制出如下曲线：

（1）位移/温度-时间关系过程曲线。

（2）位移速度-时间关系过程曲线（变形量较大时）。

6.3.6 沉降仪类

沉降仪是监测岩土工程垂直位移的常用仪器之一，主要适用于土石坝、土质边坡及地基、开挖及填方等工程。常用的沉降仪有电磁式、干簧管式、水管式及振弦式沉降仪。

6.3.6.1 电磁式沉降仪

1. 仪器组成及工作原理

电磁式沉降仪由测头、测尺（兼电缆）、滚筒、沉降管、波纹管和沉降环等组成，如图 6.39 所示，其测试原理及构造均较简单，测头直径也较小。

测头由圆筒形密封外壳和电路板组成，测头系有长度为 30～100m 带有刻度的塑料测尺及电缆（测尺及电缆压为一体），测尺平时盘卷在滚筒上，滚筒与测尺、电路板、电池及脚架组成一体。沉降管通常为聚氯乙烯硬质塑料管，连接管接头有伸缩式和固定式两种。埋设时，首先用连接管将沉降管诸节连接，沉降管外圈分层设置沉降环或套装波纹管后再设置沉降环，以适应土体沉降变形。沉降环的形式有铁环式、叉簧片式（单、双向）、矩形铁板中心开孔式等，沉降环的数量及埋设间隔，视坝体分层测量需要而设置，一般测

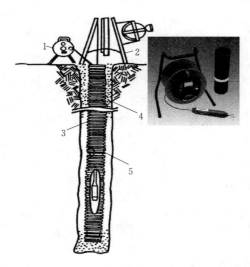

图 6.39 电磁式沉降仪及其埋设示意图
1—钢丝绳和读数装置；2—测量尺用三脚架；3—波纹聚氯乙烯管；4—回填土料；5—测点金属环

量间隔为 2m 或 3m 左右。沉降管及沉降环的埋设有钻孔式或随坝体填筑跟进坑式埋设两种。观测时，将测尺放入沉降管内，当测头遇到沉降环发出鸣叫声时，在管口由滚筒上的测尺直接人工测读。

电磁式沉降仪的测量原理，是利用土体内埋设在硬质塑料管及波纹管外套的金属沉降环，作为土层沉降测点随土层面沉降而产生的位移实现土体沉降变形观测的。沉降管及沉降环一同埋入坝体或地基内，当坝体发生沉降变形时，沉降环也随土体同步位移。隔一定时期将测头放入管内，利用电磁测头测得沉降环距管口的距离变化，即可测量出各沉降环所在位置的相对沉降位移，再用水准测量测得管口高程对其加以修正，即可获得土体深层各测点的分层绝对沉降变形量。

电磁式沉降仪的工作原理是采用电磁高频振荡原理，即在测头内安装一电磁振荡线圈，在振荡线圈接近埋设于土体内的铁环时，由于铁环中产生涡流损耗，大量吸收了振荡电路的磁场能量，从而迫使振荡器减弱，直至停止振荡，此时放大器无输出，触发器翻转，执行器（继电器）动作，晶体音响器便发出声音。根据声音刚发出的一瞬间的位置，即从放入孔内的测尺上读出铁环所在深度。

2. 沉降管（环）安装埋设

条件具备时，沉降管底端（基座）应埋入比较稳定的基岩内，并以此作为相对不动基点。

（1）随填筑同步埋设。

1）在清基完毕后钻孔，孔深约 1.5m。成孔及清孔后将装有管座（带沉降环）的沉降管下入孔内，用水泥浆回填封孔，孔口以上约 0.5m 回填筑坝材料并予以夯实。管座埋入时，需在孔口戴有铁链的临时保护管盖，同时用经纬仪测定管口坐标，以便在下层填筑后沿铁链，或用测量查找管口位置。

2）当下层填筑面超过管口 2.0m 时，可采用挖坑式或非坑式埋设，边连接诸根沉降管和安装沉降环（板）边挖坑或边堆积埋设，沉降管连接管处用自攻螺丝固定并做好密封，沉降环（板）水平放置且与沉降管铅直，人工回填土料夯实，避免冲击管身，保持沉降管顺直，并随填筑随校正、调整其铅直度。

埋设时应注意：勿将土块或杂物掉入管内，堵塞测管。

3）通常在坝体填筑及安装埋设过程中的测管保护难度非常大，除与施工单位做好协调配合外，每天 24h 需有专人值班、看守。

4）重复以上操作，直至埋设到坝顶管口，做好孔口的保护装置。然后用经纬仪测量管口坐标及高程，用沉降仪测头量测各沉降环（板）的深度位置及高程，并以此数据作为该孔的初始读数。

（2）钻孔埋设。

1）在堤坝填筑达到设计高程后，钻孔至设计深度，钻孔孔径一般不小于130mm，须满足沉降管及沉降环孔径要求（不适宜沉降板），孔底深入基岩1.5m左右。

2）连接沉降管、沉降环安装、连接管固定及密封要求同上。下入孔后孔底1.5m深度须灌浆回填，以上孔深用与周围相同的填筑土料回填。

3）回填至孔口后，用沉降仪检测全孔畅通及沉降环反映情况，及时做好孔口的保护装置，测量孔口坐标及高程。

3. 观测及资料整理

（1）观测。

1）用电磁式测头放入管底接通电源，自下而上诸个沉降环依次测定。当测头遇到沉降环瞬时，孔口滚筒发出音响（指示灯亮），即可从卷筒的测尺上读出测点（沉降环）至孔口的深度距离，换算出相应观测点的高程。每次观测应对准管口固定位置平行测读两次，取其平均值，两次读数差不得大于2mm。

2）定期用水准仪测量管口高程及其变化，以修正沉降仪的观测读数，求出各测点的实际沉降量。

（2）资料整理。环所在的深度L(m)及高程H(m)计算公式如下：

$$L = R + K/1000$$
$$H = H_k - L$$

（6.25）

式中　　R——测尺读数，m；

K——测尺零点至测头下部感应发声点的距离，此称出厂标距，mm；

H_k——孔口高程，m。

测点沉降量S_i(mm)的计算公式如下：

$$S_i = (H_0 - H_i) \times 1000 \qquad (6.26)$$

式中　　H_0——测点初始高程，m；

H_i——测点当前高程，m。

根据以上沉降计算结果绘制如下曲线：

1）库水位-时间关系过程曲线。

2）测点沉降与时间关系过程曲线。

3）各测点沉降（填筑）沿高程分布曲线，如图6.40所示。

4）测点沉降速率与时间关系过程曲线等。

作图时，应尽量将库水位、测点沉降、坝体填筑过程曲线绘制在同一张图上。

6.3.6.2 干簧管式沉降仪

1. 仪器组成及工作原理

干簧管式沉降仪的结构与电磁式沉降仪基本相同，如图6.41所示。所不同的仅是测头用干簧管制成，土体中埋设的不是普通铁环，而是永久

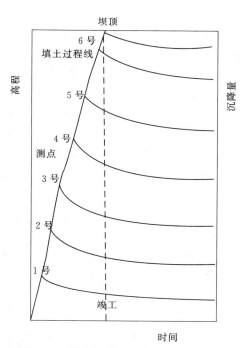

图6.40 测点沉降（填筑）过程曲线

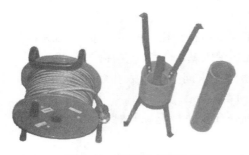

图 6.41 干簧管式沉降仪

磁铁环（沉降环为叉簧式，其磁柱均安装在塑料沉降环的水平向圆孔内）。另外，沉降管除采用普通硬质塑料管外，还可使用铝合金管，这样就扩大了应用范围，配合测斜观测，即可获得较高精度的三向位移测量结果。

干簧管式沉降仪的工作原理是当测头接触到永久磁铁环时，干簧管即被磁铁吸引使电路接通，指示灯或发出音响信号，同理据此即可测出永久磁铁环所在的深度。

电磁式及干簧管式沉降仪与其他沉降监测仪器比较，其优点是可在已建成的土坝内或建筑物地基的土层上用钻孔的方法埋设，实施简单方便。另外，在土石坝监测中常配合测斜仪实现三向位移监测，具体方法是将沉降环套在测斜管外（测斜管为沉降和测斜共用），用沉降仪测竖向位移，用测斜仪测水平位移，从而在同一钻孔实现竖向和水平位移监测。

2. 沉降管（环）安装埋设

同电磁式沉降仪。

3. 观测及资料整理

同电磁式沉降仪。

6.3.6.3 水管式沉降仪

1. 仪器组成及工作原理

水管式沉降仪主要用于混凝土面板堆石坝下游堆石体（反滤层）或堤坝土体的竖向位移（沉降）监测，它是利用连通管原理，如图 6.42 所示，即液体在连通管两端口保持同一水平面的原理制成，结构简单。当在观测房内测知连通管一个端口的液面高程时，便可知另一端口（坝体沉降测头）的液面。前后高程之差，即为测点位置的沉降量。

水管式沉降仪观测成果直观、可靠，但埋设、观测程序及工艺复杂，要求严格。

水管式沉降仪主要由沉降测头、量测板和管路等 3 个部分组成，如图 6.43 所示。

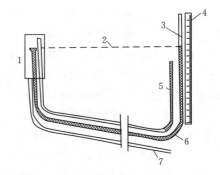

图 6.42 水管式沉降仪工作原理示意图
1—测头；2—水位；3—测量管；4—标尺；
5—通气管；6—连通水管；7—排水管

沉降测头通常为一密封的有机玻璃筒，下部设有带保护溢流水管、通气管、排水管的底座。

管路包括有溢流水管、通气管、排水管以及保护管等，各管材质一般均为能承受内压 20kPa 的尼龙管。溢流水管连接量测板上的竖向测量管，此管在沉降计筒中要求其顶端保持水满溢流状态作为测量标准；通气管作用是保证沉降筒中气压与外界大气平衡；排水管作用是使沉降计筒中多余水排除。

量测板上安装有透明有机玻璃管，与沉降仪测头的连通管为溢流水管的量测管。管旁固定钢刻度尺，最小刻度为 1mm，通气管及排水管终端也固定在量测板上，设阀控制进

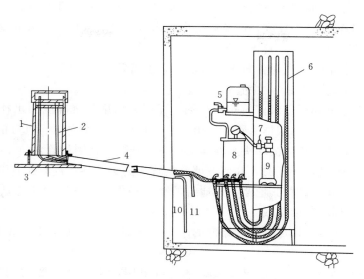

图 6.43 水管式沉降仪结构示意图

1—通气管；2—连通水管；3—排水管；4—保护管；5—给水箱；6—测量管；7—接空压机；
8—压力水室；9—压力罐；10—排水管；11—通气管

水及排气。

2. 系统安装埋设

(1) 通常采用挖沟槽的方法进行埋设，当坝面填筑到测点以上约 1.0m 高程时，沿埋设线开挖埋设沟槽。沟槽开挖深度 1.0～1.2m（粗粒料坝体用上限）。对粗粒料坝体，须以过渡层形式人工压实整平基床；对细粒料坝体，应注意仔细操作，避免超挖。

(2) 在埋设测头处浇筑厚约 10cm 的混凝土基床，并用水平尺校准测头的水平和校测管路基床坡度，其不平整度允许偏差为不大于 ±2mm，管路基床坡度为 1%～3%（预计测点及沿线沉降量大时取上限），倾向观测房。

(3) 将测头置于基床面上，连接各管路，在其周围立大于测头外径 10cm 的模板浇筑混凝土（400 号），至距顶面 10cm 时平放钢筋网继续浇筑、抹平、正常养护至拆模。浇筑混凝土前须对测头性能进行测试检查，确认合格后方可施工。

(4) 各管路外套保护管，然后沿已整平的基床蛇形平放引至观测房。

(5) 在观测房内，将各测头的管路对号就位连接到量测板上（管路均采用无接头整管），打开各测头通气管路上的阀门，依次用脱气水给各测头的测量管充水排气，气泡排尽后开通向玻璃量管的阀门，使其水位升高一点，关紧水阀，待管内水位稳定后，读出水面刻尺数值，即为测头初始读数，同时测出量测管安装基面的高程。

(6) 粗粒料坝体中以过渡层的形式人工压实回填至测头顶面以上 1.8m；细粒料坝体中回填原坝料人工压实至测头顶面以上 1.5m 时，才可按正常程序碾压施工。

(7) 埋设全过程做好现场保护及施工记录，编制监测仪器埋设考证表。

3. 观测及资料整理

(1) 观测。每次观测前，用水准仪测出量测板的标点高程，读出量测板上各测点玻璃管上的水位，然后逐个向测头连通管的水杯充水排气。充水应采用虹吸法，切勿倾倒。进水速度要小于排水管的排水速度，避免测头内积水位上升，溢出水进入通气管，堵塞与大气连通，导致测量系统失常。具体步骤为：

1）打开脱气水箱的供水开关向压力管供水，水满后关紧水阀。

2）向压力水罐施加 1～5m 的水头压力。

3）关测量管与沉降测头水杯的连通开关，开压力水罐与沉降测头水杯的开关，连续不间断的进水，溢流出的水从排水管中排出，直至排尽测量管内的气泡为止。

4）开测量板上玻璃管与沉降头水杯连接的进水开关，使测量管水位比初始水位升高，但勿溢出管口，即关进水管开关，并使玻璃测量管与测头水杯连接的连通管通。

5）重复以上步骤，进行其他测头连通管的排气操作，待各测量板上玻璃管的水位稳定时由测量板上的刻度测读读数。

观测时注意：应尽量排尽测量管路内的水和气，测定时应间隔 20min 平行测定两次，读数差不得大于 2mm。

对于北方寒冷地区，为防止管路被冻坏，可采用乙二醇和甲醇的配比为 655：345（体积比）的混合液，再掺入 0.4（体积比）的水所配成的防冻液来代替脱气水，可达到 $-52℃$ 的防冻效果。

（2）资料整理。以每次测读各量测管的稳定水位（即测头水杯的水位）刻度，并以水准仪测出量测板的标点高程，来换算出各测头位置的实际沉降量，即：

观测房基准标点沉降量： $$W_f(\mathrm{cm}) = H_0 - H_i \tag{6.27}$$

测点沉降量： $$W_d(\mathrm{cm}) = W_f + (h_0 - h_i) \tag{6.28}$$

式中　　H_0——观测房基准标点起始高程，cm；

$\quad\quad\quad H_i$——观测房基准标点当前高程，cm；

$\quad\quad\quad h_0$——量管起始读数，cm；

$\quad\quad\quad h_i$——量管当前读数，cm。

根据沉降计算成果，绘制如下曲线：

1）各测点沉降-时间关系过程曲线。

2）各测点沿坝体上下游方向沉降分布曲线，如图 6.44 所示。

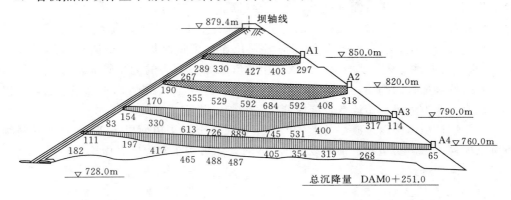

图 6.44　紫坪铺坝体 0+251 断面沿上下游沉降分布曲线（单位：mm）

3）沉降速率—时间关系过程曲线等。

沉降观测成果应结合坝体的填筑过程、孔隙水压力变化、相关位移资料及库水位，以及土压力变化过程等进行分析，并与设计参数及研究计算成果进行对比，研究其变化规律及发展趋势。

6.3.6.4　振弦式沉降仪

振弦式沉降仪主要应用在填土、堤坝、公路、基础等不同点间沉降监测，其最大优点是测试精度相对较高，适应于遥测和自动化监测。

1. 仪器组成及工作原理

振弦式沉降仪由测头、管路、储液罐和测读仪器等组成，测头内装有振弦式灵敏压力传感器，管路中充满去气防冻液混合液体，它可抑制藻类生长还不宜冻结。

振弦式压力传感器测头作为沉降点埋设于填土或堤坝内，它通过两根充满液体的管路与储液罐液体连接，储液罐固定于相对稳定的水准基点处。当测头位置发生沉降移动时，由测头可通过量测其内部所受的液体压力变化换算液柱的高度。与初始高程比较，就可求出测头与储液罐两点之间的高差变化，即相应测头处的沉降量。

如图 6.45 所示为振弦式沉降仪系统结构与埋设示意图，传感器通过电缆引入终端箱内由测读仪测读，传感器内含有一个半导体温度计和一个防雷击保护器，使用通气电缆将传感器连接到储液罐上方来使整个系统达到自平衡状态，以确保传感器不受大气压变化的影响，而安装在通气管末端的干燥管用来防止传感器内部受潮。两根通液管可使多个传感器能够连接到单个储液罐上，其目的是可以定期冲洗来赶走任何积聚在管中的气泡，保证测量精度。

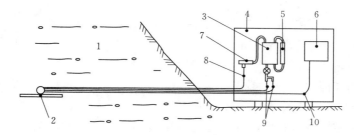

图 6.45　振弦式沉降仪系统

1—填土；2—传感器与沉降盘；3—储液罐；4—机壳；5—液位观察管；6—终端箱；7—干燥管；
8—通气管；9—通液管；10—传感器电缆

2. 系统安装埋设

（1）传感器埋设。

1）传感器预先固定在沉降盘上，再将沉降盘安放在 300～600mm 深的平底槽坑内。

2）用小颗粒土回填，围绕传感器周围人工夯实到槽口平面高程为止，要确保夯实后传感器保持完好的工作状态。

3）安装过程中，准确测量沉降盘位置高程。

（2）电缆及通液管埋设。

1）电缆和通液管埋设在 300～600mm 深的沟槽内，沟槽平坦，底面不能有起伏，电缆和通液管保持平顺，不能缠扭，必要时也可加保护管埋设，且任何部位的导管都不能高出储液罐高程。

2）回填导管前要检查管内是否有气泡，如发现有任何气泡都需在初读数之前冲洗通液管。

3）回填材料避免大块棱角石块接触管路和电缆，为防止水沿槽沟形成渗流通道，可分段在沟槽空隙中回填膨润土，当埋层超过沟槽 60cm 后即可正常回填。

4）一般情况下禁止沟槽穿透坝体芯墙或防渗墙等防渗地段。

（3）储液罐埋设。

1）储液罐安装在稳定的地面上或观测房墙壁上，并准确测量和记录储液罐的高程。

2）给储液罐注入去气防冻液，且确保连接到传感器上的通气管无堵塞（可用真空泵将通气管抽真空）。

3）用读数仪观测读数校核高程数据，将通气管连接到通气管汇集处，并在干燥管中添加新的干燥剂。

3. 观测及资料整理

基准值读数应在相对恒定温度下（尤其是非全埋式通管），且通液管在避光情况下读取，并记录和标注储液罐高度。注意：储液罐液面的任何波动都可能是由于温度变化或管路液体渗漏情况而引起。另外，要采用真空泵定期清洗通液管和清洁通气管，以去掉通液管中的气泡，保持通气管的畅通，保证观测读数的稳定。

观测过程中，一般每隔 3 个月，检测储液罐内的液体有无渗漏，如有必要，要添加液体。每隔 12 个月，用去气液体清洗液体通液管，必要时，可以进行现场率定。

传感器高程 E（m）计算如下：

$$E = E_0 - (R_0 - R_i)G + \Delta ERES \tag{6.29}$$

式中　　E_0——传感器安装高程，m；

　　　　R_0——初始读数；

　　　　R_i——当前读数；

　　　　G——传感器率定系数，mm/digit；

$\Delta ERES$——储液罐观测管里的液位变化，液位下降为负值，反之为正值，mm。

通过定期观测观测房（混凝土墩）的高程变化，从而可以确定终端储液罐的真实高程，以修正传感器的计算高程，由此可获得传感器位置的实际沉降量 ΔE（mm），即：

$$\Delta E = (E_0 - E) \times 1000 \tag{6.30}$$

温度对液体体积和液体局部范围内的膨胀与压缩会有一定影响，但是由于通常传感器埋设是在填土内部，其温度变化较小，因此温度对测值影响可忽略不计。

根据计算成果，可绘制出如下曲线：

（1）测点沉降量/填土高程-时间关系过程曲线。

（2）测点沉降速度-时间过程曲线。

（3）测点沉降分布曲线。

6.3.7　引张线式水平位移计

由于坝体受水库水压力的作用，或由于坝基、坝体的抗剪强度较低产生的侧向位移等，均会使坝体可能产生向下游侧方向的水平位移。因此，需在可能发生较大位移的部位布设引张线式水平位移计，以监测大坝在施工期和运行期间坝体内部的位移情况，同时结合沉降（水管式沉降仪）观测等资料，可对坝坡的稳定性进行综合分析和评价。目前，超长测线（最长可达 490m）电测引张线式水平位移计已在天生桥、洪家渡及水布垭等工程应用。

引张线式水平位移计主要应用于混凝土面板堆石坝下游堆石体（反滤层）的水平位移观测，通常与水管式沉降仪组合埋设。该仪器设备具有结构简单、分析直观、稳定可靠等特点，测量精度和稳定性受温度、环境、时间等因素的影响较小，适用于长期监测。但设备埋设较笨重，埋设也较麻烦，监测人员的操作对测试精度有一定影响。

1. 仪器组成及工作原理

引张线式水平位移计的工作原理，是在测点高程水平铺设能自由伸缩的钢管（经防锈处理）或硬质高强度塑料管，从各测点引出合金钢丝（膨胀系数很小的不锈钢瓦钢丝），至观测房固定标点，经过导向滑轮，在其终端系一恒重的重锤或砝码。当坝体内各测点发生水平向移动时，带动钢丝移动，在观测房内固定点处通常用游标卡尺或电测位移传感器，直接测读钢丝的相对位移，即可算出测点的水平位移量，如图 6.46 所示。测点的位移大小为某时刻 t 时的读数与初始读数之差，加上相应观测房内固定标点的位移。观测房内固定标点的位移，通常由坝两端以视准线测量方法测出。

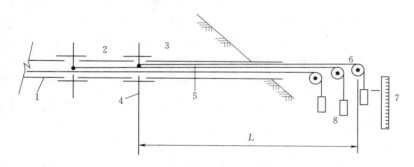

图 6.46　引张线式位移计工作原理示意图

1—保护钢管；2—坝体；3—伸缩管接头；4—锚固板；5—钢丝；6—导向轮；7—游标卡尺；8—平衡重量

引张线式水平位移计主要由锚固板、铟钢丝、钢丝端头固定盘、分线盘、保护管、伸缩接头、导向轮、砝码（重锤）、固定标点台以及测量装置（游标卡尺或位移传感器）等组成，如图 6.47 所示。

（1）锚固板。一个高 350～400mm、长 600mm、厚 6～10mm 的矩形钢板，锚固板的中心开一配保护管外径的圆孔，埋入坝体的端部装一个固定引张线钢丝的压帽。

（2）铟钢丝。由含 Co54 和 Cr9 的等材料冶炼拉制成直径 2～3mm 的不锈钢瓦合金钢丝，应有一定的柔性、不生锈、线膨胀系数低（6×10^{-7}～7×10^{-7}mm/℃）、强度高。

（3）保护管。多为镀锌钢管或高强度硬质 PVC 塑料管，管径 50.8～127mm，长度 1～4m。装锚固板的保护管端应车制螺纹，中间管段两端口仅打毛锉光。

（4）钢丝端头固定盘和分线盘。固定盘和分线盘是同一件用铝合金制成的一个圆盘，

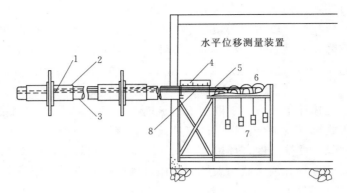

图 6.47　引张线式位移计结构示意图

1—钢丝锚固点；2—外伸缩管；3—外水平保护管；4—游标尺；5—ϕ2 钢钢丝；
6—导向轮盘；7—加重砝码；8—固定标点

其厚度为 7～25mm，与伸缩接头相配，均布打穿线圆孔，由测点多少决定孔的数量。

（5）伸缩接头。其内径比保护管大，且带有法兰盘并与另一伸缩接头可连接的短管，两伸缩接头间可夹持锚固板、分线盘，与保护管连接处设一由压环、浸油石棉盘根和压紧螺帽构成的挡泥圈（起保护管置于伸缩接头管的中间位置的作用）。

（6）固定标定台。具有相当刚性的铁质框架，上装设有固定标点、测量水平位移的游标卡尺（或位移传感器）、导向轮、拉直引张钢丝的恒重砝码，固定在地脚上的螺孔。

引张线式水平位移计的工作原理是在坝内测点高程沿上下游方向水平铺设可自由伸缩的保护管（钢管或硬质塑料管），从各测点锚固板处引出钢钢丝至观测房固定标点台，经过导向滑轮，在其终端系一恒重砝码（重锤），测点移动时带动钢钢丝移动，在固定标点处由游标卡尺（或位移传感器）测量出钢钢丝的相对移动，加之观测房内固定标点的位移（视准线测量），即可算出各测点的水平位移量。

2. 系统安装埋设

引张线式水平位移计的埋设有挖坑槽和不挖坑槽两种方法，埋设过程中应做到：细心整平埋设基床，各机械件连接牢固可靠（特别是测点钢丝的连接）；装配时应圆弧转弯，不能损伤钢丝；埋设的锚固板周围应回填密实，使其与土体同步位移；埋设前应预先建好观测房和视准线观测标点，以使仪器设备安装埋设后即能开展正常的观测工作。其具体安装埋设步骤如下：

（1）定位。不挖坑埋设方法（表面埋设），在坝面填筑到距埋设高程约 30cm，测量定出埋设的管线和测点位置；挖坑埋设方法（内部埋设），在坝面填筑到距埋设高程约 1m 时，测量定出埋设的管线和测点位置，开挖至埋设高程以下约 30cm。

（2）细心整平埋设基床成水平。在细颗粒中，整平压实达到埋设高程；在粗颗粒中，以反滤层形式填平补齐压实达到埋设高程。整平的基床，不平整度应不大于±2mm，达到的压实度与周围坝体相同。注意，该仪器设备一般与水管式沉降仪组合对应埋设，如果与沉降仪分开或单独埋设时，钢丝均应与水平线上倾预估沉降量的 1/2。

（3）水平位移计的安装。

1）沿管线和观测点的位置，配管长、锚固板、伸缩接头、分线盘和挡泥圈等。

2）从测点（即埋设锚固板处）至观测台标点的距离配适宜长度的钢丝，且每根钢丝放长 2m，分别盘绕，系上测点的编号牌。注意盘绕钢丝时切忌交叉和弯折，微弯的钢丝必须校直，且无损伤，否则应换新的钢丝。

3）从观测房一端的保护管开始装配钢丝，通过保护管→管端套的挡泥圈压紧螺帽→浸油石棉盘根→压环→伸缩接头→在接头上装分线盘；伸缩接头另一端保护管套上压环→浸油石棉盘根→压紧螺帽。在测点位置，伸缩接头处装上锚固板和钢丝。

4）按照步骤 3）安装其余测点。将各个测点的钢丝汇集安装在固定标点的观测台水平位移测量装置上，注意要防止钢丝在引穿过程中互相缠绕或打弯。

5）检查安装的各个环节，确认正常无误后即可进行回填。首先在锚固板处（即测点处）立模浇筑一全包锚固板的混凝土块体，块体尺寸一般为 80cm×35cm×50cm（长×宽×高）。浇筑混凝土时切忌砂浆进入伸缩接头与保护管之间的缝隙，以免影响其自由滑动变形。

6）混凝土拆模后即可边养护边回填。须人工仔细回填管线周围，并压实到与周围坝体密度相同，压实土料时勿冲击管身。回填料时，位于细颗料部分，回填原坝料；位于粗颗粒部分，以反滤层形式回填压实，靠近仪器设备周围用细粒料充填密实。

7）回填超过仪器顶面以上约 1.8m 后，可进行大坝的正常施工填筑。

8）估计各测点距观测房间的距离和可能的水平位移方向、大小，调整观测位移量程，确定铟钢丝通过导向轮的加重 150kg（对直径 2mm 的铟瓦钢丝）。若导向轮是按杠杆比例，加重应按杠杆比例缩小施加砝码的重量数，使钢丝承重为 150kg。

3. 观测及资料整理

（1）观测。

1）观测房通常设在下游坝坡上，在坝体两岸设固定标点，以视准线法定出观测房内位移计标点的位置。

2）安装埋设完成后，即同时对坝体测点和观测房内标点进行平行观测，以确定基准值。

3）每次观测时，在加重 30min 后开始读数，重复读数至最后两次读数差小于 2mm 时的测值为本次观测值。

（2）资料整编。

1）游标卡尺读数差 R_c 的计算，即：

$$R_c = R_i - R_0 \tag{6.31}$$

式中　R_i——当前游标卡尺读数，mm；

　　　R_0——初始游标卡尺读数，mm。

2）根据视准线法测出的标点位移，对坝体测点位移读数进行修正，以反映坝体内各测点的实际位移状态，即测点实际水平位移 W_i 为：

$$W_i = R_c - D_i \tag{6.32}$$

式中　D_i——观测房标点水平位移，mm。

3）根据计算结果绘制如下曲线：

a. 坝体纵断面水平位移分布曲线。

b. 对于典型测点（或组），绘制测点水平位移（或位移速度）与时间关系过程曲线。

6.3.8 土体位移计

土体位移计也称为土应变计或堤应变计，国内典型的同类仪器为 TS 位移计，主要适用于监测土石坝或堤坝内任意方向位移的测量设备。如两坝肩心墙料沿坝轴线方向的拉压变形、坝体与岸坡交界面剪切位移、混凝土面板脱空监测等，也可应用于岩质边坡滑坡体内上下滑动面、裂隙、夹层等地质弱面间的位错滑移监测等。传感器长度可在 480～1525mm 范围内调整，可接长延伸杆至需要的长度，具有坚固耐用、测量精度高、安装埋设容易等特点，它可单点埋设，亦可串联埋设。

1. 仪器组成及工作原理

TS 位移计为电位器式位移计（滑线电阻式位移计），其主要由传感元件、钢瓦合金连接杆、钢管保护内管、塑料保护外壳、锚固法兰盘和传输信号电缆等部分组成，如图 6.48 所示，传感元件为一个直滑式合成型电位器，其结构简单，分辨率及精度较高（在 1mm 行程内可分辨 200～1000 个点，空载线性度 ±0.1%）。

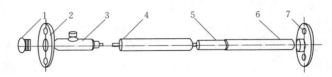

图 6.48 TS 位移计结构示意图

1—左端盖；2—左法兰；3—传感器；4—连接杆；5—内护管；6—外护管；7—右法兰

TS 位移计的工作原理，是将电位器内可自由伸缩的钢瓦合金杠杆的一端固定在位移计的一个端点上，电位器固定在位移计的另一个端点上，两端产生相对位移时，伸缩杆在电位器内滑动，不同的位移量产生不同电位器移动臂的分压，即把机械位移量转换成与它成一定函数关系的电压输出，用读数仪（数字电压表）测其电压变化，换算出两点间的实际位移量。

2. 安装埋设

监测坝体中的位移，通常在坝体填筑中多采用坑式埋设的方法，而监测坝体与岸坡交界面剪切位移时则多用表面埋设的方法。它可单点埋设，亦可串联埋设，也可在任意方向埋设。埋设过程中应特别注意固定端点的锚固不能有位移，坝体中埋设的锚固板应与所测土体同步位移。

（1）坑式埋设方法。

1）坝体填筑面超过埋设点高程约 1.2m 时，测量出测点在坝面的平面位置及高程。

2）按测量定位线开挖坑槽至测点的埋设高程，在岸坡上打一孔径 60mm、孔深 1.0m 的钻孔，孔内清理干净后放置一直径 20mm、长 1.0m 的钢筋，并用 200 号水泥砂浆充填密实。整平埋设基床，其平整度不大于 ±2mm。在粗颗粒和细颗粒的填料中，基床的整平方法同水管式沉降仪和引张线式水平位移计，如图 6.49 所示。

3）安装位移计。

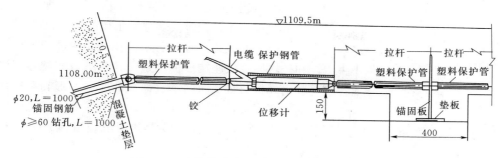

图 6.49 土体位移计埋设示意图（单位：mm）

a. 给每个拉杆上套以适配直径和长度的软质塑料管。套管时拉杆上涂一层黄油，以减小摩擦和防锈，套好后两端并用黄油封口。

b. 位移计外套以适配长度和直径的高强度硬质 PVC 塑料管或钢管，两端用涂黄油的棉纱或麻丝封口，以防泥沙进入。

c. 装配位移计。为保证铰接（或万向节）灵活转动，铰接处涂黄油，并用涂黄油的棉纱或麻丝包裹。

d. 在位移计的拉杆下边填土，并压实、调平。

e. 预拉位移计，使位移计工作状态调整到适宜的拉压量程范围。

4）回填。全面检查位移计工作状态正常后即可回填，人工回填压实过程中勿冲击位移计，可薄层轻击达到设计密实度，并随时检查仪器的工作性能。回填直至达其顶面以上1.5m，方可进行正常坝体的填筑施工。

5）安装埋设完成且待仪器稳定后，即可进行初始值的观测，并记录安装埋设工作的全过程。

（2）表面埋设方法。

1）坝体填筑面达到设置锚固板的高程时，在岸坡和填筑面测量定位。

2）按定位线在岸坡的基岩面或混凝土垫层面开挖 130cm×25cm×20cm（长×宽×深）的沟槽，上端打深度为 100cm、直径为 60mm 的锚杆孔，将直径 20mm、长 100cm 的带铰接头的钢筋插入孔内，周围回填 200 号砂浆。抹平的砂浆面应低于岸坡面 10cm，以免机械损坏。然后试装位移计，调整转动的铰中心与位移计中心线使其在一个平面上，该平面应与岸坡面平行。

3）位移计的安装。位移计套以保护钢管，端头用涂黄油的棉纱或麻丝填塞，防止泥沙进入。装配位移计，将位移计预调到适宜的量程范围，引出电缆的出口管应平行岸坡，电缆在交接面以 U 形放松，以适应坝体的变形。放在坝体内的锚固板（长 100cm，宽35cm）尾部可抬高点，各个铰接（或万向节）处均涂黄油，并用涂黄油的棉纱或麻丝包裹。

4）回填测试。首先检查位移计的工作状态是否正常，然后用原坝料中的细料人工回填沟槽。锚固板和位移计 1.5m 范围内采用人工回填压实，仪器上勿重锤夯击，并在回填过程中随时检查仪器的工作性能，直至回填到位移计顶面 1.5m 以上，方可允许进行正常坝体的填筑施工。

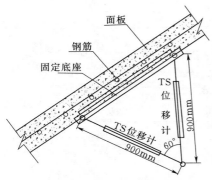

图 6.50 面板脱空土体位移
计埋设示意图

5）安装埋设完成且待仪器稳定后，即可进行初始值的观测，并记录安装埋设工作的全过程。

（3）面板脱空埋设方法。采用由两支 TS 位移计和一块固定底座构成的等边三角形埋设布置，观测混凝土面板与垫层料间垂直面板的脱空变形和平行面板的剪切变形，如图 6.50 所示。

1）面板施工前，按设计图纸位置测量放点于混凝土挤压边墙坡面上。

2）在坡面测点挖一个大小约 1m×1m、深 1.5m 的坑，挖除该部位的挤压边墙混凝土后，浇一 C30 混凝土墩，墩底部用锚筋与垫层料连接。墩侧面预埋与两支 TS 位移计连杆相交点链接的铰座。

3）经过预安装，仪器组就位于坑内。竖立等边三角形使固定底座平行于面板坡面，待面板混凝土浇筑时固定于面板底部，两支 TS 位移计连接杆交点与坑内混凝土墩侧面的铰座铰接。仪器坑内用原开挖出的坝料以薄层人工回填夯实，恢复到原坡面。仪器周围回填时须小心操作，以免损坏或移动仪器。

4）在仪器就位及回填垫层料和浇筑混凝土面板过程中须随时测读，振捣混凝土时振捣器不得触及固定底座，以监视仪器工作状态是否正常，发现异常，及时查明原因或采取补救措施。

3. 观测及资料整理

（1）观测。

1）安装埋设后，待两固定端稳定后即可观测读数。

2）观测时可用 3 位半或 4 位半数字电压表（或专用测读仪）测量位移计中电位器输出的电压。

（2）资料整理。

1）任意方向两点间的位移 d_i（mm），其公式为：

$$\left. \begin{array}{l} d_i = \dfrac{C}{V_0}(V_i - C'V_0) \\ d_t = d_i - d_0 \end{array} \right\} \tag{6.33}$$

式中　C、C'——位移计常数，由厂家给出；

　　　V_0——工作电压，V；

　　　V_i——实测电压，V；

　　　d_0——t_0 时位移计初读数，mm；

　　　d_i——t 时位移计的位移，mm；

　　　d_t——土体的实际位移，mm。

2）根据计算结果绘制如下曲线：

a. 测点位移与时间关系过程曲线。

b. 对典型测点绘制测点位移速度与时间关系过程曲线。

c. 当串联安装多点仪器时，绘制位移分布曲线。

6.3.9 测（裂）缝计

为适应温度变化和地基不均匀沉降，混凝土大坝或混凝土面板一般均设有接缝（横缝、施工缝等），其接缝的开合度与位错（接缝上下或左右剪切错动）通常需要安装埋设测缝计对其进行监测，以了解水工建筑物伸缩缝的开合度、错动及其发展情况，分析其对工程安全的影响。

接缝监测分为单向（称之为开合度）、双向（开合度加纵向或竖向位错）、三向（开合度加纵向、竖向位错），一般只进行接缝的单向开合度监测（如混凝土坝横缝），仅在特殊情况下需做双向、三向监测（例如坝基混凝土与基岩结合面、混凝土面板堆石坝的面板接缝、面板周边缝等）。

对于混凝土内部有可能发生开裂的部位通常需埋设裂缝计，以监测可能发生裂缝及其开度变化，裂缝计通常由测缝计改装而成，其工作原理与测缝计完全相同。

基岩裂缝及工程裂缝（浇筑混凝土坝体或洞室混凝土衬砌出现的裂缝等）一般是随机发生的，对工程影响较大的裂缝需要在工程处理的同时也要对其实施监测，裂缝采用测缝计或表面裂缝计进行监测。

国内常用的测缝计传感器形式主要有差阻式、振弦式和电位器式（线位移及旋转）等几种，其中单向测缝计大多为差阻式，一般量程较小，精度较高，多应用于混凝土建筑物的伸缩缝开合度监测；旋转电位器式双向、三向测缝计是专为混凝土面板周边缝位移监测而研制的新产品；而其他双向、三向测缝计多为由各类型大量程的单支测缝计组装而成。

6.3.9.1 单向测缝计

测缝计是测量结构接缝开合度或裂缝两侧块体间相对移动的仪器，其与各种形式的加长杆连接可以组装成裂缝计、位错计和基岩变形计等，用以测量裂缝开合度、位错和基岩与结构物间的变位等。测缝计由上接座、钢管、波纹管、接线座和接座套管组成外壳，内装传感器件，如图 6.51 所示为差阻式测缝计结构图。其工作原理为当测缝计两端承受外力变形时，由于外壳波纹管以及传感部件中的吊拉弹簧将大部分变形承担，小部分变形引起传感元件的变形，并通过电缆输出信号，由测读仪测读，经换算可得仪器轴向位移，即为接缝的位移。

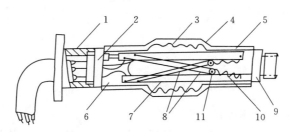

图 6.51　差阻式测缝计结构示意图

1—接座套筒；2—接线座；3—波纹管；4—塑料套；5—钢管；6—中性油；7—方铁杆；8—弹性钢丝；
9—上接座；10—弹簧；11—高频瓷绝缘子

单向测缝计开合度 S_t 的一般计算公式为：

$$S_t = k(R_t - R_0) + C(T_t - T_0) \tag{6.34}$$

式中　S_t——t 时刻测量的开合度或位错，mm；

　　　k——灵敏系数，由厂家给定；

　　　R_t——t 时刻读数；

　　　R_0——初始读数；

　　　C——温度系数，mm/℃；

　　　T_t——t 时刻温度，℃；

　　　T_0——初始温度，℃。

单向测缝计的安装埋设较为简单，具体请参见本书的应力应变章节的有关内容。

基岩或混凝土表面，以及结构物裂缝可采用表面裂缝计，常用的为振弦式表面裂缝计，如图 6.52 所示。

图 6.52　安装在岩石裂缝处的振弦式表面裂缝计

6.3.9.2　双向测缝计

双向测缝计多用于坝基建基面（混凝土与基岩面）、拱坝诱导缝、面板坝混凝土面板接缝或工程裂缝等部位，以监测其接（裂）缝开合度及剪切变形。

双向测缝计的工作原理与单向测缝计相同，只是在监测剪切位错的传感器两端加工带有万向节的专用金属弯钩，以埋设固定于两侧混凝土块体中，如图 6.53 所示。

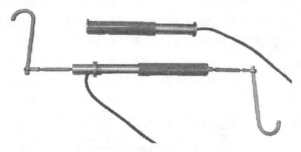

图 6.53　差阻式双向测缝计

（1）拱坝诱导缝面双向测缝计的埋设。

1）垂直于缝面的一支单向测缝计，在缝面高程下部的先浇筑块埋设带有加长杆的测缝计套筒，套筒和缝面齐平，将套筒内填满棉纱，螺纹口涂上黄油，旋上筒盖。

2）混凝土浇至高出仪器埋设位置 20cm 时，挖去捣实的混凝土，打开套筒盖，取出填塞棉纱，旋上测缝计，回填混凝土，人工插捣密实。

3）平行于缝面的另一支单向测缝计，在缝面高程下部的先浇筑块埋设带有钢板底座和加长杆的万向节,将两端带有加长杆的测缝计一端固定在缝面以下混凝土内的万向节上,另一端沿缝面牵引至另一埋设点处,固定于带有加长弯钩的万向节上,注意仪器保护。

4)待缝面以上混凝土浇筑时,将带有加长弯钩的万向节埋入混凝土内。同样,当回填混凝土高出仪器顶面1.5m以上时方可进行正常混凝土的浇筑施工。

(2)混凝土面板接缝的埋设。混凝土面板接缝双向测缝监测一般采用两支单向测缝计,其中一支垂直面板缝面埋设,以监测面板接缝间的开合度;另一支平行面板缝面埋设,以监测沿接缝间两块面板的相互剪切或升降位移,其埋设方法类似于上述诱导缝面的双向测缝计。

6.3.9.3 三向测缝计

三向测缝计多用于土石坝上游混凝土面板周边线的三向变位监测,三向测缝计可以由单个位移计组装而成,也有整体三向测缝计。

1. 单支组合三向测缝计

(1)仪器组成及工作原理。典型的由3支单向位移计组合而成的三向测缝计,如图6.54所示,它的工作原理是通过测量标点C,相对于A和B点的位移,计算出周边缝的开合度。其中一支位移计3观测面板相对于周边趾板的升降,另外两支2观测面板趋向河谷的位移。钢板AB是固定在趾板上,钢板C是固定在面板上。当产生垂直于面板的升降时,位移计2和位移计3均产生拉伸;当面板仅有趋向河谷的位移时,位移计3应无位移量示出,位于上游侧的位移计2拉伸,位于下游侧的位移计2压缩或拉伸(在趋向河谷产生较大位移的情况下发生)。为了能使位移计灵活自由的动作,在每一个位移计一端装配一个万向节和量程调节杆10,固定钢板C与AB的距离,以及支承架的高度均由周边缝结构性质来确定。

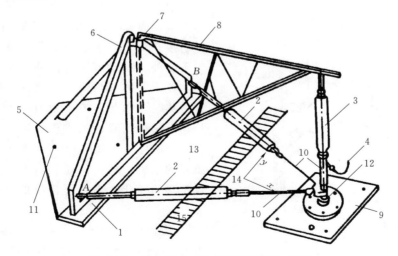

图 6.54 单支组合三向测缝计结构示意图

1—万向节;2—观测趋向河谷位移的位移计;3—观测沉降的位移计;4—输出电缆;5—趾板上的固定支架;
6—支架;7—不锈钢活动铰链;8—三脚支架;9—面板上的固定支架;10—调整螺杆;11—固定螺孔;
12—位移计支架;13—安置面板平面;14—周边缝;15—周边缝间隙

（2）单支组合三向测缝计安装。趾板和面板的连接通常有两种方式，一种是趾板与面板平面连接，另一种是趾板与面板非平面连接，有一台阶，周围趾板均高出面板。对于前一种情况，在面板上不需做安装墩，仅只在安装位置的趾板和面板上预留固定螺孔；而后一种情况，则必须在面板上做一安装墩，其顶部应与趾板面在一个平面上，同样按照测缝计固定的需要预留好固定螺孔。同时，不论是哪种趾板与面板的连接方式，测缝计传输电缆埋设的沟槽均应预设在周围的趾板上，直至观测房，这样可以克服电缆受面板移动产生的拉伸，以及通过面板纵横缝处理困难等缺点。具体安装埋设如下：

1）测量定出仪器安装埋设的位置，预先制备安装基座和预留螺孔，并保持趾板和面板两个基座在同一个平面上。

2）将两个固定板分别置于趾板和面板的确定位置，从固定板螺孔中穿出地脚螺杆至趾板和面板内，浇筑环氧水泥砂浆固定地脚螺杆，移去固定钢板，待到环氧水泥凝固。

3）在整好的有插入螺杆的基床面上，分别置放上相应的测缝计固定钢板，在此调整二者使其置于同一安装平面，拧紧固定螺帽，安装位移计，调整可测的位移计量程，检查仪器的工作性能。

4）以上工作均满足要求后，盖上测缝计保护罩，将传输电缆呈蛇形置于电缆沟内，引至观测房。沟槽用水泥砂浆全封闭，以防破坏。

5）安装完毕后详细记录安装工作的全过程，包括 AB、BC、CA 间的准确距离。待仪器稳定后，即可读取仪器的初始读数。

2. 整体三向测缝计

（1）整体三向测缝计仪器组成及工作原理。如图 6.55 所示为旋转电位器式整体三向测缝计，它由 3 个旋转电位器式位移传感器、支护件和智能化二次仪表组成，支护件由坐标板、保护罩、伸缩节和标点支架组成，支护件的主要作用是在坐标板固定 3 个传感器，在预埋板上设置位移标点 P，以形成一个相对的坐标体系。3 个位移传感器由 3 根不锈钢丝引接并交于 P 点。保护罩用来保护不锈钢丝不受外界扰动或破坏。伸缩节由土工布制成，置于保护罩与位移点之间，以保证当面板位移时，标点 P 在测缝计量程范围内自由行动。这种测缝计的工作原理是基于在周边缝一侧的标点 P 相对于另一侧安装了 3 支传感器的坐标板的空间位移，通过测量 3 根钢丝位移的变化，来求得接缝的开合度，竖向和侧向的位错。

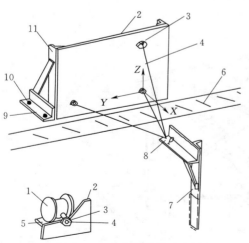

图 6.55 三向测缝计示意图

1—位移传感器；2—坐标板；3—传感器固定螺母；4—不锈钢丝；5—传感器托盘；6—周边缝；7—预埋板（虚线部分埋入面板内）；8—钢丝交点；9—趾板；10—地脚螺栓；11—支架

测缝计是由钢丝、绕线盘、旋转式精密导电电位器和扭簧组成的大量程、高水压的位移传感器，电位器机械转角为 360°，电气转角为 350°，应用时使测缝计整个量程在电气转角 350°的范围内。三向测缝计主要的技术指标为：

量程：100～250mm；

分辨率：≤0.05%F. S.；

线性度：<0.5%F. S.；

重复性：≤0.2%F. S.；

迟滞性：≤0.35%F. S.；

基本误差：≤0.5%F. S.；

工作温度：-20～60℃；

耐水压：常规 1.0MPa，最大 2.0MPa。

（2）整体三向测缝计安装。

1）测量定出仪器安装埋设的位置，安装预埋件和预留电缆槽沟，有时需设置仪器的预留安装腔室（趾板较高时），坐标板有膨胀螺栓固定在腔室周边上。预埋电缆应尽量沿变形较小的趾板牵引埋设。

2）安装埋设前全面检查仪器的工作性能，满足要求后方可安装。根据预先设计确定的传感器在坐标板上的位置，检查其相应的仪器初读数是否在预先规定的范围内，否则应进行调整。

3）将 3 个传感器按预先规定分别固定在坐标板相应的位置上，并将坐标板用预埋件螺丝固定在趾板上。3 个传感器的钢丝引到面板的测量标点上，调整好每支仪器的量程范围后加以固定，并用游标卡尺分别量出各个钢丝从传感器至标点的初始长度，要求长度精确到 0.5mm。

4）同样，检查仪器的工作状态正常后加盖仪器保护罩，牵引电缆至观测房，沟槽用水泥砂浆全封闭，以防破坏。

5）安装完毕后详细记录安装工作的全过程，包括 AB、BC、CA 间的准确距离。待仪器稳定后，即可读取仪器的初始读数。

另外，该仪器还可用于面板脱空监测，实质上是三向电位器式测缝计用于两向测缝的一种形式。

3. 观测及资料整理

（1）采用配套的测读仪测取读数，智能式测读仪可直接计算出周边的 3 个方向的位移量（周边缝开合度及水平、竖向剪切位移量）。

对于整体三向测缝计由图 6.44 空间几何关系，可计算焦点 P 点处的坐标公式如下：

$$z = \frac{h^2 - l_1^2 + l_2^2}{2h} \tag{6.35}$$

$$y = \frac{s^2 - l_3^2 + l_2^2}{2s} \tag{6.36}$$

$$x = \sqrt{l_2^2 - y^2 - z^2} \tag{6.37}$$

式中　　l_1、l_2、l_3——测缝计 3 根钢丝的长度；

　　　　s、h——测缝计安装孔的中心距（常数）。

将安装时量得的 3 根钢丝长度代入式（6.37）中，便可得出焦点 P 点处的初始坐标（x_0，y_0，z_0），缝发生变形后，由仪表读数 A_1、A_2、A_3，求出钢丝的新长度 L_1、L_2、

L_3（单位：cm），即：

$$L_1 = L_{10} + \frac{(A_1 - A_{10}) \times 10}{C_1} \tag{6.38}$$

$$L_2 = L_{20} + \frac{(A_2 - A_{20}) \times 10}{C_2} \tag{6.39}$$

$$L_3 = L_{30} + \frac{(A_3 - A_{30}) \times 10}{C_3} \tag{6.40}$$

式中　　L_{10}、L_{20}、L_{30}——三根钢丝的初始长度；

$\quad\quad\quad C_1$、C_2、C_3——仪器常数（厂家提供）；

$\quad\quad\quad A_{10}$、A_{20}、A_{30}——仪表初始读数。

将变形后新长度 L_1、L_2、L_3 代入式（6.38）、式（6.39）和式（6.40），求得焦点 P 点处的新坐标（x，y，z）。缝的三向变形（缝的开合、错动及沉降，单位：cm）即为：

$$\Delta x = x - x_0, \quad \Delta y = y - y_0, \quad \Delta z = z - z_0 \tag{6.41}$$

（2）根据计算结果，按照不同要求绘制各种曲线：

1）周边缝开合度、剪切位移与气温（或混凝土温度）、水库蓄水时间关系过程线图，如图 6.56 所示。

2）根据实际布设情况，绘制同一时刻的开合度、位错分布图等，用来比较分析不同位置测点的变化情况。

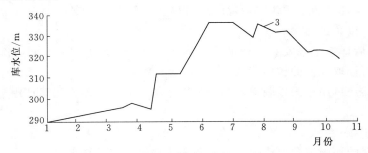

（a）周边缝开合度与时间关系曲线

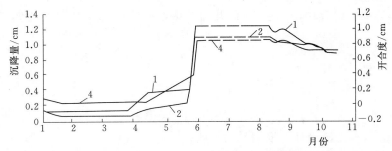

（b）布设在某一处的测缝计测得开合度剪切位移与错位分布与时间关系曲线

图 6.56　三向测缝变形（库水位）与时间关系过程曲线

1—水位线；2—错位线；3—周边缝开合度；4—剪切位移线

思考题与练习

1. 监测布置原则有哪些？
2. 测斜器材有哪几种？介绍各种仪器的工作原理。
3. 监测仪器设施有哪些，说明工作对象及特点。
4. 内部观测的项目包括哪些内容，试说明各个项目的具体意义。
5. 引张线式水平位移计如何布置？请讲述其基本原理。

第7章 观测资料的采集、处理和应用

7.1 引 言

观测仪器埋设后，资料收集、计算和分析工作就要按照规定的测次和计划开始。该阶段的工作是很重要的，观测工作是否能够发挥显著效果，就取决于该阶段的工作。

首先，要保证观测资料的质量，经常检查分析、发现问题、找寻原因、加以解决。最主要的是不断对观测系统进行检查、鉴定和维护，使观测系统各个环节保持正常状态，避免产生系统误差。观测人员在数据收集工作中要一丝不苟、认真负责、相互监督，防止产生过失误差。

观测资料要及时处理，避免长期积压。有些工程在发生事故后从观测资料中找原因，往往发现观测资料早有异常反映，只是因为未能及时整理发现，以致贻误了防患于未然的良机。及时处理观测资料，也有助于发现观测系统已经产生的系统误差，及早地查明原因，加以消除，以保证后续资料的精度。长期积压的资料由于各种观测误差的引入和叠加，在分析计算时难以正确地修正，观测成果的精度大大降低，甚至无法加以利用。

本章旨在介绍观测资料的质量控制、误差检验和资料分析的计算方法，便于进行手工结算时加以应用。长期大量的资料计算，宜于用电子计算机进行，这里的方法可以作为编制电子计算机程序的基础。

7.2 观测系统的误差

从正常的观测系统采集到的观测资料只包含偶然误差。这种偶然误差是随机性的，影响较小，易于修除，不正常的观测系统除了可能产生偶然误差之外，还存在系统误差，这种系统误差的数值相当大，不能采取消除偶然误差的办法加以处理，其影响可能使观测成果无法解释，甚至导致错误的判断，对大坝安全产生不利的后果。

观测系统各部分能产生的误差，可以通过理论分析和实际试验加以研究。了解观测系统各个部位的可能误差的特征后，便于在检验观测资料时加以识别，从而得到正确的加以修除的方法。也有助于用户对观测系统进行维护，保持系统的正常，确保观测资料的质量。

由于过去的50年中，国内的工程所用的系统都是手动观测系统，这里介绍手动观测系统各部位可能引入的系统误差。

1. 水工比例电桥的误差

易于产生误差的部位有两个关键部件，一个关键部件是可变电阻4个旋钮，产生电阻

增量 δ，另外一个关键部件是固定电阻 M。

当电桥旋钮产生接触电阻为 δ 欧姆时，可变臂真值 R 与名义值 R' 之间的关系如下：

$$R' + \delta = R \tag{7.1}$$

电阻比测值 Z' 为：

$$Z' = \frac{R'}{M_1 + M_2} = \frac{R - \delta}{M_1 + M_2} = Z - \frac{\delta}{M_1 + M_2} \tag{7.2}$$

电阻比误差 ΔZ 为：

$$\Delta Z = -\frac{\delta}{M_1 + M_2} = \frac{-\delta}{100} \tag{7.3}$$

电阻值的读数 R' 为：

$$R' = \frac{M_1}{M_2} R' = R_t - \frac{M_1}{M_2} \delta \tag{7.4}$$

电阻值的误差为：

$$\Delta R_t = -\frac{M_1}{M_2} \delta = -\delta$$

可见接触电阻增加电阻 δ 时，使电阻比和电阻值都减少 δ，二者的比值是 $1:1$。

当固定电阻 $M = M_1 + M_2 + \Delta$，即固定电阻产生误差 Δ，则电阻比测值为：

$$\frac{Z'}{M + \Delta} = \frac{R_1}{R_2} \tag{7.5}$$

则有：

$$Z' = M\frac{R_1}{R_2} + \Delta\frac{R_1}{R_2} = Z + \Delta \tag{7.6}$$

固定电阻的 $M = M_1 + M_2$，误差主要来源是温度附加误差和长期稳定性的变化。对 M_1 及 M_2 来说，误差的大小是相同的，因二者的制作工艺和材料都一样。因此，电阻测值 R' 为：

$$R' = \frac{M_1 + \Delta/2}{M_2 + \Delta/2} R \approx R \tag{7.7}$$

固定电阻增加误差 Δ 时，电阻比也增加 Δ，电阻不受影响。

应该指出温度附加误差影响到可变电阻 R 和固定电阻 M 时，电阻比测值不受影响，而电阻测值增加 K 倍，K 是电阻材料的温度变化系数，因有：

$$Z' = \frac{RK}{MK} = \frac{R}{M} = Z \tag{7.8}$$

$$R'_t = \frac{KM_1}{KM_2} KR = \frac{M_1}{M_2} RK \approx KR_t \tag{7.9}$$

2. 电缆电阻的变差

仪器引出电缆的黑芯线和白芯线的电阻变差将引起电阻比和电阻测值的误差，红芯线、绿芯线与测量精度无关。

设白芯线电阻变化 δ_1 欧姆，黑芯线电阻变化 δ_2 欧姆，此时电阻比 Z' 为（如图 7.1 所示）：

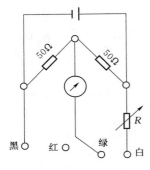

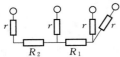

图 7.1 仪器电阻

$$Z' = \frac{R_1 + r_4 + \delta_1}{R_2 + r_1 + \delta_2} = \frac{R_1 + r_4}{R_2 + r_1} + \frac{\delta_1 - \delta_2}{0.5R_s}$$
$$= Z + \frac{\delta_1 - \delta_2}{0.5R_s} \tag{7.10}$$

电阻比误差为:

$$\Delta Z = Z' - Z = \frac{\delta_1 - \delta_2}{0.5R_s} \tag{7.11}$$

电阻值 R_t 为:

$$R_t = R_1 + R_2 + (r_1 + \delta_2) - (r_4 + \delta_1)$$
$$= R_t - (\delta_1 - \delta_2) \tag{7.12}$$
$$\Delta R_1 = -(\delta_1 - \delta_2) \tag{7.13}$$

R_s 为总电阻, 即三芯测法的电阻测值。以 0.01% 为 1 个电阻比, 以 0.01Ω 为一个单位电阻值。

测缝计 $0.5R \approx 25\Omega$

故有:

$$\frac{\Delta Z}{\Delta R} = \frac{\delta_1 - \delta_2}{0.5R_s}/[-(\delta_1 - \delta_2)] = 4 : (-1) \tag{7.14}$$

大应变计 $0.5R \approx 43\Omega$

则有:

$$\frac{\Delta Z}{\Delta R} = \frac{\delta_1 - \delta_2}{0.5R_s}/[-(\delta_1 - \delta_2)] = 2.3 : (-1) \tag{7.15}$$

小应变计及其他仪器 $0.5R \approx 33\Omega$

则有:

$$\frac{\Delta Z}{\Delta R} = \frac{\delta_1 - \delta_2}{0.5R_s}/[-(\delta_1 - \delta_2)] = 3 : (-1) \tag{7.16}$$

由此可见, 黑芯线电阻及白芯线电阻的变化值不等时, 仪器电阻比的误差比温度电阻的误差大 2～4 倍。

当 $\delta_1 = \delta_2$, 对电阻比及温度电阻均无影响, 而总电阻将增加 $(\delta_1 + \delta_2)$ 即:

$$R_s = R_1 + R_2 + r_1 + r_4 + (\delta_1 + \delta_2) \tag{7.17}$$

电缆电阻的变差产生的原因可能有 3 个方面: ①产生于电缆接头, 芯线焊接质量差, 焊头铜丝氧化或受到外界拉力而脱焊, 引起了芯线电阻的增加; ②连接电桥线柱的电缆头中有断丝, 特别是铜丝不镀锡时, 铜丝表面氧化层难以导电, 断丝就削弱了电流通过的截面, 引起电阻的增加; ③整根芯线铜丝氧化, 使电阻增加, 或芯线中铜丝连接质量差, 氧化使铜丝连接处断开。

3. 仪器本身变化引起误差

(1) 铜丝氧化。由于仪器内的变压器油不干净, 仪器装配时使用了酸性焊膏焊接等原因, 使仪器在储存或埋设后发生铜丝生锈的现象, 设 R_1 氧化时电阻增大 δ_1 欧姆, R_2 氧化时电阻增大 δ_2 欧姆。此时电阻比为:

$$Z' = \frac{(R_1 + \delta_1) + r_4}{(R_2 + \delta_2) + r_1} = \frac{R_1 + r_4}{R_2 + r_1} + \frac{\delta_1 - \delta_2}{0.5R_s} = Z + \frac{\delta_1 - \delta_2}{0.5R_s} \tag{7.18}$$

电阻比误差为:

$$\Delta Z = Z' - Z = \frac{\delta_1 - \delta_2}{0.5 R_s} \tag{7.19}$$

电阻值为：

$$R'_t = R_1 + R_2 + r_1 - r_4 + \delta_1 + \delta_2 = R_t + (\delta_1 + \delta_2) \tag{7.20}$$

电阻值误差为：

$$\Delta R_t = \delta_1 + \delta_2 \tag{7.21}$$

R_1 外钢丝圈，更易于接触空气，往往首先氧化，氧化速度也较快。因此，$\delta_1 > \delta_2$。钢丝氧化后电阻随时间而逐渐增大，甚至表现出指数变化规律，而电缆变差引起的误差多半是跳跃式的。

钢丝生锈引起的电阻误差比较大，而电缆电阻变差引起的电阻误差则小得多，一般可以从这两个方面区分两种原因。

（2）钢丝脱焊引起测值的变化。仪器钢丝脱焊则电阻因钢丝松弛而大大减少，设 R_1、R_2 因钢丝松弛，使电阻降低 ΔR_t，电阻比变化可从式（7.10）可得：

$$\Delta Z = \frac{R_1}{R_2} \pm \frac{\Delta R_t}{0.5 R_s} \tag{7.22}$$

R_1 松弛，则电阻比减少（式中为负号）；R_2 松弛，则电阻比增加（式中为正号）。

电阻比误差和电阻误差比值为：

$$\Delta Z / \Delta R_t = \left(\pm \frac{\Delta R_t}{0.5 R_s} \right) \Big/ (- \Delta R_t) = \mp \frac{1}{0.5 R_s} \tag{7.23}$$

这里电阻比按 0.01% 作为 1 个电阻比，而将 0.01Ω 作为一个电阻值，取大应变计的 $0.5 R = 43\Omega$，钢丝脱焊和电缆电阻变差后所发生的现象都是电阻比变化，和电阻变化的比值也相同，二者之间的区别是：

钢丝脱焊后电阻比变化很大，如果仪器脱焊时接近仪器基准值，电阻比将突变 $(250 \sim 300) \times 0.01\%$，而 R_t 电阻大约减少 1Ω。另外，由于钢丝松弛，仪器灵敏度 f 增大一倍。因此，仪器变得不灵敏，电阻比的年变幅大约为正常的 $1/2$。

（3）混凝土开裂引起的测值变化。混凝土开裂后，如果裂缝横跨仪器，将造成电阻比急剧增加，这时电阻值将相应降低。电阻比增加引起的电阻值的降低，即：

$$\Delta R_t = -\frac{R_t}{16} \Delta Z$$

则二者的比值为：

$$\frac{\Delta Z}{\Delta R_t} = -\frac{16}{R_t} \tag{7.24}$$

大应变计 $R_t \approx 81\Omega$ 代入式（7.24）电阻比，电阻分别按 0.01%、0.01Ω 为单位计算：

可见电阻比增加大于电阻降低数的 20 倍，这种现象和钢丝松弛比较有相似之处，即二者的电阻值都降低。只是受裂缝的影响，仪器的电阻降低幅度较小。二者的区别是 $\frac{\Delta Z}{\Delta R_t}$ 比值不同，受裂缝影响仪器的比值很大且钢丝 R_1 松弛对电阻比降低。

4. 观测系统绝缘降低引起的误差

观测系统的变化最常见的是绝缘降低，将引起观测误差，其电路如图 7.2 所示，相当于在 3 根芯线之间连接了分路电阻 R_{AB}、R_{BC} 和 R_{CA}。

引起电阻比和电阻的误差分别为：

$$\Delta Z = \left(\frac{1}{R_{BC}} - \frac{1}{R_{AB}}\right) R_1 \tag{7.25}$$

$$\Delta R_t = -\left(\frac{1}{R_{AB}} + \frac{1}{R_{BC}} + \frac{1}{R_{CA}}\right) R_1^2 \tag{7.26}$$

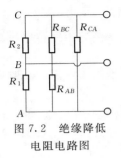

图 7.2 绝缘降低
电阻电路图

其影响总是造成电阻值 R_t 的减少而对电阻比的影响较小。测量时电桥检流计指针飘移，可以从该现象上有所察觉。

以上大致分析了观测值异常现象产生的原因，可以作为资料分析处理时的参考。同时，对检查异常部位的观测系统采取措施皆以改善，从设备上消除系统误差产生的根源，保证进一步观测时取得质量比较好的观测资料。

7.3 观测资料的采集和现场质量控制

所谓观测资料是指使用测读仪器（二次仪表）直接从埋设在坝内的观测仪器（一次仪表）取得的读数，对于差动电阻仪器来说就是电阻和电阻比这两种测值。

通过各种仪器的资料计算公式，从观测资料算出需要求得的反映大坝工作状态的各种物理量，这些物理量统称观测成果。有了观测成果，我们就能进一步地分析，对工程的工作状态做出估计和判断，成为施工和运行方面重大决策的有力依据。

（1）内部仪器观测资料的采集工作是按照一定的计划和规定测次进行的，第 4 章曾经有所介绍，现在归纳如下：

1）观测仪器已经埋设，混凝土振捣密实之后，立即进行观测，目的是检查仪器是否正常，不正常的仪器需要补埋。

2）仪器埋设之后直至第 5 天，每天观测 2～3 次，混凝土终凝之前适当加密测次。

3）从第 6 天开始直至最高温升，每天测 1 次。

4）以后每两天测 1 次，观测 1 个月。

5）以后每周观测 1～2 次。

6）竣工以后，大体积混凝土坝可以每月测 1 次，轻型坝仍应每周 1 次。

7）特殊情况下，如高水位、地震等适当加密测次。

（2）为了保证观测资料的质量，对现场观测的工作人员有如下要求：

1）观测用的水工比例电桥要固定，不能乱用。必须使用其他电桥观测时，要在观测记录上注明。

2）观测必须两人进行，一个人观测，另一个人记录，相互校对，防止差错。

3）每个月对电桥全面鉴定一次，每次观测前对电桥的电阻和电阻比进行一次率定。

4）对观测值进行质量控制，发现问题，立即查明原因，加以解决。

5）每年汛前对观测系统进行检查，对仪器电缆头、集线箱、电桥三者进行维护，保证观测精度。

观测资料的现场质量控制是依据差动电阻式仪器的测量原理和各种测量值之间的数学关系来检验测值的可靠性，有些方法可以在现场观测时立即用来检查观测资料的质量，发现问题，立即重测或查明原因，加以排除。

手动观测系统的数据采集利用水工比例电桥进行，差动电阻式仪器只需测量电阻比 Z 和电阻值 R_t。R_t 是仪器的电阻，通常称为"温度电阻"，不包含电缆电阻，用以计算测点温度和修正观测物理量的温度影响。为了进行观测资料的质量控制，建议加测包含电缆电阻在内的总电阻 R_s，及黑白两芯线对调后的电阻比 Z'——称为反测电阻比。每支仪器有 4 个值 Z、Z'、R_t、R_s，可以用这四者之间的特性关系分析观测资料的正常与否。对可疑仪器，即工作不正常，测值异常的仪器可以再加测一些分电阻值以进一步研究分析，查清问题所在。

现场质量控制工作是在现场采集数据时立即进行，必要时可回到办公室分析当次测值，不宜积压成堆再进行分析。发现问题后立即查明原因，进行重测是查找原因的第一步，不宜拖拉，以免情况发生变化。

以下介绍现场质量控制的原理和方法。

1. 检查测值的稳定性

使用电桥进行电阻比 Z 和电阻 R 的测量，测值应该是稳定不变的，如果发现检流计指针漂移，甚至电桥不通电也漂移，那是因为仪器或电缆进水形成的离子电势所造成的。这时检测仪器芯线和坝体之间的绝缘电阻往往很低甚至通零。

如果钢丝因仪器漏油而暴露在空气中，测电阻时也因钢丝发热而漂移。测值漂移的仪器无法修复。

如果电缆头晃动，同一仪器的电阻比测值跳动很大，多半是电缆头芯线部分铜丝断开而造成的。切去电缆头重新烫锡，测值即恢复正常。

使用集线箱测量时发现测值不稳定，同一仪器的两侧读数有跳动，除了检查连接电桥的电缆头，还要检查电缆和集线箱之间的连接情况以及集线箱切换测点用的波段开关，这些环节都有发生问题的可能。

2. 检查电缆电阻

每支仪器测 3 个数即电阻比 Z、总电阻 R_s 和温度电阻 R_t。

四芯测法有：

$$R_t = R_1 + R_2 \tag{7.27}$$

三芯测法有：

$$R_s = R_1 + R_2 + r_4 + r_1 \approx R_1 + R_2 + 2r \tag{7.28}$$

$2r$ 就是从仪器到电桥黑色芯线电阻和白色芯线电阻之和称为电缆芯线电阻。电缆沿线温度变化不大时应为常数。由式（7.27）和式（7.28）得：

$$2r = R_s - R_t \tag{7.29}$$

上次测量的 $2r = R_s - R_t$ 和本次测量的 $2r$ 比较，如果相差很大，或多次测量的 $2r$ 不断连续增加，就表明本支仪器电缆芯线可能是因接头氧化或受拉伸断丝，如果电缆电阻连续减小，可能是绝缘下降所致。$2r$ 突然增加或减少也有可能是电缆加长或切短而造成的。

发现这类情况时要同时检查同一地点埋设仪器的电缆电阻是否发生同一趋势的大变化，如果都有变化，可能是集线箱或电桥的问题。

由于氧化或接头断丝等原因造成的电缆电阻变化可能是在一根芯线上或两根芯线电阻不均匀变化，形成"偏增"现象，这样引起电阻比的跳动，上一节对该问题进行了介绍，这是最不利情况。是否电阻偏增可以从电阻比过程线检查，并通过下面介绍的测量分电阻的办法进一步调查。

如果是由加长或截短电缆形成的黑白芯线等量增大或减少，对电阻比测值的影响可通过修正灵敏度加以消除，前面也已介绍过修正灵敏度 f' 可按式（7.30）计算，即：

$$f' = f \frac{R_s}{R_t} \tag{7.30}$$

3. 检查正反测电阻比

正反测电阻比是这样测量的：按仪器电缆芯线的颜色黑、红、绿、白依次和电桥的相应接线座连接，测得电阻比称为正测电阻比 Z；将仪器的黑白芯线调换位置连接电桥的接线柱，测量电阻比称为反测电阻比 Z'。

正反测电阻比之间有一定的关系，根据电桥测量原理可建立下面两个等式，即：

$$\frac{Z}{M} = \frac{R_1}{R_2} \tag{7.31}$$

$$\frac{Z'}{M} = \frac{R_2}{R_1} \tag{7.32}$$

将式（7.31）和式（7.32）相乘，即得：

$$M^2 = ZZ' \tag{7.33}$$

由此即得到一个结论：点电桥测量中不存在误差时，正反测电阻比之积应等于固定电阻值的平方，即 $M^2 = 10000$。根据该原理，可以利用正反测电阻比来检验测值的可靠性。

（1）利用正反测电阻比之积检查。设正反电阻比有误差，正反测电阻比的名义值（测值）为 Z_H、Z'_H，则可能有如下情况：

a. 电桥旋钮有误差时：$ZZ'_H \approx M^2 - (\delta' + \delta'') \dfrac{Z + Z'}{2}$

b. 固定电阻有误差时：$Z_H Z'_H = M^2 + 2\Delta \dfrac{Z + Z'}{2}$

c. 仪器或电缆电阻有变差时：$Z_H Z'_H = M^2 \pm \dfrac{(\delta_1 - \delta_2)^2}{0.5 R_s}$

可以归纳成：

$$Z_H Z'_H = M^2 \pm \ell(0.01\%) \tag{7.34}$$

式中　$\ell(0.01\%)$——满足 0.01% 实际值的误差修正值。

由此可见将正反测电阻比测值 Z_H 及 Z'_H 代入式（7.34），如果 $M^2 = Z_H Z'_H$，则电阻比测值误差可以忽略。二者不等则证实有误差存在。

（2）利用正反测电阻比之和检查。将式（7.31）和式（7.32）两式相加则得：

$$Z + Z' = M \frac{R_1}{R_2} + M \frac{R_2}{R_1} = \frac{Z^2 + M^2}{Z} = \frac{Z'^2 + M^2}{Z'} \tag{7.35}$$

令 $Z = 100 \pm A$、$M = 100 \pm B$ 代入式（7.35）中得：

$$Z + Z' = \frac{(100 \pm A)^2 + (100 \pm B)^2}{100 \pm A} = \frac{200(100 \pm A) + A^2 + B^2 \pm 200B}{100 \pm A}$$

$$= 200 + \frac{A^2 + B^2 \pm 200B}{100 \pm A} = 200 \pm 2B + \frac{A^2 + B^2}{100 \pm A}$$

$$= 2(100 \pm B) + \frac{A^2 + B^2}{100 \pm A} = 2M + \frac{A^2 + B^2}{100 \pm A} = 2M + A^2 \% \quad (7.36)$$

由式（7.36）可知，正反测电阻比之和也应为一已知的固定值，符合该规律的测值就是正常的，反之则为异常。

根据式（7.36）列出表 7.1 可供现场采集观测资料时进行质量控制使用。

表 7.1　　　　　　　　　　　　质 量 控 制 表　　　　　　　　　单位：$10^{-2}\,\Omega$

Z 或 Z'	$Z + Z'$	
实测值	中值	上下限
9600	$2M = 4^2$	20016 ± 2
9700	$2M = 3^2$	20009 ± 2
9800	$2M = 2^2$	20004 ± 2
9900	$2M = 1^2$	20001 ± 2
10000	$2M = 0^2$	20000 ± 2
10100	$2M = 1^2$	20001 ± 2
10200	$2M = 2^2$	20004 ± 2
10300	$2M = 3^2$	20009 ± 2
10400	$2M = 4^2$	20016 ± 2

现在举一实例表明两种方法进行质量控制的计算结果，如表 7.2 所示是固定电阻 $M = 9999 \times 10^{-2}\,\Omega$ 的电桥所观测的资料。

表 7.2　　　　　　　　固定电阻 $M = 9999 \times 10^{-2}\,\Omega$ 的电桥观测资料　　　　　单位：$10^{-2}\,\Omega$

编号	观测日期	Z	Z'	ZZ'	$Z + Z'$	K	Δ
	1970 年 1 月 16 日	10029	9985	10014	20014	19998	16
	1970 年 1 月 23 日	10017	9985	10002	20002	19998	4
	1970 年 1 月 30 日	10017	9986	1003	20003	19998	5
	1970 年 2 月 27 日	10016	9988	10004	20004	19998	6
$R453$	1970 年 3 月 17 日	10009	9988	9997	19997	19998	-1
	1970 年 4 月 3 日	10006	9993	9999	19999	19998	1
	1970 年 4 月 28 日	10000	10000	10000	20000	19998	2
	1970 年 5 月 13 日	9994	10005	9999	19999	19998	1

表 7.2 中 3 月 17 日以后的测值是电缆处理后的测值，可见观测误差较小。K 是质量控制表中的值，$\Delta = (Z + Z') - K$。

4. 检查仪器钢丝电阻和各芯线电阻

通过以上 3 个步骤检查发现仪器测值异常，而又证实电阻比电桥的观测精度符合要求时，为了查明仪器测值异常的原因，应进一步测量仪器的 5 个电阻值——常称为分电阻值。即 R_{12}、R_{13}、R_{23}、R_{24} 和 R_{34}。连上述 4 个参数 Z、Z'、R、R_s 在内共测 9 个参数。利用下列关系式可以进一步计算分析，即：

$$Z = \frac{R_1 + r_4}{R_2 + r_1}, \ Z' = \frac{R_2 + r_1}{R_1 + r_4}$$

$$R_s = R_1 + R_2 + r_1 + r_4 \tag{7.37}$$

$$R = R_1 + R_2 + r_1 - r_4 \tag{7.38}$$

$$R_{12} = R_2 + r_1 + r_2 \tag{7.39}$$

$$R_{23} = R_1 + r_2 + r_3 \tag{7.40}$$

$$R_{24} = R_1 + r_2 + r_4 \tag{7.41}$$

$$R_{13} = R_1 + R_2 + r + r_3 \tag{7.42}$$

$$R_{34} = r_3 + r_4 \tag{7.43}$$

由以上关系式可算得钢丝电阻和芯线电阻，以检查仪器是否正常，仪器电缆的黑芯线电阻无法算得，只能加以估计。

$$R_1 = \frac{R - R_{12} + R_{24}}{2} \tag{7.44}$$

$$r_2 = \frac{R_{12} - R_{24} - R_s}{2} \tag{7.45}$$

$$r_3 = \frac{R_{13} - R_t + R_{23} - R_{24}}{2} \tag{7.46}$$

$$r_4 = \frac{R - R}{2} \tag{7.47}$$

$$R_2 + r_1 = \frac{R - R_{24} + R_{12}}{2} \tag{7.48}$$

上述测量的电阻精度不高是由于两个方面原因，一方面是温度附加误差影响，另一方面是因为测量电阻时电桥电流使钢丝电阻升高，特别是分电阻本身阻值不高，测值误差的影响更大。因此这样的测量只在迫不得已时对个别仪器进行，一般只需测量正反电阻比、总电阻、温度电阻就够了。在葛洲坝电站使用的 MNZ - 1 型自动检测系统对分电阻测量的精度相当高，而且连接了微型计算机，可以实现在线实时计算，对可疑仪器进行这样一些量测并加以判断就比较方便。

7.4　单支仪器观测资料的误差检验和处理

观测资料是否可靠？在进行整理计算前需要进行检验，特别是长期积压的观测资料，观测系统比较陈旧的观测资料更应仔细检查，尽可能识别资料中包含的各种误差，加以修除。不少观测仪器是单支埋设的，应变计一般成组埋设。本节讨论单支仪器的误差检验方法。现在国内采取的方法有两种：一种是依据观测量的一般规律和仪器测值的特性进行对比分析，我们称之为对比分析方法；另一种是用统计理论进行检验，我们称之为统计检验方法。

7.4.1　对比检验方法

对比检验方法是传统的方法，以仪器测值的相互关系为基础，以无应力计为例说明这个方法。

无应力计测量的是混凝土椎体的自由体积变化，可以列成式（7.49），即：

$$\varepsilon = f\Delta Z + b\Delta T \tag{7.49}$$

ε 包含温度、湿度引起的变形以及自身体积的变形，式（7.50）可写为：

$$\alpha\Delta T + G(\tau) + \varepsilon_w = f\Delta Z + b\Delta T \tag{7.50}$$

式中　α ——混凝土温度膨胀系数；

$\quad G(\tau)$ ——自身体积变形，τ 是时间；

$\quad \varepsilon_w$ ——混凝土湿度变形。

如果所取时间间隔很短，$G(\tau)$ 可以忽略，ε_w 变化也很小。则式（7.50）可简化为：

$$\alpha\Delta T \approx f\Delta Z + b\Delta T \tag{7.51}$$

$$\Delta Z = -\left(\frac{b-a}{f}\right)\Delta T \tag{7.52}$$

由于 $b > a$，f 是常数，故 $\dfrac{b-a}{f} > 0$ 这样就可得到一个规律：无应力计埋设后，电阻比和温度测值是一个渐变的过程，二者的发展趋势是反向的，电阻比增加，温度减少。该规律对其他仪器也是适用的。

对于工作应变计，可以将式（7.50）写成：

$$\alpha\Delta T + G(\tau) + \varepsilon_w + \varepsilon_\sigma = f\Delta Z + b\Delta T \tag{7.53}$$

式中　ε_σ ——由于应力引起的应变。

应力包含外荷载引起的应力和变形受约束引起的自身应力。一般来讲，除了突然施加的外荷载以及气温骤降引起的外应力 ε_σ 是渐变的。在相等几个测次的观测值中 ε_σ 的增量不至于引起电阻比值的跳变，因而可以用式（7.52）来分析测值是否异常。

钢筋计、应力计和渗压计等仪器的观测成果是按下式计算的：

$$\sigma = f\Delta Z + b\Delta T$$

渗压计在公式中取负号，其他取正号。

观测量变化不大时，可以看成：

$$\Delta Z \approx \mp\frac{b}{f}\Delta T \tag{7.54}$$

可见也和无应计相似。

这样就可得到检验观测资料有无异常的方法，首先检查仪器的温度过程线，温度过程线描述了混凝土的温度变化过程，温度的升降应符合客观规律和情况的变化。仪器埋设之后，混凝土因水泥水化作用放出水化热而升温，达到最高温度后因热量的散发而下降，最后冷却到混凝土的稳定温度。影响温度变化的因素有 3 个方面。

1. 水泥水化热的释放和冷却

水泥的水化按热指数曲线的规律释放，可用式（7.55）表示，即：

$$Q_\tau = Q_0(1 - e^{-m\tau}) \tag{7.55}$$

式中　　Q_τ——在 τ（天）龄期的累积水化热；

$\qquad Q_0$——水化热总量；

$\qquad m$——与水泥品种、浇筑温度有关的常数；

$\qquad \tau$——龄期，d。

由于水化热的释放规律决定了混凝土的升温和降温也应是包含指数函数的平滑曲线。例如厚度为 l 的浇筑层的水化热温升就可表示为：

$$T = f_1(l - x)\mathrm{e}^{-m\tau} - f_2\left(\sin\frac{n\pi x}{2l}\right)\mathrm{e}^{-cn^2} \tag{7.56}$$

式中　　T——温度；

$\quad f_1$、f_2——函数；

$\qquad c$——与导温系数有关的常数；

$\qquad n$——混凝土浇筑层数，$n = 1$，3，5，…。

浇筑层到达最高温度的时间和厚度有关，浇筑层厚度 1m 时大约 3d 到达最高温度，厚度 1.5m 需时 5d，厚度 3m 需时 7d，厚度 6m 需时 8d。到最高温度后降温坡度则与厚度相反，越厚坡度越缓，9m 以上的浇筑层基本上不能散发水化热，这里讲的是平均温度的情况。对于测点温度来说，靠近上下游坝面或其他表面的仪器，到达最高温度的时间要快得多，在浇筑块中心的仪器则反映上述特点。

上层新浇混凝土的水化热要传递到下层混凝土中来，这时下层仪器的温度可能要出现一个比上层最高温滞后而低平的峰值。水化作用完成后，混凝土的温度会逐渐下降，其冷却过程表示为：

$$T = \frac{4T_O}{\pi}\sum_{u=0}^{\infty}\frac{1}{2n+1}\mathrm{e}^{[-a(2n+1)^2\pi^2\tau]/l^2}\sin\frac{2n+1}{l}\pi x \tag{7.57}$$

显然也是一个逐渐变化的过程。对于测点温度来说，也是负指数规律且边界冷却快、中心冷却慢。

2. 环境温度的影响

浇筑块受到环境温度的影响，施工期间主要是气温的影响，拆模后的暴露面可能受到日照，相当于气温增高若干度。大坝蓄水后，上下游迎水面将受到水温的影响，死水位以上的水温主要还是决定于气温，水库深层的水温基本上不变。

气温和表层水温可以认为是呈正弦变化，对混凝土的影响可以表示为下列准温度温度场的解，即：

$$\left.\begin{aligned}
T &= A_O\mathrm{e}^{-x\sqrt{\omega/2a}}\sin\left[\omega\tau - \left(x\sqrt{\frac{\omega}{2\alpha}} + M\right)\right] \\
A_O &= A\left(1 + \frac{2\lambda}{\beta}\sqrt{\frac{\omega}{2\alpha}} + \frac{\omega\lambda^2}{\alpha\beta^2}\right)^{-\frac{1}{2}} \\
M &= \tan^{-1}\left(\frac{1}{1 + \dfrac{\beta}{\lambda}\sqrt{\dfrac{2\alpha}{\omega}}}\right)
\end{aligned}\right\} \tag{7.58}$$

式中　　A——气温变幅；

A_O ——混凝土表面温度变幅；

M ——混凝土表面温度滞后于气温的相位差；

ω ——气温变化频率，$\omega = 2\pi/P$；

P ——气温变化周期。

水温影响的准稳定温度场与式（7.58）相似，只是将式（7.58）中 A_O 以水温变幅代替，且 $M = 0$。环境温度对测点的影响大小取决于测点的位置，越靠近混凝土表面的仪器受到的影响越大，如表 7.3 所示。

表 7.3 环境温度（气温、水温）对混凝土中测点温度影响数据统计表（$\alpha = 0.1 \mathrm{m^2/d}$）

$\dfrac{\lambda}{A}$	测点影响变幅	测点深度/m		
		1d	15d	365d
0.10	0.1A	0.32	1.49	7.73
	0.01A	0.73	3.07	15.60
0.20	0.1A	0.25	1.40	7.65
	0.01A	0.68	3.00	15.50

大坝应变计都埋得较深，一般在混凝土内 2m 以上，15d 气温（水温）变化才会影响造成一些波动，影响测点温度较大的主要是年变化。高混凝土重力坝中部分水化热散尽冷却后，成为稳定温度场，埋设在稳定温度场的仪器应不受气温（水温）变化的影响。

3. 人工冷却的影响

为了进行温度控制，有时在混凝土内埋设冷却水管，通水冷却，以达到降低混凝土最高温度和尽快冷却到稳定温度这两个目的。前者称为一期冷却，是在混凝土浇筑时和浇筑后进行。后者称为二期冷却，是在水化热已基本发散完进行。

二期冷却时水管使四周混凝土降温的过程是负指数形式，一期冷却因为有水化热，数学解答更为复杂，但仍为多种负指数函数的叠加。对于测点温度的影响来说，仍然是有规律的。通水开始冷却时要引起水管附近仪器的温度降低，以后以负指数规律逐渐变化。

根据仪器在浇筑块中间的位置，从 3 种可能影响中分析温度曲线是否正常，这 3 种情况是：

（1）靠近坝面的仪器的温度波动有可能是受短周期寒潮冲击或拆模的影响，其滞后时间应与距离表面深度相适应。

（2）深部埋设仪器的波动有可能是受冷却水管通水或停止的影响。泄水管附近的仪器和廊道附近的仪器也在放水或通行时发生类似影响。

（3）上层或邻块混凝土浇筑也可能给本层仪器的温度带来波动。

这些温度波动的到达都有滞后时间，如相位差与距离不相适应，则可能是不影响波动的原因。除此而外，测点温度应遵循大体积混凝土水化热升温和冷却直至稳定的规律，不应有异常的波动。分析波动的原因时不仅要从时间上考虑，而且应在空间上比较。确定是异常波动就应和相应电阻比过程线对比分析，找寻观测系统的误差原因和大小，加以修除。

经过分析，认为不存在粗差或系统误差的温度过程线可以用作标准，按式（7.52）、式（7.54）估算电阻比过程线的可靠性，发现较大变化时进行分析。考察当时有无突然施加的荷载？附近有无裂缝发生？温度有无突然变化？如果判断确是异常，应进行修正。

将电阻比过程线和温度过程线反复对比分析后，可以找出观测系统带入的粗差系统误差，修除了这些误差就可用 3 点移动平均修匀法进一步去除偶然误差，然后计算成所需的观测成果，供进一步地分析。

7.4.2　统计检验方法

这种方法是运用统计理论对观测资料进行检验，因为有一定的数学依据和判别标准，减少裂缝分析人员的主观性，也不依赖分析人员的经验和技术水平，但是这类方法的结算工作量很大，不使用电子计算机就无法进行。

1. 粗差检验

所谓粗差是指脱离测值过程线的异常测值，用下面两种方法进行检验：

（1）对某支仪器，其测值的跳动特征可用式（7.59）描述，即：

$$d_j = 2y_1 - (y_{i+1} + y_{i-1}) \tag{7.59}$$

式中 $j = 2，3，\cdots，m-1$，是仪器一系列的测值。

由 n 个测值 y_1、y_2、y_n 可得 $n-2$ 个 d，当 n 足够大时可按一定的概率如"3σ"法则进行检验，舍弃异常值。

算出跳动统计子样的平均值 $\bar{d}$ 和均方差 σ，即：

$$\bar{d} = \sum_{j=2}^{n-1} d_j / (n-2) \tag{7.60}$$

$$\sigma = \sqrt{\sum_{j=2}^{n-1} (d_1 - \bar{d})^2 / (n-3)} \tag{7.61}$$

进一步计算各个测值跳动偏差的绝对值与均方差的比值，即：

$$q_i = |d_1 - \bar{d}| / \sigma$$

当 $q_i > 3$ 则认为此测值异常。舍弃异常值后，而作二次多项式 5 点中心移动平滑，以实测值与平滑值之差作为跳动统计量，再次进行检查。

（2）用分段移动回归的方法进行检验，依据不同时段的跳动程度调整检验精度。供逐步回归挑选的因子可由一组用 τ 时间表示的初等函数组成，如：

$$f(\tau) = b_1\tau + b_2\tau^2 + b_3\tau^3 + b_4\tau^{-1} + b_5\tau^{-2} + b_6\tau^{-1/2} + b_7\tau^{-1/2} + b_8(\tau^2-1)^{-1/2} +$$
$$b_9 Ln\tau + b_{10}e^{\tau} + b_{11}e^{-\tau} + b_{12}\sin\tau + b_{13}\cos\tau + b_{14}\sin2\tau + b_{15}\cos2\tau$$

$$\tag{7.62}$$

取某分段 n 个测值 y_i，用逐步回归方法求得该段回归方程 $\hat{y}_i$，计算实测值与回归值之差为 $d_i = y_i - \hat{y}_i$。

按式（7.63）计算平均值 $\bar{d}$ 及均方差 σ，即：

$$\bar{d} = \sum_{j=1}^{n-1} d_j / n \tag{7.63}$$

$$\sigma = \sqrt{\sum_{i=1}^{n} (d - \bar{d})^2 (n-k-1)} \tag{7.64}$$

式中　k——回归方程中因子的个数。

检验该时段测值序列中部 $n/3$ 测值，若 $|d - \bar{d}| / \sigma > 2$，则判断第 j 点的测值为异常

值并剔除之。再重做回归，以回归方程所得的估计值作为 j 点的修正值，然后整段移动 $n/3$ 点，重复上述步骤直到全部测值检验修正完毕。

2. 系统误差检验

(1) 长期温度观测资料，可用一种方法检验系统误差。以气温和混凝土水化热发散过程作为回归因子计算测点的温度估计值，比较实测温度与温度估值之差，即可检验出实测值是否存在趋势性系统误差。

1) 将历年温度测值的最低温度和最高温度的时间相间排成时间序列，即：τc_1，τc_2，$\cdots$，τc_n。

2) 将历年最低气温和最高气温发生时间排成时间序列，即：$\tau \alpha_1$，$\tau \alpha_2$，$\cdots$，$\tau \alpha_n$。

3) 两个序列的足号为 1，3，$\cdots$奇数的是最低温度的时间，足号为 2，4，$\cdots$偶数的是最高温度的时间。

4) 两序列对应时间相减，得相位差序列为：0，$(\tau c_1 - \tau \alpha_1)$，$(\tau c_2 - \tau \alpha_2)$，$\cdots$，$(\tau c_n - \tau \alpha_n)$。

5) 用双曲线 $\psi(\tau) = \psi_0 \dfrac{\tau}{\alpha + \tau}$ 拟合，其中 ψ_0、α 为系数，τ 为时间。

求得相位差 $\psi(\tau)$ 后，即可获得 $[\tau_j - \psi(\tau_j)]$ 时刻的气温值 $T\alpha_j$，这是与混凝土温度测值完全对应的气温序列。引入一个指数型权 $W_j = \ell^{\beta()}$ 以表征观测初期系统误差较少，而后期较多的特征，以表示混凝土水化热散热过程，系数用优选法确定。混凝土温度的回归估计值为：

$$\hat{T}c_j = b_0 + b_1 T_{2j} + b_2 \ell \qquad (7.65)$$

以该回归估计值作为温度标准，求实测值与估计值之差，即：

$$\Delta Tc_j = Tc_j - \hat{T}c_j \qquad (7.66)$$

式中 ΔTc_j——包含趋势性系统误差的信息量。

由于求气温相位差及气温回归本身存在一定的偏差，温度标准与测点温度之间仍存在一定的相位差，是周期性的波动，次波动用回归方法提取出来，然后做统计检验。

为了克服 ΔTc_j 序列的周期因素和防止大的趋势性系统误差对平均值的影响，将序列分为两段，第一段取第一年作为母体，第二段取第二年作为母体，以后第一段逐年增加无系统误差的序列为母体，第二段只取其后待检定的一年作为母体。

设第一段累计点号为 n_i 点，第二段为 n_2 点，求两段的加权平均 T_{p_1}、T_{p_2} 及均方差 S_1^2、S_2^2，则统计量为服从自由度 $n = n_1 + n_2 - 2$ 的 t 分布。计算公式为：

$$t = (T_{p_1} - T_{p_2}) \sqrt{\frac{n_1 n_2 (n_1 + n_2 - 2)}{(n_1 + n_2)(n_1 S_1^2 + n_2 S_2^2)}} \qquad (7.67)$$

取定显著水平 α，查表得 t_α。若 $|t| < t_\alpha$ 则认为不存在系统误差，取为 0；若 $|t| \geqslant t_\alpha$ 则认为存在系统误差。当 $t_\alpha > 0$，则为 1；当 $t_\alpha < 0$，则取为 -1。逐段移动的结果，可得只含 1、0、-1 的子样序列。用符号检验法从后往前逐步检验，即可求得趋势性系统误差的分界点。

(2) 另一种可以用手算进行的方法是不考虑气温和混凝土温度之间的相位差，仅取每年最高、最低气温和混凝土温度（56℃）。

$$T'\alpha_1, \ T'\alpha_2, \ \cdots, \ T'\alpha_{n-1}$$
$$T'c_1, \ T'c_2, \ \cdots, \ T'c_{n-1}$$

上列序号中足号 1，3，5，…表示最低温度，足号 2，4，6，…表示最高温度，两者相间排列。两序列皆取相邻二值求平均值，构成气温和混凝土温度的平均值序列，即：

$$T\alpha_1, \ T\alpha_2, \ \cdots, \ T\alpha_{n-1}$$
$$Tc_1, \ Tc_2, \ \cdots, \ Tc_{n-1}$$

以气温因子和水泥水化热发散过程建立温度回方程，即：

$$\hat{T}c_i = b_0 + b_1 T_{ai} + b_2 \ell^{rj}, \ j = 1, \ 2, \ \cdots, \ n-1$$

利用 $T\alpha$ 及 Tc 两个序列的资料求出回归方程的系数 b_0、b_1、b_2，计算中采取权系数 $W_i = \ell^{\beta(N-1)}$ 和 $N = n-1$。

计算实测温度平均值与回归值之差 ΔT，用秩和检验方法检定 ΔT 序列，则可大体得到系统误差开始的年代。

粗差和系统误差找到后，分别进行修除。然后计算所需观测成果。

7.5　无应力计资料计算

无应力计是混凝应变观测中重要的配套仪器，对于混凝土实际应力和钢筋计计算都很重要。有些工程埋设大量应变计和钢筋计而很少埋设无应力计，在资料计算中使用统一的混凝土温度膨胀系数和自生体积变化，以至算出的应力无法解释，得不到可靠的观测成果。无应力计实测的变形是混凝土椎体的自由体积及变形，该变形包含混凝土的温度变形，混凝土的湿度变形，以及混凝土的自生体积变形，即：

$$\varepsilon_0 = \alpha \Delta T + \varepsilon_w + G(\tau) \tag{7.68}$$

根据过去的试验资料，一般认为混凝土同一测点的温度膨胀系数 α 是不大变化的常数，实际上由于混凝土的不均匀性及温度变化，该系数也可能随龄期和测点位置有所变化。过去也认为 ε_w 可以忽略，理由是大体积混凝土内湿度的变化不大。对自生体积变形 $G(\tau)$ 则认为是随时间单调变化。

基于这些假定就得出无应力计资料的计算方法。其具体步骤如下：

（1）绘制电阻比、温度过程线。在过程线上根据上节介绍的原则，去除不合理的测值，分析误差原因加以修正，初步进行修匀。

（2）选择基准时间和基准值。同一时间埋设的应变计和无应力计选择同一基准时间，所谓基准时间即仪器的混凝土内开始工作的时间，对应于基准时间的测值称为基准值。

初步确定基准时间可以用混凝土终凝时间作为基准时间。因为混凝土终凝后具有一定的弹性模量，已能带动仪器共同工作。终凝时间随水泥品种、浇筑温度、气温等因素有关，一般在 12～24h 之间。从过程线上来看，这时测值不再跳动，电阻比和温度能够对应变化。对应变化组资料误差检验后还要重新确定基准时间以进一步计算。

（3）计算混凝土湿度膨胀系数 α。在无应力计过程线上选取后期自生体积变形较稳定的降温段，或其他温度梯度很大的时段，忽略自生体积变形即认为 $G(\tau)=0$，绘制 $T-\varepsilon_0$ 关系曲线，取此近似于直线的斜率，即得 α，表示为式（7.69），即：

$$\alpha = \frac{\Delta\varepsilon_0}{\Delta T_0} \tag{7.69}$$

工中　$\Delta\varepsilon_0$——曲线上两端点无应力计实测应变增量；

　　　ΔT_0——曲线两端点无应力计温度增量。

如果选取的时段较多，可以用最小二乘法求 α，求得 α 后，可求 $G(\tau)$，由式（7.70）即：

$$G(\tau) = f_0 \Delta Z_0 + (b-a)\Delta T_0 \tag{7.70}$$

绘制 $G(\tau)$ 的过程线，可了解 $G(\tau)$ 的发展规律。

当无应力计温度和工作应变计组不同时，可算出和共组应变计温度相同的无应力计，即进行温度修正，或按式（7.71）计算出温度与工作应变计组相同的无应力计的资料。

$$\varepsilon_{01} = \alpha\Delta T_1 + G(\tau) \tag{7.71}$$

式中　ΔT_1——工作应变计的温度增量；

　　　α、$G(\tau)$——由无应力计资料求出的数值。

在实际资料整理中发现 $G(\tau)$ 算出之后并非全是单调变化的，有的带有周期性变化，有的有膨胀和收缩变形交替的现象。由这些现象来看，混凝土的自由内体积变形是一个复杂的问题，考虑到混凝土的不均匀性，显然用个别无应力计的资料来计算全坝的应变计的自由体积变形是不合理的。最好用应变计组附近同温度、同湿度条件下，同一混凝土中的无应力计计算应力。

国内外对无应力计的研究可以综合如下几个方面：

（1）认为现在国内使用的无应力计结构（本书推荐了这种形式）有一定变形空隙足以隔离外部变形和应力的影响。有的研究者认为，无应力计内筒对膨胀型自生体积有约束，建议做成带波纹的圆筒以允许自由膨胀。

（2）水分对无应力计的变形影响很大，当混凝土有充足的水分供给时（如在水下），自由体积往往是膨胀的。绝湿状态下的混凝土的自生体积一般是收缩的。干燥状态的混凝土自生体积总是收缩的。

为此有的研究者指出埋设无应力计时应大口向上，这样保证无应力计内的混凝土湿度状态和大体积混凝土相同。大口向下的倒立方式或侧卧方式都有可能在筒内上部形成储水空间将泌水集中起来，成为水化作用时吸水的水源，影响自生体积的变形。

（3）埋设于温度梯度很大的混凝土内的无应力计。由于内部湿度不均匀形成有温度应力的椎体，使无应力计成为一种特殊的工作应变计。认为自生体积变形中与温度周期相同的那种波动就是这种影响造成的结果。在温度梯度很大的部位，无应力计应采取侧卧的方式较好，其轴线垂直于等温面。

（4）膨胀型自生体积变形是什么原因造成的还缺乏定论，有的研究者认为是未发生水化作用的游离氧化钙的存在而造成膨胀。有的实测资料表明，水泥储存期长短对自生体积变形有影响；有的认为是骨料反应而造成。

综合以上几点认识可见，无应力计资料如何分析使用仍然是一个重要的问题，有很多现象好像要开展研究，对于应变计的分析计算最重要的是求得正确的温度膨胀系数 α 和工作应变计所在位置处的自由体积变形。目前以使用与工作应变计组配套的无应力计资料进行计算较合理，如变形与温度周期相关，最好修除温度影响以后再使用。

7.6　应变计组的误差检验和处理

在内部观测仪器中，应变计大都是成组埋设的，占仪器总数的大部分，是计算坝体实际应力的重要仪器。应变计组的各支仪器除了按照检验单支仪器的方法进行检验外，还需要利用点应变平衡原理——第一应变不变量原理进行检验。

前面已指出第一应变不变量原理适用于小变形连续介质构成的物体，与弹性常数或徐变特性无关。因此，可以用来检验应变计组资料的可靠性。但是有一个前提，即必须保证应变计组所测的应变和温度确实是在点状态。实际上这是不可能的，因为应变计所测应变和温度是在 80cm 范围内的平均值，特别是在应力梯度和温度梯度都很大的部位。例如，在应力集中部位和边界附近，由于仪器所测并非是点应变和点温度，因而利用该原理检验时就难以得到满意的效果。

应变计组资料的计算方法也有两种，现在首先介绍传统的方法。

国外直接将应变计算出的应变值代入点应变平衡公式，对于九向应变计组，即代入式 (7.72)，即：

$$\varepsilon_1 + \varepsilon_2 + \varepsilon_3 = \varepsilon_1 + \varepsilon_4 + \varepsilon_5 = \varepsilon_2 + \varepsilon_6 + \varepsilon_7 = \varepsilon_3 + \varepsilon_8 + \varepsilon_9 \tag{7.72}$$

对于五向或四向应变计组，则代入式 (7.73) 和式 (7.74)，即：

$$\varepsilon_1 + \varepsilon_3 + \varepsilon_5 = \varepsilon_2 + \varepsilon_4 + \varepsilon_5 \tag{7.73}$$

$$\varepsilon_1 + \varepsilon_3 = \varepsilon_2 + \varepsilon_4 \tag{7.74}$$

国内绝大部分应变计组都是五向应变计组，现在将式 (7.74) 改写成：

$$(\varepsilon_1 + \varepsilon_3) - (\varepsilon_2 + \varepsilon_4) = \Delta \tag{7.75}$$

这就是实测应变的应变平衡式，不平衡量 Δ 是观测误差，包括偶然误差、系统误差和过失温差。如果已先在应变，温度过程线上发现和去除过失误差，解决一部分系统误差，然后进行该步应变不平衡量的计算。通过不平衡量的检验进一步发现系统误差，以便修除。

为了运用"控制图"的方法检验误差，20 世纪 60 年代中期，国内提出了一套方法，首先将式 (7.75) 进行变换，在该式中令：

$$\varepsilon_i = \varepsilon_{mi} - \varepsilon_0, \quad i = 1, \ 2, \ 3, \ 4 \tag{7.76}$$

式中　　ε_{mi} ——某一方向的实测应变，$\varepsilon_{mi} = f_i \Delta Z_i + b \Delta T_i$；

　　　　ε_0 ——应变计组配套的无应力计所测自由应变。

有时，配套无应力计的温度和工作应变计组的温度不同，直接将同一测次的无应力计代入式 (7.76) 将因温度不同形成误差。为了消除这种温差影响，而根据原应力计资料算出的 α、$G(\tau)$ 和工作应变计组的温度算出一个同温度的无应力计的自由应变，即：

$$\varepsilon_{01} = \alpha \Delta T_1 + G(\tau) \tag{7.77}$$

式中　　ΔT_1 ——工作应变计组的温度变化。

式（7.77）即式（7.71），将式（7.70）代入式（7.77），则得：

$$\varepsilon_{01} = f_0 \Delta Z_0 + b\Delta T_0 - \alpha\Delta T_0 + \alpha\Delta T_1$$
$$= f_0[\Delta Z_0 + m_0(\Delta T_0 - \Delta T_1)] + b\Delta T_1 \tag{7.78}$$

式中　　m_0——$m_0 = \dfrac{b-a}{f_0} = 0.5 \sim 1.3$，约为 1.0。

因此，无应力计与工作应变计的温度差为 1℃ 时，自由应变约差 1 个电阻比（$1 \times 0.01\%$）。

将式（7.78）代入式（7.75），则得：

$$\{[\alpha_1 Z_1 + m(T_1 - T_0)] + [\alpha_3 Z_3 + m(T_3 - T_0)]\} - \{[\alpha_2 Z_2 + m(T_2 - T_0)] +$$
$$[\alpha_4 Z_4 + m(T_4 - T_0)]\} + \Delta = \{[\alpha_1 Z_{10} + m(T_{10} - T_{00})] + [\alpha_3 Z_{30} + m(T_{30} - T_{00})]\} -$$
$$\{[\alpha_2 Z_{20} + m(T_{20} - T_{00})] + [\alpha_4 Z_{40} + m(T_{40} - T_{00})]\} = k$$

$$\tag{7.79}$$

式中　　$\alpha_1 \sim \alpha_4$——各仪器灵敏度与最小的一个灵敏度的比值，即 $\dfrac{f_i}{f_{\min}}$；

$\quad Z_1 \sim Z_4$——各支仪器任一时刻的电阻比；

$\quad Z_{10} \sim Z_{40}$——各仪器的基准电阻比为 $m = \alpha_0 m_0 = \dfrac{b-a}{f_{\min}} \approx 0.5 \sim 1.3$；

$\quad T_1 \sim T_4$——工作应变计任一时刻与 $Z_1 \sim Z_4$ 相应的温度；

$\quad T_{10} \sim T_{40}$——工作应变计的基准温度；

$\quad T_0$、T_{00}——无应力计在该时刻的温度和基准温度。

设 $Z_{Ti} = \alpha_i Z_i + m(T_i - T_0)$，则称折算电阻比，则式（7.79）可写成：

$$(Z_{T1} + Z_{T3}) - (Z_{T2} + Z_{T4}) + \Delta = (Z_{T10} + Z_{T30}) - (Z_{T20} + Z_{T40}) = k \tag{7.80}$$

令：
$$Z_{T(j)} = (Z_{T1} + Z_{T3}) - (Z_{T2} + Z_{T4})，j = 1，2，3，4，\cdots，m \tag{7.81}$$

由于式（7.80）中右端是从应变计组及无应力计基准测值计算的常量，这就表明了一点，任何时刻的折算电阻比按式（7.81）计算的结果应为一常量，在这个常量上下变化的幅度是误差 Δ。

按照统计理论，观测系统没有变化。观测误差只是随机误差时，Δ 应服从高斯的正态分布规律。根据该原理就可以绘制"观测资料质量控制图"，对观测资料进一步地检验。

控制图建立的步骤如下：

（1）选择连续的观测资料，至少在 30 点以上（即 $m > 30$）的观测计算折算电阻比 $Z_{T(j)}$，并求出相应的移动极差 $\overline{W}_j = Z_{T(j)} - Z_{T(j+1)}$。

（2）根据"连"检定理论（下面介绍）检查测值是否反常，检查原因加以消除，即进行初步修正。

（3）利用初步修正后的全部资料，计算下列数值，建立单个测值 Z_T 的控制图。

中线：
$$\hat{k} = \overline{Z}_{T(j)}，\quad \overline{Z}_{T(j)} = \frac{1}{m}\sum_{j=1}^{m} Z_{T(j)} \tag{7.82}$$

上限：
$$\alpha_2 = \overline{Z}_T + A_1\overline{W}，\quad \overline{W} = \frac{1}{m-1}\sum_{j=1}^{m-1} \overline{W}_{(j)} \tag{7.83}$$

下限：
$$\alpha_1 = \overline{Z}_T - A_1 \overline{W}, \quad A_1 = 1.773 \tag{7.84}$$

（4）进一步按下式计算，建立移动极差 ω_2 的控制图。

中线：
$$\overline{W}_2 \tag{7.85}$$

上限：
$$\alpha_2 = \overline{\omega} + B_1 \overline{\omega} \tag{7.86}$$

下限：
$$\alpha_1 = \overline{\omega} - B_1 \overline{\omega} \quad (\overline{\alpha}_1 < 0 \text{ 取 } 0), \quad B_1 = 1.513 \tag{7.87}$$

（5）从控制图中发现反常现象，即超出控制图的测点，研究原因并加以修正，重新计算控制图直至满意为止。

根据现有的观测技术条件，可以定出一个技术控制限，按电桥观测读数可能有 ± 1 个电阻比误差，取 2 倍均方差即 ± 4 个电阻比作为 Z_T 的技术控制限，移动极差则取 ± 3.5 个电阻比为技术控制限，要求控制图范围小于技术控制限，即两者的比值小于 1，两者比值越小表明观测精度越高。

观测资料控制图建立以后如何判断测值是否有问题？显然超出控制上下限的是误差较大的测值，但是对于虽在控制图内，但有某种趋势的测值很有可能带入某种观测误差，值得进一步的进行分析。连检定就是用来研究这方面的问题。

连检定有两种方法：

1）上下连检定法。在一连续的观测序列中，取其中央值来区分测值，比中央值大的称为"上"，比中央值小的称为"下"，由连续的统一符号组成的序列称为"连"，一个连中所包含的符号数目称为连的长度，今设 m 为上下两种元素的总和，R 为连端点总数，$m > 20$ 时，R 的分布近似于正态分布，当 $P = 95\%$ 时，不同的 m 可按式（7.88）算得 R，即：

$$P\left\{\frac{1}{2}(m + 1 - 2\sqrt{m - 1}) \leqslant R \leqslant 2\frac{1}{2}(m + 1 + 2\sqrt{m - 1})\right\} = 95\% \tag{7.88}$$

按式（7.88）可算出如表 7.4 所示的上下连检定法 P 的计算结果。

表 7.4　　　　　　　　　　　上下连检定法 P 计算结果简表　　　　　　　　　　单位：次

m	$P = 95\%$	
	上临界值	下临界值
20	15	6
25	18	8
30	21	10
50	32	19
100	60	42
150	88	64

如果 R 在临界值以内即认为观测值是随机的，即只有偶然误差，如果超出临界值即怀疑观测值有系统误差。

当 n 很大时，为了计算方便取控制图的中线作为中央值，区分上下连。当接的长度超过 4，即连续 4 个测点出现在中线一侧时即需分析，连续 7 个测点在一侧出现时即必须追查母体平均值是否发生移动。

2）正负连的检定法。在 n 个测值 $Z_{T(1)}$，$Z_{T(2)}$，$Z_{T(3)}$，…，$Z_{T(m)}$ 的序列中，依次求 $Z_{T(j+1)} - Z_{T(j)} > 0$ 取为"＋"代号，$Z_{T(j+1)} - Z_{T(j)} < 0$ 取为"－"代号。

在保证率为 95％的情况下，$m \geqslant 20$ 时，按式（7.88）算出 R 的临界值，即：

$$P \left\{ \frac{1}{30} \left[20m - 25 - 2\sqrt{10(16m - 29)} \right] \leqslant R \leqslant \frac{1}{30} \left[20m - 25 + 2\sqrt{10(16m - 29)} \right] \right\} = 95\%$$

（7.89）

按式（7.89）计算如表 7.5 所示。

表 7.5　　　　　　　　　　正负连的检定法 P 计算结果简表　　　　　　　　单位：次

m	$P = 95\%$	
	上临界值	下临界值
20	16	9
25	20	12
30	24	15
50	38	27
100	74	58
200	145	121

当连的总数超过临界值时，有 95％的可能是存在倾向性或周期性的系统误差。如果 m 很大，则连续出现 3 个符号相同的测点时，就值得注意，连续出现 5 个测点时就需要追查母体的平均值是否渐渐发生倾向性或周期性的变化。有一些系统误差在控制图上也难以表现出来，通过"叠加图"可以进一步地暴露，从而取得修正。

所谓叠加图就是绘制两垂直方向应变测值和的过程线，以折算电阻比计算，即以 $(Z_{T1} + Z_{T3})$ 和 $(Z_{T2} + Z_{T4})$ 绘制过程线，在理想的情况下，二者应为相互等距离且圆滑地平行移动，也是基于应变不变量才有的这样一个特点。

如果有系统误差的出现，这种特点即被破坏，两条曲线出现同一段时间的跳跃，表明各向仪器均有相同误差，也就是因为更换电桥形成的。

应变计组资料经过上述检验，并修除了系统误差之后，就可以进行修匀工作。修匀的目的是为了进一步消除随机误差，通过修匀使实测资料构成的"折线"成为光滑的曲线。修匀工作不能任意进行，以免资料会受整理资料人员的影响。以最小二乘法为基础的 3 点移动平均的方法，比较合理。

设横坐标 X 为时间，纵坐标 Y 为测值，y' 为修匀值。假定相邻 3 点具有线性关系，则根据最小二乘法的原理可求得其直线方程为：

$$y' = ax + b \tag{7.90}$$

根据最小二乘法原理，式（7.90）应使各测点的残差平方和 u 为最小，即：

$$u = \sum_{i=1}^{n} (y'_i - y_i)^2 = \sum_{i=1}^{n} (ax_i + b - y_i)^2 = \min \tag{7.91}$$

满足式（7.91）的条件为：

$$\left.\begin{aligned}\frac{\partial u}{\partial a} &= 2\sum_{i=1}^{n} x_i(ax_i + b - y_i) = 0 \\ \frac{\partial u}{\partial b} &= 2\sum_{i=1}^{n}(ax_i + b - y_i) = 0\end{aligned}\right\} \tag{7.92}$$

从而可解得 a 和 b，当 $n = 3$ 时，各相邻 3 测点中的中央一点的修匀点坐标 (x_2', y_2') 分别为：

$$\left[\frac{1}{3}(x_1 + x_2 + x_3),\ \frac{1}{3}(y_1 + y_2 + y_3)\right]$$

同理可得，$i = 2$，3，4 等 3 点的中间点的修匀点坐标 (x_3', y_3') 为：

$$\left[\frac{1}{3}(x_2 + x_3 + x_4),\ \frac{1}{3}(y_2 + y_3 + y_4)\right]$$

以此类推，第 $n-1$ 点的修匀点的坐标为：

$$\left[\frac{1}{3}(x_{n-2} + x_{n-1} + x_n),\ \frac{1}{3}(y_{n-2} + y_{n-1} + y_n)\right] \tag{7.93}$$

若横坐标为等距，则式（7.93）中左边各项为 x_2，x_3，$\cdots$，x_{n-1}，而曲线起点和终点坐标则为：

$$\left[x_1,\ \frac{2}{3}y_1 + \frac{1}{3}y_2\right],\ \left[x_n,\ \frac{2}{3}y_n + \frac{1}{3}y_{n-1}\right] \tag{7.94}$$

可见上述坐标实际上即为相邻 3 测点组成三角形的几何重心坐标。因此，可由三角形任一边中线，从三角形顶点沿中线量 2/3 即为重心，用作图法更易求得。理论上可证明曲线经过修匀后，测值波动的均方差仅为修匀前的 1/3。经过以上一些工作，对于观测值系列，已去除了系统误差，也减少了一些随机误差，但是从应变计组测值平衡原理检验仍然存在"不平衡值"。为了使测值更为合理，需要进行一次平差工作。

应变计组不平衡量的平差是以各支仪器的观测精度都相等为前提，如果仍然在某支仪器上存在系统误差，这样的平差不能得到合理的结果。

对于四向应变计组有：

$$(\varepsilon_1 + \varepsilon_3) - (\varepsilon_2 + \varepsilon_4) = \Delta_1 \tag{7.95}$$

按 1/4 分配有：

$$\left.\begin{aligned}\Delta\varepsilon_1 &= \Delta\varepsilon_3 = -\frac{\Delta_1}{4} \\ \Delta\varepsilon_2 &= \Delta\varepsilon_4 = +\frac{\Delta_1}{4}\end{aligned}\right\} \tag{7.96}$$

对于九向应变计组，简化成 3 个平面组考虑，则有：

$$\left.\begin{aligned}(\varepsilon_2 + \varepsilon_3) - (\varepsilon_4 + \varepsilon_5) &= \Delta_{11} \\ (\varepsilon_1 + \varepsilon_3) - (\varepsilon_6 + \varepsilon_7) &= \Delta_{12} \\ (\varepsilon_1 + \varepsilon_2) - (\varepsilon_8 + \varepsilon_9) &= \Delta_{13}\end{aligned}\right\} \tag{7.97}$$

先求 3 个平面组的平均不平衡量，即：

$$\Delta = \frac{\Delta_{11} + \Delta_{12} + \Delta_{13}}{3} \tag{7.98}$$

取 ε_1、ε_2、ε_3 的调整值为：

$$\Delta\varepsilon_1 = \Delta\varepsilon_2 = \Delta\varepsilon_3 = -\frac{\Delta}{4} \qquad (7.99)$$

其余各仪器的调整值分别为：

$$\left.\begin{aligned} \Delta\varepsilon_4 &= \Delta\varepsilon_5 = \frac{\Delta_{11}}{2} - \frac{\Delta}{4} \\ \Delta\varepsilon_6 &= \Delta\varepsilon_7 = \frac{\Delta_{12}}{2} - \frac{\Delta}{4} \\ \Delta\varepsilon_8 &= \Delta\varepsilon_9 = \frac{\Delta_{13}}{2} - \frac{\Delta}{4} \end{aligned}\right\} \qquad (7.100)$$

经过这样分配后，平面和空间的应变平衡即可得到满足。以上是国内常用的应变计组资料检验和处理方法，可以用手算，也可以分段编制程序在电子计算机上进行。

7.7 应变计组资料检验和处理的新方法

正像单支仪器观测资料的检验和处理方法一样，对于成组应变计的资料，国内提出了一些新的检验和处理方法，这些方法都是以数理统计理论为基础，利用了电子计算机进行计算，目前还在研究和改进中。

1. 成组仪器的温度资料误差检验

将 m 向应变计组的温度观测资料视为对测点的 m 次观测，当各向仪器测值都很接近且不存在系统误差时，可以取 m 向仪器的温度测值求均值，作为该点的温度估计值。估计存在系统误差的情况下，用下述方法计算应变计组的标准温度。

首先去除已检定有系统误差的仪器，求各仪器各次测值的相对温度，即：

$$\Delta T_i = T_i - T_{i-1} \qquad (7.101)$$

式中　i——仪器向号，$i = 1, 2, \cdots, m$；

若用 j 表示测次次序，$j = 1, 2, \cdots, n$，式（7.101）表示第 i 向仪器各次的相对温度，相对温度以第一次测值为基准。对第 j 点，求各支仪器间的相对温度差。

$$\Delta T'_{ik} = \Delta T_{ij} - \Delta T_{kj} \qquad (7.102)$$

式中　k——仪器向号，$k = 1, 2, \cdots, m$。

应变计组第 j 点的相对温度均值取 $|\Delta T'_{ik}|$ 中最小的两支仪器（设为 a、b）相对温度的均值，即：

$$T_{pj} = (\Delta T_{2j} + \Delta T_{bj})/2 \qquad (7.103)$$

将此值作为应变计组在第 j 点的标准温度，求得：

$$\Delta_{ij} = \Delta T_{ij} - T_{pj} \qquad (7.104)$$

式中　Δ_{ij}——检验系统误差的信息量。

用符号检验法作统计检验，即可得到系统误差的分段点。

采用式（7.62）进行回归，将 Δ_{ij} 及 T_p 加权作为基本因子引进，每次取用两个系统误差段，且令第一段不存在系统误差进行移动修正。

2. 应变计组平衡检验

以平均温度 T_p 作为应变计组的温度，则应变计算可表示为：

$$\varepsilon_{ij} = f'_i(Z_{ij} - Z_{io}) + (b - a)(T_{pj} - T_o) \tag{7.105}$$

式中　f'_i ——应变计灵敏度；

　　　　b ——温度补偿系数；

　　　　a ——混凝土温度膨胀系数。

应变值可能包含误差，设 L 为应变真值，δ 为系统误差，η 为偶然误差，则各向仪器每次测值可表示为：

$$\varepsilon_{ij} = L_{ij} + \delta_{ij} + \eta_{ij} \tag{7.106}$$

式中　i ——仪器向号，$i = 1, 2, \cdots, m$；

　　　　j ——测次序号，$j = 1, 2, \cdots, n$。

按应变平衡原理，则有：

$$L_{1i} - L_{2j} + L_{3j} - L_{4j} \tag{7.107}$$

将式（7.106）代入式（7.107），则应变不平衡量为：

$$(\varepsilon_1 + \varepsilon_3)_j - (\varepsilon_2 + \varepsilon_4)_j = K_j = \delta_{1j} - \delta_{2j} + \delta_{3j} - \delta_{4j} + \eta_{ij}$$

当各支仪器的 b 值相同时，应变不平衡量可由式（7.107）求得：

$$K_j = f'_1(Z_{1j} - Z_{10}) - f'_2(Z_{2j} - Z_{20}) + f'_3(Z_{3j} - Z_{30}) - f'_4(Z_{4j} - Z_{40}) \tag{7.108}$$

经过分析认为，电阻变差引起的系统误差变化规律是线性的，绝缘下降引起的误差虽是非线性的，但一定时段内仍可用线性表达，即 $\delta_{ij} = b'_i \Delta_{ij}$，$\Delta_{ij}$ 表示应变的系统误差，应变不平衡量可表示为：

$$K_j = b'_1 \Delta_{1j} - b'_2 \Delta_{2j} + b'_3 \Delta_{3j} - b'_4 \Delta_{4j} + \eta_{1j} \tag{7.109}$$

其回归估计值为：

$$\hat{y} = b_1 x_1 + b_2 x_2 + b_3 x_3 + b_4 x_4 \tag{7.110}$$

各支仪器的应变系统误差即为：

$$\left.\begin{array}{l} \hat{\delta}_{1j} = b_1 x_{1j} \\[4pt] \hat{\delta}_{2j} = -b_2 x_{2j} \\[4pt] \hat{\delta}_{3j} = b_3 x_{3j} \\[4pt] \hat{\delta}_{4j} = -b_4 x_{4j} \end{array}\right\} \tag{7.111}$$

由式（7.106）即可求得各支仪器的应变估计值为：

$$\left.\begin{array}{l} \hat{\varepsilon}_{1j} = \delta_{1j} - \hat{\delta}_{1j} \\[4pt] \hat{\varepsilon}_{2j} = \varepsilon_{2j} - \hat{\delta}_{2j} \\[4pt] \hat{\varepsilon}_{3j} = \varepsilon_{3j} - \hat{\delta}_{3j} \\[4pt] \hat{\varepsilon}_{4j} = \varepsilon_{4j} - \hat{\delta}_{4j} \end{array}\right\} \tag{7.112}$$

为了保证变量组 $(x_1, x_2, \cdots, x_m, y)$ 的 n 组都来自同一母体，需对母体检验；不同母体时可分段回归以求出系数 b 的估计值，从而计算各向仪器的应变估计值。

7.8 混凝土实际应力的计算方法和步骤

应变计组的观测资料经过检验，对各种误差进行处理修除之后，就可以用来计算混凝土的实际应力。所谓实际应力是指通过应变计资料算得的应力成果，既区别于由混凝土直接测量（例如，用压应力计测量混凝土压应力）的实测应力，又区别于客观存在混凝土内的真实应力（应力正值）。实际应力是带有应变计观测误差和各种材料特性误差的观测成果。计算过程归纳为：

（1）将各仪器的电阻值计算成温度值，以电阻比和温度值为纵坐标（比例取 $1 \times 0.01\%/1mm$ 及 $2°/10mm$），时间为横坐标（比例随测次而变，以每 $2 \sim 5mm$ 为一测点）绘制过程线。

按照 7.4 节方法检验误差，加以修除。

（2）初步选定基准时间和基准值，计算无应力计应变。用无应力计应变和温度相关线求混凝土温度膨胀系数 α，求出自生体积变形 $G(\tau)$，分析无应力计的可靠性。

（3）按照本书 7.6 节所介绍的方法计算各支应变计的折算电阻比，绘制控制图、叠加图，分析应变计组资料的系统误差加以修除。计算应变计组的不平衡量，进行平差。对平差后的应变过程线进行修匀。

（4）重新选择基准时间和基准值。

这是进行最后计算前的工作，确定基准时间和基准值的原则是：

1）选择测值开始落在控制图上下限以内的测点作为基准值，相应时间为基准时间，说明仪器已正常工作。

2）参照初期选定的基准时间，选择电阻比，温度变化已呈规律性变化的时刻。

3）混凝土终凝以后，混凝土已有足够的刚度，能够带动仪器共同变形。

4）仪器上部已覆盖较厚的混凝土，不受气温变化干扰的测值开始时间。

选定基准值以后重新进行无应力计和工作应变计组资料的计算，新基准值和初期选定基准值不同时，只需在原有的计算结果上加上因基准值变动而产生的修正值。

（5）计算单轴应变。从处理后的电阻比、温度过程线上取得各测次的电阻比和温度值，计算各支仪器的应变值，进一步按下式计算单轴应变。

1）空间应力状态和平面应变状态。

$$\left.\begin{array}{l}\varepsilon_x = \varepsilon_{mx} - \varepsilon_0 \\ \varepsilon_y = \varepsilon_{my} - \varepsilon_0 \\ \varepsilon_z = \varepsilon_{mz} - \varepsilon_0\end{array}\right\} \qquad (7.113)$$

式中　　ε_x、ε_y、ε_z——与水平成 $0°$、$90°$的 3 个互相垂直方向的应变；

ε_{mx}、ε_{my}、ε_{mz}——同 x、y、z 方向由应变计资料算得的变形实值；

ε_0——同一组的无应力计应变。

单轴应变 ε_x'、ε_y'、ε_z' 按下式计算，则有：

$$\varepsilon'_x = \frac{1}{1+\mu}\varepsilon_x + \frac{\mu}{(1+\mu)(1.2\mu)}(\varepsilon_x + \varepsilon_y + \varepsilon_z) \tag{7.114}$$

$$\varepsilon'_y = \frac{1}{1+\mu}\varepsilon_y + \frac{\mu}{(1+\mu)(1.2\mu)}(\varepsilon_x + \varepsilon_y + \varepsilon_z) \tag{7.115}$$

$$\varepsilon'_z = \frac{1}{1+\mu}\varepsilon_z + \frac{\mu}{(1+\mu)(1.2\mu)}(\varepsilon_x + \varepsilon_y + \varepsilon_z) \tag{7.116}$$

对平面应变状态，在上面 3 个公式中令 $\varepsilon_z = 0$。

2) 平面应力状态。

$$\varepsilon'_x = \frac{1}{1+\mu}\varepsilon_x + \frac{\mu}{1-\mu^2}(\varepsilon_x + \varepsilon_y) \tag{7.117}$$

$$\varepsilon'_y = \frac{1}{1+\mu}\varepsilon_y + \frac{\mu}{1-\mu^2}(\varepsilon_x + \varepsilon_y) \tag{7.118}$$

为了计算简便，取混凝土泊松比 $\mu = 0.16$，并将 ε_0 代入公式，算成下列公式可供使用。

1. 空间应力状态

$$\begin{aligned}
\varepsilon'_x &= 0.86(\varepsilon_{mx} - \varepsilon_0) + 0.20[(\varepsilon_{mx} - \varepsilon_0) + (\varepsilon_{my} - \varepsilon_0) + (\varepsilon_{mz} - \varepsilon_0)] \\
&= 0.86\varepsilon_{mx} + 0.20(\varepsilon_{mx} + \varepsilon_{my} + \varepsilon_{mz}) - 1.47\varepsilon_0
\end{aligned} \tag{7.119}$$

或

$$\varepsilon'_x = 0.86\varepsilon_x + 0.20(\varepsilon_x + \varepsilon_y + \varepsilon_z) \tag{7.120}$$

2. 平面应变状态

$$\varepsilon'_x = 0.86\varepsilon_{mx} + 0.20(\varepsilon_{mx} + \varepsilon_{my}) - 1.47\varepsilon_0 \tag{7.121}$$

或

$$\varepsilon'_x = 0.86\varepsilon_x + 0.20(\varepsilon_x + \varepsilon_y) \tag{7.122}$$

3. 平面应力状态

$$\varepsilon'_x = 0.86\varepsilon_{mx} + 0.16(\varepsilon_{mx} + \varepsilon_{my}) - 1.19\varepsilon_0 \tag{7.123}$$

$$\varepsilon'_x = 0.86\varepsilon_x + 0.16(\varepsilon_x + \varepsilon_y) \tag{7.124}$$

有一种计算单轴应变的简化方法，以 x 方向为例说明公式来源。在 x 方向的无应力计应变 ε_{0x}，按式（7.71）为：

$$\begin{aligned}
\varepsilon_{0x} &= G(\tau) + \alpha\Delta T_x \\
&= [f'_0\Delta Z_0 + b\Delta T_0 - \alpha(T_0 - T_{00})] + \alpha(T_x - T_{x0}) \\
&= f'_0\Delta Z_0 + b\Delta T_0 + \alpha[(T_x - T_0) - (T_{x0} - T_{00})]
\end{aligned} \tag{7.125}$$

式中　f'_0——无应力计的修正灵敏度；

　　　T_0——工作应变计基准温度；

　　　T_{00}——无应力计基准温度；

　　　T_x——工作应变计温度；

　　　T_{x0}——无应力计温度。

将无应力计应变代入式（7.126）并化简，则得 x 方向的应变为：

$$\begin{aligned}
\varepsilon_x &= \varepsilon_{mx} - \varepsilon_{0x} \\
&= f'_x\Delta Z_x + b(T_x - T_{x0}) - \{f'_0\Delta Z_0 + b\Delta T_0 + \alpha[(T_x - T_0) - (T_{x0} - T_{00})]\}
\end{aligned}$$

$$= f'_x [Z_x + m(T_x - T_0)] - [Z_{x0} + m(T_{x0} - T_{00})] - f'_0 \Delta Z_0$$

$$= f'_x \Delta Z_{xT} - f' \Delta Z_0 \tag{7.126}$$

式中 　f'_x ——工作应变计灵敏度；

　　　Z_x ——工作应变计电阻比；

　　　x_0 ——工作应变计电阻比基准值；

　　　m —— $m = \dfrac{b-a}{f'_x}$；

　　　a ——由无应力计资料计算。

仿式（7.126）可得，y、z 方向应变代入单轴应变计算公式（7.114）～式（7.118），并令 $\mu = 1/6$，则得：

（1）空间应力和平面应变单轴应变计算公式为：

$$\varepsilon'_x = A_x \Delta Z_{xT} + B_y \Delta Z_{yT} + B_z \Delta Z_{zT} - C \Delta Z_0 \tag{7.127}$$

$$\varepsilon'_y = A_y \Delta Z_{yT} + B_x \Delta Z_{xT} + B_z \Delta Z_{zT} - C \Delta Z_0 \tag{7.128}$$

$$\varepsilon'_z = A_z \Delta Z_{zT} + B_y \Delta Z_{yT} + B_x \Delta Z_{xT} - C \Delta Z_0 \tag{7.129}$$

平面应变情况，在式（7.127）、式（7.128）两式中取 ΔZ_{zT} 为零。

式中 　A_x —— $A_x = \dfrac{\mu}{(1+\mu)(1.2\mu)} f'_x = 1.07 f'_x$；

　　　B_y —— $B_y = \dfrac{\mu}{(1+\mu)(1.2\mu)} f'_y = 0.21 f'_y$；

　　　B_z —— $B_z = \dfrac{\mu}{(1+\mu)(1.2\mu)} f'_z = 0.21 f'_z$；

　　　C —— $C = \dfrac{1}{1-2\mu} f'_0 = 1.50 f'_0$。

A_y、B_x、B_z、A_z、B_y、B_x 与上列相似，换去相应的灵敏度即可。

（2）平面应力状态同理可得：

$$\varepsilon'_x = A'_x \Delta Z_{xT} + B'_y \Delta Z_{yT} - C' \Delta Z_0 \tag{7.130}$$

$$\varepsilon'_y = A'_y \Delta Z_{yT} + B'_x \Delta Z_{xT} - C' \Delta Z_0 \tag{7.131}$$

式中 　A'_x —— $A'_x = \dfrac{1}{1-\mu^2} = 1.03 f'_x$；

　　　B'_y —— $B'_y = \dfrac{1}{1-\mu^2} f'_y = 0.17 f'_y$；

　　　C' —— $C' = \dfrac{1}{1-\mu} f'_0 = 1.20 f_0$。

以上各式中 $\Delta Z_{xT} = [Z_x + m(T_x - T_0)] - [Z_{x0} + m(T_{x0} - T_{00})]$，$\Delta Z_{yT} = [Z_y + m(T_y - T_0)] - [Z_{y0} + m(T_{y0} - T_{00})]$，$\Delta Z_{zT} = [Z_z + m(T_z - T_0)] - [Z_{z0} + m(T_{z0} - T_{00})]$。

4. 计算主应变

单轴应变算得后，即可用以计算测点上的主应变值及其方向，以便计算主应力。平面主应变及主方向计算公式如下。

（1）剪应变。

$$\gamma_{13} = \varepsilon'_2 - \varepsilon'_4$$

$$\gamma_{max} = \frac{1}{2}\sqrt{(\varepsilon'_1 + \varepsilon'_3)^2 + \gamma_{13}^2} \qquad (7.132)$$

（2）主应变。

$$\varepsilon_{max} = \frac{1}{2}(\varepsilon'_1 + \varepsilon'_3) + \gamma_{max} \qquad (7.133)$$

$$\varepsilon_{min} = \frac{1}{2}(\varepsilon'_1 + \varepsilon'_3) - \gamma_{max} \qquad (7.134)$$

（3）主应变方向角。

当 $\varepsilon'_1 > \varepsilon'_3$ 时
$$\phi = \frac{1}{2}\arctan\left(\frac{\gamma_{13}}{\varepsilon'_3 - \varepsilon'_1}\right) \qquad (7.135)$$

当 $\varepsilon'_1 < \varepsilon'_3$，$\gamma_{13} < 0$ 时
$$\phi = \frac{1}{2}\arctan\left(\frac{\gamma_{13}}{\varepsilon'_3 - \varepsilon'_1}\right) - \frac{\pi}{2} \qquad (7.136)$$

当 $\varepsilon'_1 < \varepsilon'_3$，$\gamma_{13} > 0$ 时
$$\phi = \frac{1}{2}\arctan\left(\frac{\gamma_{13}}{\varepsilon'_3 - \varepsilon'_1}\right) + \frac{\pi}{2} \qquad (7.137)$$

5. 实际应力和实际主应力的计算

利用徐变资料，照第 5 章的两种方法从单轴应变和主应变可计算测点实际应力分量和主应力，这样就获得应变计的最终观测成果。

7.9 观测成果的计算、分析和应用

内部观测仪器的资料结果误差检验和处理，可计算成观测成果供进一步分析和应用。如何分析和应用，每一个具体工程不一定完全相同，要根据设计、施工和运行方面的特殊要求以及观测设计的目的进行分析。与工作深度、作用大小和从事观测成果分析人员的工作经验和技术水平有着密切关系。现在列举一些方法和原则以供参考。

1. 施工期观测成果的计算、分析和应用

一般来讲，温度计、测缝计的观测成果对混凝土坝施工有重要作用。混凝土坝的施工必须采取温控措施，防止混凝土裂缝，以保证工程质量，确保大坝运行安全。在混凝土温度计算和温度应力计算中常用的混凝土热性能参数——导温系数 α，可以利用实测资料计算。

布置温度计的工程可以选择日气温变化较大的晴天进行连续观测，每小时观测一次，连测 3～4d，取温度值进行导温系数计算。一般假设坝面温度与气温相等，设气温日变化为正弦变化 $T(\tau) = T_m \sin\omega\tau$，不计坝体初始温度的影响，坝内测点温度为：

$$T(X、\tau) = T_m e^{-x\sqrt{\omega/2\alpha}} \sin(\omega\tau - x\sqrt{\omega/2\alpha}) \qquad (7.138)$$

式中　X ——计算测点到坝面距离，m；

　　T_m ——气温日变化振幅，℃；

　　ω ——圆频率，$\omega = \frac{2\pi}{24}$，rad/h；

　　α ——混凝土导温系数。

由式（7.138）即得导温系数 α 的算式为：

$$\alpha = 0.131 \left[\dfrac{x}{L_n \dfrac{T_{mx}}{T_m}} \right]^2 \tag{7.139}$$

式中 T_{mx} —— x 处温度交幅 $T_{mx} = T_m e^{-x\sqrt{\omega/2\alpha}}$。

计算时需根据各支仪器的温度过程线绘制出等价正弦曲线，求出振幅 T_m 及 T_{mx}。

所谓等价正弦曲线是指与实测温度变化周期相同、平均值相同、曲线与均值所围面积 S_x 相同的正弦曲线。当 S_x 已求出时有：

$$T_{mx} = \frac{\pi}{48} S_x$$

当考虑坝面温度与气温不等的实际情况时，可以引用温度计算假定"虚厚度" δ 的概念，导温系数按式（7.140）计算，即：

$$\alpha = 0.131[(x+\delta)/L_n(T_{mx}/T_m)]^2 \tag{7.140}$$

式（7.140）可利用最小二乘法求解，先将式（7.140）变为：

$$L_n\left(\frac{T_{mx}}{T_m}\right) = -\sqrt{\frac{\omega}{2\alpha}}\delta - \sqrt{\frac{\omega}{2\alpha}}x \tag{7.141}$$

式（7.141）用 $y = A + Bx$ 表示，则：

$$A = -\sqrt{\frac{\omega}{2\alpha}}\delta, \ B = -\sqrt{\frac{\omega}{2\alpha}} \tag{7.142}$$

利用观测线上 N 支仪器取得 N 对 (x_i, y_i) 数据，用最小二乘法求解式（7.142），即可算得：

$$\alpha = \frac{\pi}{24B^2}, \ \delta = \frac{A}{B}$$

没有专设的仪器观测导温系数的资料，可以取其他布置在表面 60cm 以内的温度计资料计算。在内部埋设的温度计资料最主要的是用于计算坝体混凝土温度分布，供温度控制参考。

（1）用仪器埋设以后，立即测出的测值可以算得混凝土浇筑温度 T_p，比较 T_p 和机口混凝土温度就可以了解混凝土运输和浇筑过程中温控措施效果。

（2）根据浇注块中心的温度计资料绘制的过程线上的最高温度值可以了解混凝土的水化热温升影响，检查混凝土温度是否超过允许误差，了解混凝土温控措施的效果。

（3）根据长期温度观测资料，可以了解混凝土降温散热的速度是否达到稳定温度或准稳定温度，二期冷却效果是否达到预期目的。最后可绘制坝体稳定温度分布图供坝缝灌浆设计施工参考。

内部埋设的测缝计在施工期间可以提供坝缝开度的信息。配合温度观测资料，确定坝缝灌浆的合理时间。实际压水和灌浆时可以利用测缝计进行控制，以保证灌浆质量。

灌浆后的测缝计观测成果过程将明确显示灌浆效果，灌浆温度适合、施工质量较好，缝的开度将不随时间和温度测值而变化；灌浆温度不合适，当坝温低于灌浆温度时，坝缝将重新拉开，开度过程线有波动；坝缝没有灌好时开度过程线与温度过程线成对应变化，密切相关。

2. 第一次蓄水和运行期观测成果的计算、分析和应用

在施工期即应进行全面加密测次，利用观测成果对大坝安全进行校核，在观测成果表现正常的情况下，才能提高蓄水位，逐步监测完成蓄水。我国广东省泉水拱坝就是成功地运用大坝观测仪器进行安全监控的实例。将实测蓄水应力进行了回归分析，并将计算成果以及试验应力成果进行了对比。运用回归分析方法有可能了解各种影响因素对坝体应力造成的影响，通常考虑水位、温度、时效等因素，建立下述模型：

$$\sigma = \varphi(h) + \sum_{i=1}^{m} a_i T_i + \sum_{i=1}^{m} b_i B(\tau) + k$$

式中　　$\varphi(h)$ ——水位因子；

$\sum_{i=1}^{m} a_i T_i$ ——温度因子；

$\sum_{i=1}^{m} b_i B(\tau)$ ——时间因子；

k ——自由项。

利用回归分析方法计算出各项的系数值，经过检验，证实回归式的显著性以后可用以分析研究应力的变化规律，以及各种因子所起的作用。

回归分析方法有两种，多元回归方法只能就确定的因子进行计算。

逐步回归方法可以筛选最有影响的因子，建立最优的回归方程。当然逐步回归方法筛选的因子仍然应该以一定物理意义为基础，不能从各种因子的纯数学组合出发。

目前国内外还没有成功地分解施工期应力的实例，这些问题还有待我们进一步研究。如何将内部观测成果，特别是应力观测成果的精度提高，并和外部观测成果联系起来，大坝安全度做出定量估计是我们的努力目标。当我们实现该目标时，内部观测在大坝安全控制方面的作用将进一步得到发挥。

🐾 思考题与练习

1. 坝体外部变形的原因由哪几个方面构成？
2. 静水压力引起的外部变形属于何种变形？它能引起哪些变形？
3. 怎样判断坝体产生了新的不可逆变形？
4. 水平位移的变化规律有哪些？
5. 垂直位移和倾斜的变化规律有哪些？
6. 利用回归分析方法分析变形资料包括的内容有哪些，其步骤是怎样的。
7. 接缝和裂缝的变化规律如何？有哪些主要的影响因素？
8. 为简便起见，时效变形可参考什么确定？其函数形式怎样写？
9. 为什么在变形回归计算分析中可直接用温度计的温度作为因子？
10. 是否可用气温作为因子进行回归分析？理由是什么？使用条件是什么？
11. 为什么用三角级数来表示温度变形？其表达式是什么？
12. 在回归分析变形时，函数形式的确定应考虑哪些因素？

第8章 外 部 观 测

8.1 水 平 位 移 观 测

大坝的水平位移是坝体的挠度和滑动引起的水平方向的变形，包括垂直于坝轴线方向的位移和平行于坝轴线方向的位移两部分。

对大坝的水平位移观测，一方面要重视坝顶的观测，另一方面更重要的是坝基和不同高程水平位移的观测。因为坝顶的水平位移，无疑是坝体变形的综合反映，在一般情况下，它主要受水位的影响，允许位移量较大，可达十多毫米至数十毫米，而坝基的位移则主要受水位的影响，允许位移量很小，对监控大坝安全的敏感度较高。

观测水平位移的方法很多，常用的有活动觇标法、小角度法、倒垂线法、引张线法、激光准直法、前方交会法和导线法等。

8.1.1 活动觇标法观测水平位移

1. 观测原理

活动觇标法是视准线法观测水平位移的一种简便易行的方法，它主要适用于谷类直线型坝。此法的关键是利用经纬仪或视准仪建立一条通过或平行于坝轴线的视准线，定期测定各位移标点距视准线的偏离值，每次观测的偏离值与偏离值之差即为该次水平位移。例如，若在坝端两岸山坡上设置固定工作基点 A 和 B。在坝面沿着 AB 方向设置若干位移标点 a、b、c、d 等。由于 A、B 埋设在山坡稳固岩石或原状土上，其位置可以认为不变，因此将经纬仪安置在基点 A，照准另一基点 B。构成视准线，该视准线作为观测坝体位移的基准线。

活动觇标法就是在各标点上安装活动觇标，用滑动觇标上的微动螺旋使觇标图案的中心与基准线重合，然后利用觇标上的标尺读出偏离值。

一般规定：水平位移值向下游为正，向上游为负，向左岸为正，向右岸为负。

2. 观测方法

利用活动觇标观测水平位移时，照准误差主要取决于望远镜的放大倍数和视准线长度，因此，为了提高观测精度，应选择放大倍数较高的经纬仪和与之相适应的视准线长度进行观测。一般认为视准线长度以 250m 左右为宜。视准线长度较短时可采用端点设站法进行观测，如视准线长度超过 500m 时，可采用分段法、中间设站法等。观测方法分述如下。

（1）固定端点设站法。如图 8.1 所示，首先将经纬仪安装在固定端点 A（或 B）上，整平照准对岸的固定端点 B（或 A），固定水平度盘和照准部，定出视准线。然后下倾望远镜，照准位移标点 a 上的活动觇标，司仪者指挥司标者移动活动觇标，直至觇标的中心线与视准线重合时。令司标者停止移动，由司标者在觇标上读数。再重新令司标者移动觇

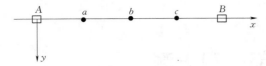

图 8.1　固定端点设站法

标，使觇标中心线与视准线重合，再读数。利用同样方法读数几次，取其平均值作为上半测回的成果。倒转望远镜、重复上述操作，读取几个读数，取其平均值作为下半测回的成果。取上下半测回的平均值作为一个测回的成果。

测回数根据精度要求和视线长度决定。当 a 点的观测成果符合精度要求后，再依次观测 b、c 等点，然后将经纬仪安置于 B 点，固定觇标安置于 A 点，按上述方法进行返测。各点取往返观测的平均值作为最终成果。

（2）分段观测法。当坝体较长，仅用两端固定工作基点进行观测，误差将较大，这时可采用分段观测法，即在坝体上设置若干个非固定工作基点，首先利用固定工作基点，较精确地测定非固定工作基点的偏离值，再在各分段内测定各位移标点的偏离值。

如图 8.2 所示，d 点位于视准线中间附近的非固定工作基点，先用固定工作基点 A、B，较精确地测出非固定工作基点 d 的位移 l_d，然后再测定各分段内的测点，如欲求在 Ad 段内 C 点的位移，只要测出 C 点偏离 Ad' 视准线的数值 $\dfrac{C}{C''}=l_C$，就可以算出 C 点的位移。C 点的位移包括两部分：一部分是 d 点位移 l_d 对 C 点位移的影响值 $l_{C'}$，另一部分是用 Ad' 视准线测得的 C' 点的偏离值 $l_{C''}$。设 C 点的水平位移 l_C，则有：

$$l_C = l_{C''} + \frac{AC}{AD} l_d \tag{8.1}$$

当视准线分成几段时，也可用同样方法计算位移量。

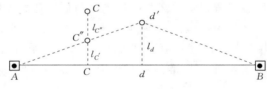

图 8.2　分段观测法

（3）中点设站法。上述分段观测法的缺点是视准线仍然较长，照准误差大，另外，前后视距不等，可能产生调焦误差。

采用中点设站法，可以克服这种缺点。如图 8.3 所示，图中 C、D、E 各点为非固定工作基点，它们把视准线分成 4 段（尽可能使各段距离基本相等）。

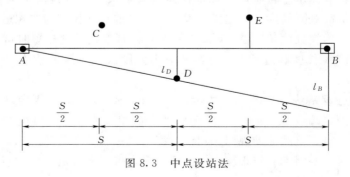

图 8.3　中点设站法

观测时先将经纬仪安置在视准线中点 D 上，在工作基点 A 和 B 上分别安置固定和活动觇标，在盘左位置后视 A 点，固定水平度盘倒转望远镜，前视 B 点，按前述方法读几次活动觇标读数，作为上半测回。在水平方向旋转仪器，在盘右位置照准 A 点，倒转望远镜前视 B 点，也用同样方法读几次读数，作为下半测回。以上为一个测回，再按精度要求实测几个测回，由此测出了 B 点偏离 AD 视线的距离 l_B 就可根据几何关系，求得 D 点的偏离值为：

$$l_D = \frac{S}{\partial S} l_B = 0.5 l_B \tag{8.2}$$

测定了 D 点的偏离值之后，把仪器安置于 C 点，以 A 点为后视，D 点为前视，测定 C 点相对于 AD 视准线的偏离值，然后可计算出 C 点相对于 AB 视准线的偏离值为：

$$l_C = 0.5(l'_D + l_D) \tag{8.3}$$

式中的正负号取决于 C 点和 D 点的相对位置，如图 8.4 所示为 l_D 取负号时示意图。

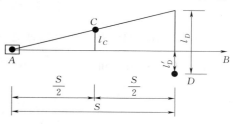

C 点施测完毕，再把仪器安置于 E 点，测定 E 点的偏离值。

当测定完非固定工作基点的位移后，即可利用它测定各段内测点的位移。这种方法适用于堤坝较长，精度要求较高的情况。

图 8.4 l_D 取负号时示意图

3. 精度估算

（1）端点设站法。

1）照准误差。利用活动觇标法观测水平位移时，影响观测精度的因素很多，但主要是照准误差，而照准误差与人眼的最小分辨角（60″）、望远镜放大倍数 V 和外界条件等有关。如不考虑外界条件的影响，并设一个方向的照准误差为 m_v，则允许误差为 $\Delta_允 = 2m_v = \dfrac{60''}{V}$ 故有：

$$m_v = \frac{30''}{V} \tag{8.4}$$

实际上，m_v 还与觇标的形状、颜色等有关，也与大气的折光等外界条件有关，因此，算出的 m_v 偏小，应根据实际确定 m_v 值。

2）测回中误差。如图 8.5 所示，在 A 点设站观测 C 点位移时，后视 B 点的照准误差 m_v 对 C 点的影响 m_1 为：

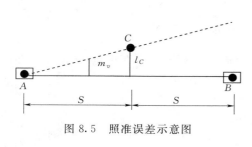

图 8.5 照准误差示意图

$$m_1 = \frac{S}{\rho''} m_v = \frac{a''}{\rho''} S$$

式中　　S —— AC 的距离；

　　　　ρ'' —— 常数，$\rho'' = 206265$。

在 C 点半测回中重复读几次，则其平均值的照准误差 $m_2 = \dfrac{Sa''}{\rho'' \sqrt{n}}$。

半个测回的中误差为：

$$m_{中} = \sqrt{m_1^2 + m_2^2} = \frac{Sa''}{\rho''} \sqrt{\frac{n+1}{n}} \tag{8.5}$$

一个测回的中误差为：

$$m_{回} = \frac{m_{半}}{\sqrt{2}} = \frac{Sa''}{\rho''} \sqrt{\frac{n+1}{2n}} \tag{8.6}$$

3）半测回之差的限差：

$$\left. \begin{array}{l} m_F = \sqrt{2} m_{半} = \dfrac{\sqrt{2} Sa''}{\rho''} \sqrt{\dfrac{n+1}{n}} \\[3mm] m_{允} = \sqrt{2} m_F = \dfrac{2\sqrt{2} Sa''}{\rho''} \sqrt{\dfrac{n+1}{n}} \end{array} \right\} \tag{8.7}$$

4）测回差的限差。两个测回之差的中误差应为 $\sqrt{2} m_{回} = \pm \dfrac{Sa''}{\rho''} \sqrt{\dfrac{n+1}{n}}$，允许误差 $\Delta_{允}$ 取 2 倍中误差，可得：

$$\Delta_{允} = \pm \frac{2Sa''}{\rho''} \sqrt{\frac{n+1}{n}} \tag{8.8}$$

5）活动觇标 n 次读数互差的限差。两次读数互差为 $F = \Delta l = l_1 - l_2$，则有：

$$m_F = \pm \sqrt{m_1^2 + m_2^2}$$

其中第一次读数中误差 m_1 与第二次读数的中误差 m_2 是同精度的，即 $m_1 = m_2$。

故有：

$$m_F = \pm \sqrt{2} m_1 = \pm \sqrt{2} \frac{Sa''}{\rho''}$$

取 2 倍中误差为限差，则有：

$$\Delta_{允} = 2m_F = \pm 2\sqrt{2} \frac{Sa''}{\rho''} \tag{8.9}$$

6）根据限差，求测回数。根据一个测回的中误差公式，可求得观测 N 个测回平均值的误差 M 为：

$$M = \frac{m_{回}}{\sqrt{N}} = \frac{Sa''}{\rho''} \sqrt{\frac{n+1}{2nN}}$$

故有：

$$\sqrt{N} = \frac{Sa''}{M\rho''} \sqrt{\frac{n+1}{2n}} \tag{8.10}$$

设限差为 $\Delta_{允}$，则 $M = \dfrac{\Delta_{允}}{2}$，代入式（8.10）中即可求得 N。

（2）中点设站法。如图 8.3 所示，把视准线分成 4 段观测，则在中点 D 设站，照准 B 点，一个测回中误差为：

$$m_B = \frac{Sa''}{\rho''} \sqrt{\frac{n+1}{2n}} \tag{8.11}$$

照准 B 点一个测回的中误差对 D 点偏离值的影响为：

$$m_D = 0.5 m_B = \frac{Sa''}{2\rho''} \sqrt{\frac{n+1}{2n}} \qquad (8.12)$$

8.1.2 小角度法观测水平位移

1. 观测原理

小角度法是在后视的固定工作基点和位移标点上安置固定觇标，测出固定视准线与位移标点间的微小夹角，据此计算位移标点的偏离值。因此角度的观测精度要求较高，一般要使用高精度的经纬仪或大坝视准仪观测。

2. 观测方法

如图 8.6 所示，在工作基点 A 上安置经纬仪，后视对岸工作基点 B，固定水平制动螺旋，转动水平微动螺旋，准确瞄准固定觇标的中心线，旋转测微器螺旋，精密重合度盘经分划线 2 次，读秒盘 2 次；前视位移标点 C，再用同样方法读取秒盘读数 2 次，以上为半个测回。倒转望远镜，后视测点，前视基点，完成一测回。

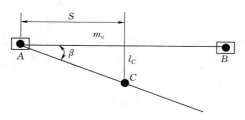

图 8.6 小角度法观测原理图

测回数视精度要求而定，测回间要变动水平度盘位置。因 β 值一般很小，可用弧长公式计算 C 点偏离 AB 视准线的距离为：

$$l_C = \frac{S}{\rho''}\beta'' = k\beta \qquad (8.13)$$

式中　S —— 位移标点至工作基点的水平距离，mm；

k —— 即 $\dfrac{S}{\rho}$，对每一测点来说是一个常数。

3. 精度估算

（1）偏离值中误差。由式（8.13）可知，测点的位移值与距离 S 和小角度 β 有关。因此，其中误差也与量距中误差 m_l 和测角中误差 m_β 有关，可以证明，在小角度法观测中，量距误差对偏离值的影响很小。因此，一般按 1/2000 的精度丈量就够了，所以可以利用普通钢尺丈量。

因此，偏离值的中误差可近似地用式（8.14）表示为：

$$m_l = \frac{S}{\rho''} m_\beta \qquad (8.14)$$

（2）两测回之差的限差。设照准一方向的中误差为 m_v〔由式（8.4）求得〕，观测角度半测回是两个方向之差，故半测回的中误差为：

$$m_{半} = \pm\sqrt{2} m_v \qquad (8.15)$$

一测回为两个半测回的平均值，故一测回的中误差应为：

$$m_{回} = \frac{m_{半}}{\sqrt{2}} = \frac{\sqrt{2} m_v}{\sqrt{2}} = m_v \qquad (8.16)$$

两测回之差的中误差应为：

$$m = \sqrt{2} m_{回} = \sqrt{2} m_v \qquad (8.17)$$

取 2 倍中误差作为限差则有：

$$\Delta_{允} = 2m = 2\sqrt{2}\, m_v \tag{8.18}$$

（3）根据限差求测回数。设 N 为应测的测回数，则其平均值的中误差为：

$$m_\beta = \frac{m_回}{\sqrt{N}} = \frac{m_v}{\sqrt{N}} \tag{8.19}$$

故有：

$$N = \left(\frac{m_v}{m_\beta}\right)^2 \tag{8.20}$$

8.1.3 激光准直法观测水平位移

由于激光具有方向性好、能量集中、亮度高、单色性和相干性较好等特点，因此利用激光观测建筑物的变形不仅比经纬仪视准线法提高了观测精度，而且也有利于观测工作向自动化方向发展，是一种较好的观测手段。常采用较多的是激光经纬仪准直法、波带板激光准直法和真空管道激光准直法。

8.1.3.1 激光经纬仪准直法

1. 观测原理

利用激光经纬仪发出的激光束作为准直线，与视准线相似。接收装置是一个光电靶。观测时将光电靶上两块光电池的引出线接到检流计上。当激光束照到靶面上时，光电池接收光能，产生电流，使检流计指针偏转，如光斑中心在觇标中心线上，则检流计指针正好指向零。此时读取标尺读数，即为位移标点的偏离值。

2. 观测方法

在一端固定工作基点上安置激光经纬仪，接通激光电源，预热激光管半小时；在另一端固定工作基点上安置光电池固定觇标。激光管预热后，照准固定觇标。司标者指挥司仪者微动经纬仪照准部，移动光斑位置，使检流计指针为零，并令司仪者固定水平度盘和照准部，此时激光束的轴线方向就是标定的视准线。以激光准直线为基准测定点的水平位移。在测点上安置光电池活动觇标，司仪者照准活动觇标，使激光束照射到觇标的光电池上。司标者转动觇标微动螺旋，使检流计指针为零，读取标尺读数，再重复重合 2～4 次，读取 2～4 个读数，取其平均值作为上半测回。倒转望远镜，重复以上操作，作为下半测回。测回数根据要求而定，然后观测其他测点。往测完毕，将经纬仪和觇标互换位置进行返测，取往返测的平均值作为观测成果。

如准直距离过长，可采用分段观测等方法。

3. 误差来源

因激光经纬仪准直法与视线法相似，所以观测误差中也包含着分辨误差、读数误差、折光误差、调焦误差等。此外，激光准直法还有下列误差来源。

（1）共轴误差。是由于仪器安装不当，而使激光轴与视准轴不共轴引起的误差，这种误差可通过仔细调整来减小。

（2）热漂移误差。这是由激光管与望远镜的热变形引起的误差。由于两者间的隔热不严，因此激光管的高温可传递给望远镜，使望远镜产生不均匀受热变形，并使光束漂移。这种误差可通过改善激光管与望远镜之间的绝热来减小。

（3）复位误差。当激光管损坏需要更换时，由于前后两个激光管的性能不能完全相同，造成更换以后不能完全复位。利用小孔光栏可减小复位误差。

（4）大气的折光和湍流影响有时较大，可能会导致不能正常观测，也要产生误差。为了减少大气的影响，坝顶水平位移观测应在夜间或阴天进行。

8.1.3.2 波带板激光准直法

1. 观测原理

如图 8.7 所示，波带板激光准直系统主要由激光器点光源、波带板和接收靶 3 部分组成。激光器和接收靶分别安置在两端固定的工作基点上，波带板安置在位移标点上，从激光器发出激光束照满波带板后。在接收器上形成一个亮点或十字亮线，按照三点准直方法，在接收靶上测定十字亮线的中心位置，即可确定位移标点的位置，从而求出其偏离值。

2. 观测方法

激光点光源和接收靶分别安置在两端固定工作基点 A 和 B 上，在测点 C 上安置波带板，如图 8.8 所示。

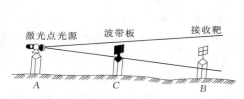

图 8.7 波带板激光准直法示意图

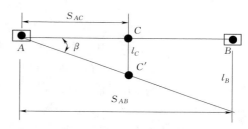

图 8.8 波带板激光准直法计算简图

将激光管预热 0.5h 后照准波带板中心，使激光束在接收靶上成像。司标者转动接收靶的微动螺旋按目视法或光电探测法令接收靶的中心恰好与亮点或十字亮线的中心重合，然后按接收靶的游标读数。为了提高观测精度，应重新转动接收靶的微动螺旋，令接收靶的中心重新对准亮点或十字亮线再次读数，如此反复 2～4 次，读取 2～4 个读数，取其平均值。

其他位移标点的观测按同样步骤进行即可。

测点位移 l_C 为：

$$l_C = \frac{S_{AC}}{S_{AB}} l_B = K_C l_B \tag{8.21}$$

式中　l_B ——接收靶测得的偏离值；

　　　K_C ——比例系数。

3. 误差来源

（1）点光源与工作基点中心不重合，会使激光束未经工作基点中心而射出。因此，必须使小孔光栏处于点光源旋转中心。

（2）波带板的旋转中心与测点中心不重合。也要产生误差。这种误差可以通过波带板正反两面观测取其平均值来消除，而对固定的波带板，两次观测值相减也可消除其影响。

（3）大气折光、湍流等影响，有时会带来很大的误差，因此须选择夜间等有利时机进行观测。为了减小大气折光等影响，可以采用具空管道波带板激光准直系统（如太平哨大坝），也可以采用简易管道准直系统（如刘家峡大坝）。

8.1.3.3 衍射投影成像激光准直法

波带板激光准直法要求固定工作基点和测点同高，有时难以满足。采用衍射投影成像法则可以满足该要求。

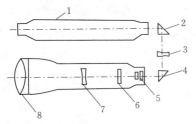

图8.9 衍射投影成像原理

1—氦氖激光器；2—直角棱镜；3—补偿透镜；
4—直角棱镜；5—目镜组；6—分翻板；
7—调焦透镜；8—物镜组

这种方法所用仪器的简单构造，如图8.9所示。这种仪器的构造虽然与激光经纬仪相似，但激光束是从望远镜目镜外面射进望远镜的。激光束通过十字分划板后，在望远镜前方不仅得到衍射图像——亮十字丝，而且还可得到十字丝投影成像——黑十字丝。其中，投影成像的黑十字丝不受激光漂移影响，其观测精度较亮十字丝高，利用它进行观测时，采用目测法较方便；而用亮十字丝观测时，采用光电池接收靶较方便。观测方法与激光经纬仪法相似，不再赘述。

亮十字丝和黑十字丝的宽度与准直距离有关。据实验可知，当准直距离为300m时，十字丝的宽度可达7mm左右。为了提高舰标中心与十字丝中心的重合精度，对不同的准直距离，可采用不同的舰标。如准直距离过长，应采用分段观测方法。

8.1.3.4 真空管道激光准直法简介

因大气中的激光准直法，不可避免地受大气折光和湍流的影响，因此，其观测精度一般只能达到$\pm 1 \times 10^{-6}$m，再提高精度是很困难的。近年来，在太平哨等电站采用真空管道激光准直法，同时可以测得水平位移和垂直位移，其观测误差在$\pm$（0.1～0.2）mm，观测精度比大气中的激光准直法提高一个数量级，而且观测时间大为缩短。据太平哨电站的试验可知，真空激光准直法比视准线法和精密水准测量法各提高工效10倍左右。

真空激光准直法的原理与波带板激光准直法相似，不同的是激光束在真空管道中传播，受外界条件影响小。真空激光准直系统由下列部分组成。

（1）波带板激光准直系统。在一端点处设激光发射室，在另一端点处设激光接收室，在发射室设置点光源，在接收室设置光斑中心探测装置，在每一测点上设置能自动起落的波带板。其控制系统安放在接收室。

（2）真空管道系统。准直系统全程用不同直径的无缝钢管作为激光束的保护管，在测点设置测点箱，其上有测点盖，测点箱与管道、端点与管道之间用不锈钢波纹管连接，以适应管道热胀冷缩变化。管道两端用大型平行平晶密封，在发射室与接收室各安装一台真空泵与管道相连，以便抽气，使管内形成真空。真空管道最好设置在廊道内或日光不直接照射的专用沟道内。

（3）端点校核系统。因真空管道激光准直系统能同时观测水平位移和垂直位移，因此，在端点必须同时设置能监视端点水平位移和垂直位移的装置。墙点水平位移一般用倒垂法，而垂直位移则用双金属深标基点控制。

观测方法与波带板激光准直法相似。观测前开启真空泵，使管道真空度达到 0.2mm 汞柱以内。在接收端需测定光斑中心在直角坐标系中的位置，据此计算测点的水平和垂直位移。

影响观测精度的主要因素是管道内残留空气的折光影响。为了减小这种影响，管道应避免日晒，并提高管道的密封性和真空度，另外，端点变位测定误差的影响也较大。端点变位测定精度应与激光准直法测定精度相适应。

这种方法，如在接收端配以自动跟踪、数字显示和打印系统，即可实现观测自动化。这种观测方法的优点是：简单可靠，精度很高，观测迅速，既能观测水平位移，又能同时观测垂直位移，还可以实现观测自动化，是值得推广应用的方法之一。但投资大则是本方法的缺点。

8.1.4 引张线法观测水平位移

引张线法是在两端基点间拉紧一根不锈钢丝作为基准线，并在两端基点配备将钢丝拉直的引张线，量测各测点对该基线的偏离值。这根基准线相当于视线法的视准线。

由于引张线法不仅适用于坝顶，还适用于不同高程的廊道中观测水平位移，也可以适用于严寒的北方大坝观测中，而且具有精度高，受外界影响小，设备简单，观测方便迅速，同时还具备自记、遥测、数据显示等优点，因此是一种已被广泛采用的方法。

1. 观测仪器和观测方法

（1）两用仪法。两用仪外形如图 8.10 所示。它主要由照准系统、读数放大镜、标尺、水准器、脚螺旋和底座组成。量测范围为 90mm，游标读数 0.1mm；物距为 100mm 以上。

两用仪照准系统头部可以转动，当物镜转向上部时，可用来观测引张线；当物镜转向侧面时。可用来观测垂线，故称两用仪。用两用仪观测引张线，测点上不另安设标尺，在钢丝垂直下方，紧靠测点保护箱埋设"一孔一槽一平面"式强制对中器，作为两用仪的底盘。观测时将仪器安置在底盘上，转动传动手轮，使导轨上照准系统的物镜移动到钢丝正下方，此时通过目镜可看到视场光栏左右有钢丝的像。如钢丝像左右两段分离的，则微动传动手轮，把相互分离的像调到相符合为止，此时即可读取放大镜在标尺上读数。

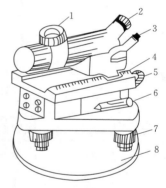

图 8.10　两用仪
1—物镜；2—目镜；3—读数放大镜；
4—标尺；5—传动手轮；6—水准器；
7—脚螺旋；8—底盘

用两用仪观测，应进行两个测回（往返各测一次），每测回对测点读 3 次数，每次读数后，须用水平微动螺旋使视线离开正确位置，再按上述步骤重读数。

另外，东北勘测设计研究院等单位研制的 JQL-50 型两线仪，它的综合观测误差小于 0.1mm。可以观测垂线和引张线，与上述两用仪相似。

（2）读数显微镜法。可供引张线观测用的读数显微镜种类很多，放大倍数和最小读数亦各不相同。

采用读数显微镜观测时，须在测点的水箱旁固定一个槽钢，将钢板尺铆固在槽钢顶面上。在读数显微镜底部安装两个支撑杆，以便使物镜与标尺的距离保持一致，便于操作。

观测时，首先在标尺上读整毫米数，然后将显微镜的两个支撑杆放在钢丝两边的标尺上，如图 8.11 所示，测读毫米以下的小数，观测时，应调焦至成像清晰，转动显微镜内侧管，使测微分划线与钢丝平行。首先，左右移动显微镜，使显微镜视场上某一整分划线与标尺刻划线的左边缘重合，读取该微分划线至钢丝左边缘线的间距 a。然后再移动显微镜，使显微镜某一整分划线与标尺刻度线的右边缘重合，读取该整分划线至钢丝右边缘线的间距 b。d 为标尺分划线左右两侧宽度，D 为钢丝左右两侧宽度。由图 8.11 可知 $a+b=2k+d+D$，即：

$$\frac{a+b}{2}=k+\frac{d+D}{2} \tag{8.22}$$

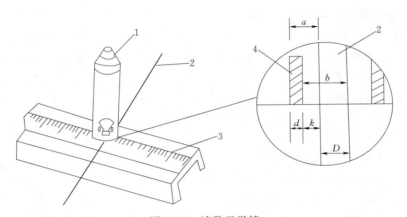

图 8.11　读数显微镜
1—读数显微镜；2—钢丝；3—标尺；4—标尺分划线

$\dfrac{a+b}{2}$ 为标尺整分划线中心至钢丝中心线的距离。整毫米数与 $\dfrac{a+b}{2}$ 相加即得钢丝中心在标尺上的读数。由图 8.11 可知：

$$b-a=D-d \tag{8.23}$$

由于式（8.23）右边为一常数。因此，用式（8.23）可以校核读数有无错误和检定观测精度。

（3）简易观测法。如图 8.12 所示，将标尺设在水箱的侧面，用头发丝或极细的尼龙丝系在靠近标尺的钢丝上，下面挂一小锤，以发丝线作为读数的基准线。观测前应调整发丝线的位置，使发丝离标尺 0.3～0.5mm。观测时用放大镜直接读数。须注意观测者的视线应垂直于标尺。并使发丝线、放大镜光心和眼睛在一条线上。此方法的优点是简单易行，迅速而保证精度。

（4）自动化观测法。南京南瑞集团公司（原南京自动化研究院）研制的 YZ-1 型光电跟踪差动电感式引张线遥测仪，配合 GQ-1 型桥式接收仪，可实现引

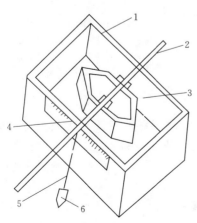

图 8.12　简易观测法
1—水箱；2—钢丝；3—浮船；
4—标尺；5—头发丝；6—小锤

张线观测的遥测。还可以配合使用数字式指示仪的记录器，以实现引张线观测的自动化。这种仪器具有观测精度高、速度快、操作方便等优点，但其缺点是当环境湿度大及气温在零度以下时，影响正常观测，且造价比较高。

2. 观测步骤

现仅以采用读数显微镜的现场观测来说明引张线的观测步骤，采用其他仪器时的观测步骤和要求基本与此相似。

（1）对廊道内的引张线，观测前应检查廊道内的防风情况，如有通风孔洞，应加以封闭。对坝顶引张线，观测某一测点时，其他测点及端点的保护箱盖要关好。

（2）在端点的钢丝两端悬挂重锤，使之拉紧。

（3）把钢丝放在夹线装置的 V 形槽中心，然后夹紧。

（4）增减水箱内的水量，使钢丝高出标尺面 0.3～0.5mm，检查浮船在水箱中是否自由浮动，检查钢丝有无搁浅现象。

（5）检查完毕，待钢丝稳定后，安置仪器进行测读。从一端顺次测到另一端为一测回，然后反向观测另一测回，共进行 3 个测回，各测回之间的互差不得大于 0.2mm。当一个测回结束后，在几处轻微移动钢丝，待静止后再观测下一测回。

（6）测读结束后，将端点夹线装置松开，取下重锤。

需要指出，有的大坝在观测引张线后，不取下重锤，也不松开夹线装置。使钢丝始终处于拉紧状态，如同把钢丝固定在两端点上一样。这种方法，只要拉力足够，又在允许拉力范围之内，就能得到满意的结果。

3. 端点变位的测定

引张线端点一般设在两岸坚固的地基上。但有的坝因受条件限制，不得不设在坝体上，特别是采用分段观测时，分段处的端点必须设在坝体上，端点随坝体发生位移。又因测点位移受端点变位影响，故还须测定端点变位。

测定端点位移的方法很多，如视准线法、前方交会法、倒垂法、正倒垂法等。前两种用在坝顶引张线端点的位移校测中；后两种主要用于廊道内的端点位移校测中，但也可用于坝顶。其中倒垂法精度最高，应优先选用。

如引张线的端点与垂线的底盘设在一个墩座上时，可用倒垂线直接测出端点位移。

如引张线端点与倒垂测墩不在一个墩座上时，倒垂线应布置在引张线端点的上下游方向上，并在端点基座上增设位移标心 A，而在倒垂线观测墩上设置观测标心 B，如图 8.13 所示。

设 AB 间的距离为 S，倒垂线中心 R 至 B 间的距离为 a。倒垂线中心 R 的位置是不变的，当坝体发生变形后，A、B 两点移至

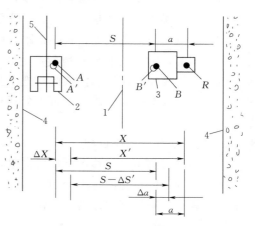

图 8.13　引张线端点观测

1—廊道中心线；2—引张线端点基座；3—侧垂线观测墩；4—廊道边墙；5—引张线钢丝

A'、B' 位置。观测时，用因瓦尺量出 $A'B'$ 间的距离 $S+\Delta S$（如 S 很短，可以不计 ΔS），用垂线观测出 R 至 $B'B$ 的距离 $a+\Delta a$（Δa 为测墩的位移），即可算出端点位移 ΔX。 设 AR 间的距离为 X，$A'R'$ 间的距离为 X'，则有：

$$X' = (S+\Delta S) + (a+\Delta a)$$
$$\Delta X' = X - X' = (S+a) - (S+\Delta S) - (a+\Delta a)$$

即：
$$\Delta X = \Delta a - \Delta S \qquad (8.24)$$

式中 Δa 和 ΔS 的符号与 A、B 和 R 的相对位置有关，应根据实际情况确定。

4. 位移计算

当引张线端点无位移时，直接用本次观测值 l 减去初始观测值 l_0，可得本次观测的位移值 δ 即 $\delta = l - l_0$。设两墙点发生了位移，其位移值分别为 δ_A 和 δ_B，如图 8.14 所示。

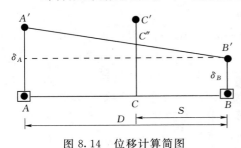

图 8.14 位移计算简图

如测点 C 变位到 C'，则 C 点的位移值等于端点位移值对测点位移值的影响值 CC' 与测点相对于 $A'B'$ 引张线的位移值 $C''C'$ 之和，即 $\delta_C = CC'' + C''C'$。

由图 8.14 可知，端点位移对测点位移的影响值为：

$$CC'' = \delta_B + \frac{S}{D}(\delta_A - \delta_B) = \delta_B + k(\delta_A - \delta_B) \qquad (8.25)$$

式中 $k = \dfrac{S}{D}$。因 $CC'' = l - l_0$，故式（8.25）可写成：

$$\delta_C = l - l_0 + k\delta_A + (1.k)\delta_B \qquad (8.26)$$

5. 影响精度的因素

引张线法观测水平位移的误差来源主要有：

（1）引张线灵敏度不够带来的误差，对同一测线，张力越大，灵敏度越高。

（2）观测误差，主要是读数误差，仪器误差和视线不垂直于标尺面产生的误差。

（3）端点变位测定误差，包括量距和倒垂线的观测误差。

实践证明，引张线的观测精度，主要受端点观测误差的影响。面墙点位移的观测精度，主要受量距误差的影响。因此，把引张线的端点和倒垂线测墩放在一个观测墩上，就可以避免量距误差的影响。如不得不分开布置时，也应设法缩短两者间的距离，以提高引张线观测精度。

8.1.5 倒垂法观测水平位移

用倒垂法观测水平位移，其设备简单，观测迅速准确，而且由于倒垂线锚固在基岩深处，可以认为锚固点是固定不变的，所以用它可以测出绝对位移。因此，倒垂线不仅可以用来观测建筑物不同高程处的水平位移，而且也可用来校核工作基点本身有无变位。

1. 观测理论

利用油箱中浮子的浮力，将锚固在基岩深处的不锈钢丝拉紧，使之成为一条顶端自由的铅垂线，称为倒垂线。当把浮子人为地移开平衡位置时，浮力的水平分力使浮体向平衡位置移动，并在平衡位置左右来回移动，最终受浮液的阻力停止于原平衡位置上。恢复到平衡位置的快慢主要取决于浮力的大小，而浮力大小又可用增减浮液或松紧钢丝的办法来调节。

2. 设备

倒垂线设备由浮体组、观测平台、不锈钢丝、倒垂孔和锚块组成。

（1）浮体组由油（水）箱、浮体和连杆组成。油（水）箱为环形镀锌铁皮或铝制圆桶，如图 8.15 所示。桶底部外侧装一水嘴及连通玻璃管，用以放出液体及观察油（水）位，油桶应设一保护盖。

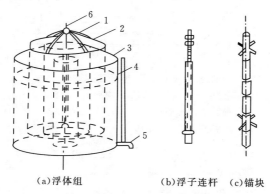

(a)浮体组 　　　　　　(b)浮子连杆 　(c)锚块

图 8.15 浮体组示意图

1—连接支架；2—浮子；3—油桶；4—液面；5—水嘴；6—不锈钢丝

浮子与油（水）桶形状相似，它在油（水）桶内应有足够的活动范围，其上部装有连接支架，用以连接浮子连杆。

浮子连杆为一空心金属圆棒，用上端不锈钢螺杆上的两个螺母连接浮子支架，下端设夹头，用以夹紧钢丝，中部用铜套管连接上下端。

（2）观测平台。观测平台一般用混凝土墩或金属支架做成，平台上留有供穿钢丝用的直径为 150mm 的圆孔。并设置与观测仪器相应的底座，底座安装要求水平，平台上还应设置照明。

（3）锚块。锚块用直径为 32mm，长 500mm 的圆钢制成，其顶部安装连接螺丝用以连接钢丝。中部加工成 n 个台阶，两端焊有十字形短棒（其长度视有效孔径而定），以增加锚固力，并便于锚块定位。锚块也可以采用其他形式。

（4）钢丝。一般采用直径 0.8～1.0mm 的不锈钢丝。

（5）倒垂孔。钻孔直径一般取 150～300mm，孔深一般取所在坝段的坝高，但高坝可浅一些，拱坝的拱座处应深一些。由于钻孔往往偏斜，达不到设计深度。因此，利用设计孔深的倒垂孔观测的位移是相对锚固点的位移，而锚固点不能认为是固定不变的。孔底的有效孔径一般要求 100mm 左右。

3. 测量仪器

（1）清江 CG-2 型垂线观测仪。仪器的外形如图 8.16 所示。这种仪器可以同时测出两个互相垂直的水平方向的位移值。其原理是利用光学方法把一条垂线变成相互垂直的两

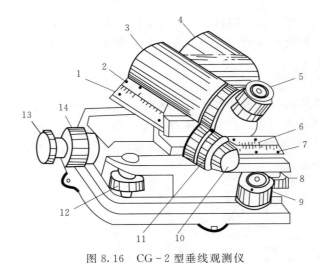

图 8.16　CG-2 型垂线观测仪

1—读数尺；2—游标 1；3—物镜 1；4—物镜 2；5—目镜；6—游标 2；

7—读数尺；8—脚螺旋；9—圆水准器；10—手轮 2；11—上部固定螺旋；

12—脚螺旋；13—手轮 1；14—下部固定螺旋

条黑色的线形，成像在分划板上。其中一条是直接经过物镜成像，另一条要经过转像系统，由棱镜转折后再经过物镜成像在分划板上。

仪器底座上设有圆水准器和纵横向导轨。瞄准系统在读数系统上部的导轨上前后移动时，由分划尺所读的移动数值表示纵向位移；瞄准系统在下部导轨左右移动时，由分划尺所读的移动数值表示横向位移。观测时，左右、前后移动瞄准系统，使黑色十字像恰好位于分划板的透明十字的中央，再从两个相垂直的分划尺和游标读出坐标值。测量范围：横向为 100mm，纵向为 85mm，最小读数为 0.05mm。

（2）南京 GZ-50 型遥测垂线坐标仪。南京水利电力仪表厂生产的 GZ-50 型遥测垂线坐标仪也可以同时测量两个互相垂直的水平方向的位移值。它由差动电感传感器、杠杆传动系统、油箱、底板及保护罩等部分所组成。当垂线发生变位时，由垂线推动传动杆通过杠杆系统使传感器铁芯产生移动，从而把机械位移变成电讯号在电感比例电桥上指示出来，以达到遥测目的。

为了提高垂线观测的自动化水平，国网南京自动化研究院还研制成功了 GS-I 型信号变送器和数字式显示仪，作为遥测垂线仪的电信号发送器和接收显示部分，它可以自动逐点地集中遥测 100 个测点的位移值，还可以连接数字式记录器自动记录，以实现垂线观测自动化。

它的最大测量范围为 50mm，最小分辨能力为 0.01mm，允许误差为 0.025mm。由于采用了机械接触式传动系统。因此，为了提高观测精度，必须采用较大的重锤。如垂线长为 100m 时，须采用 50kg 的重锤，而一垂线上装多台垂线仪时，锤重还应加大，这是该仪器的缺点。

4. 现场观测

在观测前。首先应对倒垂设备进行检查，特别要检查人为移动钢丝后的复位性能。钢丝的复位性能主要与浮力大小有关，浮力越大，使钢丝复位的水平分力也就越大，就能使浮体克服浮液的阻力，较快地复位。如复位性能不好，可加油提高油位，或缩短钢丝长度。然后还要检查浮体是否能在油箱中自由移动，最后还要检查防风措施，以免垂线受气流影响而不稳定。

观测时，先将测点底座清扫干净，然后安置垂线仪，整平仪器，照准垂线，读记纵横尺，取两次照准读数为一测回，每测点应进行两个测回，其读数限差与测回限差为0.1mm。取两测回的平均值作为观测值。为了提高观测精度，在两测回间应重新安置仪器。

倒垂线可以单独形成观测系统，将倒垂线延长至坝顶附近，以观测不同高程处的绝对位移，即测点本次位移观测值与初始位移观测值之差。倒垂线也可与正垂线配合使用。

5. 观测精度

影响倒垂观测精度的因素很多，如仪器的对中误差、调平误差、照准误差、读数误差、仪器间隙误差等。为了估算观测误差，可根据已有的观测资料进行估算，也可以根据专门试验确定。

随着使用年限的加长，垂线间的间隙误差也跟着增大。为了提高观测精度，在每次观测时，移动瞄准系统使游标尺与标尺紧密接触，这样做也可以提高读数精度。

除了上述这两种垂线坐标仪以外，还有 CG-3（3A）型垂线观测仪，其主要用于大坝、高层建筑物等大型工程的水平变形测量及挠度测量，是在原研制生产的 CG-2A 型仪器上的改进型仪器，除保持原仪器的测量范围和测量精度等技术指标外，尤其为提高仪器的工作稳定性，在结构上做了较多的改进。具有体积小，重量轻，并可实现三维观测（CG-3A 型）等优点。产品已陆续提供给葛洲坝、清江隔河岩、东风、曼湾和万安等几十个水电站使用。其基本参数如表 8.1 所示。

表 8.1　　　　　　　　　　CG-3（3A）型垂线观测仪基本参数

项目	说明
测量范围	纵向：0～50mm
	横向：0～50mm
铅垂向	0～8mm（使用 CG-3A 型，并配备专用钢丝）
精度	±0.1mm
测微鼓格值	0.01mm
观测系统放大率	3.2倍
观测线视场	$\phi 8.7$mm
视度调节范围	±5 屈光度

8.2 垂 直 位 移 观 测

垂直位移观测是要测定大坝及其基础在铅垂方向的升降情况，亦称沉陷观测，或沉降观测。实际上随着外界条件的变化，大坝和基础不仅会发生沉陷，而且会上升。例如基坑开挖时由于卸荷作用，基础会回弹上升，施工期重新加荷，基础又会沉陷，大坝运行期，对于混凝土坝来说随着气温的升降或库水位的升降，大坝也会发生上升和下降。因此，垂直位移观测是构成大坝原型观测的重要内容之一。通常规定：垂直位移向下者为正，向上者为负。

垂直位移观测，目前多采用几何水准法，也有采用液体静力水准法、三角高程测量法、连通管法和真空管道激光准直法等。

下面只介绍几何水准法垂直位移观测。

垂直位移观测一般分为两大步骤：一是由水准基点校测各起测基点是否有变动；二是利用起测基点测定各垂直位移标点的位移情况。

8.2.1 起测基点的校测

施测前，首先应校核水准基点是否有变动，然后将水准基点与起测基点组成的水准环线（或水准网）进行联测。观测精度按一等或二等精密水准控制，故应采用精密水准仪和钢尺施测。一等、二等水准测量的方法基本相同。

8.2.1.1 每站观测程序

1. 径测

（1）奇数站为：

1）照准后视标尺的基本分划。

2）照准前视标尺的基本分划。

3）照准前视标尺的辅助分划。

4）照准后视标尺的辅助分划。

这样的观测顺序简称为：后—前—前—后。

（2）偶数站为：

1）照准前视标尺的基本分划。

2）照准后视标尺的基本分划。

3）照准后视标尺的辅助分划。

4）照准前视标尺的辅助分划。

这样的观测顺序简称为：前—后—后—前。

2. 返测

每测站观测顺序与往测相反。即奇数站采用：后—前—前—后，偶数站采用：后—前—前—后的顺序。

8.2.1.2 每站的操作步骤

每站的操作步骤如下。

（1）整置仪器水平（望远镜绕竖轴旋转时，水准管气泡两端影像分离不得超过 1cm）。

（2）以后—前—前—后的观测顺序为例，将望远镜对准后视标尺，使符合气泡两端的影像近于符合（两端影像分离不得大于 2mm），随即用上、下丝在标尺的基本分划上进行视距读数，视距第 4 位数由测微轮直接读得，然后，使符合水准器气泡严格符合，转动测微轮令楔形平分丝精确照准标尺的基本分划，并读出标尺基本分划与测微轮的读数。

（3）旋转望远镜对准前视标尺，令符合水准气泡严格符合，用楔形平分丝精确照准基本分划，并读出标尺基础分划与测微轮读数。然后用上、下丝在基本分划上进行视距读数。

（4）用微动螺旋使望远镜照准前视标尺的辅助分划，并使符合水准气泡严格符合，用楔形平分丝精确照准辅助分划，读出标尺辅助分划与测微轮的读数。

8.2.1.3 记录与计算

每一测站的观测结果必须立即记在手簿中，并进行测站计算。记录格式如表 8.2 所示，表中括弧内的数字表示观测与计算的顺序。计算项目如下：

（1）高差部分：（14）＝（3）＋k－（8）或（14）＝（3）－（8）；（13）＝（4）＋k－（7）或（13）＝（4）－（7）；（15）＝（14）－（13）；（16）＝（3）－（4）；（17）＝（8）－（7）。

（2）视距部分：（9）＝（1）－（2）；（10）＝（5）－（6）；（11）＝（9）－（10）；（12）＝（11）－前站（12）。

表 8.2 一等、二等水准测量记录手簿表

往测自＿＿＿＿＿＿＿至＿＿＿＿＿＿

返测＿＿＿＿＿时＿＿＿＿＿分至＿＿＿＿＿时＿＿＿＿＿分

成像＿＿＿＿＿温，云＿＿＿＿＿

风向向风速＿＿＿＿＿天气＿＿＿＿＿土质＿＿＿＿＿太阳方向＿＿＿＿＿

测站编号	后尺 下丝 上丝	前尺 下丝 上丝	方向及尺号	标尺读数		基＋k－辅 /基－辅	高差中数	备注
	后距	前距		基本分划	辅助分划			
	视距差 d	Σd						
	（1）	（5）	后	（3）	（8）	（14）		
	（2）	（6）	前	（4）	（7）	（13）		
	（9）	（10）	后－前	（16）	（17）	（15）		
	（11）	（12）	n				18	

8.2.1.4 技术规定与精度要求

各项规定归纳如表 8.3 所列。

表 8.3 技术规定与精度要求

项目	一等	二等	三等
视线长度/mm	≤35	≤50	≤75
前后视距差/mm	≤0.5	≤1.0	≤2.0
前盾视距累积量差/mm	≤1.5	≤3.0	≤5.0
基辅（黑红）读数差/mm	≤0.3	≤0.5	≤2.0
基辅（黑红）高差之差/mm	≤0.5	≤0.7	≤3.0
测段往返测高差不符值/mm	$\pm2\sqrt{k}$	$\pm4\sqrt{k}$	$\pm12\sqrt{k}$
环线或附合线路高差闭合差/mm	$\pm2\sqrt{L}$	$\pm4\sqrt{L}$	$\pm12\sqrt{L}$
往退测高差中数每千米中误差/mm	≤0.5	≤0.0	≤3.0

注 表中 k 为平均路线长，L 为环线或附合路线长，均以 km 计。

在垂直位移观测中，由于路线固定，而起测基点的校测一般是每年进行 1～2 次，因此可以把测站点和转点的位置固定下来，每年固定某月观测，使得每次观测条件基本相同，不但可以减少外界条件变动对观测结果的影响，提高观测精度，而且可以提高工效。

8.2.1.5 观测成果的计算

观测成果的计算步骤如下。

(1) 将每段往测和返测的高差施以标尺尺长修正，修正后往测和退测的高差之差的允许值为：

$$d_允 = \pm 2\sqrt{L}$$

式中　L——测段路线长度，km。

如在允许范围内则取其中数作为该测段的高差。

(2) 由各测段的高差中数计算环线闭合差，环线闭合差的允许值为：

$$h_允 = \pm 2\sqrt{L}$$

式中　L——路线长度，km。

如在允许范围则进行下步计算。

(3) 将环线闭合差按各测段路线长度成正比分配，最后求得各测段平差后的高差。

(4) 由水准基点的高程和各测段平差后的高差推算各起测基点的高程，本次算得的高程与首次观测的高程相比较，即可求得各起测基点的高程的变化情况。

(5) 为了评定水准测量的精度，按式（8.27）计算每千米水准测量高差中数的中误差为：

$$\mu_{km} = \pm \sqrt{\frac{[Pdd]}{4n}} \tag{8.27}$$

式中　d——各测段往返高差之差，它们的权为 p_i，$p_i = \dfrac{1}{k_i}$；

　　　k_i——各测段的路线长度；

　　　n——水准环线的测段数。

8.2.2　垂直位移标点的观测

1. 观测方法

垂直位移标点的观测，一般是从起测基点开始测定相应的垂直位移后附合至另一起测基点构成附合水准路线。对于混凝土坝的垂直位移标点观测，其最弱点位移值观测中误差一般要求不大于 ±1mm，故应采用精密水准仪和因瓦水准尺按二等水准测量的要求进行观测。但它具有测点密、坡度陡（有时要把高程传至廊道）、视线短、测站多而路线固定多次重复观测等特点，因此为了使每次观测条件基本相同，减少一些外界条件的影响。提高观测精度和速度，一般采用固定仪器和标尺。固定测站和立尺点，甚至固定观测人员进行观测。返测时亦相同。此外，因为视线短，量距方便，为了保证观测精度，对测站上的技术要求可以适当从严，如规定前后视距差不大于 0.3m，前后视距累积差不大于 1m，基辅读数差不大于 0.3mm 等。当观测进出廊道时，应使仪器及标尺凉置 0.5h 后，才能开始观测。

2. 观测成果的计算

（1）对观测值施以标尺尺长修正。

（2）计算附合水准路线的闭合差，如在允许范围内，根据测站多，每站视线长不相等的特点，将闭合差按测段站数成正比分配。求得各段平差后的高差。

（3）根据起测基点的高程推算各垂直位移标点的高程，本次测得的高程与首次观测的高程相比较，即求得各标点相对首次观测的位移量（若起测基点有微小位移。计算时一律以首次观测的起测基点的高程为起算高程，起测基点的位移量在分析资料时再作考虑）。

（4）按式（8.28）计算附合水准路线上一测站高差中数的中误差为：

$$\mu_{站} = \pm\sqrt{\frac{[p_i d_i d_i]}{4n}} \qquad (8.28)$$

式中　　p_i —— $p_i = \dfrac{1}{N_i}$，$i = 1, 2, \cdots, n$;

$\quad\quad d_i$ ——各测段往返测高差的较差，它们的权分别为 p_i，mm；

$\quad\quad N_i$ ——各测段的测站数；

$\quad\quad n$ ——附合水准路线的测段数。

（5）按式（8.29）计算最弱点相对于起测基点的高程中误差为：

$$m_{弱} = \pm\mu_{站}\sqrt{R} \qquad (8.29)$$

$$R = \frac{R_1 R_2}{R_1 + R_2} \qquad (8.30)$$

式中　　R_1、R_2 ——由两个起测基点测至最弱点的测站数。

垂直位移量是两次测得高程之差，所以垂直位移量的中误差 $m = \pm\sqrt{2}\,m_{弱}$，按规定 m 应小于 $\pm 1\text{mm}$。

8.2.3　误差来源

1. 水准仪的交叉误差

水准管轴与视准轴在水平面上的垂直投影若不平行，就会造成观测误差，称为交叉误差。交叉误差与交叉角及仪器竖轴倾斜角成正比。

为了消除或减小交叉误差，一方面要认真检校交叉角和水准器，严格整平仪器；另一方面，在连续各测站上安置水准仪的三脚架时，应使其中两脚与水准路线方向平行，而第三脚轮换置于路线方向的左侧与右侧，并使测站数为偶数（这样做也有助于消除标尺零点差的影响）。

2. 水准仪 i 角误差

水准管轴与视准轴在垂直面上的投影的夹角（i 角）所造成的观测误差，称为角误差。此误差与 i 角大小和测站前后视距差成正比。为了消除或减小 i 角误差，应严格检校 i 角，尽量使前后视距相等，并要满足表8.2中的规定。

3. 观测误差

观测误差包括气泡置中误差和照准误差。使用 Ni004 水准仪进行水准测量，观测中误差 $m_{观} = \pm 3.6 \times 10^{-6} S$（$S$ 为视距），如二等水准测量时 $S = 50\text{m}$，则 $m_{观} = \pm 0.18\text{mm}$。

4. 气温变化对仪器的影响

当气温变化时，仪器也会热胀冷缩，引起 i 角的变化。试验表明，气温逐渐升高时，在尺上的读数逐渐减小，反之亦然。一般情况下，上午的气温是逐渐升高的，故尺上的读数逐渐减小，而下午则相反。因此，为了消除温度变化对 i 角的影响，规范要求往测与返测应分别在上午和下午进行。规范又规定，必须把仪器在外界放置 0.5h 以上，使仪器与周围温度一致后才能观测；观测时要用伞遮住仪器；搬站时用白布罩住仪器，以减小温度的影响。另外，用光学测微法的奇偶站的观测顺序也有助于消除 i 角变化的影响。

5. 三脚架升沉的影响

当把三脚架踩入地面后，由于自重会使脚架下沉，而由于土壤的反作用又会使脚架上升。这种影响采用一、二等水准测量的顺序就可基本消除。

6. 尺子升沉的影响

与脚架升沉相似，由于尺台和尺子的重量，尺子会下沉，而由于土壤的相反作用又会使尺子上升。这种影响在往返测的平均值中可得到基本消除。

7. 大气折光影响

由于大气的温度分布不均匀，使光线发生折射，视线变成一条曲线。如在晴天观测，靠近地面的温度较高，视线离地面越近，折射也就越大。因此，规范规定，一等、二等水准测量的视线高度应分别大于 0.8m 和 0.5m。为了减小折光影响，应选择有利时间进行观测，如阴天或日出后 0.5h 内至日落前 0.5h 内进行观测。

8.2.4 观测精度要求

1. 基辅读数差的限差（允许误差）

水准测量的观测误差主要取决于照准误差和置中误差，它们又取决于望远镜的放大倍数和水准管分划值。规范规定：对一等 $m_{观} = \pm 0.12\text{mm}$；对二等 $m_{观} = \pm 0.18\text{mm}$；对三等 $m_{观} = \pm 0.78\text{mm}$。

由于基辅差 $\delta = \delta_{基} - \delta_{辅}$，按误差传播定律，其中误差 $m = \pm \sqrt{m_{基}^2 + m_{辅}^2} = m_{观}$，其限差为：

$$\Delta_{限} = 2m = 2\sqrt{2}\, m_{观} \tag{8.31}$$

如对三等水准测量 $\Delta_{限} = 2\sqrt{2} \times 0.78 = 2.2\text{mm}$，规范采用 2.0mm。

2. 基辅高差之差的限差

因 $\Delta h = (a_{基} + b_{基}) - (a_{基} + b_{基}) m_{\Delta h}^2 = 4m_{观}^2$，故有：

$$\Delta_{限} = 2m_{\Delta h} = 4m_{观}^2 \tag{8.32}$$

对二等 $\Delta_{限} = \pm 4m_{观} = \pm 4 \times 0.18 = \pm 0.72\text{(mm)}$，规范采用 ±0.70mm。

3. 两固定测点间往返高差之差的限差

因 $$\Delta h = h_{往} + h_{返} = \frac{1}{2}(h_{往基} + h_{返基}) + \frac{1}{2}(h_{返基} + h_{往基})$$

$$\Delta_{限} = 2m_{\Delta h} = m_{\Delta h}^2 = \frac{1}{4}m^2 h = \frac{1}{4} \times 4(\sqrt{2m_{观}})^2$$

故有：

$$\Delta_{限} = 2m_{\Delta h} = 2\sqrt{2m_{观}} \tag{8.33}$$

对一等、二等、三等，$\Delta_{限}$ 分别为 $\pm0.3mm$、$\pm0.5mm$ 和 $\pm2.2mm$。

4. 每千米中误差

规范规定，按下列式计算水准测量精度，即

$$M_{\Delta} = \pm\sqrt{\frac{1}{4n}\left[\frac{\Delta\Delta}{R}\right]} \tag{8.34}$$

$$M_w = \pm\sqrt{\frac{1}{4n}\left[\frac{WW}{F}\right]} \tag{8.35}$$

式中　M_{Δ} ——往返测高差中数的每千米偶然中误差；

　　　M_w ——往返测高差中数的每千米全中误差；

　　　n ——测段数；

　　　F ——水准环线周长，km；

　　　W ——水准环线闭合差，mm。

在水工建筑物的沉陷观测中，由于水准线路一般不长，故可不计系统误差的影响。一般只考虑偶然误差的影响。

5. 测段往返测高差不符合值的限差

利用高差不符合值的函数式与误差传播定律，可导出往返高差不符合值的限差公式为：

$$\Delta_{限} = \pm4M\Delta\sqrt{R} \tag{8.36}$$

6. 环线闭合差的限差

在环线中，系统误差不能忽视，应按全中误差公式计算。

设环线周长为 F，则 $M_F = M_W\sqrt{F}$，其限差为：

$$\Delta_{限} = 2M_F - 2\sqrt{F} \tag{8.37}$$

7. 附合水准路线闭合差的限差

因附合路线与已测路线构成闭合环线，故计算闭合差的限差公式为：

$$\Delta_{限} = 2\sqrt{M_{已}^2 + M_{测}^2}\sqrt{L} \tag{8.38}$$

式中　$M_{已}$ ——已知点间每千米高差中数的中误差，按全中误差计算；

　　　$M_{测}$ ——新测路线每千米高差中数的中误差，按全中误差计算；

　　　L ——所测水准路线长度，km。

8.3　倾　斜　观　测　方　法

各种水工建筑物和基础在自重和外力作用下，产生的水平位移和垂直位移，将使建筑物各部分发生倾斜，如基础的不均匀沉陷将使基础倾斜。

在倾斜观测布置时应选择有代表性的、重要的典型部位，如基础薄弱部位、最大坝高等处布置，并要与其他外部观测与内部观测相配合，以便进行观测资料的综合分析。对大坝来说，基础倾斜比坝顶倾斜更为重要，它将直接关系着大坝倾覆稳定问题。

8.3.1　观测计算

如图 8.17 所示，设 AB 为大坝基础变位前的水平面，经变位后移至 $A'B'$，A、B 两点的垂直位移分别为 h_1 和 h_2。再设基础倾斜角为 α，坝基水平长度为 L，则有：

$$\sin\alpha = \frac{h_2 - h_1}{L} = \frac{\Delta h}{L}$$

因 α 一般很小，可以认为 $\sin\alpha \approx \alpha$，故上式可改写为：

$$\alpha = \frac{\Delta h}{L} \tag{8.39}$$

$$\alpha = 206265 \frac{\Delta h}{L} \tag{8.40}$$

式中　Δh、L ——单位应取一致。

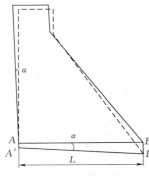

图 8.17　倾斜计算简图

因 L 为已知，所以只要用水准测量法或其他方法测出 A、B 两点的垂直位移，就可用上式计算倾角，这种方法称为间接观测法。而把利用专用仪器直接读出倾角的方法叫做直接观测法。

因倾角一般很小，所以只有利用精密仪器才能观测出倾角的变化。

8.3.2　倾斜观测仪器

1. 气泡式倾斜仪

这种倾斜仪的主要部件是高灵敏度的圆柱状气泡水准管，它安装在能绕轴旋转的薄板上如图 8.18 所示，利用弹簧片使测微螺旋的下端与薄板保持经常接触，在底板上有置放装置。当建筑物倾斜时，气泡离开零点位置，转动读数盘，使气泡居中，在读数盘上读出指针所指的倾角读数。

这种仪器的灵敏度主要取决于水准管的灵敏度，一般可达 $1'' \sim 2''$。这种仪器也可装在垂直壁上测量垂直面的倾角。气泡式倾斜仪具有观测方法简单，速度快和成本低等优点，但灵敏度较低，仅适用于测量较大的倾角。

2. 遥测倾斜仪

如图 8.19 所示为南京南瑞集团公司近年来研制成功的 QX-10 型差动电感式遥测倾斜仪的示意图。它是由固定在支架上的片簧，由片簧支撑的摆体和磁片以及一组线圈所组成。

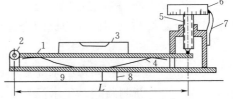

图 8.18　气泡式倾斜仪

1—薄板；2—轴；3—气泡水准管；4—弹簧片；
5—测微螺旋；6—读数盘；7—指针；
8—置放装；9—底板

当仪器随安装平面倾斜口角时，摆体将通过片簧引起磁片与电感线圈之间的间隙变化，差动地改变线圈的电感量。如输入的正弦交变电压为 $U_入$ 时，电感比例电桥的输出电压如图 8.20 所示，即为：

$$U_出 = f U_入 \, \alpha = K \alpha \tag{8.41}$$

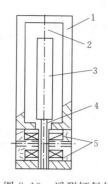

图 8.19 遥测倾斜仪

1—支架；2—片簧；3—摆体；4—磁片；5—线圈

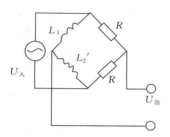

图 8.20 电感比例电桥

当 $U_入$ 为恒定时，$U_出$ 与倾角口成正比，上式中的 K 即为最小格值。QX-10 型的最小格值为 $0.6''$。这种仪器可用 GX-1 型电感比例电桥接收，也可与其他电感式仪器（遥测垂线仪、引张线遥测仪）统一集中观测。

3. 水管倾斜仪

水管倾斜仪是应用连通管内水面保持水平的原理制成的，这是由两个钵体（A 与 B）、玻璃水管、塑料空气连通管和显微镜所组成，如图 8.21 所示。塑料空气管用来平衡两个钵体内的气压。当 A、B 间产生倾斜时，钵体 A、B 中的水面仍然处于同一水平面上，但两个钵体发生了相对垂直位移，其中一端水位上升，另一端下降。此位移值可借助于测微系统精确地测出来，即可换算成 A、B 两点间的倾斜角。

设第一次观测 A、B 两钵体中的水位读数为 a_1、b_1，第二次读数为 a_2、b_2，则两点间的垂直位移 Δh 和倾斜角 α 为：

$$\alpha = 206265 \frac{\Delta h}{L} \quad ('') \tag{8.42}$$

式中　　Δh ——两点间垂直位移，$\Delta h = (a_1 - b_1) - (a_2 - b_2)$。

观测时，转动带手轮的度盘可带动螺杆转动使测针升降。当测针刚刚接触水面时，测针尖与其倒影尖部相接触时的影像，如图 8.22（c）所示，这时可从度盘读取毫米以下的读数（估读至 $1\mu m$），再从竖尺上读取毫米数。每次观测应重复 3 次取平均值，其互差不许超过 $3\mu m$。

如图 8.22（a）所示为测针尖未与水面接触时的影像，而图 8.22（b）为测针尖超过水面进入空气时的影像，这两种接触方式都是错误的，实践证明，对同一测次，不同观测者的读数是不同的，这主要是由于对测针接触水面的判断不同所致。因此，为了提高观测精度，最好固定观测人员进行观测。

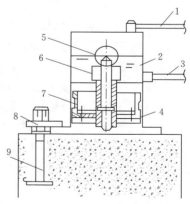

图 8.21 水管倾斜仪

1—气压塑料管；2—蒸馏水；3—玻璃水管；
4—度盘；5—计针；6—水银；7—手轮；
8—金属压板；9—地脚螺丝

255

(a)测针尖未与水面　　　(b)测针尖超过水面　　　(c)测针尖与其倒影尖部
接触时的影像　　　　　进入空气时的影像　　　　相接触时的影像

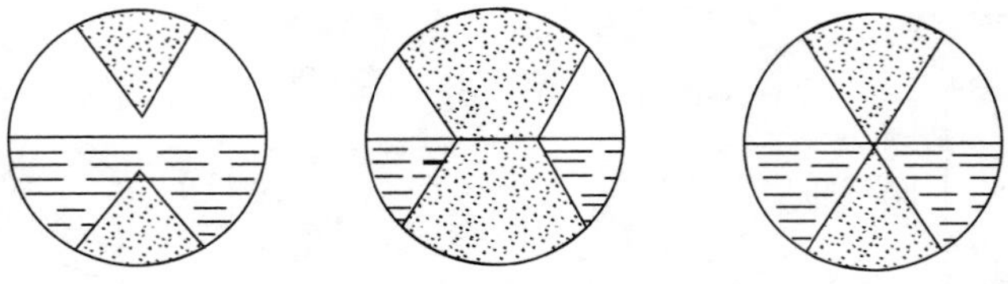

图 8.22　测针投影

水管倾斜仪灵敏度很高，但水的温度对观测精度的影响较大，因此要求安装在温度较恒定的廊道或山洞内，并要求 A、B 两点的温度差不超过 1℃。

水管倾斜仪的观测精度也很高，观测方便迅速，值得推广应用，但缺点是不能自记和遥测。目前，常常采用自记和遥测水管仪，其观测原理相同，其优点是实现观测自动化与实时监控。

8.4　基　线　丈　量

用视准线法观测水平位移时，用基线丈量法校核工作基点的变位；在交会法中用基线丈量法测定交会基点的变位和确定交会基线长度；在三角网法中，须准确测定基线或起算边的长度；为了解岸坡坝段的横向稳定性，也要用精密丈量法直接测定沿坝轴方向的水平位移。

根据观测目的和精度要求不同，长度丈量可以采用不同的观测方法，在本节中将着重介绍精密基线丈量方法，并简要介绍其他方法。

8.4.1　基线丈量方法

基线丈量主要用于工作基点校核、直接测定位移标点的水平位移以及三角网的基线或起算边的丈量，在精度要求不高的情况下，也可以采用普通钢尺或其他简易方法。

8.4.1.1　测量工具

1. 因瓦基线尺

基线丈量用的主要测量工具是因瓦合金钢基线尺（线状或带状），它是由含镍约 36%，含铁约 64% 的合金钢制成。其热膨胀系数在 0℃ 以下，比普钢尺小得多，由于温度测定误差对丈量精度的影响不大，因此温度测定误差只要小于 1℃ 就可以了。

因瓦线尺一般分为 24m 和 48m 两种，另配有 8m 或 4m 长的补尺，均装在卷鼓内。线尺的两端焊有三棱形分划尺，最小分划为 1mm，估读至 0.1mm。

2. 滑轮拉力架

通过拉力架上的精密导向精轮，用细钢丝索的挂钩连接基线尺尺环，钢索另一端悬挂重锤引张基线尺，滑轮拉力架分三脚架式和单脚式，单脚式轻便而安装灵活，但需人工扶持。

3. 重锤

每套基线尺应配有 10kg（对 24m 基线尺）或 16kg（对 48m 基线尺）的重锤两个，其质量须经校验，与标准质量之差不得大于 5g。

4. 标柱三脚架（或称轴杆架）

标柱三脚架上部装有标注（或称轴杆头），标柱的顶面一般是微曲的圆球面，其上刻有正交的十字细线，一条线放在基线方向上，另一条线作为丈量时读尺的指标线。标柱一般用不锈钢等硬质金属制成。

在变形观测中，当丈量距离较短时，为了提高丈量速度和精度，端点和中间标志应尽可能采用永久性的标柱钢筋混凝土墩以代替轴杆架。它可以免去丈量前的定线、概量、架设轴杆架及轴杆头水准测量等工作，也可以免去用光学对中器对中的操作。但基线较长时仍须采用轴杆架。

5. 光学对中器

为了将地面端点的十字标志引至线尺附近，须用光学对中器等对中仪器，它附有三脚架、水准器及标柱。将对中器的望远镜插入标柱轴套内，并使水准气泡居中，用微动螺旋使望远镜的十字丝中心正好对中地面标志中心，然后取出望远镜，插入标柱，此时标柱中心与地面标志中心在同一条铅垂线上。

8.4.1.2　基线丈量前的准备工作

在基线丈量前应作好如下准备工作。

1. 整置轴杆头和定线

将经纬仪安置在基线端点中心的正上方，或端点顶面的强制对中器上，照准另一基线端点的觇标或标柱，然后指挥测工由远而近地依次整置轴杆架，相邻两轴杆架的距离一般应为24m（±10～30mm），在一测段中大于和小于24m的尺段效应近似相等，最好交替布置。

各轴杆架的第三腿应依次安置在基线的一方和另一方。轴杆头应垂直，其上的十字线之一应与基线方向一致。

不足一基线尺长的短跨，可使用补尺测量。此时，相邻轴杆头的高差应在100mm以内；但不得使用补尺测量短于1m的距离，短于1m的距离，应分配在前面的各尺段上。

2. 轴杆头水准测量

为了将倾斜距离换算成水平距离，即长度倾斜修正，须进行轴杆头水准测量，用精密水准仪按中丝读数法进行往返测，往测在长度丈量前进行，而返测在丈量之后进行。测量时，应把轻便标尺直接立于轴杆头上。

对高差小于、大于1m和使用补尺的尺段，其相邻轴杆架间往返测高之差分别不得超过3mm、2mm和1mm。

8.4.1.3　基线丈量方法

为了保证基线丈量的精度，在雨天、大雾天、大风天和温度超出基线尺检定温度时均不得进行丈量，为了减小膨胀系数检定误差的影响，夏季宜在早晚、冬季宜在中午进行丈量，丈量原理如图8.23所示。

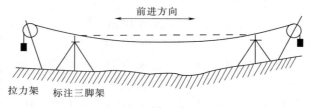

图 8.23　基线丈量原理

如配备有 4 根尺子时，用 2 根尺往测，另外 2 根返测；有 2 根尺子时，往返测都使用这两根尺。

丈量时，基线尺的零分划丈量前进方向的后方，但因场地限制尺子不能掉头除外。

基线丈量前 30min 将线尺挂在尺架上引张，不加重锤。在距轴杆头约 1m 处整置滑轮拉力架，其滑轮方向应与基线方向一致，并使滑轮顶面略高于轴杆头。

基线丈量时，两端的动作均应同时进行，挂尺、放锤、取锤、取尺及准备读尺的口令均由前端读尺员发出，动作在后端读尺员回答"好"的瞬间同时进行。放锤及取锤的动作要轻。

读数时，滑轮平面应严格位于基线方向上，基线尺的斜棱与轴杆头十字线的一根一致，并稍触及标志，如两端高差大，基线尺向低端滑动时，应由前端读尺员将分划尺稍压在标志上。读数应在线尺和滑轮停止摆动后进行。

每尺段读 3 对数。由前读尺员先读，读至 0.1mm。先读米数，后读厘米、毫米数。每对读数间，前读数员将尺子移动 10～20mm。一组读数内前端读数与后端读数之差和互差不得超过 0.3mm，如超限，应补读，如仍不符合规定，应重测。

第一根尺读数完毕，交给测工，移至下一尺段，并用第二根尺测量该尺段，如此继续进行各尺段的测量。

每一尺段两根尺加尺长修正的"前一后"中数的互差不得超过 0.2mm，如超限，应重测可靠性较差的结果。如重测结果与同尺原测结果之差及其中数与另一尺的结果之差，均不超出 0.2mm 时，则同尺重测结果与原测结果取中数采用。否则只采用重测结果，若仍超限，仍重新测量另一根尺。

一尺段测定完后，前端读尺员及器械留原地，换为下一段后端位置，后段读尺员及器械前进，换为下一尺段前端位置。返测时，前后端读尺员及器械互换，

空气温度，在每测段每一单程始末各读一次。对较长测线，每 5 尺段读一次，但每 2 次读数之间不得超过 15min。读数至 0.1℃。读数位置在靠近测线并与尺子同高处。当气温变化大时，应每测段读一次。

8.4.2 基线尺的维护

维护好基线尺是为了保持尺长的稳定，避免尺子的损坏，以保证测量精度。基线尺的维护应包括以下各项。

（1）在运输中，应在尺箱底部垫软垫。并有专人照看，防止剧烈的振动和撞击。

（2）存放在干燥的地方。冬季应放在与室外温度相当的房间内。

（3）收放尺应由专人负责。拉尺不能用力过大，要使尺与尺环能自由旋转，避免受扭力。把基线尺轻松整齐地绕在卷鼓上，分划尺的斜棱要向上。

（4）在测量过程中，读尺员须戴手套，禁止用赤手握线尺及分划尺，交接尺时只许持尺环。

（5）尺子绝对不能接触地面及轴杆架、拉力架、树枝、草等。尺子底下禁止有人穿过。

（6）在凉尺时，须在基线尺全长上张挂红白相间的警戒带，并有人照看。

（7）移动尺子时，前尺端应高举过头，并微向右偏，后端置胸部高度，手向前稍伸，

以调整尺子的张力，前后读尺员均应匀速除徐前进。

（8）丈量完毕和装箱之前，要用浸有汽油的干净软布擦拭线尺、棱尺及卷鼓，并用软布在尺身和棱尺上涂一层凡士林保护。备用尺每2～3个月擦拭一次，重新涂凡士林保护。

8.4.3 其他基线丈量方法

由于基线丈量法外业工作量大，效率低，因此只适用于精密量距方面。当观测精度要求不高时（如测量交会边的长度时，只要求量距相对误差小于1/2000），则可采用普通尺直接丈量法或光电测距法等。

8.4.3.1 用普通钢尺直接丈量法

普通钢尺（或称钢卷尺）为带状，尺宽10～15mm，长度有20m、30m或50m等几种。钢尺的分划，有的以mm为基本分划；有的以cm为基本分划，但尺端10cm内为mm分划。有mm分划的钢尺用于较精密的量距。钢尺须经检定，应有尺长方程式。对丈量成果，要进行尺长修正、温度修正和倾斜修正。

丈量前，先用经纬仪定线。定线时点与点之间的距离宜稍短于一整尺长，各点要打入木桩，桩顶要高出地面20～30mm，并在桩顶上绘制十字线，其中一根要与直线方向一致。丈量前，还要用普通水准仪测量各柱顶间的高差，以便进行倾斜修正。

丈量方法与精密基线丈量法相似。以检定时的拉力引张钢尺于尺段的两端点上（拉力用弹簧秤衡量），钢尺两端要对准端点十字线中心读数，两端同时读数3次。在每次读数前，以钢尺的不同位置对准端点，然后读数。3次读数所得尺段长度之差一般不允许超过3mm。

用钢尺丈量，应进行往返测，其相对误差不得超过规定值，若合乎要求，则取其平均值作为丈量的最后成果。

当精度要求不高时，如地面倾斜，丈量时可将钢尺的一端或两端同时抬高使尺子水平。尺子是否水平，可由第三人站在离尺子稍远的地方目估判定。一般使尺子一端靠地面，另一端用垂球线紧靠尺子的某一分划线，以垂球自由坠地点作为该分划线的水平投影，并以此作为尺段端点。利用这种方法量距时，不需要进行倾斜修正。

8.4.3.2 光电测距法

用直接丈量法量距，外业工作量大，工作效率低；而光电测距法与此相反，其外业工作量大为减少，工作效率高，测程远，精度亦较高，它是量距工作的发展方向。

光电测距的基本原理是通过测定光波在测线两端间往返传播时间 t，按式计算距离 D，即：

$$D = \frac{1}{2}ct \tag{8.43}$$

式中　c——光波在大气中的传播速度。

c 与大气折射率的关系为：

$$c = \frac{c_0}{n} \tag{8.44}$$

式中　c_0——真空中的光速度；

　　　n——大气折射率。

大气折射率 n 可用式（8.45）计算，公式为：

$$n = 1 + \frac{n_g - 1}{1 + \alpha t} \frac{P}{760}$$ (8.45)

式中　　n_g——标准大气状态下的折射率，它与光的波长有关；

　　　　α——空气膨胀系数，$\alpha = \dfrac{1}{273.2}$；

　　　　t——大气温度，℃；

　　　　P——大气压，mmHg。

当测线两端不等高时，还需要倾斜修正。

在水工观测中可用短程的光电测距仪，相位式光电测距仪的工作原理可用方框图（如图 8.24 所示）。

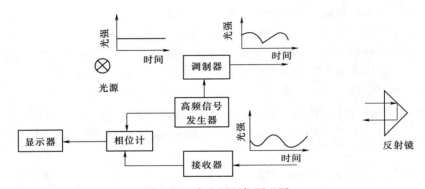

图 8.24　光电测距仪原理图

由光源发出的光通过调制器后，其光强随高频信号变化的调制光射向放置于另一端的反射镜，经反射镜反射后被接收器所接收，然后由相位计将发射信号与接收信号进行相位比较，并由显示器显示出调制光在被测距离上往返传播所引起的相位移。最后再由相位移计算出往返传播时间（实际上，显示器可自动显示被测段的距离）。

观测时，将测距仪和反射镜分别安置在测线的两端，且应仔细地对中。接通电源，照准反射镜，检查反射回来的光强信号，当信号强度调整至最大时，读两次距离读数，然后重新照准再读两次读数，以减小照准误差。继而还应读取经纬仪竖盘读数，也要测读大气温和气压值。观测完毕，还须按竖直角进行倾斜修正，按气温和气压进行气象修正，最后计算测线的水平距离。

8.4.4　基线长度计算

用直接丈量法测得的长度须进行尺长修正、温度修正和倾斜修正等。

1. 尺长修正

尺长修正按基线尺检定书中的尺长方程式确定。尺长方程式的一般形式为：

$$l = l_n + \Delta l + \alpha(t - 20) + \beta(t^2 - 20^2) + \gamma(t^3 - 20^3)$$ (8.46)

式中　　l_n——线尺的名义长度，m；

　　　　Δl——尺长修正数，mm；

　　　　t——观测时的气温，℃；

α、β、γ ——基线尺的一次、二次和三次温度膨胀系数。

如一测线内有 n 个整尺段时，尺长修正也应乘以 n。

2. 温度修正

式（8.46）中等式右边后三项即为温度修正（Δt），一测线有 n 个整尺段时，温度修正应乘以 n。温度修正值可根据公式事先编成温度修正表，使用起来非常方便。

3. 倾斜修正

根据轴杆头水准测量得到的每尺段高差值 h，可按式（8.47）计算倾斜修正 Δh，即：

$$\Delta h = -\frac{h^2}{2L} - \frac{h^4}{2L^3} \tag{8.47}$$

式中　L ——尺段倾斜距离，一般为 24m；

h ——每尺段高差值，m。

倾斜修正也可事先编成倾斜修正用表。

4. 分划尺倾斜修正

由于线尺两端的分划尺总是倾斜的，因此读数总是偏大，应加以修正，如图 8.25 所示。

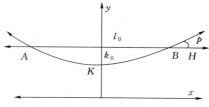

图 8.25　分划尺倾斜修正计算图

分划尺倾斜修正公式如下：

$$\Delta\delta = -[\delta]\frac{l_0^2}{8k_0^2} \tag{8.48}$$

式中　$[\delta]$ ——该测线各尺段前后端读数差之和，mm；

l_0 ——线尺两端等高时的弦长；

k_0 ——线尺两端等高时最低点 K 至 x 轴距离。

对 24m 线尺来说，$k_0 = 577.240$mm，$\Delta\delta = -0.0002155[\delta]$。在水工观测中，由于测线长度一般不长，故 $\Delta\delta$ 值不大，此项修正一般可忽略不计。

5. 悬链线不对称修正

当线尺两端的高度不相等时，弦长 l' 不等于检定时的弦长 l_0，故须加以修正。这个修正值（$l' - l_0$）是由于悬链线两端对其最低点不对称引起的。一尺段的修正值计算公式为：

$$\varepsilon = l' - l_0 = \frac{l_0 h^2}{42k_0^2} \tag{8.49}$$

式中　h ——线尺两端的高差，m。

对基线全长的悬链线不对称修正值 ΔP 的公式为：

$$\Delta P = [\varepsilon] = \frac{l_0}{42k_0^2}[h^2] \tag{8.50}$$

此项修正数一般也很小，对 24m 基线尺，$\Delta P = 0.002993[h^2]$，当两端高差不大时，亦可忽略不计。

6. 重力变化修正

由于基线所在地与检定室的纬度不同而引起的拉力变化。使线尺的弹性伸长发生变化，故须进行重力变化修正。其计算公式为：

$$\Delta g = 7.02 \frac{g_2 - g_1}{g_1} n \tag{8.51}$$

式中　g_1、g_2——检定室和基线场所的重力加速度；

　　　　n ——整尺段数。

由于在水工观测中，一般不求出绝对长度，故可不计入重力修正。

完整的测段长度计算公式为：

$$L = nl_0 + n\Delta l + \Delta t + \Delta h + \Delta \delta + \Delta g + [\delta] \tag{8.52}$$

8.4.5　基线丈量的精度分析

基线丈量的精度受到下列各种误差的影响。

1. 基线尺检定误差

由于基线尺的检定长度受标准杆尺本身检定误差、检定基线尺时的读数误差以及温度膨胀系数检定误差的影响，使尺长方程式不够精确。但当测线不长时，这种误差的影响是不大的。

2. 标柱水准测量误差

标柱水准测量误差，将直接影响倾斜修正的精度，两端高差越大，这种影响就越大。因此，为了提高倾斜修正精度，应尽量提高标柱水准测量精度。

3. 测定基线尺温度的误差

为了进行温度修正，一般测定基线尺附近的空气温度。而空气温度又不能准确反映当时的基线尺温度。为此，最好用点温计测定基线尺的温度，以提高温度修正精度。

4. 基线测量本身的误差

在基线测量中，不可避免地存在着读数误差、端点对中误差等，它们均属于偶然误差。可正可负，或大或小。因此，在测量结果中可抵消一部分，但它们是丈量工作中的主要误差，应设法减小。

5. 其他误差的影响

（1）滑轮的阻力影响。如滑轮不灵活，将使基线尺所受的拉力与标准拉力不尽相同，影响测量结果。因此，应选用良好的滑轮。

（2）风力影响。风力将使基线尺的形状发生改变，影响弦长，横向风力影响更大。因此，当风力超过 4 级时，不得进行丈量。

（3）定线误差，如实测路线偏离定向直线，就成一条折线，把实际距离测长了，因此须保证定线精度。

8.4.6　基线丈量的精度计算

一般情况下，一测线用两根基线尺进行往测，用另两根尺进行返测。丈量结果得到 4 个测段长度值，取其中数，并由每个长度减去中数得到修正值 z，以此计算用一根线尺丈量之中误差为：

$$m = \pm\sqrt{\frac{[vv]}{n-1}} \tag{8.53}$$

式中 n——基线尺数目，一般 $n=4$。

测段长度平均值的中误差为：

$$M = \pm\frac{m}{\sqrt{n}} \tag{8.54}$$

丈量一测段的相对误差就是 M 与测段长度之比。当用普通钢尺丈量时，可用往返测长度之差与测段长度之比来计算相对误差。

当用基线丈量法校核混凝土坝的工作基点时，其相对误差应小于 1/200000；当用其观测测点的位移时，相对误差应小于 1/100000。对土石坝，可适当降低精度要求。当用其丈量交会边长度时，相对误差小于 1/2000 就可以满足精度要求。

8.5 渗流及扬压力观测

大坝建成蓄水后，渗流绕过两岸坝肩从下游岸坡流出，称为绕坝渗流。在一般情况下，绕坝渗流是一种正常现象，但如果大坝与岸坡连接不好，岸坡过陡产生裂缝或岸坡中有强透水层，就有可能造成集中渗流，引起变形和漏水，威胁坝的安全和蓄水效益。因此，需要进行绕坝渗流观测，以了解坝头与岸坡或与副坝接触处的渗流变化情况，判明这些部位的防渗与排水效果。

绕坝渗流的测点布置以能使观测成果绘出渗流等水位线为原则。

坝基扬压力的存在减少了坝体的有效重量，降低了坝体的抗滑能力，扬压力的大小直接关系到大坝的安全性和经济性。对坝基扬压力进行观测，其目的是校核设计所采用的计算方法和数据是否合理；判断大坝在运行期间由于扬压力的作用是否影响大坝稳定和安全；此外，还可以判断和检查防渗帷幕的工作状态。

8.5.1 绕坝渗流观测

1. 渗流压力观测

渗流压力可用测响锤、电测水位器、压气 U 形管、示数水位器、遥测水位仪和压力表等多种方法和观测器具施测。因渗流压力的观测原理及方法简单，不做一一介绍。

2. 渗流测压孔的维修

为保证渗流压力观测工作的正常进行，测压管管口必须装置专门的保护设备，防止雨水、地表水流入测压管内或沿测压管外壁渗入孔内，避免石块或杂物落入管中，堵塞测压管。同时保护测压管免受护坡的滑动而被破坏。

管口保护设备的结构形式，一般采用钢筋混凝土盒，加钢板盖与暗锁保护。

当测压管被泥沙淤积时，可用掏淤器消除或用压力水冲洗。当测压管被碎石、混凝土或其他固体材料堵塞影响观测精度时，可用特制的管内捞石器将堵塞物除去。

3. 渗流流量观测

（1）当渗流量小于 1L/s 时，用容积法测定渗流量，即用量杯和秒表联合观测，然后

根据 $q = \dfrac{V}{t}$ 计算渗流量。

（2）当渗流量在 1～300L/s 范围内时，用量水堰法进行观测。

量水堰一般有直角三角堰和梯形堰两种，有时也用矩形堰。

1）直角三角堰，适用于流量小于 70L/s 的情况，堰上水深一般不超过 0.35m，最小不宜小于 0.05m。直角三角堰自由出流的流量公式为：

$$Q = 1.4 H^{5/2} \quad (\text{m}^3/\text{s}) \tag{8.55}$$

式中　H——堰上水头，L/s。

2）梯形堰，适用于流量在 1～300L/s 的情况，其过水断面为一梯形，边坡常用 1：0.25，堰口应严格保持水平，底宽 b 不宜大于 3 倍堰上水头，最大过水深一般不超过 0.3m。其标准尺寸可见《溢洪道设计规范》（SL 253—2000）。堰口坡度为 1：0.25 的梯形堰流量计算公式为：

$$Q = 1.86 H^{3/2} b \quad (\text{m}^3/\text{s}) \tag{8.56}$$

3）矩形堰，矩形堰分为有侧收缩和无侧收缩两种。用于渗流量大于 50L/s 的情况。

有侧收缩矩形堰，如图 8.26 所示，要求堰前每侧收缩 T 至少应等于两倍最大堰上水头，即 $T \geqslant 2H_{\max}$，堰后每侧收缩 E 至少等于最大堰上水头，即 $E \geqslant H_{\max}$。

有侧收缩矩形堰流量计算公式：

$$Q = A_1 A_2 b \sqrt{2g} H^{3/2} \quad (\text{m}^3/\text{s}) \tag{8.57}$$

$$A_1 = 0.405 + \frac{0.0027}{H} - 0.030 \frac{B - b}{B}$$

$$A_2 = 1 + 0.55 \left(\frac{b}{B}\right)^2 \left(\frac{H}{H + P}\right)^2$$

式中　H——堰上水头，m；

其他符号如图 8.26 所示。

无侧收缩矩形堰如图 8.27 所示。堰后水舌两侧边墙上应设置通气孔。

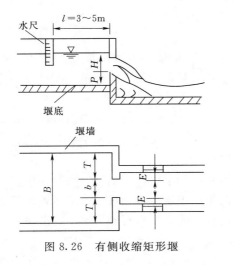

图 8.26　有侧收缩矩形堰

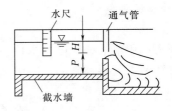

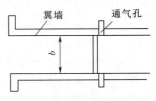

图 8.27　无侧收缩矩形堰

无侧收缩矩形堰流量计算公式为：

$$Q = mb\sqrt{2g}H^{3/2} \quad (\text{m}^3/\text{s}) \tag{8.58}$$

$$m = 0.402 + 0.054\frac{H}{P}$$

式中　H——堰上水头，m；

　　　P——堰高，m；

　　　b——堰口宽度，m。

8.5.2　扬压力观测

8.5.2.1　观测方法

扬压力观测的方法可分为测压管观测和渗压计观测两类。测压管观测时按所测点扬压力的大小可分别采用压力表法、U 形管法和测深法。当采用渗压计观测扬压力时（如刘家峡坝基扬压力观测），所得结果即为仪器所在部位该点的扬压力。

8.5.2.2　成果计算

1. 测压管水位计算

采用测深法观测时，有：

$$h = H_管 - L_1 \tag{8.59}$$

式中　h——测压管管内水位高程，m；

　　$H_管$——测压管管口高程，m；

　　　L_1——孔内水位至管口距离，m。

采用 U 形管观测时，有：

$$h = H_0 + \gamma_{Hg}\Delta h + L_2 - \frac{1}{2}\Delta h \tag{8.60}$$

式中　h——测压管管内水位高程，m；

　　H_0——U 形管零点高程，m；

　　Δh——U 形管内水银柱压差值，m；

　　L_2——U 形管开口端水银柱液面以上覆盖水深，m；

　γ_{Hg}——水银柱与水柱的换算系数，$\gamma_{Hg} = 13.6\text{N/m}^3$。

采用压力表观测时，有：

$$h = H_常 + \frac{P}{\gamma} + L_3 \tag{8.61}$$

式中　P——压力表读数，Pa；

　　　L_3——压力表中心距管口距离，m；

　　　γ——水的容重，N/m^3。

2. 扬压系数计算

$$\alpha = \frac{h - H_岩}{H_上 - H_岩} \tag{8.62}$$

式中　α——扬压系数；

　　　h——测压管水位，m；

　　$H_岩$——测压孔基岩高程，m；

　　$H_上$——上游水位，m。

8.6 温 度 观 测

温度观测包括气温观测和水温观测两个方面。气温是表示空气冷热程度的物理量。它是影响大坝工作状态的重要因素之一，特别是对没有进行混凝土内部温度观测的大坝，在进行资料分析时，气温是一个不可缺少的自变量，因此，气温观测也是大坝观测不可缺少的一个项目。水库水温随气温、入库水流温度及水库泄流放水等条件变化而变化，不同深度水温也有差异。因此，水温观测应当在水库不同地点、不同深度上进行，水温的变化直接影响着坝体的变位，有条件的也要进行水温的观测。

8.6.1 气温观测

1. 干湿球温度表观测

干湿球温度表是由两支型号完全一样的温度表组成。温度表是根据水银或酒精热胀冷缩的特性制成的，分为感应球部、毛细管、刻度磁板和外套管4部分。为使温度表防止太阳的直接辐射和地面的反射辐射，保护其免受强风、雨、雪等的影响，并使温度表的感应部分有适当的通风，能真实地感应外界空气温度的变化，通常将温度表安置在百叶箱内进行观测。

观测时，温度表的读数应精确到0.1℃，温度在0℃以下时，应加负号。读数时应注意下列事项。

（1）避免视差，观测时必须保持视线和水银柱顶端齐平。

（2）动作迅速，读数力求敏捷，尽量缩短停留时间，并且勿使头，手和灯接近球部，不要对着温度表呼吸。

（3）注意复核，避免发生误读或颠倒零上、零下的差错。

2. 自记温度计观测

自记温度计是自动记录气温连续变化的仪器。它由感应部分（双金属片）、传递放大部分（杠杆）、自记部分（自记钟、纸、笔）组成。自记温度计应安置在大百叶箱中下面的架子上，底座保持水平，感应部分中部离地1.5m。

观测时，根据笔尖在自记纸上的位置观测读数，记入观测簿相应栏，并作时间记号。作时间记号的方法是，轻轻地按动一下仪器壁外侧的计时按钮，使自记笔尖在自记纸上划一短垂线，无计时按钮的仪器须掀开仪器盒盖，轻抬自记笔杆使其作一记号。

更换自记纸时掀开盒盖，拨出笔挡，松开压纸条，取下自记纸，上好钟机发条，换上填写好日期的新纸。上纸时，要求将自记纸卷紧在钟筒上，两端的测度纸要对齐，底边紧靠钟筒突出的下缘。并注意勿使压纸条挡住有效记录的起止时间线。然后使笔尖对准记录开始的时间，拨回笔尖并作一时间记号。

自记温度计观测时，记录纸每周更换一次，然后进行日平均气温的计算，计算按式（8.63）进行，即：

$$T_p = \frac{1}{4}(T_2 + T_8 + T_{10} + T_{20}) \tag{8.63}$$

式中　　　　　　　T_p——某日的日平均气温，℃；

T_2、T_8、T_{10}、T_{20}——一天中的 2 时、8 时、14 时、20 时的气温,℃。

8.6.2 水温观测

水温观测按其观测断面不同可将其分为水库观测断面和坝面观测断面两类。

(1)水库观测断面。同在大坝上游附近选择一个观测断面,该断面应平行于大坝轴线。采用的观测仪器主要有:深水温度计、半导体温度计、框式温度计及颠倒式温度计等,水深在 5m 以内时,可使用框式温度计;当水深在 5~10m 及以上时,最好用深水温度计和半导体温度计。水温观测一般用刻度不大于 0.2℃的水温计。读数一般应精确到0.1~0.2℃,水温计放到测点中后,应持续一段时间(如 5~8min)使水温计温度能代表所在位置的水温。

(2)坝面观测断面。即将观测断面设置在上游坝面处,主要采用电阻式温度计进行遥测。最好是在施工期将电阻温度计埋设在距上游坝面 50~70mm 处混凝土内,或固定于上游坝面的每个测点上。电阻温度计观测水温则不受水深的限制,而且在水库或坝面的观测断面均可采用。

8.7 水 流 流 态 观 测

8.7.1 进口流态观测

对于表面溢流的泄水建筑物,如溢流坝、溢洪道等,一般进口附近的表面流速较大;对于底部泄洪的泄水建筑物,如隧洞、底孔等,一般进口会形成旋涡,甚至形成漏斗形旋涡,旋涡旋转的速度有时也很大。对于上述情况,可用浮标法或照相机拍摄的方法施测进口一定范围表面水流的流速流向,将观测结果描绘在缩小的上程平面布置图上,以划定进口范围内的"禁区"。在工程管理运用中,保证财物及人员安全。

8.7.2 水面轨迹观测

水面轨迹的观测,主要是观测溢流坝和溢洪道沿边墙的水面线、底流式消能建筑物的水跃范围和挑流式消能建筑物的射流轨迹。

1.溢流坝和溢洪道的水面线观测

对于溢流坝或平面上顺直的溢洪道,一般水流流态是左右对称的,可在容易观读的一侧沿不同柱号位置,在那些有代表性的部位设立水尺。如果是平面上弯曲的溢洪道,则应在两侧边墙上有代表性的部位设立水尺,水尺设立后,应测出各水尺的零点高程,并编号记入记录表中。当泄水建筑物泄洪时,可直接用目测或用望远镜观察水尺读数,按编号记录后计算出各水尺的水面高程,然后绘出不同水位和流量下的水面曲线来。

2.溢流式消能建筑物水跃观测

(1)方格网法。在观测范围内的两岸侧墙上绘制方格坐标网,从消能设备的起点开始,向下游按桩号每 1m 绘一纵线,在适当位置标明桩号。由消能设备的底板开始,向上按高程每 1m 绘一横线,并注明高程。在水跃区范围内,纵横线的间距可以加密至 0.5m。网格线条宽 3~5cm。用耐冲的白磁漆绘制,也可以在施工中用白水泥砂浆做成。对于扩散和倾斜的边墙,可根据扩散角和倾斜角换算后绘制。

观测前要事先将泄水建筑物及绘制的方格坐标网晒成图,比例以标注清楚为宜,一般可为 1/100。观测时，待水流稳定后，持图站在能清楚看到侧面形态的第一部位，按照水面在方格坐标网上的位置描绘在图纸上。为便于比较，可把两侧墙上观测的成果，用不同颜色绘于同一图纸上。此外，也可以直接将水流平面形态及主流方向描绘在平面图上，并加以文字说明。

（2）水尺组法。在观测范围内，沿水流方向于两岸侧墙上设立一系列水尺，水尺位最应根据可能发生的水跃和水面形态而定，以能充分地测得水跃和水面形状为原则。

观测时，待水流稳定后，即可直接测读水尺读数，记入表格，然后按读数和各水尺零点高程换算成水尺水位，并绘制成图。

需要指出的是，不管是方格网法还是水尺组法，都可用照相机拍摄的方法测读。由于水跃的水面波动是随机的，而拍摄的照片是瞬态的。因此，对同一部位，需拍摄 3~5 次，然后取算术平均值即可。

3. 挑流消能射流轨迹的观测

对于挑流消能射流轨迹的观测可采用经纬仪交会法进行，即在射流的一侧置经纬仪，用经纬仪的望远镜进行单镜交会观测。

观测与换算的方法如图 8.28 所示。图中三向直角坐标系 Ox 轴与泄水建筑物边墙内表面重台，观测前要在射流的一侧地面上作平行于 Ox 轴的基线 AB，并打上木桩。观测时，将经纬仪置于 B 点，量出仪器高程，对中调平后视 A 点，固定下盘再瞄准射流轨迹上的某一点 i，这时可以在经纬仪的水平度盘和垂直度盘中读出水平角 β 和垂直角 α，依次瞄准射流轨迹上的若干点，读出相应的 β 值和 α 值。然后按式（8.64）计算射流轨迹各观测点上的 X 和 Y 值，把这些测点描绘并用光滑曲线连接，即可得到射流轨迹曲线。

$$\left.\begin{array}{l} X = b + a\tan\beta \\ Y = H_0 + \dfrac{a}{\cos\beta}\tan\alpha \end{array}\right\} \tag{8.64}$$

式中　X ——射流轨迹测点的水平挑射距离，m；

　　　Y ——射流轨迹测点的高程，m；

　　　H_0 ——经纬仪的仪器高程，m；

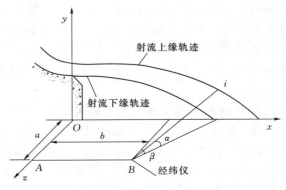

图 8.28　射流轨迹计算简图

a —— B 点至 Ox 轴的距离，m；

b —— B 点至 Oz 轴的距离，m；

α —— 垂直角；

β —— 水平角。

8.7.3 下游流态观测

下游流态观测的重点是回流形态与岸边流速。若泄水建筑物在河道中不是对称布置的，或者不是对称泄流的情况下，都会在建筑物下游形成回流。由于回流的存在，将导致下游的淤积和岸边的冲刷。如果回流中心在各种泄流组合下变化不大，将形成较为固定的暗滩。对于坝后式厂房的电站而言，暗滩的形成将抬高尾水位，减小机组出力，并将回流水股挤压掏刷岸边，对工程的正常运行带来危害。因此，通过对下游流态的观测，可对工程的正常运行和维护起到监控作用。

观测的方法是在汛期的各种泄流情况下，借助天然漂浮物或人工抛撒浮标，在已编制好的图纸上描绘回流形态及范围，并在岸边典型部位用浮标法观测表面流速，或用旋桨流速仪观测岸边护墙附近的垂向流速分布。并在非汛期进行水下地形测量，从而摸清下游流态的基本规律，为工程运行提供最优方案，为工程维护提出改善措施。

8.8 接缝观测和裂缝观测

接缝观测通常选择在最大坝高、地质条件较差、有较大断层和破碎带、坝体混凝土质量较差或止水不良、有明显漏水等坝段设立测点进行观测。其目的是了解接缝的冷却降温和灌浆质量及坝段有无异常错动等现象，以判断大坝的工作状态。

裂缝观测时，应对其分布、位置、走向、长度、宽度及是否形成贯穿性裂缝作出标记。通过裂缝观测，掌握裂缝的发生、发展和变化过程，及时提出处理意见，以达到维护工程安全运行的目的。

8.8.1 接缝观测

接缝观测设备包括单向标点和三向相对位移标点两类。三向相对位移标点又有型板式三向测缝标点和三点式测缝标点两种。

1. 单向测缝位移标点

单向测缝位移标点是在接缝两侧混凝土块体内各埋设一段角钢，角钢与缝平行，一翼向上，一翼用螺栓固定在混凝土上，向上的翼板上各焊有一半圆球形的标点，如图 8.29 所示，观测时用外径游标卡尺（读至 $0.05\sim0.1\mathrm{mm}$）或测微器（读至 $0.01\mathrm{mm}$）测量两标头之间距离得到一个 X 值，然后用 X 值减去初始测值 X_0，即得伸缩缝的开合度 ΔX，即 ΔX 为：

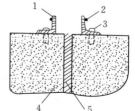

$$\Delta X = X - X_0$$

2. 型板式三向测缝标点

通过埋设在伸缩缝两侧的型板式测缝标点，可观测接缝开合、错动和高差 3 个方向的变化情况，观测时利用游标卡

图 8.29 测缝标点安装图
1—角钢；2—标头；3—螺栓；
4—混凝土；5—伸缩缝

尺读出 X、Y、Z，然后利用式（8.65）计算伸缩缝的变位 ΔX、ΔY 及 ΔZ，即：

$$\left.\begin{aligned}\Delta X &= X - X_0\\\Delta Y &= Y - Y_0\\\Delta Z &= Z - Z_0\end{aligned}\right\} \tag{8.65}$$

式中
  ΔX ——累计开合度，mm；
  ΔY ——水平方向累计错动，mm；
  ΔZ ——垂直方向累计错动，mm；
  X、Y、Z ——三个方向的观测值，mm；
  X_0、Y_0、Z_0 ——初始三个方向的观测值，mm。

若以本次观测值减去上次观测值，则为伸缩缝的相对位移。

3. 三点式测缝标点

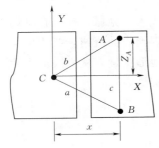

图 8.30　三点式测缝原理图

三点式测缝标点由 3 个金属标点组成，其中 2 个标点埋设在接缝的一侧，其连线与接缝平行，并与埋设在接缝另一侧的标点构成等边三角形，如图 8.30 所示。

金属标点设立后，即应测出各标点之间的间距 a、b、c 及标点 C 与 A、B 的高差 Z_A、Z_B，并算出以 C 点为原点时标点 A、B 的空间坐标，记入考证表内。

以后的观测中，仍按上述方法用特制游标卡尺（即可以同时测定水平和垂直两个方向的变位），重新测量标点间的距离和高差，计算出 A、B 新的坐标位置。其与初始坐标之差，即为接缝的累计变化，与上次所测坐标之差，即为接缝的相对变位，接缝的坐标按式（8.66）计算，即：

A 坐标
$$\left\{\begin{aligned}Y_A &= \frac{c^2 - b^2 - a^2}{2c}\\X_A &= \sqrt{b^2 - Y_A^2}\\Z_A &= Z_A\end{aligned}\right. \tag{8.66}$$

B 坐标
$$\left\{\begin{aligned}Y_B &= \frac{c^2 + b^2 + a^2}{2c}\\X_B &= \sqrt{b^2 - Y_B^2}\\Z_B &= Z_B\end{aligned}\right. \tag{8.67}$$

接缝坐标均值为：

$$\left\{\begin{aligned}X &= \frac{X_A + X_B}{2}\\Y &= \frac{Y_A + Y_B}{2}\\Z &= \frac{Z_A + Z_B}{2}\end{aligned}\right. \tag{8.68}$$

实际上，A 与 B 在接缝同一侧的混凝土上，对 C 点来说 A 与 B 的坐标值变化应该是相同的。因此，A 与 B 任一点的坐标变化值即可代表接缝的三向位移情况。但为校核，需同时观测并取其平均值作为测值。

8.8.2 裂缝观测

裂缝观测方法分为裂缝的深度观测和开合度观测两个方面。深度观测可采用超声波法或钻孔法进行探测；开合度观测可采用地面摄影、读数显微镜和塞规等测量。

为长期监测，最好设置固定的观测设备，视测量范围和精度的要求，可采用固定千分表、杆尺、万能工具显微镜和测距仪等仪器进行观测。

8.8.3 遥测测缝计

不论是接缝观测还是裂缝观测，在直接观测有困难时，可采用遥测测缝计进行观测。常用的遥测测缝计按其结构形式不同可分为单向差动电阻式遥测计、三向差动电阻式遥测计、应变片式测缝计、钢弦式测缝计和滑线变阻式测缝计等。

8.9 土壤固结和孔隙水压力观测

土坝观测的内容很多，本节主要讲固结和孔隙水压力的观测。

土壤是由土颗粒和孔隙所组成，其孔隙内通常都含有空气和水分，但饱和黏性土的孔隙内却只有水分。土坝在自重和外荷载作用下，由于孔隙内的空气和水分逐渐被排挤出去，因此孔隙逐渐缩小，土颗粒发生移位，使土的体积相应压缩，排挤出去，因此孔隙间的空气和水承受很大一部分压力，这种压力称为孔隙水压力。随着空气和水分的逐渐排走，孔隙减小，土粒挤紧，从而增加了土颗粒间的压力，但孔隙水压力却逐渐减小。随着固结过程的完成，孔隙水不再挤出，因此，孔隙水压力降为零，而由土颗粒承受全部由荷载引起的压力。这就是土坝固结过程中发生的孔隙水压力的产生和消散过程。

为了解土坝，特别是水中填土坝、水坠坝的坝体或坝基土壤由于固结而产生的孔隙水压力的分布和消散情况，判明其在施工和运行期对坝体稳定的影响，并为科研和设计部门提供资料，因此，土坝需进行固结和孔隙水压力的观测。

8.9.1 土坝固结观测

8.9.1.1 观测的一般要求

土坝固结观测一般采用在坝身中逐层埋设横梁式固结管或深式标点组的方法，测量各测点的高程变化，从而计算出固结量。深式标点组适用于坝高不超过 20m，而且基础变化不大的均质土坝和塑性心墙坝。观测横梁式固结管测点高程时，一般采用测沉器或测沉棒；观测深式标点高程时，一般采用水准仪测量标杆顶高程。

8.9.1.2 观测方法

1. 横梁式固结管的观测

每次观测时，用水准仪测出管口高程，再用测沉器或测沉棒自上而下依次逐点测定管内各细管下口至管顶距离，换算出相应各测点之高程。用测沉器测量时，注意应有护绳（钢丝绳或尼龙绳），以防万一钢尺折断，测具掉入孔中。

固结观测，每测点需重复测读 2 次，读数差应不大于 2mm。

2. 深武标点的观测

每次以水准仪测出标杆顶的高程，再减去标杆的长度（为一常数），即为底板高程。

3．固结观测时应注意的事项

（1）用测沉器或测沉棒观测前，量测并记录钢尺读数改正数。

（2）使用测沉器或测沉棒观测时，应使钢卷尺和护绳均匀下放或上提，防止绞在一起。

（3）切忌猛放和猛提测具。

（4）注意不使杂物误落管中。

（5）测完后，即锁好保护盖。

8.9.2 孔隙水压力观测

8.9.2.1 观测设备的布置

孔隙水压力测点的布置，应根据土坝的重要性、结构形式及尺寸、地形、地质及施工方法等情况而定。一般在原河床、最大断面、合拢段等处选择的两个以上横断面上布置。在每个横断面上，应水平地布置几排（一般不少于 3 排）测点。排与排的高差为 5~10m，每排上测点间距为 10~15m，每排不少于 3 个测点，并以能绘出孔隙压力等值线为原则布置，最下一排测点与基础透水层的距离不应小于 4m，如图 8.31 所示。

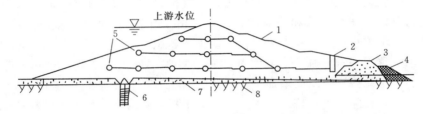

图 8.31 孔隙水压力测点布置图

1—均质土坝；2—观测井；3—砂砾棱体；4—反滤层；5—测点；6—截水墙；7—砂砾；8—不透水层

孔隙水压力测点应与固结观测、土压力观测和渗透观测配合布置，并尽量与固结观测点布置在同一横断面上。

8.9.2.2 观测设备的结构及埋设方法

孔隙水压力观测方法和设备较多，下面仅对测压管式和双管式孔隙水压力计做简要介绍。

1．测压管式孔隙水压力观测设备

测压管式观测设备由导管、测压管测头、横梁十字扳及管口保护设备组成，如图 8.32 所示。

（1）导管。采用内径 25~50mm 的塑料管或金属管，每节长 2~3m，由管箍连接而成。

（2）测压管测头。测头长 0.2m，其管壁上钻有孔径 6~8mm 的 4~6 排进水孔，管外壁上应包扎过滤层，不使土粒流进管内，只让水顺利透过。在测头下面预留 0.5m 长的沉淀管。测头亦可采用 0.2m 长透水石。

（3）横梁十字板。为了固定测头的位置和安装铅直，在距测头中心以上 0.6m 处，焊有水平的横梁十字板。

（4）管口保护设备。导管口应设保护设备，以保护测压管不受人为的破坏和避免雨水、地表水及砂石流进入管内。保护设备由带有通气孔的管帽和保护盒组成。

测压管式观测设备的埋设方法为在坝身填筑过程中，当填筑到观测点高程时，在填土表面挖一孔径 0.3～0.5m，深 0.6～0.9m 的小孔，孔底以上 0.3m 填以密实的胶泥，其上面填 0.2m 厚的反滤料，再把测头末端放入孔内，填反滤料。测量测头中心部位的高程，然后在反滤层上面沿导管填 1m 厚的胶泥。随着填土上升，用管箍将管接高，管壁外用小锤夯实。十字板要水平放置，使测压管垂直，当测压管接到坝面上时，应安设管口保护设备，如图 8.32 所示。埋设完毕，应进行注水试验，以检查灵敏度。

坝体竣工后，亦可采用钻孔埋设。

测压管式设备具有费用低、观测方便、经久耐用，并能与渗透观测结合使用等优点。

2. 双管孔隙水压力计

对上游坝坡经常受到库水淹没的孔隙水压力测压管，可采用双管式孔隙水压力计。它具有构造简单、观测方便、效果良好的特点。是利用气压与静水压力平衡的原理，根据内管气压力算得内外管间的水柱高，从而得到孔隙压力值。

双管式观测设备的埋设部分由测头、外管、内管及横梁十字板组成，如图 8.33 所示。

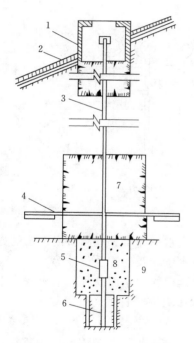

图 8.32 测压管式孔隙水压力计

1—管口保护设备；2—护坡；3—导管；
4—横梁十字板；5—测头；6—沉淀管；
7—胶泥；8—反滤砂；9—坝身填土

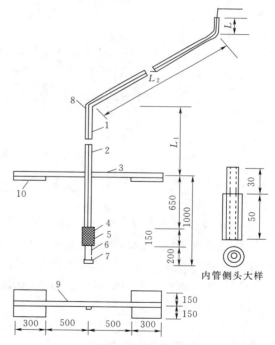

图 8.33 双管孔隙水压力计（单位：mm）

1—外管；2—内管；3—十字固板；4—内管测头；5—外管测头；
6—沉淀管；7—底盖；8—垫片；9—角铁；10—铁板

测头可分成带有进水孔的滤水管和透水石两种。外管可用内径 38～50mm 的铁管或塑料管；内管只能用内径 5mm、抗压强度为 600kPa 的塑料管。内管测头为直径 20mm、

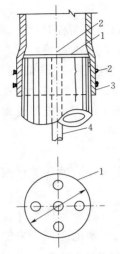

图 8.34 转弯结构图
1—透水垫片；2—铅丝固定；
3—外管；4—内管

高 50mm、内径 4mm 的短铁棒。内外管在测压管转弯处，由圆形透水垫片固定，如图 8.34 所示。

双管式观测设备的观测部分，由气泵（0.6m³ 空压机）、工作台及压力表组成。内管与压力表相接，气泵通过充气管向内管测头充气压排水，如图 8.35 所示。

双管式观测设备的埋设方法与测压管基本相同。测压管须在坝体冻层以下转弯，并沿坝坡在冻层下空槽内埋入，空槽应夯实回填好。内管预先接好放入外管内埋设。外管上口要与大气畅通。

此外，还有 SKY 型水管式孔隙水压力仪、钢弦式和电阻应变式遥测孔隙水压力仪等。

8.9.2.3 观测、计算方法

埋设观测设备后，应随即进行观测。在施工期和刚竣工之后，应每 1～2d 观测 1 次，在荷载突变或孔隙压力异常时，还应增加测次。随着孔隙水压力的减小，测次可适当减少。在正常运转期可每月观测 4 次。

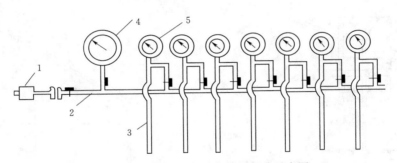

图 8.35 双管式观测设备观测部分示意图
1—气泵；2—充气管；3—内管；4—标准压力表；5—普通压力表

1. 测压管式孔隙水压力计

测压管式观测设备的观测方法简单，只要观测测压管内水位即可。观测管内水位的方法较多，常用的测深工具有电油测水位器、测深钟、示数水位计及遥测水位计等。

利用上述测深工具测得管口至管内水面的距离或直接读取管中水面高程，求出测头中心位置以上的水柱高度 h，即可按式（8.69）计算孔隙水压力 u，即：

$$u = \rho g h \tag{8.69}$$

式中　u ——孔隙水压力，Pa；

　　　ρ ——水的密度，kg/m³；

　　　g ——重力加速度，m/s²；

　　　h ——测头中心至管内水面的水柱高度，m。

当测压管内的水溢出管口时，在管顶应安装压力表现测。此时孔隙压力等于压力表读数 P 加上测头中心至压力表中心间的水柱压强，即：

$$u = P + \rho g h \tag{8.70}$$

式中　　P——压力表读数，Pa。

由于测压管水面高程都要以管口高程为依据，因此，必须定期校测管口高程。在土坝施工期和运用初期，应每月校测一次，以后可逐渐减少。测深工具也应定期检定。

2. 双管式孔隙水压力计

观测时，开启气泵，打开欲测测头阀门向内管充气，使内管水排入外管。当内管水全部排出后，进气压力即不再增加，再稳定片刻，即可读取压力表值，如图 8.36 所示。

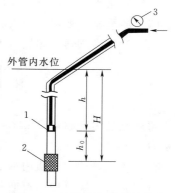

图 8.36　双管式孔隙水压力计
1—内管侧头；2—测头；3—压力表

测点 A 处孔隙水压力按式（8.71）计算，即：

$$u = P + \rho g h_0 \tag{8.71}$$

式中　　P——内管稳定气压，Pa；

　　　　h_0——内外管测头高差，m。

此时，外管水深为：

$$H = \frac{P}{9810} + h_0 \tag{8.72}$$

每次测读后，应排出内管内的有压气体。观测完后应对测值进行如下校正：

（1）压力表校正。用标准压力表率定普通压力表，并绘制率定曲线或改正数表，以便对压力表读数进行校正。

（2）水柱修正。观测时，内管充气排水后，内管中的水挤入外管中，增加了外管水位。当外管直径较细时，应加上水柱修正值，而在一般情况下可忽略不计。修正后孔隙水压力及外管水深分别为

$$u = P + \rho g h_0 + \left(\frac{d}{D}\right)^2 P \tag{8.73}$$

$$H = \frac{P}{9810} h_0 + \left(\frac{d}{D}\right)^2 \frac{P}{9810} \tag{8.74}$$

式中　　d——内管内径；

　　　　D——外管内径。

8.9.2.4　观测设备的检查与维护

对孔隙水压力观测设备应进行经常性的检查与维护，以保证观测精度，延长观测设备的使用年限，对观测仪器应定期检查与率定。

（1）测压管埋没完毕，应及时进行注水试验，检查灵敏度是否合格。试验前，先测定管中水位，然后向管中注入清水。在一般情况下，对土料中的测压管要注入相当于测压管 3～5 倍体积的水；对砂砾中的测压管则要注入相当于测压管 5～10 倍体积的水，然后测量注水后的水面高程。再经过 5min、10min、15min、20min、30min、60min 后各测量水位一次。以后时间可适当延长，一直测至降到原水位时为止。

检查灵敏度是否合格的标准：对于黏土，测压管水位应在 5 昼夜内降到原来水位，对于砂壤土，则应在 1 昼夜内降到原来水位；对砂砾料，水位在 12h 内降到原来水位时或溜灌入相当体积的水而升不到 3～5m 时，认为灵敏度符合要求，否则应在该孔附近另设测压管。

（2）检查管身是否淤积和堵塞。当淤积高程超过进水管段全长的 1/3 时，应采用管内掏淤或压力水冲洗办法进行处理。

（3）检查管口高程是否变化，管口保护设施是否完好。

（4）管路要严格检查，接口要牢固严密，管路、阀门和压力表接头不得漏气。

（5）冬季要检查观测房内的保温设施，以防温度降至零度以下时冻坏管路和设备。

（6）对观测仪器，如压力表、电测水位计等，每年应进行一次全面检查与率定。

8.10 超 声 波 检 验 技 术

超声波是频率超过 20kHz 人耳听不见的声波。声波波长 λ 与频率 f、波速 c 之间的关系为 $c = \lambda f$。

根据质点振动在介质内部的传播方式，可把声波分成 3 种。

（1）纵波，质点振动方向和波动传播方向一致的波。

（2）横波，质点振动方向垂直于波动传播方向的波。

（3）表面波，沿介质表面传播，波动振幅随深度增加而迅速衰减的波。

科学试验证明，超声波在结构材料内部传播时的波动特性（如波速、振幅、频率和波形等）与材料的力学特性（如抗压强度、动弹性模量、动泊松比等）及材料内部的缺陷（如裂缝、孔洞等）有着密切关系。超声波检测技术就是利用这种关系，用发射探头激发超声波，超声波在结构材料中传播后被接收探头接收，然后通过对接收信号的分析研究，就可以了解材料的力学特性指标和内部缺陷。

8.10.1 超声非金属检测仪

用于非金属检测仪的发射波型大多是脉冲波，检测仪发射的脉冲波向发射探头提供声频电信号，而发射探头向被测构件发送超声波。接收探头接收超声波信号并将其转换成电信号，再经放大、处理和显示后即可判断混凝土等材料的质量。这种方法的原理方框图，如图 8.37 所示。

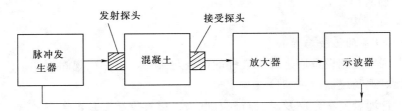

图 8.37 超声波检测原理图

接收信号的显示方法有荧光屏显示、数字显示和同时采用荧光屏数字显示等 3 种。荧光屏显示具有直观、便于测读超声波幅度的变化等优点，但由于仪器笨重，因此不便于现场使用。数字显示法具有精度高、便于测读、容易实现自动记录及重量轻等优点，但不便于测读超声波幅度的变化。兼有荧光屏与数字显示的检测仪，则是能够满足各方面要求的较理想的仪器。有的仪器为了轻便，只设数字显示部分，但配有外接示波器的插孔，且仪器价格较高。

为了提高观测精度，超声波检测仪须有较高的测试精度，对超声波传播距离小于 0.3m 的试件，计时误差应小于 0.15。在检测大的混凝土构件时，波速测量误差应小于 ±1%。为了减小测速误差，应精确量测超声波路径长度。当声路小于 0.2m 时，应采用卡尺测量。

8.10.2 超声波声速的测定

测量超声波速度的精度与超声波的频率有关。频率越低，传播的距离越远，穿透深度越大，但声频过低，会使分辨率降低。因此应根据欲测结构尺寸选择好探头的频率。

为了使超声波有效地发射到被测结构中，并能有效地接收到从结构中传来的超声波，必须使发射探头和接收探头与结构表面有良好的接触。因此，除对测点处的结构表面进行平整外，还须在探头和结构表面之间涂一层传声性能良好的耦合剂，如甘油、黄油或无机油类。测量时，探头应压紧在混凝土表面上，使耦合剂尽量薄，以减少耦合剂对超声波传播时间和振幅的影响。测量前，应事先划好测点位置，按划定的位置放置探头。传播时间读数方法如下。经延迟扫描的波形，如图 8.38 所示。

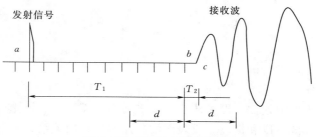

图 8.38 超声波扫描波形图

为便于计算，一般将发射脉冲的起始时间对准某一整数刻度线（图中的 a 点），先读取发射脉冲至接收波的起点间的时标数目（图中 a、b 间的时标数），并乘以 $10\mu s$ 得传播时间的整数部分 T_1，然后通过时间微读旋钮的调节，使接收波前移，直到信号起点 c 与时标线 b 重合，在微读圆盘上转过的划度线散即为时间的尾数部分 T_2。将发射和接收探头直接耦合，当时间微读圆盘读数为零时，a 与 c 点重合，而当 a、c 点不重合时，ac 间读数即为 T_0，则声波通过试件的时间为：

$$T = T_1 + T_2 - T_0 \quad (\mu s) \tag{8.75}$$

设两探头之间的距离为 1mm，则超声波传播速度为：

$$c_1 = \frac{1}{T} \tag{8.76}$$

式（8.76）即为无限介质中纵波的速度值。

8.10.3 用超声波法测量混凝土的抗压强度和动弹性模量

大量实验表明，混凝土的抗压强度 R_T 与纵波传播速度 c_1 之间存在着明确的关系，如图 8.39 所示。有了这种关系曲线，即可根据测定的 c_1 来判定混凝土的强度 R_T。这种方法具有速度快、操作简单，并在检测中不破坏结构等优点，因而广泛用于非破损检测大体积混凝土的质量。

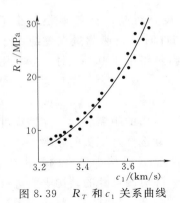

图 8.39 R_T 和 c_1 关系曲线

由于受水泥品种、用量、骨料性质、混凝土龄期等因素的影响，因此各建筑物的关系曲线是不同的。为了作出 $R_T - c_1$ 关系曲线，在施工期，可预留混凝土试件，对试件先进行超声测试，求出波速，然后用破坏性试验求出抗压强度，即可作出 $R_T - c_1$ 曲线。

对已建成的建筑物，可根据施工期留下来的试件，也可根据大孔径钻孔取样法取试件，用相同方法作出 $R_T - c_1$ 关系曲线。在测出 c_1 后即可由该曲线查出 R_T。

混凝土的动弹性模量 R_T 与波速间有确定的数学关系，即：

在细棒中：
$$E_{动} = c_1^2 \frac{\rho}{g}$$

在薄板中：
$$E_{动} = c_1^2 \frac{1-\mu^2}{g} \tag{8.77}$$

在无限均匀介质中：
$$E_{动} = c_1^2 \frac{\rho(1+\mu)(1-2\mu)}{g(1-\mu)}$$

式中　ρ ——密度，kg/m^3；

　　　g ——重力加速度，m/s^2；

　　　μ ——泊松比。

只要知道混凝土的泊松比，即可从上式求出动弹性模量．泊松比可在试验室通过试验求得，亦可用测定纵波速度和横渡（或表面波）速度后，用关系式求得。

8.10.4　检测混凝土的裂缝

当超声波在混凝土中传播时，如遇空洞或裂缝，就产生反射，一部分能量受到衰减，另一部分能量可以绕过空隙而绕射，因此，接收波的振幅显著减小或传播时间显著增长。利用这种特性，可以检测混凝土内部的空洞或裂缝。

在测量裂缝深度前，先在裂缝附近完好的表面处选择 $2d$ 长的校准距离。在其两端放置探头，测出声波通过 $2d$ 的时间 t_0，然后把发射和接收探头放在裂缝的两侧，如图 8.40 所示，测量声波传播时间 t_1。设裂缝与表面正交，则有：

$$\frac{2\sqrt{d^2+h^2}}{t_1} = \frac{2d}{t_0}$$

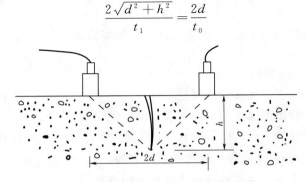

图 8.40　超声波检测混凝土裂缝示意图

故有：

$$h = d\sqrt{\frac{t_1^2}{t_0^2} - 1} \qquad (8.78)$$

8.11 水质及泥沙分析

开展水质分析的目的是判断环境水对大坝混凝土、基岩和灌浆帷幕及水下金属结构的侵蚀作用，为工程施工及维护中对材料和工艺的要求提供依据。

开展泥沙分析的目的是研究过机泥沙含量及粒径组成，了解坝前淤积物的组成和变化情况。

8.11.1 水质分析

1. 水样采取

水样采取以能反映环境水的变化为原则，一般地应选择下列地点进行水样采集。

（1）水库水样。在距坝上游面100m左右的水库横断面上，选择左、中、右3条垂线，每条垂线一般布置在水库表面以下0.2～0.5m处、水深中间和库底附近等3处取样点。另外，为了监视水库水质污染情况，在工矿企业废水流入水库的地方及水库出水口附近也应设有取样点。

（2）地下水位孔。在两岸坝头绕渗孔各取2～3个孔。

（3）坝体、坝基排水孔和测压孔。除对应水库取样地点的坝段应布置取样点外，还应适当选择钙质等溶出物较多的排水孔及渗漏量较大的排水孔作为取样点。

当个别监测孔的水有异常颜色或悬浮可疑物质等异常情况时，应随时取样化验。

水质取样可采用取样瓶和一些特别的水样采集工具进行采取。水样采取后，在取样现场首先要做好水样编号和物理性质的描述，即试样的温度、颜色、透明度、气味、味道等，并同时记录当时的气温。

2. 水质分析的内容

水质分析的内容包括pH值的测定、碱度的测量、二氧化碳（游离、化合、侵蚀性）的测定、氯离子的测定，总硬度的测定、钙离子的测定、镁离子的测定、硫酸根离子的测定、钾钠离子总量的测定、含盐量的测定及水质综合评定。

3. 水质分析的原理和方法

水质分析的原理是借助于化学反应。其方法一般可利用标准试剂和标准溶液测定或借助特制的测定仪器，如pH值的测定可采用pH-25型酸度计，含盐量的测定可采用81型水质纯度仪等。

水质分析的测定方法和计算可参阅有关规范。

8.11.2 泥沙分析

1. 沙样采集

沙样采集的工具是取样筒，取样筒容积要求在3000mL之内。沙样采取地点以能准确反映含沙量的变化为原则，若为机组取样，则所选择的取样机组应能准确地计算过机泥沙总量。沙样采取的时间和测次可视水情和沙情而定，各厂应根据有关规范制订出适于本厂的测次和测时，不可一概而论。

2. 含沙量计算

（1）沙样中的泥沙重 W_s，即：

$$W_s = k(W_1 - W_2) \qquad (8.79)$$

式中　　W_s——泥沙质量，g；

　　　　W_1——瓶和浑水质量即所称的沙样及瓶总质量，g；

　　　　W_2——同温度下瓶和清水质量，g；

　　　　k——置换系数，视不同水温从规范上查取 k 值。

W_2 的值可以称重时的水温查比重瓶检定成果表。

（2）含沙量 ρ，即：

$$\rho = \frac{W_s}{V} \times 100\% \qquad (8.80)$$

式中　　W_s——水样中泥沙质量，g；

　　　　V——水样的体积，cm^3；

　　　　ρ——含沙量，g/cm^3。

3. 泥沙颗分

泥沙颗分是在泥沙含量计算的基础上掌握泥秒粒径的大小和组成情况。

（1）颗分的方法。颗分采用的方法是水筛结合的移液管法，即粒径大于等于 0.1mm 的采用筛分，粒径小于 0.1mm 的采用水分。

（2）颗分成果计算。采用筛分法时，有：

$$p = \frac{A' + W_{s2}}{W_s} \times 100\% \qquad (8.81)$$

式中　　p——小于某粒径沙重百分数，%；

　　　　A'——筛分析各杯泥沙累积质量，g；

　　　　W_{s2}——洗筛下总沙量，g；

　　　　W_s——总沙质量，g。

采用移液管水分时，有：

$$p = \frac{A}{W_s} \times 100\% \qquad (8.82)$$

$$A = \frac{W_A}{V_A} V$$

式中　　p——小于某粒径沙重百分数，%；

　　　　A——小于某粒径沙质量，g；

　　　　W_s——沙样总质量，包括筛分析部分的沙质量，g；

　　　　V_A——吸取的水样容积，mL；

　　　　V——所用量筒容积，通常为 1000mL；

　　　　W_A——某粒径相应时间吸取的泥沙质量，g。

泥沙颗分成果计算后，可根据要求点绘出泥沙颗分级配曲线。

思考题与练习

1. 影响视准线法观测水平位移精度的因素有哪些？

2. 影响引张线法观测水平位移精度的因素有哪些？

3. 视准线法、引张线法、激光准直法各有哪些优缺点？

4. 试述用精密水准仪观测混凝土坝垂直位移的程序。

5. 试述精密水准测量一个测站的操作步骤。

6. 影响水准测量精度的因素有哪些？怎样减小它们的影响？

7. 以基辅高差之差的限差为例，说明水准测量的各种限差是怎样规定的。

8. 基线长度应进行哪些修正？为什么？

9. 什么是孔隙水压力？它是怎样产生和消散的？

10. 孔隙水压力观测设备有哪些？如何检查和维护？

11. 超声波检测技术在水工观测中的具体应用有哪些？

12. 水样采取的原则是什么？取水样有哪些方法？

13. 水质分析的内容有哪些？

14. 简述含沙量计算及泥沙颗分的具体步骤。

第 9 章　观测资料分析

9.1　绪　　论

9.1.1　观测资料分析的目的及意义

原型观测是一种获取运行信息的技术，它的成果是一系列数据。人们要认识大坝的运行状态和变化规律，找出它存在的问题和判断其安全性，就必须对观测取得的信息进行加工处理，这就是观测资料分析工作。观测分析是实现原型观测根本目的的最终和最重要的一个环节。

观测资料分析能为坝工设计、施工、科研、管理提供第一手的资料和规律性的认识，因此对于安全、经济地建好、管好大坝，具有十分重要的意义。具体来说，它的重要性体现在以下 4 个方面。

1. 掌握坝的运行状态，为安全运用提供依据

大坝的工作条件十分复杂，运用得当会收到巨大的效益，疏忽大意发生事故则会带来严重后果。因此，在保证安全的前提下合理发挥工程效益是对水电站的基本要求。

在水的压力、渗透、侵蚀、冲刷以及温度变化、干湿循环、冻融交替等因素的作用下，水工建筑物不断发生变化。这种变化一般是缓慢却又持续的；它比较隐蔽、不易察觉，但呈现明显异常时，往往已对安全产生严重威胁，甚至迅速发展到不可挽救的地步。因而，必须在平时就对大坝进行经常的、系统的观测，严密监视它的机构状态，及时发现和分析问题，采取适当的用运河维修措施，以保持它始终处于安全状态。

实践证明，坝的破坏存在一个量变到质变的过程。通过认真的观测、细致的分析，就能及时发现问题，防患于未然。

对原型资料作分析研究并结合对坝的勘测、设计、施工、维修等资料的分析，可以推断坝在不同水位下的安全程度，从而制订安全控制水位，指导水库的运行，使大坝在安全前提下尽好地发挥效益。浙江新安江大坝在蓄水过程中通过实测应力分析得知其趋势与设计的相似，据此确定了大坝安全运行水位。原型观测分析在这个过程中发挥了监视安全的作用，为抬高水位提供了实际依据。

2. 检验设计的准确性，修正设计指标

目前水工设计还不能做到完全和工程实际相吻合，有时会有较大出入。由于实际情况的复杂多变和人们认识的局限性，作用于坝上的若干荷载还不能准确算出，坝身及基础各部位的物理学参数更难以精确给定；坝工设计理论也不够成熟完善，对结构破坏机理、完全界限等的认识都不够清楚和准确，一些设计前提带有某种程度的假定性，若干复杂因素只能简化地加以考虑。因此，在建坝和管坝的过程中，就必须借助于对原型观测资料的分析来检验设计是否正确，判断大坝实际状况和设计情况的差别。

我国许多混凝土坝的观测分析都起到了检验设计和修正设计的作用。例如，东北的丰满、云峰等坝都用实测坝基扬压力图形取代设计扬压力图形来核算大坝的稳定性；上犹江重力坝原设计规定最高水位198m，经过对历年变形观测资料的分析，确认可以抬高到200m，1970年汛期就使水位升高到200.27m；河北省王快水库根据实测资料发现泄水建筑物过水能力比设计值偏小30%，不能按原设计标准应用，运行中就做了相应降低。

3. 了解各种施工措施对坝的影响，监督施工质量

分析观测资料以了解坝在施工期的变化情况，可以掌握施工质量并为后续施工中采取合理措施提供情报。例如，丹江口宽缝重力坝施工期坝体内部温度观测资料的分析，指导了纵缝灌浆作业并为分析坝体裂缝提供了依据，对保证施工质量起了重要作用。溪大头坝施工期应变观测资料反映出坝体浇筑中采用的两种水泥产生了不同的自身体积变化，对应力分布有很大影响，据此注意了合理采用水泥和布置工作缝。潘家口低宽缝重力坝施工中，有的基础温差超过规范标准竟达30℃以上，但是实测应力并没有出现过大的拉应力，甚至多数测点一直处于压应力状态，这就给施工中如何合理地放宽温度控制标准及如何防止产生裂缝问题以很大启发。

4. 为坝工科研提供第一手材料，深化人们对大坝实际工作情况的认识

坝工技术迄今存在着许多尚待解决的研究课题。其中不少项目仅进行理论分析和模型试验难以得到完满解答，原型观测就成为一种最实际的和行之有效的研究手段。通过观测分析而改变或深化人们认识的实例屡见不鲜。

早期建坝时对混凝土坝底扬压力缺乏认识，经过某些坝的失事和对扬压力的实际观测才使人们认识到该重要荷载的存在。之后大量的实测资料使人们对扬压力的分布数值、变化规律和控制措施逐渐有了较清楚的认识。现在扬压力计算及防渗处理已成为混凝土坝工设计中一个必不可少的部分。

人们对坝体抗震问题的认识也是随着建筑物实测震动反应资料的分析而加深的。我国新丰江水库发生诱发地震后，国家组织了对震情和大坝状态的长期大量观测，积累了宝贵的资料，取得了水库地震及混凝土坝抗震方面的重要科研成果。

过去一般都认为重力坝的纵缝经灌浆后即密合为整体。对龚嘴、新安江等坝的实测资料分析表明，设有竖向纵缝的混凝土坝，即使按照常规进行了冷却、灌浆处理，但在运行期季节性温度变化影响下，纵缝的局部张开仍是不可避免的，或者纵缝顶部张开，或者中部张开，二者必居其一。由此，观测分析指出，传统的按整体断面核算坝体应力的方法值得改进，灌浆工序也应做相应的改变。

刘家峡重力坝的横缝设有键槽并大部灌浆，结构的空间作用如何是人们关心的问题。对几个坝段水平位移观测资料进行分析后发现，横缝实际上发挥了传力的作用，它提早地将水压荷载传递到水面以上的岸坡地基上去，因而使坝段的承力在一定水位下比二元作用大，超过该水位时又比二元作用小。这种调整作用使坝体结构处于有利状态。原型观测资料的分析为认识此类坝的空间作用提供了定量的数据。

东北丰满混凝土坝存在着坝顶逐年抬高的现象，经过多年观测和深入的计算分析，搞清了它主要由坝体混凝土裂缝中渗水结冰冻胀所引起。这不仅对该坝所存在的重要异常现象做出了解释，并且使人们进一步认识到寒冷地区混凝土坝上冻害与裂缝发展的恶性循环

关系，提高了对控制裂缝的必要性的认识。

坝工计算中的许多经验公式，也多是根据实测资料计算得出。如拱坝水平断面平均温度的计算公式，就是美国垦务局根据已建成坝的多年观测资料统计分析得出的。我国重力坝设计规范中的波浪高度计算公式，是官厅水库长期波浪观测值的统计概况。

在水工科研中，需要借助于原型观测资料分析并与其他手段相结合来研究解决的课题是很多的。下面列举数例。

（1）确定大坝安全临界指标，如最大变形、最大漏水量、最大扬压力等。研究各种变化值所反映的大坝安全程度。

（2）作出水工建筑物运行状态值的定量预报，判断结构运行中的异常迹象。

（3）确定结构物和地基实际的综合物理力学参数值及其随时间变化情况。

（4）对坝体和地基的孔隙水压力、扬压力的分布情况、演变规律及对建筑物的影响作更深入的了解。

（5）施工导流、地基处理、分缝分块、温度控制、浇筑顺序等施工措施及其程序安排对结构形态的影响。

（6）坝体及地基中实际应力、变形和强度分布情况。

（7）施工期及运行过程中坝体的温度场、温度应力及温度变化情况及对结构安全的影响。

（8）水库蓄水及水位升降对库、坝区变化、应力的影响及可能后果。

由以上分析可知，水工观测分析工作在水电站管理中是十分重要的一环，它既有实用价值，又有科学意义。从事大坝观测的同志，要充分认识分析工作的目的、作用和重要性，积极认真、深入细致地把该工作做好。

9.1.2　观测资料分析的内容和方法

在观测设计付诸实施，观测设备已经安装埋设投入工作以后，原型观测包括现场观测、成果整理、资料分析三个环节。能真实反映实际情况并且具有一定精度的现场观测是整理分析工作的基础和前提；而将观测数据加工成理性认识的分析成果则是观测目的的体现；根据现场记录进行计算而得到所观测物理量的数值，并将它编列成系统的、便于查阅使用的图、表、说明的工作，通常称为"整理"，它是介于现场观测和资料分析之间的中间环节。关于现场观测和成果整理，将在混凝土坝内、外部观测技术课程中介绍。本课程主要阐述成果整理以后的资料分析工作。

9.1.2.1　观测资料分析的内容

1. 认识规律

分析测值的发展过程以了解其随时间而变化的情况，如周期性、趋势、变化类型、发展速度、变动幅度；分析测值的空间分布以了解它在不同部位的特点和差异，掌握它的发布特点及代表性测点的位置；分析测值的影响因素以了解各种外界条件及内部因素对所测物理量的作用程度、主次关系。通过这些分析，掌握坝的运行状况，认识坝的各个部位上各种测值的变化规律。

2. 查找问题

从发展过程和分布关系上发现特殊或突出的测值，联系荷载条件及结构因素进行考察，了解其是否符合正常变化规律或是否在正常变化范围之内，分析原因，找出问题。

3. 预测变化

根据所掌握的规律，预测未来一定条件下测值的变化范围或取值；根据所发现的问题，估计其发展趋势、变化速度和可能后果。

4. 判断安全

基于对已有测值的分析，判断过去一段时间内坝的运转状态是否安全正常并对今后可能出现的最不利条件组合下的大坝安全作出预先估计。

从观测分析的范围看，分析内容还可以分为单项分析和综合分析，短时段分析和长阶段分析等。综合性长阶段分析，内容比较系统全面，而单项分析和短时段分析，范围要小一些，内容也简要或专一一些。

9.1.2.2　对观测分析的要求

对观测分析的基本要求是应正确、深入地认识大坝工作状态和测值变化规律，准确、及时地发现问题和作出安全判断，充分地利用现场观测所取得的信息，有效地为安全运行和设计、施工、科研服务。

对观测资料的分析要客观和全面，切忌主观性和片面性，力求较正确地反映真实情况和规律。要把握测值和结构状态的内在联系，不停留在表面的描述上。在观测手段所提供的信息范围内，对坝所存在的较大问题，要找得准，既不遗漏，也不虚报；要抓得及时，在有明显迹象时就应察觉，在可能带来严重后果之前就有明确的判断。

为了做好观测分析工作，除了要具备数量上充分、质量上合乎要求的观测资料之外，还应详尽地占有坝的勘测、设计、施工、运用资料，掌握观测期坝址水文、气象、地震等资料。在这个基础上运用适当的方法，通过认真细致的工作，从资料中提炼出有用的信息来。

9.1.2.3　观测资料分析的方法

对观测资料进行分析加工，从途径上看有三类方法。

1. 物理方法

大坝观测的对象，如位移、应变、应力和渗压等都是物理量。这些物理量和外界荷载（如水压力、温度等）以及坝体、坝基的几何尺寸、物理力学性能（如弹性模量、泊松比、导温系数、线膨胀系数、渗透系数等）有关。通过物理理论（如材料力学、机构力学、弹塑性理论、热传导理论、渗透流体力学等）可以建立起它们的关系式。应用这种关系式求出在一定条件下坝的某种物理量的数值和观测数据联系和对比，就能得出对观测值的分析意见。这叫做观测资料分析的物理方法。坝工理论的一部分篇幅，介绍了这方面的方法。

物理方法概念明确、推理严密、理论性强，是一种基本的方法。但是由于坝的边界条件复杂，影响因素繁多，在计算中很难全面、如实反映；同时，坝和基岩的物理力学参数在各个部位实际上都不同，不容易准确摸清和在计算中体现，加之理论公式的某些前提和假定，也不一定和实际情况吻合，因此物理方法又有其局限性，在实用上往往不大方便。

2. 统计方法

大坝的各种测值，由于影响因素的复杂和存在难以避免的观测误差，具有某种不确定性，可以看作是随机变量。这种随机变量又具有其统计规律性，可以用随机类数学即概率论、数理统计、随机过程论等来加工处理。我们把这种数学处理称之为观测资料分析的统计方法。

在观测分析中，较常用的统计方法有回归分析、方差分析和事件系列分析。通过这些方法可以对观测数据进行平滑、拟合和预报可以得到描述其变化规律的经验方程式，可以知道哪些因素对测值有影响及影响程度如何，可以分析观测误差的大小等等。总之可以提供一些比较客观的定量的认识，建立起观测量和其他量之间的数学联系。由于这类方法很有实用价值，电子计算技术的发展又为大量统计计算创造了有利条件，因此近年来获得了越来越多的应用。

单纯对数据作统计加工而不考虑物理关系，往往会陷于表面性和片面性，得不到本质性的认识。因此必须把统计分析和物理分析结合起来。通常是在对物理量之间的关系有定性认识的基础上来选择统计方法、拟定数学模型、初步选择因子，然后用数理统计方法作计算加工，最后对得出的数学式和数据进行物理上的解释和分析，导出有用的结论。这类考虑了物理关系的方法仍以统计计算为主，所得成果仍属经验关系，因此我们还是把它归在"统计方法"类里面。

3. 综合方法

把物理方法和统计方法紧密地、有机地结合为一体，就是综合方法。它兼有两种方法的优点而克服了各自的局限性，但实现的难度更大。

国外有人用弹性理论的有限元方法，建立坝上各点的位移方程，以这种方程作为统计加工时的数学模型，式中的若干物理力学参数为待定系数，将大量实测位移及有关因子数据以统计方法纳入方程，并求出各系数，从而求解出位移的半理论半经验方程，用它来解释坝的变化规律。据说效果很好。这就是一种"综合方法"。目前对这类方法还在研究探索中，是今后观测分析的一个发展方向。

观测分析方法从成果形式看还可以分为定性分析和定量分析两种。前者所得的认识较粗略，是分析的初级阶段，而后者则有数量的概念，认识前进了一步。但定性分析是定量分析的基础，对定量分析的质量好坏有直接影响，因此也应给予足够的重视，把它切实做好。

9.1.2.4 观测资料整理分析的项目

全面的资料整理分析，应包括所有现场观测项目和全部测点的每一次测值。因为不进行资料整理分析，现场观测就失去了作用，在资料整理分析中，也要区分主次有所侧重，重点分析的观测项目，一般有以下几类。

（1）荷载观测：上、下游水位，气温，水温和混凝土温度。有的坝还有地下水观测、地震观测、坝前泥沙淤积测量等。

（2）渗透观测：坝基扬压力值，坝体混凝土孔隙压力，坝体、坝基渗漏水，库坝区水质化验分析等。

（3）坝形观测：坝顶、坝中和坝基的水平位置，垂直位移观测，沿垂线的挠曲观测、沿水平向的倾斜观测，坝体横缝、纵缝、施工缝及裂缝变化观测等。

在同一项目中，当测点较多时，宜分为重点和一般两类，侧重于对重点测点的整理分析。

9.1.3 观测资料分析的基础工作

9.1.3.1 资料的收集与积累

观测结果体现为一定形式的资料，观测资料是观测工作的结晶。手机和积累观测资料，才能为利用观测成果提供条件。为了对观测成果进行分析，必须了解各种有关情况，也需要有相应的资料。因此，收集和积累资料是整理分析的基础。观测分析水平与分析者对资料掌握的全面性及深入程度密切相关。观测人员必须十分重视收集和积累资料，并爱护资料，熟悉资料。

为了做好观测分析工作，应收集、积累的资料有以下3个方面。

1. 观测资料

（1）观测成果资料：包括现场记录本、成果统计本、曲线图、观测报表、整编资料、观测方向报告等。

（2）观测设计及管理资料：包括观测设计技术文件和图纸、观测规程、手册、观测措施及计划、总结、查算图表、分析图表等。

（3）观测设备及仪器资料：包括观测设备竣工图、埋设、安装记录、仪器说明书、出厂证书、检验或率定记录、设备变化及维修、改进记录等。

2. 水工建筑物资料

（1）坝的勘测、设计及施工资料：包括坝区地形图、坝区地质资料、基础开挖竣工图、地基处理（帷幕灌浆、排水孔、断层破碎带加固等）资料，坝工设计及计算资料、坝的水工模型试验和结构模型试验资料、混凝土施工资料、坝体及基岩物理学性能测定成果（强度、弹性模量、泊松比、抗渗性、抗冻性、热学参数）等。

（2）坝的运用、维修资料：包括上下游水位、流量资料，气温、水温、降水、水冻资料，泄洪资料，地震资料，坝的缺陷检查记录，维修加固资料等。

3. 其他资料

其他资料包括国内外坝工观测成果及分析成果，各种技术参考资料等。

资料收集、累计的范围与数量应根据需要与可能而定。厂部、分场和班组存档的分工，应便于使用并有利于长期管理和保存。

9.1.3.2 观测资料的整理和整编

1. 观测资料整理的几个环节

从原始的现场观测数据，变成便于使用的成果资料，要进行一定的加工，这就是观测资料整理。它是资料分析的基础，常包括以下3个环节。

（1）计算。把现场观测数据化为成果数值，如根据压力表读数及表的高程推算扬压水位、渗透系数、根据水准测量记录计算测点高程及垂直位移值等。

（2）绘图。把成果数据用图形表示出来，如绘制过程线、分布图、相关图等。

（3）编成果册。把成果表、曲线图作适当整理编排并加以说明，汇编成册，提供使用。

习惯上，常将长系列（一年或数年）观测资料的系统整理并汇编刊印成册的工作称为整编。

我国混凝土坝观测资料整理、整编尚无全国统一规范，以下介绍的是部分单位的实际做法。

2. 观测资料的记录和计算

（1）记录格式。应统一格式，印制成表，按表填记。表格内框的基本尺寸横表为15cm×22cm，竖表为 16cm×21cm。

（2）填表要求。字体要清楚、端正。现场填记可用铅笔或钢笔，计算统计表填记可用钢笔或复写，但一般不宜用圆珠笔。有错时不得涂改，应以斜线或横线划掉，然后在上方填上正确数字。有疑问的数字，应在上角标以可疑符号"※"，并在备注栏内说明疑问原因。

观测资料中段时，应在相应的格内标以缺测符号"—"，并在备注栏内说明中断原因。

（3）计算要求。计算方法、采用单位及有效数字的位数均应遵守有关规定，不应任意变化。计算应在现场观测后及时进行，发现问题要查明原因，必要时补测或重测。坚持严格的校审制度，计算成果一般应经过全面校核、重点复核、合理性审查等几个步骤，以保证成果准确可靠。

（4）基准值的选用。位移、沉陷、接缝变化等皆为相对值，每个测点必须有基准值作为相对的零点，它影响以后每次测值的计算成果，必须慎重选定。一般宜选择水库蓄水前数值和低水位数值，在该期若干测次中挑出误差较小、数值较合理的一次作选用值。一个项目若干测点的基准值宜取用同一测次的，以便相互比较。

3. 观测成果的作用

根据几何原理，用曲线的形式、形状、长度、曲率、所围面积或用散点、曲面等几何图形来表示观测值与时间、位置、各有关物理量之间的关系，这就是观测成果的作图表示法。它简明直观地展现出测值的变化趋势、特点、相互关系等，是观测资料整理中常用的成果表达方式。

作图中应注意下列事项。

（1）图幅。大小要合适，以能代表所表达的数值的范围和精度为宜，能用小图表达的就不要用大图，图幅一般内框 16cm×22cm，以便和文字、表格一同装订并便于翻阅。图纸常用 mm 格纸。

（2）坐标。一般以所考察的观测量（因变量）为纵坐标，以影响因素（自变量）为横坐标。

坐标的分度（坐标上一定长度所代表的数值的大小）应使每一点在坐标纸上都能方便地点绘和读数为宜。要先查明所绘变量的变化幅度，再根据图幅确定比例尺和坐标分度。比例尺适选为 1、2、5、10 等的 1 倍、10 倍、百倍数。尽量使点据在纵横两个方向都大致占满图幅，不要使点据偏于一隅，绘制相关曲线时，还应尽量使曲线与横坐标成 30°～60°角。

（3）点据。应以适当符号表示在图上，不同组的点据可用不同符号。

（4）曲线。有的图只有点据，叫散点图；有的在点据群中加上回归线（计算出或目估定线），叫相关图；有的将各点据按序（如按时间或位置）连线，叫连线图；有的按点据数值绘出等值线，叫等值线图；有的在一幅图上可绘出多个项目或多个测点的点据及曲线，叫综合图。

曲线的绘制应力求准确清楚，线条均匀、粗细一致，主次线条的线宽应有区别。

（5）说明。图名、比例尺、图例、坐标名称、单位、标尺及必要的说明应在图上适当位置注清楚。字体应端正清晰。

4. 观测资料的整理和整编

(1) 观测资料整理的工作内容一般包括：

1) 审核记录及计算有无错误、遗漏，精度是否符合要求。

2) 进行成果统计，填制成果表或报表。

3) 绘制必要的曲线图。

4) 编写说明。

整理工作应在每次观测后（特别是高水位期）及时进行，汛前、汛后一般还应作阶段性整理。

(2) 观测资料整理工作的内容一般包括以下几部分。

1) 汇集资料。

2) 对资料进行考证、检查、校审、精度评定。

3) 编制观测成果表。

4) 绘制各种的曲线图。

5) 编写观测情况及资料使用说明。

6) 刊印。

有的单位将资料整理、整编和分析分开，整理整编只提供成果，不包括分析。有的单位则将分析与整理、整编结合起来，这时整编成果还包括分析报告的内容。

(3) 整编成果质量应达到项目齐全、图表完整、考证清楚、方法正确、资料恰当、说明完备、规格统一、字迹清晰、数字正确。成果表中应没有大的、系统的错误，一般性错误的差错率不超过 1/2000。

(4) 整编时对观测设备情况的检查考证，包括水位和高程的基面考证，水准基点和水尺零点高程考证，位移基点稳定性考证，扬压测值的孔口高程，压力表中心高程以及校表情况的考证等。

(5) 整编时对观测成果的合理性检查，包括历史测值的对照、相邻测点测值的对照、同一部位几种有关项目的测值对照等。对不合理数据，应作出说明；不属于十分明显的错误，一般不应随意舍弃或改正。

(6) 整编时对观测成果的校审，包括数据记录、计算的校核、关系曲线的定线检查，制表、统计方面的检查，表统一性检查（消除表面矛盾和规格不统一现象）以及全面综合检查等。

(7) 整编时对观测精度的分析评定，应给出错误范围，以利于对资料的正确使用。

(8) 整编中的观测说明，包括观测布置、测点情况、仪器设备、观测方法、基准值、计算方法等的简要介绍以及考证、检查、校审和精度评定的说明等。

9.1.3.3 观测资料的初步分析

1. 常用的初步分析方法

(1) 绘度测值过程线。以观测时间为横坐标，所考察的测值为纵坐标点绘的曲线叫过程线。它反映了测值随时间而变化的过程。由过程线可以看出测值变化有无周期性，最大最小值是多少，一年或多年变幅有多大，各时期变化梯度（快慢）如何，有无反常的升降等。图上还可同时绘出有关因素如水库水位、气温等的过程线，借以了解测值和这些因素的变化是否相适应，周期是否相同，滞后多长时间，两者变化幅度大致比例等。图上也可同时绘出不同测点或不同项目的曲线，借以比较它们之间的联系和差异。

（2）绘制测值分布图。以横坐标表示测点位置，纵坐标表示测值所绘制的台阶图或曲线叫分布图。它反映了测值沿空间的分布情况。由图可看出测值分布有无规律，最大，最小数值在什么位置，各点间特别是相邻点间的差异大小等。图上还可以绘出有关因素如坝高、弹性模量等的分布值，借以了解测值的分布是否和它们相适应。图上也可同时绘出同一项目不同测次和不同项目同一测次的数值分布，借以比较其间联系及差异。

当测点分布不便用一个坐标来反映时，可以用纵横坐标共同表示测点位置，把测值录在测点位置旁边，然后绘制测值的等值线图来进行考察。

（3）绘制相关图。以纵坐标表示测值，以横坐标表示相关因素（如水位、温度等）所绘制的散点加回归线的图叫相关图。它反映了测值和该因素的关系，如变化趋势、相关密切程度等。

有的相关图上把各次测值依次用箭头相连并在点据旁注上观测时间，又可在此种图上看出测值变化过程，因素值升和降对测值的不同影响以及测值滞后于因子变化的程度等，这种图也叫做过程相关图。

有的相关图上把另一影响因素值标在点据旁（如在水位—位移关系图上标出温度值），可以看出该因素对测值变化的影响情况，当影响明显时，还可以绘出该因素等值线，这种图叫复相关图，表达了两种因素和测值的关系。

由各年度相关线位置的变化情况，可以发现测值有无系统的变动趋向，有无异常迹象。由测值在相关图上的点据位置是否在相关区内，可以初步了解测值是否正常。

（4）对测值作比较对照。

1）和上次测值相比较，看是连续渐变还是突变。

2）和历史极大、极小值比较，看是否有突变。

3）和历史上同条件（水库水位、温度等条件相近）测值比较，看差异程度和偏离方向（正或负）。比较时最好选用历史上同条件的多次测值作参照对象，以避免片面性。除比较测值外，还应比较变化趋势、变幅等方面有否异常。

4）和相邻测点测值互作比较，看它们的差值是否在正常范围之内，分布情况是否符合历史规律。

5）在有关项目之间作比较，如扬压力与涌水量，水平位移和挠度，坝顶垂直位移和坝基垂直位移等，看它们是否有不协调的异常现象。

6）和设计计算、模型试验数值比较，看变化和分布趋势是否相近。数值差别有多大，测值是偏大还是偏小。

7）和规定的安全控制值相比较，看测值是否超过。

8）和预测值相比较，看出入大小及偏于安全还是偏于危险。

2. 影响观测值的基本因素

分析观测值的变化规律及异常现象时，必须了解有关影响因素。一般来说，有观测因素、荷载因素、结构因素等，分述如下。

（1）观测因素。观测值应准确可靠，但不可避免地会存在误差，误差又可分为疏失误差、系统误差、偶然误差三类。

疏失误差是由于观测人员的疏忽而产生的错误。如仪器操作错误、记录错误、计算错误、小数点串位、正负号弄反等。这类错误使成果被歪曲，应杜绝发生，观测分析时应通过认真检查来发现此类错误并加以处理。

系统误差是由于观测设备、仪器、操作方法不完善或外界条件变化所引起的一种有规律的误差。例如量具不准引起的测长误差，压力表不准引起的扬压力误差等。通常系统误差对多个测点或多次测值都发生影响，影响值及正负号有一定规律。除在观测中应尽量采取措施来消除或减少系统误差外，还应在资料分析时努力发现和消除系统误差的影响。如检查出各测点高程都有一个相同的异常升高值时，可能是基点发生了沉陷。如发现各测点位移都异常偏向上游且在分布上呈线性关系时，可能有一端基点产生了向下游的移动。分析资料时要特别注意基点的稳定性，基准值的准确性等问题，发现有系统误差要加以处理。

偶然误差是由于若干偶然因素所引起的微量变化的综合作用所造成的误差。这些偶然原因可能与观测设备、方法、外界条件、观测者的感觉等因素有关。偶然误差对测值个体而言是没有规律的（或者规律性还未被人掌握），不可预言和不可控制的，但其总体（大量个体的总和）服从于统计规律，可以从理论上计算它对观测结果的影响。

大坝观测的每种项目，每个测点的测值都存在偶然误差。例如变形观测时十字丝与觇标中心不密切重合的照准误差，读游标时的读数误差，用量杯作漏水观测时的计时误差、水量读数误差等。这些误差可能由于温度变化和气流扰动引起的仪器微小变化、观测人员感觉器官临时的生理变化，空气中的随折光变化等综合产生，一般难于消除，或为消除它要付出较大代价不够合算。系统误差经消除后的残存值，也可看作是偶然误差。

利用多次重复观测的资料，可以求出一组观测值的单独观测值中误差及算术平均值中误差。由之可以了解偶然误差的数值范围和测值精度。

总之，得到观测成果后，首先应对其可靠性和正确性进行检查，即分析有无疏失误差和系统误差。有疏失误差的测值应舍去不用（因计算错误而被发现的，可恢复正确测值再使用，有系统误差的测值应加以改正）。然后根据系统分析方法，求出偶然误差，了解测值的精度。

当多次测值始终都在误差范围以内变动时，认为测值未发生变化或其变化被误差所掩盖；当此种变动超出误差范围时，认为测值有变化。此时应进一步从内因（坝的结构因素）和外因（坝的荷载条件）的变化上来考察测值发生变动的原因、规律性、并判断测值是否异常。

（2）荷载因素。作用在混凝土坝上的荷载，主要有坝的自重、上下游静水压力、溢流时的动水压力、波浪压力、冰压力、扬压力、淤沙压力、回填土压力、地震产生的力、温度变化影响等。它们是大坝变化的外因，分析观测成果时，要把测值和它们的变化联系起来考察。

在混凝土坝建成后的变形及渗透观测分析中，自重已是定值，不随时间而变化；动水压力、波浪压力、冰压力比较次要，对测值影响不大；淤沙及回填土压力一般也较次要，且变化较缓慢，大的地震发生机会少，较难遇到；扬压力主要取决于上下游水位且本身也是一种观测项目。因此，主要考察的荷载是上下游水压力和温度变化影响。许多情况下，当下游水位（对岸坡坝段则是下游地下水位）变幅不大且水深相对上游水深较小时，可只考虑上游水压力即水库水位的变化和温度变化的影响。

水库水位决定了坝前水深。作用在坝上游任一点的静水压强和该点处水深成正比。作用在坝任意水平截面以上的静水压力和该截面上水深的平方成正比。水库水位就决定了上游水压力，而水压力是混凝土坝上最主要的荷载之一，因此大多数观测值都和水库水位有密切关系。水库水位越高，坝的变形和渗透就越大，应力状况也越不利，甚至出现不安全情况，因此高水位时的观测及其资料分析就显得特别重要。

坝体混凝土温度的变化和某些观测值也有密切的关系。混凝土坝的温度变化过程是复杂的，开始时混凝土入仓温度和周围介质温度就可能不同，继之水泥水化热又使混凝土温度升高，坝周围的介质（空气、水体和地基）温度也在不断发生变化，上下游水位的升降又使坝体浸没在水中的深度随着变化，这些因素的影响使坝体混凝土温度在分布上是不均匀的，在时间上是不断变化的。混凝土温度变化引起体积的胀缩，相应地引起温度应力及温度变形。通常坝的水平位移、垂直位移、挠度、接缝变化、应力、应变等和温度情况都有明显的关系，有时这种影响较之水位影响更为重要。对于拱坝、支墩坝及宽缝重力坝等薄壁或有大空腔的坝体，尤其是这样。温度变化引起坝体接缝和裂缝的张合，间接地也影响到漏水量及扬压力的大小。

影响观测值的温度因素是坝体各点混凝土温度分布及变化的综合，一般用各时期断面温度等值线图来描述，有时也简化地用坝体几个点的温度来表示。运行数年后的坝体，水热化已基本散发，混凝土温度主要取决于气温和水温，而水温又主要受制于气温（也和水库水深及水量平衡等因素有关），在缺乏坝体混凝土温度及水温实测值或计算值的情况下，也可以用坝区气温来代表温度因素，考察分析坝的观测值和它的关系。

水位、温度影响下坝的变化往往有一个过程。因此，观测数值不仅和当时水位、温度状况有关，有时还和前期水位、温度的变化过程有关，表现出滞后现象。扬压力、漏水的滞后现象比较明显。

发生较强烈地震时，坝的变形、渗漏都可能有所变化，分析地震前后观测资料时，要注意考察这种影响。

前面提到的次要或少变荷载，对某些坝而言，在一定条件下也可能成为主要荷载。如对寒冷地区的低坝，冰压力有时占重要地位；多泥沙河流坝前淤积很快时，泥沙压力可成为一种重要影响因素。在这类情况下，应该把测值的变化和它们联系起来着重加以考察。

（3）结构因素。荷载因素是坝变化的条件，结构因素则是坝变化的根据，荷载是通过结构而起作用的。分析观测资料时，必须深入地掌握坝的结构情况，把测值当作是荷载作用于结构的产物来考察。

这里说的结构因素包括坝基和坝体两个部分。坝基结构因素主要是地质条件和基础处理情况。

地质条件包括坝基岩石的均匀性、弹性模量、泊松比、抗压强度及抗剪强度数值，断层、节理、软弱破碎带的分布和性质，抗渗性和排水性，边坡稳定性等。这些条件对观测值都有影响，如岩性不均一，可能引起基础沉陷和位移的不均一，还会影响坝下部应力、应变的分布值；岩石分化破碎，抗渗性将较差；岩石中有泥状物质时，抗渗性较好，排水性则较差。大坝观测中，应着重注意地质条件差的坝段，把它们当作重点监测和分析的对象。

基础处理条件包括坝基开挖、固结灌浆、排水以及软弱破碎带的处理情况等，这些措施的目的是防止基础出现滑动、开裂、压坏、不均匀沉陷、大的渗漏、冲蚀、管涌、软化和坝头、边坡失去稳定。处理较彻底的，变形及渗漏较小，应力状况较好；反之则较差。了解基础处理情况，对正确分析观测成果很有帮助。此外，在坝投入运用后对基础所做的维修、加固工作，如帷幕补充灌浆、排水孔的清疏等，也要及时了解，它们对观测值也会发生影响。

坝体结构因素主要是坝的尺寸和构造，混凝土的质量和特性，坝在运用中的结构变化等。

一座坝的各个坝段的高度和尺寸是不同的。坝段高的由于承受荷载较大通常其变形、应力和渗透也较大，反之则较小。坝体结构的单薄与厚实，接缝的形式与构造，混凝土质量的好与坏等，也都会影响到观测数值，分析时要加以注意。

在坝的运用过程中，结构情况还可能发生变化进而影响测值，如混凝土及岩石的徐变可影响变形及应力，混凝土内部的溶蚀和沉积会使一些裂隙加大或充填而造成渗漏量及渗透位置的改变，坝面的风化、冻融会加剧入渗等。采取维修措施后，随着结构状况的改善测值也会有相应变化。如坝面补修和防渗灌浆可减少渗漏，连接坝缝和锚固坝体可降低变形值等。因此，掌握坝在运用中的变化情况对分析观测资料也是很重要的。

大坝结构条件在各坝段各有不同，在坝建成后基本上是不变或少变的，而荷载则周期性地经常在变化，因此大坝观测成果的数值在空间分布上主要取决于结构条件，在时间发展上则主要取决于荷载变化。但这是只是问题的一个方面。从另一个方面来说，荷载在各个坝段也是不同的，对测值的空间分布也发生影响；同时，结构条件随着时间的推移总会发生变化，有时甚至是质的变化，这也不能不影响到观测值的时程变化。观测分析的任务就在于通过具有一定精度的观测资料，认识大坝观测数值在空间分布和时间发展上的规律性，掌握它和各种内外因素的联系，从观测值的变化来考察和发现大坝结构的变化和异常现象，防止大坝结构的变化向不安全的方向发展到质变。

9.2 水位及气温资料整理分析

9.2.1 水库水位及下游水位资料整理分析

水位资料是水电站及水库最基本观测资料之一，在大坝观测中，水位变化标志着静水压力的变化，而静水压力是作用在坝上的最主要的一种荷载，大坝的变形、渗透等都和它有密切的关系。此外，上下游水位还用来计算水库蓄水量，进出水库流量等，为发电、防洪、灌溉、航运、给水和水户养殖等提供基本数据。

（1）水位资料整理分析，通常包括下列工作：

1）校审观测记录。

2）考证基面的绝对高程、水准点高程及水尺零点高程。

3）修正水位记录。

4）计算日平均水位。

5）绘制水位过程线。

6）统计分析特征值。

7）作水位和理性检查。

8）编写成果表及整编分析说明。

水准考证及水位修正。水位和高程数值，一般都以一个基本水准面为准，这个水准面，称为基面，水位值即基面以上的水尺零点高程再加水尺读数，水尺另点高程系由校核水准点引测，后者又由基本水准点引测，水准点高程及水尺另点高程者发生错误就会引起水位的错误，因此，必须定期进行校测和考证。

（2）基面有下列几种：

1）绝对基面。以某一海滨地点的特征海水面为 0.000m（如大连、大沽、黄海、吴淞、珠江等地），将测站基本水准点与国家水准网所设水准点按测后，则测站水准点高程可根据引据水准点所用的那个基面以上的高程数来表示，叫做绝对基面。

2）假定基面。测站附近没有国家水准网，水准点暂时不能与绝对基面高程相连接时，可假定一个水准面作为基准，如假定某站基本水准点高程为 200.000m，则测站的假定面就在该基本准点顶端垂直向下 200.000m 的水准面上。

3）测站基面。它是水文测站专用的一种固定基面，一般是将略低于历年最低水位或河床最低点的基准面上。

4）冻结基面。它是水文测站专用的一种固定基面，一般是将测站第一次使用的基面冻结下来，作为冻结基面。

冻结基面可以是绝对基面（由于测量有误差，所以实际上只是绝对基面的近似重合面），也可以是假定基面，其和水位关系示意图如图 9.1 所示，由图可知：

水尺另点高程： $$h_0 = H - b \qquad\qquad (9.1)$$

水位： $$h' = h_0 + a \qquad\qquad (9.2)$$

当用绝对基面表示时，

水尺另点高程： $$h_0' = H - b + \Delta H \qquad\qquad (9.3)$$

水位： $$h = h_0 + a + \Delta H \qquad\qquad (9.4)$$

格式中，当水准点位置不发生变动时，H 是恒定值，但 ΔH 却随对水准点的测量精度变化而变化。

根据《水文测量规范》（SL 58—2014）有关规定，为使水位和高程资料多年的连续性不致遭到破坏，一般地区均采用冻结基面、仅采用该标准规定使用基面地区，可使用测站基面。

测站基面与冻结基面应尽可能与绝对基面相连接，各项水位高程资料中都应量明用测站基面或冻结基面表示的高程同用绝对基面表示的高程间的换算关系，如设站时引测的国家水准网为大连基面，

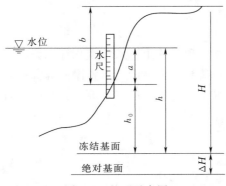

图 9.1　基面示意图

这时换算关系为：

冻结基面以上米数＋0.000m＝大连基面以上米数，当进行精密测量后测得冻结基面比大连基面高0.003m，这时换算关系为：冻结基面以上米数＋0.3003m＝大连基面以上米数。

水准考证时，应首先了解本站用的是冻结基面还是测站基面，基面和绝对基面的高差是多少，经过精密测量和平差后存无修正，绝对基面有否变换（如从大连基面变换为吴淞基面）等。水准点及水尺另点高程考证的内容包括：设立和校测情况有否变动，变动的时间、数值、原因（如基面变换、水准点本身沉陷、水尺碰动），对水位观测值的影响等。

由于水准点高程变动、水准测量错误或水尺本身被碰撞、冻拔等原因引起水尺另点高程发生变动且变动值超出水尺另点高程测量误差并大于10mm时，应在查明变动原因后对有关水位记录进行修正，考试水尺另点高程变动时间，一般可绘制水位过程线作分析，对于水库水位，还可以推求入流量后，由流量的合理性来做验证，若经过考证，能确定水尺另点高程的变动日期，则在变动前用原测高程，以后用新测高程；如能确定水尺高程在某一段期间发生渐变，则在变动前用原测高程，校测后用新测高程，渐变期间按时间比例插补修正，如图9.2所示。

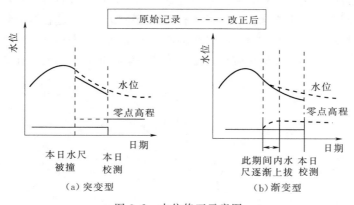

图9.2 水位修正示意图

当两次校测水尺另点高程之差大于当年水位变幅5%或超过0.5m时，水位资料应废弃或只能作参考资料。

9.2.1.1 日平均水位的计算

水位变化缓慢或等时距观测时，日平均水位用算术平均法计算，即将各次测值相加后除以观测次数，所谓等时距观测，系指本日第一次到次日第一次观测的24h内各测次时距相等，零时到第一次观测与最后一次观测到24h的距不要求一定相等，如一日内8时、20时两次观测及2时、8时、14时、20时4次观测，皆属等时距观测、在一日内测次甚多或发布不均时，在不影响精度情况下，也可挑选其中部分等时距测次作算术平均计算。

水位日变化较大且不等时距观测时，采用面积包围法求算日平均水位，即将本日零时至24时水位过程线所包围的面积除以一日时间而求得，如图9.3所示，设某日零时至24

时内，在各时距 t_1、t_2、t_3、t_{n-1}、t_n 间，观测水位值为 H_0、H_1、H_2、H_3、H_{n-2}、H_{n-1}、H_n，则该日日平均水位 $\overline{H}$ 可用下式计算，即：

$$\overline{H} = \frac{1}{48}[H_0 t_1 + H_1(t_1 + t_2) + H_2(t_2 + t_3) + \cdots + H_{n-1}(t_{n-1} + t_n) + H_n t_n] \quad (9.5)$$

若该日另时或 24 时没有实测记录，则应根据其前后测次的水位和时间，用直线插补法求出另时或 24 时水位后，再按式（9.5）计算。

由于结算日平均水位的方法不同，而产生的允许误差为 1～2cm。

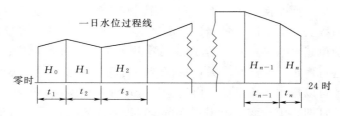

图 9.3　用面积包围法求日平均水位

9.2.1.2　水位过程线的绘制

水位过程线以时间为横坐标，相应水位为纵坐标将各点据以直线相连绘成，为大坝观测需要，通常多绘制年度日平均水位过程线，有时也绘制多年水位过程线或年内某一时期水位过程线，水位根据需要取日期均值，瞬时观测值或平均值，日平均值有时把坝上、下游水位放在一张图上来表示，水位比例尺则可根据水位变幅取得相同或不同，如图 9.4 所示。

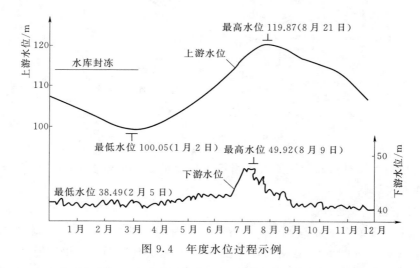

图 9.4　年度水位过程示例

在水位过程线上，通常还应表示出最高、最低水位值及发生时间、封冻期等。

必要时，可以通过水位过程线与上下游测站水位过程线的比较，或与水库入流量及出流量过程线比较，进行水位合理性检查。

9.2.1.3　水位特征值的统计

为了解大坝运行条件，对水库水位及坝下游水位通常统计下列特征值。

（1）年、月平均值。

（2）年内最高、最低值及其出现日期、年水位变幅。

（3）超出某一高水位的日数及日期、低于某一低水位的日数及日期。

根据某些观测项目资料分析的需要，有时还可统计某一特定时段的水位平均值、变幅、最高最低值、变化速率等。

9.2.1.4 水位成果整理

每年应将经过校审的水位观测计算值填入成果表，连同水位过程线及整编说明整理装订成册，成果表应包括坝上、下游逐日平均水位、月、年平均水位，必要时还包括每日定时（如每日8时、16时）水位观测值，有关附属项目（如风力、风向和水面起伏度等）观测值。整编说明内容通常包括如下。

（1）使用的水尺名称、编号、形式、位置和引据水准点（国家水准网上的水准点），测站基本水准点及校核水准点的高程，校测，改正后的水尺另点高程，采用基面及与绝对基面的关系。

（2）水位观测方法、测次的说明。

（3）整理水位资料中发现的问题、解决的办法及还存在的问题。

（4）资料准确程度的说明。

9.2.2 气温资料整理分析

气温是一种最基本的气象要素，和生产、生活有密切关系，在混凝土坝观测中，由于气温是坝运行状态的重要外界条件，对坝上、下游水温、坝体混凝土温度，坝基温度有直接影响，从而影响到坝的变形、渗透。因此，气温资料也是一项基本的观测资料。

大坝观测所用的气温资料，有的取自邻近气象站观测成果，有的是在坝上设置仪器观测的，还有的是根据观测中的某种需要，在坝的特定部位（如坝面附近、坝体内空腔等）专门设置测点测得的，这些气温资料，都需要加以整理分析，才便于应用。

气温资料整理分析，通常包括下列内容。

（1）校审观测记录。

（2）计算各种平均值，统计特征值。

（3）绘制过程线。

（4）必要时进行时间序列分析。

（5）编号成果表及整编分析说明。

9.2.2.1 平均值的计算和特征值的统计

平均温度一般均指温度数列的算术平均数，常用的有一年的日、旬、月、年平均温度，多年的日、旬、月、年平均温度。

1. 日平均温度的计算

日平均温度根据当日各次观测值计算，一般有3种计算方法，即：

$$\overline{H}_1 = \frac{t_1 + t_2 + t_3 + \cdots + t_{23} + t_{24}}{24} \tag{9.6}$$

$$\overline{H}_2 = \frac{t_2 + t_3 + t_{14} + t_{20}}{4} \tag{9.7}$$

$$\overline{H}_3 = \frac{t_{日最高} + t_{日最低}}{2} \tag{9.8}$$

式中 t ——一次温度观测值，它的脚注代表其观测时间或特征。

用式（9.6）计算出的数值最接近真实日平均温度，但实际上用式（9.7）就可以了，其值与式（9.6）值相差不到 0.5℃，用式（9.8）最简便，其误差在 0.3～1.0℃。

多年日平均温度可取多个年份每年该日的日平均温度求算其算术平均值，也可在多年月平均气温过程线上量取该日数值（后一方法比较简便，虽有误差但实用上已够精确），还可以在多年温度谐坡分析式（见后）代入日期求得温度值。

2. 旬、月、年平均温度的计算

设有记录条温度数列（旬、月、年）x_1，x_2，x_3，$\cdots$，x_n，则其平均温度为：

$$\overline{x} = \frac{1}{n} \sum_{i=1}^{n} x_i \tag{9.9}$$

例如，求 3 月下旬的平均气温为：

$$\overline{T} = \frac{t_{21} + t_{22} + t_{23} + \cdots + t_{30} + t_{31}}{11}$$

式中 t ——每日平均温度，脚标是日期。

月平均气温亦可利用旬平均气温求出，如 8 月平均气温为：

$$T = \frac{10t_{8上} + 10t_{8中} + 11t_{8下}}{31}$$

式中 $t_{8上}$ ——8 月平均气温。

同理，年平均气温可用月平均气温加权求出，不赘述。

3. 气温特征值的统计

通常统计下列特征值。

（1）旬、月、年平均值（当年及多年）。

（2）年内最高，最低值及其出现日期，年气温变幅。

（3）超出（或低于）某一气温的日数及日期。

有时，还需要统计某一时段气温变化率、积累气温等，这些特征值常用列表表示。

9.2.2.2 气温过程线的绘制和时间过程分析

影响气温的因素复杂多样；在大坝观测中，我们把气温当作一种影响坝变化的条件来对待，不需要分析气温形成的各种因素和关系，因此只着眼于气温随时间发展变化情况，即进行气温过程分析。

1. 气温过程线的绘制

气温过程线横坐标为时间，可以以时、日、旬、月、年为单位，纵坐标为气温，可以是瞬时观测值，日、旬、月、年平均值或最高、最低值，一般常绘制年度日平均气温过程线，如图 9.5 所示是气温过程线的一个实例。

2. 气温时间过程分析

在气温时间序列中，具有 4 种变化：

（1）随机变化。偶然因素引起的变化，如观测误差，云层变化、阵雨来临等均可造成温度随机变化，这种变化可以用求平均的方法把它消除。

（2）循环变化。包括日变化和年变化，是时间的严格周期函数，循环变化的影响可用

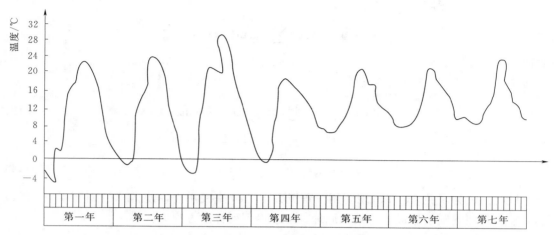

图 9.5 桓仁大头坝 270m 廊道 4~5 坝段测点气温过程线

固定时间的观测值或用一个完全循环的周期内的平均值把它消除。

（3）周期振动。是一种周期不固定的周期变化，有两个以上周期不同的循环变化所组成。

（4）多年趋势。是在相当长的年代内温度所有的迟缓的变化，它可以由气候变化及环境变化造成。

时间序列分析中，常孤立上述一种或多种变化，以分析其演变规律、气温周期振动及多年趋势的分析在大坝观测中应用很少，这里不做介绍。以下就温度循环变化介绍一种常用的方法——谐量分析。

由数学分析得知，最简单的周期现象就是简谐运动，可用简谐函数代表，复杂周期现象乃是由幅和相不同的简谐运动所组成其周期函数 $F_n(t)$ 可以展成三角级数：

$$F_n(t) = C_0 + C_1 \sin(\omega t + \varphi_1) + C_2 \sin(2\omega t + \varphi_2) + \cdots + C_n \sin(n\omega t + \varphi_n)$$

$$= C_0 + \sum_{\lambda=1}^{n} C_\lambda \sin(\lambda \omega t + \varphi_\lambda) \tag{9.10}$$

式中 C_0——$F_n(t)$ 的算术平均值。

$F_n(t)$ 由几个谐波相重叠而成，每个谐波具有相同的角频率，但其振幅 C_1，C_2，…，C_n 和相角 φ_1，φ_2，…，φ_n 不同，第一谐波称为基波，每个谐波的周期 $T_\lambda = \dfrac{2\pi}{\lambda\omega}$（式中 $\lambda =$ 1，2，…，n）即各谐波的频率依次为基波频率的 1，2，…，n 倍。

$F_n(t)$ 周期为 $T = \dfrac{2\pi}{\omega}$，所以有：

$$F_n\left(t + k\frac{2\pi}{\omega}\right) = F_n(t) \tag{9.11}$$

式中 $k = 0$，± 1，± 2，…。

用三角级数来表示周期现象的问题，或根据测值求此三角级数的过程，就是谐量分析。当所取项数有限时，也叫做三角函数插入。

设 $wt = \gamma$，则 $F_n(t)$ 变为：

$$f_n(x) = C_0 + \sum_{\lambda=1}^{n} C_\lambda \sin(\lambda x + \varphi_\lambda) \tag{9.12}$$

其周期为 2π。

经过变换式（9.12）可写成：

$$f_n(x) = a_0 + \sum_{\lambda=1}^{n} (a_\lambda \cos\lambda x + b_\lambda \sin\lambda x) \tag{9.13}$$

式中 $a_0 = C_0$，$a_\lambda = C_\lambda \sin\varphi_\lambda$，$b_\lambda = C_\lambda \cos\varphi_\lambda$，$\lambda = 1, 2, \cdots, n$。

$$C_\lambda = \sqrt{a_\lambda^2 + b_\lambda^2}, \quad \varphi_\lambda = \tan^{-1} \frac{a_\lambda}{a_\lambda} \tag{9.14}$$

设观测值为函数 $f(x)$，现要用三角级数 $f_n(x)$ 来表示它，使 $f_n(x)$ 对于 $f(x)$ 成最小二乘方近似，则根据最小二乘方原理，可求得下列标准方程为：

$$\left.\begin{aligned}
a_0 &= \frac{1}{2\pi} \int_0^{2\pi} f(x) \, \mathrm{d}x \\
a_\lambda &= \frac{1}{\pi} \int_0^{2\pi} f(x) \cos\lambda x \, \mathrm{d}x \\
b_\lambda &= \frac{1}{\pi} \int_0^{2\pi} f(x) \sin\lambda x \, \mathrm{d}x
\end{aligned}\right\} \tag{9.15}$$

当把自变数 x 分成 m 节，每节长为 $(\Delta x)i$，第 i 节时式（9.15）可写成：

$$\left.\begin{aligned}
a_0 &= \frac{1}{m} \sum_{i=1}^{m} f(xi) \\
a_\lambda &= \frac{2}{m} \sum_{i=1}^{m} f(xi) \cos(\lambda xi) \\
b_\lambda &= \frac{m}{2} \sum_{i=1}^{m} f(xi) \sin(\lambda xi) \\
\lambda &= 1, 2, 3, \cdots
\end{aligned}\right\} \tag{9.16}$$

设在一个周期内等距发布的测次为 m 次，每次测值为 y_0、y_1、y_2、y_{m-1}，则 $\Delta x = \frac{2\pi}{m}$，式（9.15）或可写成：

$$\left.\begin{aligned}
a_0 &= \frac{1}{m}(y_0 + y_1 + y_2 + \cdots + y_{m-1}) \\
a_1 &= \frac{2}{m}[y_0 + y_1\cos\Delta x + y_2\cos2\Delta x + \cdots + y_{m-1}\cos(m-1)\Delta x] \\
b_1 &= \frac{2}{m}[y_1\sin\Delta x + y_2\sin2\Delta x + \cdots + y_{m-1}\sin(m-1)\Delta x] \\
a_2 &= \frac{2}{m}[y_0 + y_1\cos2\Delta x + y_2\cos4\Delta x + \cdots + y_{m-1}\cos(m-1)2\Delta x] \\
b_2 &= \frac{2}{m}[y_1\sin2\Delta x + y_2\sin4\Delta x + \cdots + y_{m-1}\sin(m-1)2\Delta x] \\
&\qquad\qquad\qquad\vdots
\end{aligned}\right\} \tag{9.17}$$

当 $m=12$，$\Delta x = \dfrac{2\pi}{12} = \dfrac{\pi}{6}$ 弧度 $=30°$时，式（9.17）化为式（9.18），即：

$$
\begin{aligned}
a_0 &= \frac{1}{12}(y_0 + y_1 + y_2 + \cdots + y_{11}) \\
a_1 &= \frac{1}{6}\big[(y_0 - y_6)\cos0° + (y_1 - y_5 - y_7 + y_{11})\cos30° + \\
&\quad (y_2 - y_4 - y_8 + y_{10})\cos60° + (y_3 - y_9)\cos90°\big] \\
b_1 &= \frac{1}{6}\big[(y_0 - y_6)\sin0° + (y_1 + y_5 - y_7 - y_{11})\sin30° + \\
&\quad (y_2 + y_4 - y_8 - y_{10})\sin60° + (y_3 - y_9)\sin90°\big] \\
a_2 &= \frac{1}{6}\big[(y_0 - y_3 + y_6 - y_9)\cos0° + (y_1 - y_2 - y_4 + y_5 + \\
&\quad y_7 - y_8 - y_{10} + y_{11})\cos60°\big] \\
b_2 &= \frac{1}{6}\big[(y_0 - y_3 + y_6 - y_9)\sin0° + (y_1 + y_2 - y_4 - y_5 + \\
&\quad y_7 + y_8 - y_{10} - y_{11})\sin60°\big] \\
&\quad\vdots
\end{aligned}
\tag{9.18}
$$

式（9.18）比较实用，如分析气温变化时，每月取一个数值，分析气温日变化时，每 2h 取一个数值，都有 $m=12$，将 12 个测值代入式（9.18），即可求得系数 a_0、a_1、a_2、b_1、b_2，再由式（9.14）求出 C_1、φ_1、C_2、φ_2，代入式（9.12），即得谐量分析结果。

需要指出的是，求三角级数时，所取项数越多，则求得的 $f_n(x)$ 越与观测值相近似，但求项数多，计算量较大，且越往后各项数值越小，故一般仅用前两个谐波 [如式（9.18）] 即已足够。

9.2.3 气温成果整理

每年应将气温资料经过校审后填入成果表，成果表应包括逐日平均温度及旬、月、年统计值，气温成果还应加以说明，如资料来源、测点布置、仪器、方法及测次精度等。

9.3 水温资料的整理分析

坝上、下游水温影响坝体混凝土温度场的重要边界条件，是分析坝体位移、应力和应变等的必要参考资料。同时，它还是计算水库蓄热量、研究水库热量、研究水库热量平衡和水面蒸发、水库冻封、解冻等问题的主要依据。

水温资料的整理分析，通常包括下列内容：

（1）校审观测记录。

（2）编列实测成果表，计算统计各种特征值。

（3）绘制和分析垂线水温分布图，垂线年水温等值线图。

（4）绘制和分析水温、气温过程线。

（5）绘制和分析断面水温分布图。

（6）成果整理和编写说明。

9.3.1　实测成果表的编列和特征值的统计

现场感测记录经过计算、校审后，应编制实测成果表，成果表应编列每个测点、每个测次的观测时间及温度测值，并标明测点号及测点水深，所在垂线号及垂线位置，所在断面号及断面位置、水位、垂线总水深等。

根据成果表可统计特征值。对于每月或每旬固定日期观测的测点，可统计年、月、旬的平均值、最高值、最低值；对于垂线及断面，可统计每个测次的垂线平均水温及断面平均水温。

垂线平均水温可利用垂线水温分布图用面积包围法计算，断面平均水温可利用断面等水温线图按面积加权法计算，也可根据垂线平均水温以垂线间距乘以垂线水深为权作加，平衡计算。

9.3.2　水温过程线的绘制和分析

以时间为横坐标，水温为纵坐标所绘制的水温过程线是表达水温特点，分析水温变化规律的一种常用图像，绘制时往往把不同深度的水温以及岸上气温多根过程线叠在一起，叫作水温、气温综合过程线，如图 9.6 所示。

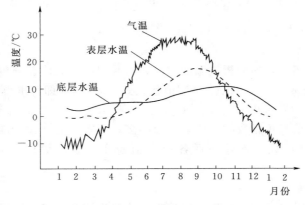

图 9.6　水温、气温综合过程线

由过程线可看到水温变化的下列特点：

（1）以年为周期作波动变化，波动较气温平滑一些，越深处过程线越平滑。如图 9.7 所示以西津混凝土坝为实例，可以看出表面水温和气温一样具有一年的大周期、年内以数

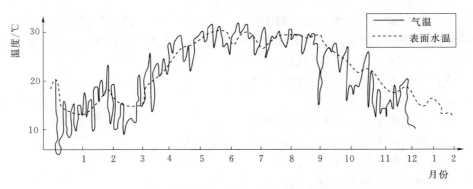

图 9.7　西津混凝土坝上游水温及气温过程线（1970 年）

天为小周期还有波动，但表面水温过程线比气温过程线平滑很多。

（2）水温的变化滞后于气温，越深处滞后时间越长，例如桓仁大坝最高气温出现于 7 月，而坝前水温最大值上部出现在 8 月、下部出现在 9 月、最低气温在 1 月而最低水温在 2 月，又如上犹江大坝，1970 年库面最高及最低水温分别出现在 8 月 29 日和 1 月 29 日，库底最高、最低水温则分别出现在 12 月 24 日和 4 月 28 日，滞后达 4 个月。

（3）夏季水温低于气温而冬季高于气温、水温年变幅小于气温年变幅、越深处水温年变幅越小，水温最低值一般不低于 0℃（北方寒冷地区水中矿化度的水温可低于 0℃）。

例如上犹江大坝，根据 1970 年每月一次的水温、气温测值，气温最高、最低值分别为 33.5℃ 和 9.0℃、变幅 24.5℃ 库面水温最高，最低值为 31℃ 和 12.1℃、变幅为 18.9℃，库底水温最高、最低值分别为 14.0℃ 和 10.5℃、变幅 3.5℃。

（4）水温过程线在峰的两侧不对称，上升段较平缓，下降段较陡峻，深水处这种情况更显著。

9.3.3 垂线水温分布图的绘制和分析

垂线水温分布图是表达水温沿深度分布情况的曲线，纵坐标为水深，横坐标为水温，一张图上点绘同一垂线一个测次的各测值连线或多个测次的多根连线，如图 9.8 所示。

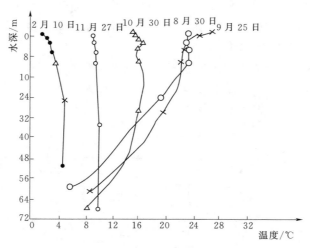

图 9.8 丰满坝前垂线水温分布图

还有一种固定垂线年水温等值线图，它以深度为纵坐标，时间为横坐标，将每次观测的各测点水温注在相应的位置，然后绘制出等值线。

由垂线分布图可以看到水温分布的下列特点：

（1）水温沿深分布依季节而不同，一般情况下，冬春季水温上部低于下部，夏秋季水温上部高于下部，中间过渡期上下水温大体相同。北方寒冷地区，冬季水库封冻，库底水温多在 4℃ 左右，因水在 4℃ 时比重比 0℃ 时要大。

（2）上下温差幅度夏季大、冬季小。

例如，桓仁坝前 270～290m 高程水温、冬季上下温差仅 0.2～2.0℃，而夏季上下温差则达 11.0～17.0℃。

对丰满大坝上游 6m 处垂线水温资料的分析结果可得出下列经验公式为：

$$T_6 = 12.5 - 0.0014y^2 + (12.5 - 0.15y)\sin\left[\frac{\pi}{18}(t+22)\right]$$

式中　T_6——第 t 旬末的计算水温（0℃）旬次自年初起算，如 1 月上旬 $t=1$，2 月中旬 $t=5$ 等；

　　　　y——点在水面以下的深度，m。

正弦函数中的角度均以 rad 为单位。

上式中，前两项 $12.5 - 0.0014y^2$ 是水深 y 处的年平均水温，它随着水深增加而略有减少，在水面为 12.5℃，水深 60m 处为 7.5℃；后一项 $\left\{(12.5 - 0.15y)\sin\left[\frac{\pi}{18}(9 + 22)\right]\right\}$ 是水深 y 度波动变化值，它的变幅为 $(12.5-0.15)y$，随深度增加而明显减少，在水面为 12.5℃，水深 60m 处为 3.5℃，其变化形式及相位用 $\sin\left[\frac{\pi}{18}(t+22)\right]$ 来描述，（不够严格，只是近似的），当 $t=14$（5 月中旬）时，$\sin 2\pi = 0$，表示此时波动为 0，水温为年平均值。

需要说明的是，由于气候和地理条件的不同，水温垂直线分布在寒带、亚热带、热带的水库中，它的特点是不相同的，必须通过具体分析才能认识其各自的规律。

9.3.4　断面水温分布图的绘制和分析

断面水温分布图通常绘成水温等值线图，选纵坐标为水深（或高程），横坐标为水平距离，在图上缩绘观测断面，并绘制出垂线与测点的位置，然后将一次观测的各测点水温注在相应测点上用绘制等值线方法，绘出等温线，如图 9.9 所示。

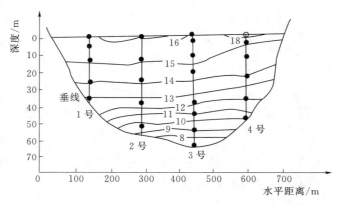

图 9.9　观测断面水温等值线图

断面水温等值线图表达了同一测次沿整个断面的水温分布情况，选几个有代表性的测次分别绘出水温等值线图，就可反映全年不同时期的水温分布特点。

一般情况下，断面水温等值线图上同次观测的等深处的水温大致相同。因此，等水温线大体是平线，但在水面附近、岸坡附近及取水口，泄洪口附近，因受边界热交换条件或水流条件的影响，水温分布较复杂，等温线发生弯曲或疏密变化。

9.3.5 水温变化的影响因素

坝前水温是水库水体热状态的表现，一方面，水库水体接受太阳辐射并不断地与水面空气及水底地面发生热交换，当水温高于气温（或地温）时，水中热量传给大气（或水下地表）库水，水库降温；当水温低于气温（或地温）时，大气（或地下地表）传热给库水，水库增温。另一方面，库水不断地流动更换，若流入水体的温度高于原有水体，则水库升温；低于原有水体则水库降温。流出水体又带走水库的一定热量，水库中水的流动还造成水体热量的对流，改变了水温分布状况。因此，影响坝前水温变化的因素可归纳为热量平衡和水量平衡两个方面。

影响坝前水温热量平衡的因素最主要的是气温和太阳辐射，气温资料较易得到且在一定程度上也反映了太阳辐射因素，故一般可只分析气温影响，气温有日变化和年变化，相应地引起了水温的日变化和年变化，但水的热容量比空气大，水内的热交换比空气慢。因此，水温变化不像气温那样灵敏，日变化幅度比气温日变化大为减小，年变化幅度也较气温小且有滞后，水越深处热交换过程越长，滞后时间也越多，由于水在 0℃ 时结冰变为固态，液态水一般均在零上（含盐量大的水，冰点在零下水温可低于 0℃）。因此，通常水温最低不小于 0℃。

水下地温温度，坝体温度也是影响坝前水温的热量平衡因素，但它们直接或间接取决于气温，可不另作研究。

影响坝前水温的水量平衡因素有水库水位（影响水体热容量）、流入水量及库面降水（影响进入水体热量）、流出水量及库面蒸发、库区渗漏（影响带走水体热量）等，水位高时蓄水量多，水库总热容量大，增温及降温均较缓慢。

坝下游水温主要取决于水及泄洪设施进口高程附近的水库水温，当进水口较低时，出流是深处库水；下游水温年变幅较小，夏天比气温低，冬天比气温高。

9.3.6 水温成果整理

每年应将水温实例成果表、特征统计值、有关曲线图等校审后连同说明整编成完整资料。

水温成果说明应包括仪器类型、精确度检查校验情况、实测水温断面、垂线及测点布置、测次和时间安排以及资料合理性检查情况等。

9.4 坝体混凝土温度资料整理分析

坝体混凝土温度是坝体热状态的表征。坝体温度场的变化，会引起温度应力和温度变形，分析坝的应力、水平位移、垂直位移、转角接缝开合及裂缝出现和开展等问题，必须掌握坝体温度场的情况，坝体温度变化引起的缝的开合还影响到坝的渗漏，分析渗漏问题时也需要了解坝的温度状况。因此，坝体混凝土温度资料是反映大坝工作条件的一项基本资料。

混凝土温度资料的整理分析，一般包括下列工作：

（1）校审观测记录。

（2）绘制和分析过程线。

（3）绘制和分析分布图。

（4）计算特征。

（5）进行影响因素的分析和理论验算。

（6）成果整理和编写说明。

9.4.1 混凝土温度过程线的绘制和分析

混凝土温度过程线是表现温度随时间发展变化的一种图形，它以时间为横坐标，温度为纵坐标绘制，经常是把多个测点的过程线同绘制在一张图上，以便对照比较，有时也把气温、水温或地温过程线绘制在图上，以反映边界条件变化过程对混凝土温度变化的影响。

由过程线可以看到混凝土温度变化有以下特点：

（1）变化呈现周期性。

1）主要以年为周期变化，如图 9.10 所示，表层和深层均有此种周期变化。

2）表层和浅部混凝土受大气环流半月周期的影响，还有"中间变化"，周期几天到十几天不等。

3）表层混凝土受日夜温变影响，又有日变化，周期一昼夜，如图 9.10 所示。

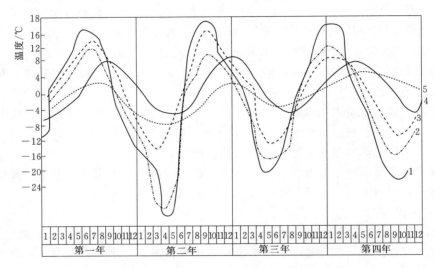

图 9.10 布拉茨克坝体混凝土温度过程线

1—到下游坝面距离 10cm 处；2—到下游坝面距离 50cm 处；3—到下游坝面距离 110cm 处；

4—到下游坝面距离 450cm 处；5—到下游坝面距离 900cm 处

（2）混凝土温度变化滞后于气温和水温，越深处滞后时间越长。

（3）温度变幅在混凝土表面最大，越深处越小，如图 9.10、图 9.11 所示，表面受日光曝晒的坝面，混凝土温度变幅大于气温变幅，但深处混凝土温度变幅均小于气温变幅及水温变幅。

三门峡实测下游坝面温度日变幅约为气温日变幅的 1.6 倍，而处于水下的上游坝面温度日变幅仅为气温日变幅的 15%～34%。

（4）过程线升温段较平缓，降温段较陡峻，峰两侧形状不对称。

（5）到达稳定温度的时间，一般需要数年。例如，新安江坝坝体内部温度达到稳定的时间用了 5～7 年。

9.4.2 混凝土温度分布图的绘制和分析

为了解坝体温度场空间分布的情况，常借助于混凝土温度分布图，最简单的是单项温度分布图，它以距离为横坐标，温度值为纵坐标，绘制温度分布线，如图 9.11 所示，可表达沿某一方向上（经常绘制的是上、下游面间的水平方向）的温度分布，不同时间的多根分布线，还可以反映温度分布的变化过程。

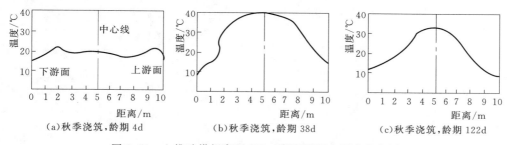

图 9.11　上椎叶拱坝高程 472m 断面混凝土温度分布图

常用的温度分布图为等值线图，它可沿坝体横截面、纵剖面或水平剖面绘制，如图 9.12～图 9.14 所示，在剖面上标出观测点的位置，写上同次观测值后，即可绘出该次观测的温度等值线（等温线）。

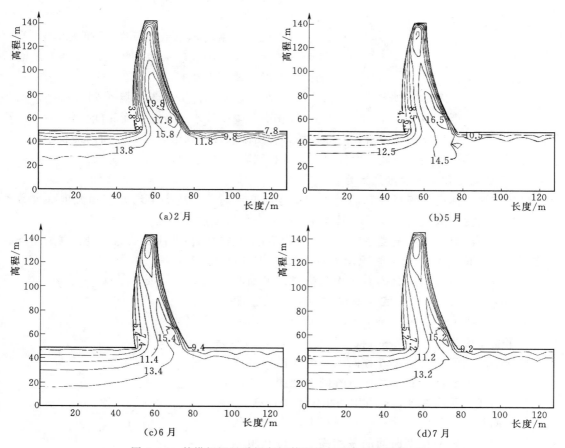

图 9.12　某拱坝冠悬臂梁断面等温线年变化图（单位：℃）

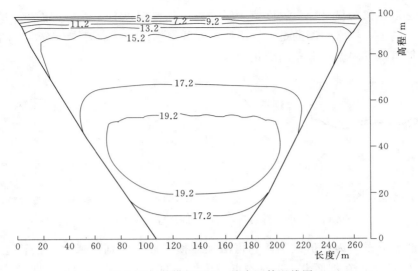

图 9.13　某拱坝面 1m 处表面等温线图

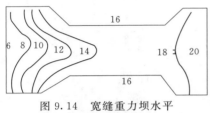

图 9.14　宽缝重力坝水平
断面等温线图

由分布图可以看到坝体混凝土温空间分布有下列特点。

（1）坝下游侧的等温线和下游坝面大体平行，即距下游面等深处的温度大致相等，坝顶及上游面水位以上部分情况也类似。

（2）坝上游侧的部分等温线除个别月份外，均与坝面相交，随所外水深及离坝面深度变化。

（3）等温线靠坝外表处较密、内部较稀，说明温度梯度在近表处较大而内部较小。

（4）冬春坝体表层温度低于内部温度，夏秋则高于内部温度。

9.4.3　平均温度和温度梯度的计算

应用实测坝体温度资料计算混凝土坝度弯曲变形时，常用到平均温度和温度梯度数值，此外，这两种数值还可以反映坝体温度的分布特性或过程特性。

一个测点的时段平均温度是指该点在所论时段内各次测值所决定的温度过程线的平均高度。一般所取时段多为一个周期 L，如图 9.15 所示，为一年或一日（当一日内有多次测值时）平均温度可用面积包围法计算公式，类同式（9.5）。在图 9.15 中，时间 t_0、t_0、$-t_2$ 或 t_1、$-t_3$ 均为一个周期 L，其平均温度为 T。

单向平均温度是沿所考查方向上一个区段内（如水平断面上从上游面点到下游面点）同次观测的各点测值分布曲线的平均高度，亦可用面积包围法计算。

一块面积上的平均温度是这块面积上同次观测的各点温度值所决定的温度曲面的平均高度，可利用等温线图计算；将每两条等温线之间的面积求出后乘以

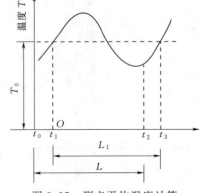

图 9.15　测点平均温度计算

两等温线温度的平均值，再加在一起除以全面积，即得所求平均温度。

温度分布梯度是温度分布曲线（减曲面）上各点切的斜率。

单向温度分布为直线时，沿线各点温度梯度相等，平均温度梯度与各点温度梯度一样。如图 9.16（a）所示，水断面上温度分布为直线，则段上的温度梯度 α 为：

$$\alpha = \tan\beta = \frac{A - B}{D} \tag{9.19}$$

单向温度分布曲线时，各点温度梯度不等，如图 9.16（b）所示，水平断面 OF 上温度分布为曲线 CE，此时为求出 OF 段上的平均温度梯度，可用等效温度直线 $C'E'$ 来代替 CE，若 $C'E'FO$ 与 $CEFO$ 所围面积相等，且二者绕 OG 轴的一次矩相等，则直线 $C'E'$ 的温度梯度即代表曲线 CE 的平均温度梯度，等效温度梯度经推导得

平均温度：

$$\alpha = \frac{K}{D} \tag{9.20}$$

等效温度梯度：

$$\alpha = \tan\beta = \frac{12M - 6KD}{D^3} \tag{9.21}$$

式中　　K ——$CEFO$ 面积；

　　　　M ——该面积绕 OG 轴的一次矩。

其均可将 OF 分为若干小段后分别求出各小段 ΔD 及 ΔK，然后总加求出。在推求拱坝水平位移的回归方程时，等效温度梯度是一种因素，需要用到这种计算。

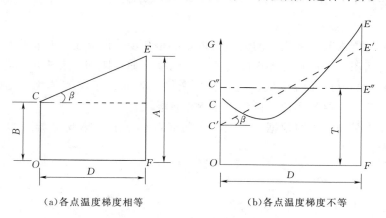

(a)各点温度梯度相等　　　　　(b)各点温度梯度不等

图 9.16　温度梯度计算图形

9.4.4　影响混凝土温度的因素分析

混凝土坝在施工期和投入运用以后，其温度不断发生变化，影响温度变化的因素有 3 个方面，即施工因素、外部边界条件和内部热物理性能，分述如下。

1. 施工因素

混凝土在入仓时温度与周围介质的温度（气温、基础或下部块温度、邻块温度）不同；存在初始温差，使混凝土温度发生变化，混凝土在水泥硬化期中所散发的水化热使自身温度有较大升高。施工中为了控制温度而采取的人工措施，如通水冷却、冬季保温等又可使混凝土温度降低或升高。

2. 外部边界条件

混凝土坝周围和外部介质（空气、水、地基）相接触，这些介质的温度状况和热源的变化，引起了和混凝土坝之间热量的流动和传导，混凝土温度也随之变化。

气温是最基本的边界条件，它直接影响到坝上、下游面及坝顶暴露在大气中那部分的温度，同时还影响水温、地温，间接影响到坝体其他部分的温度。对于宽缝重力坝、大头坝等有空腔的坝，腔内气温也是混凝土温度的重要边界条件，由于气温有年变化、中间变化及日变化，混凝土温度也相应地有这 3 种周期的变化。

太阳辐射对坝面增温影响也很显著。曝晒在阳光下的坝面温度常比气温要高，例如三门峡坝 1963 年 9 月的观测结果，受日晒的坝下游日最高温度比日最高气温高 10～12℃，而背阳的上游坝面水上部分，日最高温度比日最高气温要低 5～6℃。同一地区（气温相近）坝下游面朝南的比朝北的混凝土温度要高，上、下游面温度梯度要大。

水温是坝上、下游面水下部分的边界温度条件，它的年变化导致影响区混凝土温度的年变化。

地基温度也会影响坝温，实体混凝土坝地基处于混凝土之下，不受气温的直接影响，变化较小。

由边界温差所引起的混凝土体内的热传导（向外流出热量或向内流进热量），需要有一个过程。因此，混凝土温度对边界气温（或水温、土温）来说，其变化滞后一段时间，越往深处滞后越长。

3. 混凝土坝的热物理性能

外界的热量传入或内部热量的流出坝体，都是和坝体混凝土的热物理性能及几何特性有关的。比表面积（表面积与体积的比值）大的坝，如支墩坝、犬头坝和宽缝重力坝，对外界气温、水温的反应比较灵敏，变化较复杂；比表面积小的实体坝，情况则相反。同样，薄的坝体部位比厚的坝体部位温度变化也较灵敏。

对于混凝土拱坝，美国根据一些坝的实测资料建立了坝厚 S 与温度 O 最大变化间的经验公式，即：

$$O = \frac{115.15}{S + 2.44} \tag{9.22}$$

式中 O 以℃为单位，S 以 m 为单位。

实际上各坝实测的 O 与 S 对应值系列，用一元非线性回归分析方法，求出公式 (9.22) 中各具体系数。得出各坝自己的 O-S 回归方程。

混凝土的热物理性能主要指它蓄热和导热的性能。

9.4.5　坝体混凝土温度的理论计算

坝体混凝土每个点有自己的温度，各点温度又随时间在不断变化。因此，温度 T 是坐标和时间 t 的函散，可表示为：

$$T = f(x, y, z, t) \tag{9.23}$$

混凝土浇筑后的温度变化如图 9.17 所示。

刚浇筑时 $t=0$，混凝土温度为 T_p，其后由于水化热的作用，温度增加 T_s，该上升段时间不长，因水化热大体在 28d 内即大部分散发，然后，温度将大体下降并随外界温度

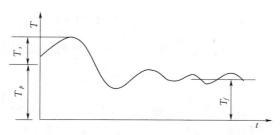

图 9.17 混凝土温度变化过程线

而波动。数年后，当各种初始影响渐次消失，混凝土温度仅随外界气温、水温的变化而作平缓的、有规律的变动时，温度就进入了稳定变化期。

坝体各点各时刻的混凝土温度，可以用热传导方程来推算，即：

$$\kappa\left(\frac{\partial^2 T}{\partial x^2} + \frac{\partial^2 T}{\partial y^2} + \frac{\partial^2 T}{\partial z^2}\right) + M = r\frac{\partial T}{\partial x} \tag{9.24}$$

式中　κ——导热系数；

　　　r——体积比热；

　　M——单位体积在单位时间内抛弃的热量。

在混凝土温度稳定变化期，水化热已散发完毕，不再有内热源，对于较厚的坝体部位，可看作是半无限体，坝体由一面接收热量，由另一面逸出，此时 $M = 0$。

可将坝体内热传导问题简化为单向问题来处理，即只与表面的法向深度 z 坐标有关，此时 $\frac{\partial T}{\partial y} = 0$ 及 $\frac{\partial T}{\partial z} = 0$。

于是热传导方程为：

$$\frac{\kappa}{r}\frac{\partial^2 T}{\partial x^2} = \frac{\partial T}{\partial x} \tag{9.25}$$

当边界温度（气温或水温）作周期变化时，假定其变化可用式（9.26）表示为

$$T_边 = A + B\left(\frac{2\pi}{L} + e\right) \tag{9.26}$$

式中　A——边界温度一个周期内的平均值；

　　　B——边界温度变幅的 $1/2$；

　　　L——变化周期；

　　　e——初相角。

选择适当的时间坐标轴为起点，使 $t = 0$ 时，$T_边 = A$，则此时，如图 9.18 所示，$e = 0$。式（9.26）变为：

$$T_边 = A + B\left(\frac{2\pi}{L}\right) \tag{9.27}$$

根据式（9.25）考虑边界条件式（9.27），解得坝体内离坝面深度 x 处的混凝土温度为：

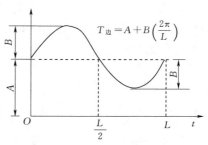

图 9.18 边界温度示意图

$$T_{边} = A + Be^{-x}\sqrt{\frac{\pi}{4a}}\sin\left(\frac{2\pi}{L}t - \sqrt{\frac{\pi}{La}}x\right) \tag{9.28}$$

式（9.28）表示当坝体只受一侧外界温度的影响时，其内部温度随深度 x 的分布情况和随时间 t 的变化情况。

由式（9.28）可知：

（1）坝体内各点平均温度均为 A，即与边界温度的平均温度相等（实际上因坝体内各点还受另一侧边界温度的影响，故各点的平均温度是两侧边界平均温度的加权平均值）。

（2）坝体内各点的温度半变幅为：

$$B' = Be^{-x}\sqrt{\frac{\pi}{6a}} \tag{9.29}$$

1）当 $x=0$、$B'=B$，即表面混凝土温度变幅与介质（气、水）温度变幅相等（实际上有日晒的坝面还受阳光辐射的影响，表面混凝土温度变幅大于气温变幅）。

2）当 $x>0$、$B'<B$，x 越大，B 越小，即变幅随深度加大而减小。

3）L 大、B' 也大，即外温长周期变化比短周期变化对变幅的影响要大。

例如，取 $a=0.1\text{m}^2/\text{d}$，令 L 各相当于年变化、中间变化及日变化的周期长，则当 $B'=0.1B$ 时，即内部温度变幅减小到边界温度变幅 $1/10$ 时，点的深度 x 分别为 7.85m（年变化）、1.59m（半月变化）、0.41m（日变化）；当 $B'=0.01B$ 时，点的深度 x 分别为 15.75m、3.19m 和 0.82m，故气温年变化的影响可深到 8~12m，半月变化可到 2~3m，日变化只到 0.5m 左右。由此可见，计算混凝土温度场时，可忽略边界温度的日变化和中间变化的影响，而只取边界温度的年变化影响部分。这时，式（9.27）中 $L=365\text{d}$（或12 月、36 旬），A 和 B 则是气温（或水温）的年平均值及年变幅的 $1/2$。

4）a 大、B' 也大。故导温性能好的混凝土内部温度变幅要大些。但 a 值对混凝土来说，差别不大，故对 B' 的影响也是次要的。

（3）坝内各点温度均按正弦曲线作周期变化，周期均为 L，即与边界温度变化周期相同。由此可见，混凝土温度变化的周期，和气温、水温相似，主要为年周期，其次也有中间周期及日周期。

（4）坝内各点温度变化的相角是不同的，初相角值为：

$$e = -x\sqrt{\frac{\pi}{La}} \tag{9.30}$$

1）当 $x=0$，有 $e=0$，说明坝表面的相角与边界温度相同［按式（9.27），边界温度初相角也为零］，即边界温度为峰值时，坝表面温度也为峰值，边界温度为谷值时，坝表面温度也为谷值。

2）当 $e=-x\sqrt{\frac{\pi}{La}}=2\pi$，有 $\sin\left(\frac{2\pi}{L}t - \sqrt{\frac{\pi}{La}}x\right)=\sin\frac{2\pi}{L}t$，说明此时初相角又为零，各时间 t 的相角与 $x=0$ 的相应时间相角相同。

设 $e=2\pi$ 时，$x=x_0$，则 $x_0 = 2\sqrt{\pi La}$。

$x=x_0$ 点与 $x=0$ 点间温度正好变化一个周期，x_0 叫做混凝土温度的一个波长。

取导温系数 $a = 0.1 \mathrm{m}^2/\mathrm{d}$，对于年周期 $L = 365\mathrm{d}$，$x_0 = 21.4\mathrm{m}$；对于中间周期 $L = 10\mathrm{d}$，$x_0 = 4.34\mathrm{m}$；对于日周期 $L = 1\mathrm{d}$，$x_0 = 1.10\mathrm{m}$。

3）当 $0 < x < x_0$，此时 $e \neq 0$，x 点的相角对于外温来说滞后一个相角 e。这说明，从坝表面向内部各点混凝土温度越深越滞后，但当深度到达 x_0，$2x_0$，$3x_0$，… 时，相角又和表面相等，在 $x_0 \sim 2x_0 \sim 3x_0 \sim \cdots$ 之间，滞后又随深度而变化。

4）导温系数 a 较大的混凝土，x_0 较大，即温度波长要长一些。

重力坝的顶部、薄拱坝等，厚度较薄，不能作为半无限体来对待，可近似地当作一块平板的温度问题来计算。平板厚度 D 等于坝体计算断面处的厚度，而其两边各承受上、下游正弦变化的边界温度作用，即：

$$T_0 = A_0 + B_0 \sin \frac{2\pi}{L} t$$

$$T_1 = A_1 + B_1 \sin \frac{2\pi}{L} t$$

平板中的平均温度将为：

$$T = \frac{A_0 + A_1}{2} + \frac{B_0 + B_1}{2} \left(A' \sin \frac{2\pi}{L} t - B' \cos \frac{2\pi}{L} t \right) \tag{9.31}$$

平板中最大、最小平均温度为：

$$T_m = \frac{A_0 + A_1}{2} \pm \frac{B_0 + B_1}{2} \sqrt{A'^2 + B'^2} \tag{9.32}$$

发生最大、最小平均温度的时间，比边界温度最大、最小的时间要滞后一些，其相角差为：

$$S = T_m = \frac{\arctan \dfrac{B'}{A'}}{2\pi} \tag{9.33}$$

式中　A'、B'、$A'^2 + B'^2$——$\dfrac{D}{\sqrt{La}}$ 的函数，可由图 9.19 查出。

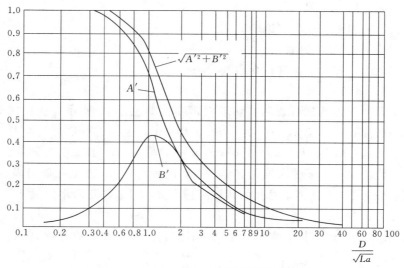

图 9.19　A'、B' 和 $\sqrt{A'^2 + B'^2}$ 查算图

上面介绍的理论计算与分析，除了可以帮助我们认识混凝土温度的变化规律和因素外，还可以帮助我们对实测温度资料进行数学处理时找到适当的数学表达式，然后根据实测数据及回归分析、谐量分析法，求出系数和具体方程。当没有坝体温度实测值，只有气温和水温的测值时，理论计算方法也可以帮助我们根据边界条件计算出坝体温度值，作为分析坝体温度状况和变形应力的参考数据使用。

9.4.6　混凝土温度成果整理

每年应将混凝土温度记录经过计算、校审后编出实测成果表。必要时，还要统计各测点温度的平均值、最大值、最小值，各测次、单向和整个断面的平均温度，各计算断面的温度梯度等，连同说明整编成完整资料。

成果说明应包括测量布置、仪器类型、精度及率定情况、测次安排、资料合理性的检查情况等。

9.5　渗透观测资料的整理分析

9.5.1　坝基扬压力资料的整理分析

坝基扬压力是作用在坝底的一种重要荷载，它对坝的稳定应力、变形都有明显的影响，一座 100m 左右的重力坝每 1m 宽的坝底上可有 10000kN 以上的扬压力向上作用，其值可相当于坝体重量的 20% 左右。因此，整理分析坝基扬压力资料对于验算大坝稳定，监视坝的安全，了解坝基帷幕、排水系统的工作效能和地基情况的变化以及认识坝的应力、变形状况，都有重要的意义。

整理分析坝基扬压力的资料，通常有以下工作。

（1）计算观测成果。

（2）绘制和分析过程线。

（3）绘制和分析分布图。

（4）绘制和分析相关图。

（5）分析影响因素，进行理论验算。

（6）整理成果，编写说明。

以下分别就上列各项工作进行介绍。

9.5.1.1　实测成果的计算

以混凝土重力坝为例进行说明，切取坝横断面如图 9.20 所示，在坝底顺水流方向，布设有扬压力观测孔 1，2，3，$\cdots$，i，$\cdots$，n 共 n 个，上下游坝底处为 0 及 $n+1$（相当于两个观测点），各孔间距为 b_0，b_1，b_2，b_3，$\cdots$，b_i，$\cdots$，b_n，坝底宽为 B。

设上游水位为 $Z_上$，下游水位为 $Z_下$，坝底高程为 Z_0，观测孔压力表高程为 $Z_表$，压力表观测读数为 $P_i(\text{Pa})$ 或 i 号孔的孔口高程为 $Z_孔$，测得孔内水位低于 $a_i(\text{m})$，则实测成果计算如下：

（1）扬压水位 Z_i。当扬压水位高于观测孔口，用压力表读数时，则有：

$$h_i = \frac{P_i}{\gamma}$$

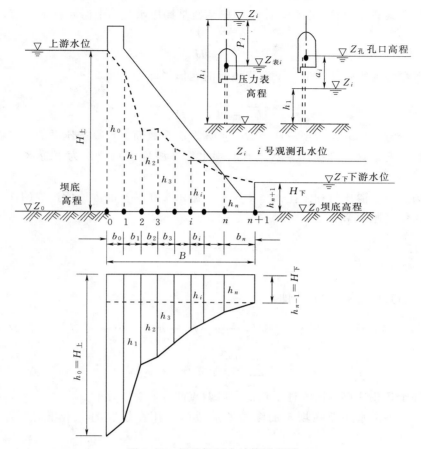

图 9.20 坝基扬压力计算示意图

$$Z_i = Z_{表i} + h_i \qquad (9.34)$$

当扬压水位低于观测孔口，用电测水位计或其他方法观测孔口到水面的距离时，有：

$$Z_i = Z_{表i} + a_i \qquad (9.35)$$

其中，a_i 的单位为 m，各高程及水位值均采用同一个冻结基面或测站基面，单位均为 m，压力表读数 P_i 要经过修正，单位为 Pa。

（2）扬压水柱 h_i 和渗压水柱 h_i'。扬压水柱是坝底高程以上的测压水柱，即：

$$h_i = Z_i - Z_0 \qquad (9.36)$$

渗压水柱 h_i' 是下游水位以上的测压水柱，即：

$$h_i' = Z_i - Z_{下} \qquad (9.37)$$

两者关系为：

$$h_i = h_i' - H_{下} \qquad (9.38)$$

依次类推，上、下游水柱是上、下游水位与坝底高程的差值，即：

$$H_{上} = Z_{上} - Z_0 \qquad (9.39)$$

$$H_{下} = Z_{下} - Z_0 \qquad (9.40)$$

（3）扬压系数 a_i 和渗压系数 a_i'。扬压系数是扬压水柱与上游水柱的比值，即：

$$a_i = \frac{h_i}{H_{上}} \tag{9.41}$$

渗压系数是渗压水柱与上、下游水位差的比值，即：

$$a_i' = \frac{h_i}{H_{上} - H_{下}} = \frac{h_i - H_{下}}{H_{上} - H_{下}} \tag{9.42}$$

作用在下游水位的河床坝段，通常只计算渗压系数而不计算扬压系数，没有下游水位的岸坡坝段，通常只计算扬压系数。有的坝也把下游地下水位作为下游水位，计算渗压系数。

（4）扬压力、渗压力和浮托力。由于上下游水头在坝基的渗透所造成的作用在坝底的向上压力叫作扬压力 W。

$$W = \frac{b_0}{2}H_{上} + \frac{b_0 + b_1}{2}h_1 + \frac{b_1 + b_2}{2}h_2 + \cdots + \frac{b_{i-1} + b_i}{2}h_i + \cdots + \frac{b_{n-1} + b_n}{2}h_n + \frac{b_n}{2}H_{下}$$
$$\tag{9.43}$$

更方便的是用式（9.44），即：

$$W = \frac{b_0}{2}(h_0 + h_1) + \frac{b_1}{2}(h_1 + h_2) + \frac{b_2}{2}(h_2 + h_3) + \cdots + \frac{b_i}{2}(h_i + h_{i+1})h_i +$$
$$\cdots + \frac{b_n}{2}(h_n + h_{n+1}) = \sum_{i=1}^{n} \frac{b_i}{2}(h_i + h_{i+1}) \tag{9.44}$$

即扬压力等于各相邻点扬压水柱平均值乘以两点间坝底宽度之和。

由于上、下游水头差在坝基的渗透所造成的作用在坝底的向上压力叫作渗透压力，则有：

$$W' = \frac{b_0}{2}(H_{上} + H_{下}) + \sum_{i=1}^{n} \frac{h_i}{2}(b_{i-1} + b_i) \tag{9.45}$$

或

$$W' = \sum_{i=1}^{n} \frac{b_i}{2}(h_i + h_{i+1}') \tag{9.46}$$

式中　　h_0——$h_0 = H_{上} - H_{下}$。

$$h_{i+1}' = 0$$

浮托力 W'' 是扬压力与渗透压力之差，它是在有上游水头作用的条件下，由于下游水头在坝基的渗透所造成的作用在坝底的向上压力。

$$W'' = W - W' \tag{9.47}$$

$$W'' = BH_{下} \tag{9.48}$$

上述扬压水位、扬压水柱、渗压水柱、扬压系数和渗压系数是衡量单孔（坝底一个点）渗透情况的参数，其值越低，对坝的安全越有利。扬压力、渗压力及浮托力则是衡量一块面积上渗透情况的参数。当面积缩小到一个点时，它们成为扬压力强度、渗压力强度及浮托力强度，单位为 Pa，其数值与扬压水柱、渗压水柱及泽托水柱（单位为 m）相等。扬压力等数值越大，对坝安全越有利。

习惯上，把沿水流方向（坝的横断面方向）的坝底扬压力叫做横向扬压力，而把平行于坝轴线方向（坝的纵断面方向）的扬压力叫做纵向扬压力。当一个坝段一条纵线上有若干个扬压力测点时，常把它们的测值算术平均，叫作坝段某测次的平均纵向扬压力。

9.5.1.2 扬压力过程线的绘制和分析

研究扬压力随时间发展变化的情况，绘制和分析过程线是一种常用的方法。过程线以时间为横坐标，扬压值（扬压水位、扬压水柱、扬压系数或扬压力等）为纵坐标，将测值点据连线，通常把几个互有联系的扬压过程线，如一个横断面上各孔 Z_i 值过程线，一个坝段内纵向各孔 h_i 过程线，几个坝段的 W 值过程线等，同绘制在一张图上，以便对比分析。一般也常把水库水位、下游水位过程线绘制在图上，便于考查水位对扬压力的影响。

如图 9.21 所示是某混凝土坝坝基扬压力测值过程线。这个图上还反映了观测孔的布置和坝基防渗设施——灌浆帷幕及排水孔的部位，以便了解各孔的不同条件。

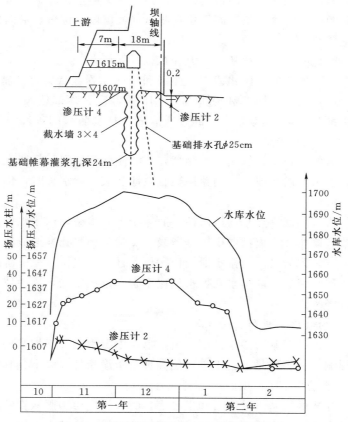

图 9.21 某混凝土坝坝基扬压力测值过程线

扬压值随时间的变化，一般有下列特点。

（1）随着上、下游水位的涨落而升降，对于水头较高的坝，当上游水位变幅较下游水位变幅大时，扬压力值主要受上游水位的影响，越靠近上游侧的测点受上游水位变化的影响越明显。当水库水位有年周期变化时，扬压过程线也是年周期变化。

（2）扬压值的变化，有的滞后于水位的变化，有的则无滞后现象，这应该和扬压传播受阻程度有关。

（3）扬压水位的变幅，在坝底上游边缘处等于水库水位变幅（当坝前淤积防渗作用显著时，可小于水库水位变幅），在坝的下游边缘段等于下游水位变幅，中间各点的扬压水位变幅均小于水库水位变幅，且越靠下游变幅越小。

9.5.1.3 扬压分布图的绘制和分析

常用的扬压分布图有两种，一种是纵向分布图，横坐标为纵向（顺坝轴线方向）距离，上标观测孔号或坝段号，纵坐标为扬压水位 z 或扬压水柱 h，也可以是扬压系数 a（渗压系数 a'），或者是坝段扬压力 W；另一种是横向分布图，横坐标为横向（顺河向）距离，上标观测孔号，纵坐标为扬压水柱 h 或扬压系数 a（渗压系数 a'）。

扬压分布图上一条分布线表示一次观测成果。常把多次观测成果用多条分布线绘制在一张图上，以进行对比。如把一年内最高、最低两次观测值量在图上，可看出各处年变幅的大小。扬压分布图上还常绘制出坝底形状及测点（或坝段）位置，横向分布图上常绘制出帷幕、排水孔位置。

根据国内外一些坝的情况，坝基扬压力分布有以下特点。

（1）纵向分布与坝的高度大体相适应（亦即和坝底高程起伏大体相适应）。扬压水位两岸高，河床部位低，扬压水柱 h 和扬压力 W 则两岸小，河床部位大。

（2）纵向扬压系数 a（渗压系数 a'）的分布取决于坝基防渗的条件（地质、帷幕和排水）。条件好的 a 小，条件差的 a 大。

（3）横向扬压力的分布，大体是上游侧高，下游侧低，中间呈折线变化。扬压水柱一般等于上游水柱，当水库淤积或人工铺盖层能有效地削减入渗水头时，扬压水柱可小于上游水柱。

在坝址靠下游边（坝底终点）扬压水柱一般等于下游水柱，渗压水柱为零。

通常将各测值直线相连构成横向扬压分布线。实际上排水孔处形成泄压漏斗，下游侧并非直线下降而是有一段升高，当排水泄压作用显著且下游水位（或下游地下水位）较高时，可能出现"翘尾"现象，即排水孔处水位比下游水位还要低，这种情况在丰满、上犹江等坝的部分坝段经常出现。

9.5.1.4 扬压影响因素的分析和理论计算

坝基扬压是在一定的坝基防渗条件下，由于上、下游水位高于坝基而产生的一种地下渗流现象，它的影响因素主要是上、下游水位和坝基防渗条件，以下分别做一些讨论。

1. 上游水位的影响

当坝基为颗粒介质的软基（砂卵石和土壤等）时，坝底渗透服从直线渗透定律，当坝基为岩基时，渗透主要通过岩石裂缝，如果裂隙纵横交错，形状不规则，各个方向发育相似时，渗水的运动也可按直线渗透定律来计算，即认为渗透流速与测压坡降（水头梯度）成正比。这时，在渗流稳定的条件下，根据直线渗透定律和水流连续条件，可以列出测压水头在分布上的方程式，从而求出解答。

（1）当坝基为均匀渗透介质（软基或岩基、地基均一）且无防渗帷幕及排水设施时，如图 9.22 所示，若上游水位为 H，下游水位为 0，坝底宽为 B，则扬压水位 h 自坝踵的

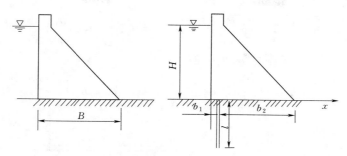

图 9.22 坝基为均匀渗透介质的渗压力计算简图

H 直线降到坝趾为零，则方程为：

$$h = \left(1 - \frac{x}{B}\right)H \qquad (9.49)$$

（2）当坝基为均匀渗透介质但有限深，设有帷幕已达不透水层时，如图 9.23 所示。若帷幕厚为 t，帷幕及地基渗透系数为 k_r 及 k_f，可将帷幕厚度化算为一个当量厚度 b_3，即：

$$b_3 = \frac{k_f}{k_r}t \qquad (9.50)$$

然后按坝底宽为 $b_1 + b_2 + b_3$ 的均匀渗透介质计算，扬压水柱沿 $b_1 + b_2 + b_3$ 直线下降，如此可求出帷幕上、下游边线 A 及 B 处的扬压水柱，即：

$$h_B = \frac{b_2}{b_1 + b_2 + b_3}H \qquad (9.51)$$

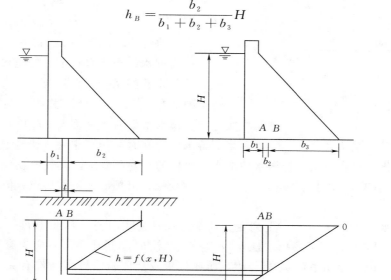

图 9.23 有帷幕已达不透水层渗压力计算简图

（3）当坝基为均匀渗透介质无限深，设有一道本身不透水的防渗帷幕时，如图 9.24 所示，取 x 轴沿坝底向下游，零点在帷幕处，则在帷幕前 b_1 段，即 $-b_1 \leqslant x \leqslant 0$ 时，有：

$$h = H\left\{1 - \frac{1}{x}\arccos\left[-\frac{1}{a}\left[b + \sqrt{1 + \left(\frac{x}{s}\right)^2}\right]\right]\right\} \qquad (9.52)$$

其中 $a = 0.5\left[\sqrt{1 + \left(\dfrac{b_1}{s}\right)^2} + \sqrt{1 + \left(\dfrac{b_2}{s}\right)^2}\right]$, $b = 0.5\left[\sqrt{1 + \left(\dfrac{b_1}{s}\right)^2} - \sqrt{1 + \left(\dfrac{b_2}{s}\right)^2}\right]$

在帷幕后 b_2 段，即 $0 \leqslant x \leqslant b_2$ 时，有：

$$h = H \frac{1}{x} \arccos\left[\frac{1}{a}\sqrt{1 + \left(\frac{x}{s}\right)^2 + b_2}\right] \tag{9.53}$$

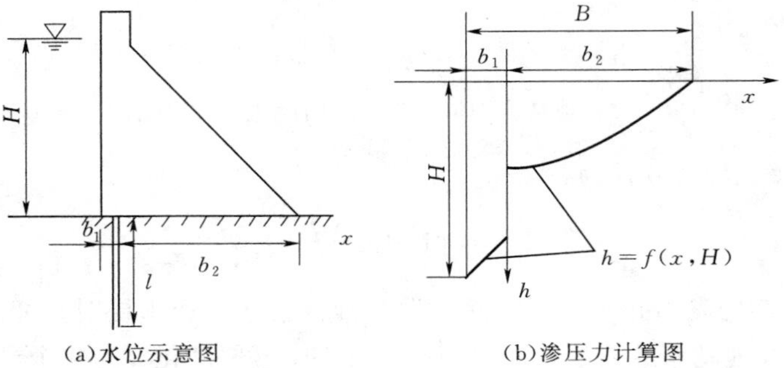

（a）水位示意图　　　　　　（b）渗压力计算图

图 9.24　坝基为均匀渗透介质无限深并防渗帷幕渗压力计算简图

（4）当坝基布设有一排排水孔时，如图 9.25 所示，在排水孔处扬压系数 a 值大约为：

$$a = \frac{1}{1 + \dfrac{cx}{a\ln\dfrac{a}{\pi r}}} \tag{9.54}$$

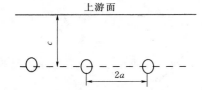

图 9.25　排水孔布置示意图

式中　　a ——排水孔中心间距的 $1/2$；

c ——自迎水面至排水孔中心的距离；

r ——排水孔的半径。

上列 4 种情况均有 $h = aH$，式中 a 与测点所在位置及坝底防渗、排水条件有关，而与 H 大小无关。由此可知，当下游水柱为零时，扬压水柱 h 与上游水柱 H 成正比，两者变化为直线关系，扬压水柱随水库水柱的升降而升降，其数值及变幅均为水库水柱的 α 倍，α 小于 1。故扬压变幅大于水库水柱变幅，沿坝底向下游各点 α 值渐小，因此变幅也渐小。

当下游水柱 $H_{\text{下}} \neq 0$ 时，上列 4 种情况下的各公式中的上游水柱 H，应为上下游水头，即 $H = H_{\text{上}} - H_{\text{下}}$，扬压水柱 h 应为渗压水柱 h'，扬压系数 α 应为渗压系数 α'。因此，同样可以说，渗压系数 α' 只与测点所在位置及坝底防渗排水条件有关，渗压水柱 h' 与上下游水头 H 成正比。

上面讨论的 $h = aH$ 的前提是渗流稳定，即 H 不随时间而变化。坝运行过程中 H 始终是在变化的。因此，$h = f(H)$ 的关系并非完全直线关系，当 H 变化剧烈，迅速升高或很快下降时，由于渗流是个不稳定的过程，测压装置又有一定的惯性，因而表现出扬压值的滞后。

2. 下游水位的影响

下游水位对坝基扬压力的影响和上游水位类似，但通常下游水位较低，变幅较小，故影响也比上游水位小。

下游河床水位造成坝底浮托力［图9.20、式（9.41）、式（9.42）］，岸坡坝段下游地下水位也有类似作用，但若坝底排水效果显著，排水出口低于下游地下水位且河沿纵向排水时，排水处及其下游一段坝底扬压水位可低于下游地下水位，此时浮托力小于式（9.48）的数值。

3. 坝基防渗条件的影响

（1）地质条件。式（9.49）～式（9.54）推求时曾假定坝基为均匀渗透介质，即各处的渗透系数k相等。当坝底沿横向各处值不等时，要用类似式（9.50）的方法，把渗透系数不同的区域，各求出其"当量厚度"，然后再求各处的h及k值，由式（9.50）可知，渗透系数k小的区段，当量厚度大时，则渗压水头降落多，渗压水头梯度大，k大的区段情况则相反。

当坝底有相对隔水层时，隔水层中渗压降落多，故其下游侧扬压水位很低，但在上游侧却使扬压水位水柱涌高，如图9.26所示。某大坝左64.4及右63.6剖面，因坝下有倾向上游与坝底相交的板岩破碎泥化夹层形成相对不透水层，使实测3号和4号孔的扬压水柱（B线）从中凸起，高于设计A线许多，而没有泥化夹层的右31.6剖面，实测值在排水孔后是平线，和A线很接近。

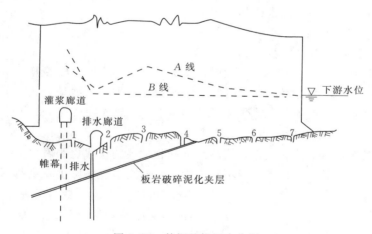

图9.26　某坝基扬压水位图

要注意的是，扬压分布只和沿渗流方向值是否均匀，即各处k的相对值的大小有关，而和k值绝对值无关。两个坝段k值不相等但各自a值是均匀的，则两坝段相应点的a'值相等。

（2）帷幕及排水状况。由式（9.52）及式（9.53）可知，帷幕后的a'值以及帷幕前后h的差值Δh和s、b_1、b_2有关，当s较大时，a'较小，Δh较大；当$\dfrac{b_1}{b_2}$较小时，Δh亦较大。因此，帷幕的深浅和位置对扬压分布有明显的影响，靠近上游的深帷幕阻渗压降的效果大。

由式（9.54）可知，当排水孔间距密，孔径大时，a较小，渗压效果好。此外，排水孔口到坝底面高差越小，排水作用越好。

9.5.1.5 扬压相关图的绘制和分析

以上分析了影响扬压力的各种因素和它们对扬压力影响的形式，扬压相关图就是考查扬压值与其影响因素关系的一种图像。

1. 扬压相关图的绘制

最常用的扬压相关图是扬压与水库水位的相关图。取水库水位 $Z_上$ 为横坐标，扬压水位 Z_i 为纵坐标，绘制上各观测点据后，再绘出相关线。除取纵坐标扬压水位 Z_i 外，还可取扬压水柱 h、渗压水柱 h'、扬压力 W 和渗透压力 W' 等；横坐标除用水库水位 $Z_上$ 外，也可用上游水柱 $H_上$，当上游水位变幅较大时，最好取上下游水柱差（水头）$H = H_上 - H_下$。

有时，可把几组数据结合在一张图上以互相比较，叫作综合扬压相关图。比较对象可以是一个横断面下几个测压孔，一个纵断面上不同坝段几个测压孔，同一测压孔几个不同年份的测值等。

把扬压相关图各点据旁标明观测时间，然后依时序连接各点并打上箭头，这种图叫作过程相关线，如图 9.27 所示。它可以反映扬压随水位升降而变化的过程，但点据分布情况往往被一些连线所冲谈，相关关系不如普遍相关图鲜明。

由于扬压值还和其他一些因素有关，所以也可以根据资料条件绘制扬压值与帷幕深度、排水孔的深度、坝高等因素的相关图。

2. 扬压相关图的分析

根据一些坝的实测资料，扬压相关图有下列特点。

（1）h 与 H 大体成直线关系，H 大时 h 也大，h 的变幅小于 H 变幅。

（2）Z_i 随 $Z_上$ 的变化有的滞后，如图 9.27 所示，过程相关线呈套状，上升线与下降线不重合，在峰附近的 6 点到 7 点，$Z_上$ 上无上涨，但 Z_i 却继续增加，8 点与 5 点 $Z_上$ 相同，但 Z_i 在下降段 8 点比上升段 5 点要大。

（3）随着坝基防渗条件的变化，实测点据和相关线的位置也跟着移动。

（4）渗压系数 α 通常应是常数，不随水库水位而变，但实际上 α 也有变化，呈有规律的变化有可能是渗压系数计算基准面不合理、其他因素影响以及观测有误差等原因造成，需要通过对各坝的具体分析来认识。

3. 扬压值的回归分析

扬压相关图上的相关线，可以凭经验判断中值位置来绘制，但更客观、更严密的方法是通过回归分析求出方程，然后在图上绘制回归线和置信带，同时统计检验方法求出相关系数、剩余标准差等，以了解相关关系是否能成立，密切程度如何，方程所揭示的规律性强不强。此外，还可利用回归方程根据水库水位来预报扬压值，并给出预报值的精度。如图 9.28 所示为某混凝土重力坝 16 号坝段上游水位与扬压力关系图。

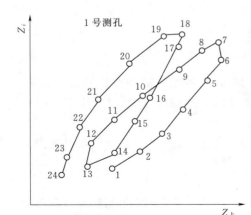

图 9.27 某大坝连续 24d 扬压相关过程线示意图

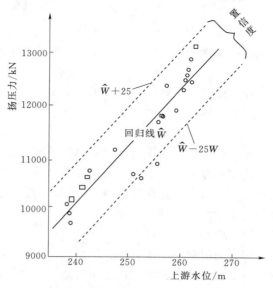

图 9.28　某混凝土重力坝 16 号坝段上游水位与扬压力关系图

总之，扬压值与帷幕深度、排水孔间距、半径和位置等因素的关系，也可以根据一系列实测数据，通过回归分析建立起回归方程。

9.5.1.6　扬压成果整理

每年应将扬压观测记录经过计算，校审编出实测扬压成果表，并绘制必要的过程线、分布图和相关图，连同说明整编成完整资料。

整编说明应包括测点布置、观测方法、仪器精度、测次安排以及资料合理性检查情况等。必要时也可把回归分析成果、对扬压规律的认识、反映出的问题及原因分析等内容纳入整编说明。

9.5.2　坝体孔隙压力资料的整理分析

混凝土坝坝体孔隙压力或称坝体扬压力，它是渗透水作用在坝体的一种荷载，它对坝体应力、变形及稳定有一定的影响，整理分析这项观测资料对于了解坝体混凝土质量和掌握渗透水对坝的影响都是有意义的。

孔隙压力的整理分析内容与坝基扬压力相似，以下做一些简要介绍。

9.5.2.1　实测成果的计算

当用渗压计观测时，若 i 号渗压计埋设高程为 $Z_{测i}(\mathrm{m})$，观测读数为 $P_i(\mathrm{Pa})$，则扬压水柱 h_i 及扬压水位 Z_i 为：

$$h_i = \frac{P_i}{\gamma} \tag{9.55}$$

$$Z_i = Z_{测i} + h_i \tag{9.56}$$

当用测压孔观测孔内水位 z_i 低于孔口 a_i，孔口高程为 $z_孔$ 时，有：

$$z_i = z_孔 - a_i \tag{9.57}$$

渗压计观测的是一个点上的扬压值，而测压孔观测的是全孔上的综合扬压值，分不出它是孔上哪一个点的，不便计算扬压水柱，可以近似地认为，对于孔底高程 z_0 而言，扬压水柱为：

$$h_i = z_i + z_0 = z_孔 - a_i - z_0 \tag{9.58}$$

扬压系数 a_i 和水平断面上的扬压力 W 的计算方法和坝基扬压力类同，不再赘述。

9.5.2.2 影响因素的分析

坝体混凝土材料是一种弱透水性材料，在水的压力作用下，会产生渗透现象，出现渗透水的扬压力和漏水量。这种渗透可分为两种类型：

1. 均匀渗透

当坝体混凝土质量良好，密实均匀，接缝都做了防渗处理，工作正常时，水只通过微细的孔隙入渗。这种微细孔隙对每个混凝土坝都是难以避免的，包括以下几种。

（1）水泥颗粒周围粘着水，由于水化作用而蒸发，而产生孔隙。

（2）拌和及浇注时混入少量空气而产生空隙。

（3）混凝土骨料级配组合中存在的少量空隙。

（4）因温度应力、局部应力引起的细微裂缝。

上述孔隙大多为封闭和中断的，故密实的混凝土渗透系数很小，可以小到 0.2×10^{-11} cm/s，渗透流速很慢，扬压力逐渐发展，历时可长达数年。

2. 不均匀渗透

当坝体混凝土质量不良时，存在若干张开的、贯通的裂隙，如以下几种。

（1）浇筑不良产生的蜂窝和冷缝。

（2）骨料和埋设构件（如钢管和钢筋）间的空隙。

（3）水平施工缝结合不好存在的空隙。

（4）坝体横缝止水不佳有渗漏通路。

（5）较大的温度裂缝和冰冻龟裂。

上述裂隙能形成一些不规则的渗漏途径，导致大量渗透，产生高的扬压力和较多漏水。

一般混凝土坝都是均匀渗透，质量不佳的坝除了有均匀渗透外还有不均匀的渗透，且可能以不均匀渗透为主，远大于正常的均匀渗透。

在坝体设置排水系统能有效地排除渗水、降低扬压力。在坝的上游面浇筑特别密实防渗的混凝土，设置防渗层或护面板，进行坝体防渗灌浆和横缝灌浆等，则能削减渗流的压力和流量。许多坝都采取了这类措施。

以上是影响坝体孔隙压力的内因为坝体结构因素，外因为荷载因素，主要有：

1）上游水库水位。它是孔隙压力变化的主导因素，根据上游水位和坝的边界条件，可以进行渗流的水力计算，决定内部各点的渗透水头 h_i，然后将 h_i 作为一个体积力的势函数处理，可确定坝体各单元块上所承受的体积力，和坝底渗透相似，坝内各点的渗压水柱 h_i 是和上游水柱 H_L 成正比的。

2）下游水位。对低高程处的孔隙压力有一定影响，渗水的逸出点一般等于下游水位。

3）坝体混凝土温度。当混凝土温度高时，裂隙闭合些，渗透减轻；混凝土温度低时，裂隙张开些，渗透加剧。近上游表面处混凝土温度变化对入渗裂隙影响较明显，这部分混凝土温度主要受水温影响，变幅比内部要大。

9.5.2.3 图像表示及分析

和对待坝基扬压值一样，通常也绘制坝体孔隙压力的过程线、相关线和分布图，来认识孔隙压力的状况和分析其规律。各种图的绘制方法与坝基扬压力相类似，根据国内外一些坝的实测资料，坝体孔隙压力的变化和分布有下列特点。

（1）坝内各点孔隙压力值随水库水位的涨落而升降，当水库水位有年度周期时，孔隙压力变化也有年周期。

孔隙压力水柱 h_i 和上游水柱 H_L 一般保持一定比例。当坝体防渗，排水条件不变时，坝内一个测点的渗压系数值大体是个常数，在有的情况下值不保持常数。

（2）坝内孔隙压力变化滞后于水库水位的变化。

（3）近上游侧的孔隙压力变化还受混凝土温度变化的影响。

（4）在横向分布上孔隙压力的数值和年变幅，随着测点到上游面距离的增加而减少。

（5）孔隙压力的大小和坝体抗渗性能有着密切关系。

（6）纵向孔隙压力的分布是不均匀的，即到上游面距离相等的测点，孔隙压力不相等。

有的坝曾用积热传导方程类似的水压力渗透理论，计算孔隙压力的分布和随时间的变化，它和实测线大体吻合。

9.5.2.4 坝体孔隙压力成果整理

孔隙压力成果整理包括计算、绘图、校审、编写说明等和坝基扬压力要求相似，不再赘述。

9.5.3 坝体及坝基漏水资料的整理分析

每一个混凝土坝的坝体和坝基都存在不同程度的漏水，长期漏水会造成溶蚀，削弱坝的强度、影响坝的寿命，漏水还可能招致机械管涌从而破坏坝的地基。突然出现的大量漏水往往是坝破裂、错位的先兆。因此，整理分析坝体及坝基漏水资料对于了解坝的渗透情况和阻水、排水系统的工作状况，及时发现隐患和为处理措施提供依据，都有重要的意义。

坝的漏水通常有下列几种。

（1）从上游坝面渗入坝体，经坝体排水管排出的漏水。

（2）经过基岩与坝体接触面以及透过基岩并绕过或穿过帷幕渗漏，再经坝基排水孔涌出的漏水。

（3）沿着防渗处理不佳的横缝、水平浇筑缝及与上游坝面串通的裂隙入渗，并以廊道或下游坝面渗出的漏水。

（4）绕过坝底防、排水设施，从基岩排向下游的漏水。

（5）绕过坝两端由岸坡岩石渗向下游的漏水。

对于第（1）种、第（2）种漏水，一般通过对排水管或量水堰观测可得知漏水量；第（3）种漏水除一部分集中渗出者可引管测流外，只能进行表面渗湿或水情况调查；第（4）种、第（5）种漏水则不直接观测，必要时才做调查或估算，本节讲述的漏水是指前3种漏水。

漏水资料整理分析的内容与扬压力类似，下面简要地做些介绍。

9.5.3.1 实测成果的计算

单孔漏水量用容积法观测时为：

$$Q = \frac{V}{T}$$ (9.59)

式中 Q ——漏水流量，L/s；

V —— T 秒内所接漏水体积，L。

排水沟漏水量用三角堰观测时，则有：

$$Q = mH^{5/2}$$ (9.60)

式中 Q ——流量，m^3/s；

H ——堰顶水头，m；

m ——流量系数，一般取值 $m = 1.4$。

用矩形堰、梯形堰和毕托管等方法观测时，计算公式可参看水力学书籍。

9.5.3.2 影响因素分析

前面曾分析了影响坝基扬压力及坝体孔隙压力的各种因素，它们也是影响坝基、坝体漏水的因素，因为压力和漏量都是渗透现象的反映，但它们是一个事物的两个侧面，既有联系又有区别。应注意以下几点：

（1）外界因素（上、下游水位、气温、水温等）对扬压和漏量的影响是一致的，如上游水位高时，扬压大、漏量也多，水温高时坝面裂隙开度减小，扬压和漏水都减少等。

（2）坝体混凝土（或坝基岩石）的渗透系数越小，漏量也越小。渗透系数的绝对值大小影响漏量大小，但不影响扬压值大小，沿渗透流向某一点的扬压值，只和整个渗透流程上各处渗透系数相对比值有关。例如，当坝基均匀渗透，上下游水位不变时，若坝基渗透系数为 k_1、W_1 及 Q_1，因为 $k_2 > k_1$ 时，有 W_2 及 Q_2，则 $W_1 = W_2$，但 $Q_2 > Q_1$。

（3）防渗措施（坝基帷幕、齿墙和坝体防渗面层等）。即使渗透系数绝对值变小，又改变了沿断面渗透系数的相对比值，故使扬压力和漏量都减小。

（4）排水措施（自流排水和人工抽水）可降低扬压力但却增大水漏量。

由此可见，在某些情况下，扬压力大，漏量也大，但在某些情况下，扬压力大，漏量可能很小（如在泥化的断面破碎带处），或扬压力小漏量也很大（如当渗水裂隙和排水孔畅通时）。

关于重力坝坝体流入排水管中的渗透流量，可用式（9.61）做近似计算，即：

$$Q = \frac{\pi k \left[(H_{\text{上}} - H_{\text{下}}) \dfrac{b-l}{b} + H_{\text{下}}^2 - H^2 \right]}{\log \dfrac{a}{\pi r} + \dfrac{\pi l(b-l)}{ab}}$$ (9.61)

式中 k ——混凝土渗透系数；

r ——排水孔（管）半径；

l ——排水孔幕到上游坝面距离；

a ——排水孔中心间距的 1/2；

b ——上游坝面到浸润线逸出处距离；

$H_{上}$、$H_{下}$——上、下游水深；

H——排水管中水深，可用 $H = H_{下} + 0.5$。

上列符号意义尚可参考如图 9.29 所示。

由式（9.61）可知，渗透流量 Q 与渗透系数 k 成正比，大致和上游水深 $H_{上}$ 的平方成正比，排水孔半径 r 越大、间距越密（a 越小）、位置越靠上游侧（l 越小）则排水效能越大（a 越大）。这些关系能帮助分析实测值的规律，也可供建立实测值回归方程式选择方程模式时参考。

需要说明的是，有的坝不均匀渗透比均匀渗透还要严重，往往是集中漏水，分析测值时要加以注意。

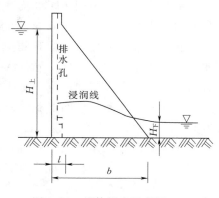

图 9.29　坝体排水示意图

9.5.3.3　图像表示及分析

为了了解漏水的变化规律、分布情况与有关因素的关系，常绘制测值过程线、分布图和相关图，绘制方法与扬压力相似，下面说明其特点。

（1）漏水随水库水位的升降而增减，以年为周期变化。漏水量和水库水位的关系，有的为直线，有的为曲线，水位越升高，漏水量增大越快。

（2）漏水和混凝土（岩石）温度状况有关，温度低时，裂隙张大，漏量加多，也呈年周期变化。

（3）当入渗裂隙处于坝体上部，高水位时淹没，低水位时暴露于大气中时，坝体漏水还受干湿变替的影响，表现为水位上升期，漏水量比水位下降期漏水量大，在 $Q - H_{上}$ 过程关系线上出现绳套状，如图 9.30 所示为某坝漏水量与水库上游水位之间的关系曲线。这是因为水位上升前混凝土裂隙长期干燥，因干缩开裂较宽，故水位上升后漏量较大，但经过一段时间后，混凝土在水淹后饱和湿胀，缝隙变窄，因而要小。

（4）坝基帷幕质量好的坝段，坝基漏水量少，帷幕劣化时漏水增加，帷幕补强后漏水减少。

（5）排水系统畅通时，漏水量小，堵塞时排水受阻而漏水增加。若坝段上部排水孔全被淤堵，致使坝体排水不良，造成该坝段下游面漏水。

（6）坝体混凝土质量好则漏水少，质量差则漏水多，采用防渗措施能减少入流量。

（7）结合不佳的水平浇筑缝和止水不严密的横缝常是漏水的通道。

（8）漏水量的分布和变化除和上述结构诸因素有关外，还和排水位置有关。

9.5.3.4　漏水成果整理

和扬压力类似，漏水成果也应在计算、绘图、校审的基础上加以整理，编写说明。廊道和坝面漏水（或结水）调查及统计数字也要编入漏水资料之内。

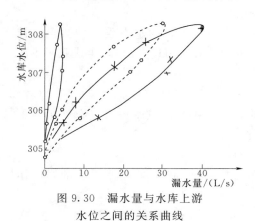

图 9.30　漏水量与水库上游水位之间的关系曲线

9.5.4　水化验资料的整理分析

混凝土坝坝体长期在库水及渗透水的作用下会因水的侵蚀作用而溶蚀削弱，混凝土坝地基岩石中的石灰岩、白云岩、方解石脉以及水泥灌浆帷幕也会因渗透水的作用而发生溶蚀、化学管涌和老化。大坝观测中水化验资料整理分析的目的，就在于了解库水、地下水、渗透水中水质的变化、分布情况，分析坝体混凝土、坝基帷幕及地基岩石不被溶蚀的程度，从而为采取防蚀措施，保证大坝安全耐久使用提供依据。

关于水质化验分析的仪器设备、操作方法等可参考有关水化方面的书籍和规程。

9.5.4.1　水泥腐蚀原理

坝体混凝土是由水泥、骨料（砂、石）和水搅和后形成的。坝基水泥防渗帷幕是灌填在岩石裂隙中的水泥结石。通常，基岩和混凝土中的骨料均不易被水所侵蚀。因此，混凝土和帷幕的受蚀可归结为水泥的腐蚀。产生水泥腐蚀的原因有：

（1）水泥中的 Ca_3SiO_5 与水作用的生成物，不断溶解于水，从而降低强度，使水泥破坏。

（2）硬化后的水泥受到侵蚀性液体或气体的作用，生成的新化合物不仅强度较低，而且易溶于水。如工业废水等酸类侵蚀等。

（3）由于生成的新化合物，如钙矾石，其体积膨胀 $2\sim2.5$ 倍，膨胀应力使已硬化的水泥块严重溃裂（这与水泥中渗进的大量硫酸类的极大破坏作用有关）。

9.5.4.2　水泥侵蚀的分类及其特征

其中由于外界介质引起水泥石侵蚀的原因有很多，主要有以下几种类型。

1. 溶出型侵蚀（软水侵蚀）

硅酸盐水泥属于典型的水硬性胶凝材料，对"硬水"具有足够的抵抗能力。但是硬化浆体如果不断受到软水的浸泡时，水泥的水化产物就将按照溶解度的大小，依次逐渐被水溶解，产生溶出性侵蚀，最终导致水泥石被破坏。

在静水及无水压力的情况下，由于周围的水易为溶出的氢氧化钙所饱和，使溶解逐渐停止，但如果软水是流动或者有压力的，则溶解的 $Ca(OH)_2$ 将不断溶解流失，从而降低水泥石浓度，当 $Ca(OH)_2$ 浓度下降到一定程度时，其他水化物也会分解溶蚀，如水化硅酸钙和水化铝酸钙，会分解成胶结能力较差的硅胶 $SiO\cdot nH_2O$ 和铝胶 $Al(OH)_3$，使得水泥石胶结能力变差、空隙增大、强度下降、结构破坏。

溶出型侵蚀的强弱，与环境水的硬度有关。当水质较硬，即水中重碳酸盐含量较高时，$Ca(OH)_2$ 溶解度较小。同时，重碳酸盐与水泥中的 $Ca(OH)_2$ 反应，生成几乎不溶于水的 $CaCO_3$，即：

$$Ca(OH)_2 + Ca(HCO_3)_2 = 2CaCO_3 + 2H_2O \tag{9.62}$$

生成的 $CaCO_3$ 积聚于已硬化的水泥石孔隙中，使水不易渗过水泥石，$Ca(OH)_2$ 不易被溶解带出，侵蚀作用变弱。反之，水质越软侵蚀作用越强。

2. 酸性侵蚀

（1）碳酸性侵蚀。在工业污水、地下水中常有游离的 CO_2，它对水泥石的腐蚀作用是通过下面的方式进行的，即：

$$Ca(OH)_2 + CO_2 + nH_2O = CaCO_3 + (n+1)H_2O$$

$$CaCO_3 + CO_2 + 2H_2O = Ca(HCO_3)_2 \tag{9.63}$$

这是一种特殊的酸性腐蚀。当水中 CO_2 浓度较低时，$CaCO_3$ 沉淀到水泥石表面而使腐蚀停止；当水中 CO_2 浓度较高时，上述反应还会继续进行，生成的 $Ca(HCO_3)_2$ 易溶于水；当水中的碳酸浓度超过平衡浓度时，反应向右进行，导致水泥石中的 $Ca(OH)_2$ 浓度降低，造成水泥石腐蚀。

(2) 一般酸性侵蚀。有些地下水或工业废水中含有机酸或无机酸，这些酸类与水泥石中的 $Ca(OH)_2$ 发生反应，如：

$$Ca(OH)_2 + 2HCl = CaCl_2 + 2H_2O$$
$$Ca(OH)_2 + H_2SO_3 = CaSO_3 + 2H_2O \tag{9.64}$$

生成的 $CaCl_2$ 易溶于水；石膏（$CaSO_3 \cdot 2H_2O$）在水泥石孔隙中结晶时，体积膨胀，使水泥石破坏，而且还会进一步造成硫酸盐侵蚀；同时，水泥石中石灰浓度降低，使水泥石结构破坏。

3. 盐类侵蚀

(1) 硫酸盐侵蚀。地下水、海水和盐沼水等矿化水中，常含有硫酸盐，如硫酸镁、硫酸钠和硫酸钙等，它们对水泥都会产生侵蚀。

首先，硫酸盐与水泥石中的 $Ca(OH)_2$ 反应生成石膏，石膏结晶，体积膨胀。石膏进一步与水泥石中的水化铝酸钙反应，生成水化硫铝酸钙。由于水化硫铝酸钙含有大量的结晶水，结晶时体积胀大至水化铝酸钙体积的 2.5 倍左右，对已硬化的水泥石起极大的破坏作用。水化硫铝酸钙（钙钒石）的结晶呈针状，故常称为"水泥杆菌"。

(2) 镁盐侵蚀。海水、地下水等矿化水中，常含有镁盐，如硫酸镁和氯化镁。这些镁盐与水泥石中的 $Ca(OH)_2$ 发生反应，如：

$$Ca(OH)_2 + MgSO_3 + 2H_2O = CaSO_3 \cdot 2H_2O + Mg(OH)_2$$
$$Ca(OH)_2 + MgCl_2 = CaCl_2 + Mg(OH)_2 \tag{9.65}$$

这些生成物中，$CaCl_2$ 易溶于水，$CaSO_3 \cdot 2H_2O$ 会进一步发生硫酸盐侵蚀，$CaSO_3 \cdot 2H_2O$ 松软无胶结力，而且使水泥石中的石灰浓度降低，都将使水泥石结构遭到破坏。

4. 强碱侵蚀

水泥石本身具有相当高的碱度，因此弱碱溶液一般不会侵蚀水泥石。但是，当铝酸盐含量较高的水泥石遇到强碱（如 $NaOH$）作用后会被腐蚀破坏。$NaOH$ 与水泥熟料中未水化的 $CaOAl_2O_3$ 作用，生成易溶的 $Na_2OAl_2O_3$，即：

$$3CaOAl_2O_3 + 6NaOH = 3Na_2OAl_2O_3 + 3Ca(OH)_2 \tag{9.66}$$

当水泥石被 $NaOH$ 浸润后又在空气中干燥，与空气中的 CO_2 作用生成碳酸钠，它在水泥石毛细孔中结晶沉积，会使水泥石胀裂。

9.5.4.3 环境水对坝体混凝土及坝基帷幕侵蚀的分析估算

1. 由环境水化验成果判断其侵蚀性

把对水库水、地下水化验出各种离子含量与环境水侵蚀标准表相比较，可以初步判断它们对坝体及帷幕有无侵蚀作用。此方法是判断侵蚀的基本方法，因为它可以全面地对几种类型的侵蚀做考查判断，同时它只需具备库水（或加上地下水）水化验结果就可以了。

因此，建坝前选择坝体及帷幕水泥都使用这种方法，建坝后作为了解入渗水的侵蚀性也常用这个方法。

　　2. 由渗出水化验成果判断其侵蚀性

　　混凝土坝建成后，坝体排水孔的水质反映了排水孔上游侧的坝体受水作用后渗透水的化学组成，用排水孔水质（渗出水质）与库水水质（渗入水质）相比较，其差异就是水经过渗透途径所发生的变化，由这种变化可以了解混凝土受侵蚀的情况。

　　同样，水泥帷幕后坝基排水孔的水质和库水（或山坡地下水）水质的差异可反映排水孔前坝基受侵蚀的情况。当基岩中没有碳岩、白云岩、石膏、方解石脉这类易溶盐类时，坝基的侵蚀主要是水泥帷幕及固结灌浆中水泥的腐蚀。

　　坝下游面的漏水水质与库水质差异则反映了坝体上下游面间的受蚀情况。用这种水质对比的方法，可以测到坝受侵蚀的实际情况。这比单根据水库水质推断混凝土（或帷幕）是否会被侵蚀，要更直接、更实际。目前用此种方法主要是判断溶出型以及碳酸型、眨酸型、镁盐型这 4 种侵蚀综合作用下水泥结石中石灰被溶出的数量和速度。

　　通常，硅酸盐水泥中 CaO 含量 64%～67%，其余为 SiO_2、Al_2O_3 及 Fe_2O_3 等，若 CaO 含量以 65% 计，则 1kg 水泥含 CaO 为 650g，其中含 Ca^{2+} 离子为 464g。

　　一些试验说明，当水经过硅酸盐水泥的混凝土或砂浆试件长时间的渗滤，使水泥中全部石灰的 25%～30% 溶出时，试件强度降低 10%～50%，在结构安全系数较小时，可能招致破坏。

　　通常先根据渗出水与渗入水间 Ca^{2+} 离子增量 Ca^{2+} 及渗水流量 Q，求算 Ca^{2+} 溶出速度 $V^{Ca^{2+}}$。

$$V^{Ca^{2+}} = Q\Delta Ca^{2+} = Q(Ca^{2+}_{出} - Ca^{2+}_{入}) \tag{9.67}$$

　　当 ΔCa^{2+} 单位为 mg/L，Q 单位为 L/min 时，$V^{Ca^{2+}}$ 单位为 mg/min。

　　一定时间 t（min）内溶出 Ca^{2+} 的重量 GCa^{2+} 为：

$$GCa^{2+} = V^{Ca^{2+}} t \tag{9.68}$$

　　当几个时段内 $V^{Ca^{2+}}$ 不等时，可分段求出再总加求和。

$$G_{Ca^{2+}} = \sum_{i=1}^{n} V^{Ca^{2+}} it \tag{9.69}$$

　　由式（9.69）可求得一段期间内 Ca^{2+} 的积累溶蚀量，从而了解坝体或帷幕的溶蚀程度。

$$T = \frac{G}{V^{Ca^{2+}}} \tag{9.70}$$

式中　G——混凝土（或帷幕）中 Ca^{2+} 的极限溶出量，mg；

　　$V_{Ca^{2+}}$——单位为 mg/min；

　　　T——单位为 min。

　　式（9.70）还可写作式（9.71），即：

$$T = 0.190 \times 10^{-5} \frac{G}{V_{Ca^{2+}}} \tag{9.71}$$

其中，G 的单位为 t，$V_{Ca^{2+}}$ 单位为 t/a，T 的单位为 a。

若认为水泥结石中石灰 CaO 被溶出 30％时结构即可能破坏，则 Ca^{2+} 的极限溶出量 G 为：

$$G = G_{水泥} \times 0.65 \times 0.30 \times \frac{40}{56} = 0.139 G_{水泥} \tag{9.72}$$

式中　$G_{水泥}$——混凝土（或帷幕）中水泥的质量。

Ca^{2+} 在 CaO 中所占质量为 $\frac{40}{56}$。

G 和 $G_{水泥}$ 的单位可均为 t，均为 kg 或均为 mg。

通过坝基的渗透流量可按式（9.73）进行计算，即：

$$Q = \frac{BKHM}{b+M} \tag{9.73}$$

式中　K——坝基平均渗透系数，m/d；

　　　B——坝段长度，m；

　　　H——计算水头，m；

　　　M——坝下透水层厚度，m；

　　　b——坝底宽度，m；

　　　Q——经过坝基的全部渗流量，m^3/d。

9.5.4.4　水化验成果整理

水化验成果应定期加以整理、整编，成果应包括经过计算、校审的各次水样化验结果表、侵蚀性判断表、溶蚀量计算表、水样采取和化验的说明等。

对水化验成果，也可以绘制水质分布图、侵蚀量过程线、渗出水与渗入水质相关图，借以了解水质分布和变化规律，混凝土（或帷幕）受侵蚀过程及最不利部位等情况的影响。

9.6　变形观测资料的整理分析

9.6.1　引起变形的原因

在分析观测成果时，必须了解这些结果都是由于哪些因素引起的，以及各种因素是怎样引起坝的变化的。

外部变形观测的项目包括水平位移、垂直位移（沉陷）、接缝的错动和开合等。它们可能是如下 3 种原因引起的变形构成的。

（1）水库水的静水压力引起的弹性变形，与水库水位的变化有关，以 S_h 表示。

（2）坝体的温度变形与外界气温、水库水温以及混凝土的水化热等的变化有关，以 S_k 表示。

（3）坝体混凝土和基础坝体的时效变化或不可逆变形，它是因水库的水压和坝体自重的作用发生的，随时间变化，以 S_θ 表示。

因此，变形量 S 可写成：

$$S = S_h + S_k + S_\theta \tag{9.74}$$

下面分别分析一下上述 3 种变形的变化情况。

9.6.1.1 静水压力引起的变形 S_h

这种因水库静水压力引起的变化属于弹性变形，与库水位成对应关系，由如下 4 项变形分量构成，即：

$$S_h = S_{h1} + S_{h2} + S_{h3} + S_{h4} \tag{9.75}$$

如图 9.31 所示表示了上述 4 种变形的情况，并标出了这种变静水压引起的变形，即坝顶和水平位移和垂直位移。

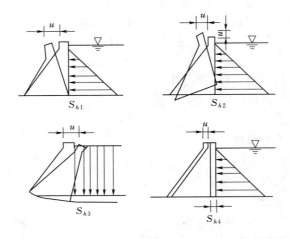

图 9.31　静水压力引起的变形

S_{h1} 是由于水库静水压力作用到坝体上，以及由于水平缝的渗压力使坝体产生弯曲而形成的坝体变形；S_{h2} 是在水库水的水压力作用下以及坝底的扬压力作用下使基础向下游转动而引起的坝基的变形和坝体的变形；S_{h3} 是由于水库水体的重量作用使库底变形，坝底基础面向上游转动，而引起坝基变形和坝体变位；S_{h4} 是由于剪应力对坝底接触带的作用和坝底接触带的转动而引起此坝底基础和坝体的水平位移。

并非所有的观测项目都包含了上述 4 种变形，坝体的水平位移和接缝的错动受这 4 种变形的影响，坝体垂直位移（沉陷）和倾斜以及正锤（坝体挠度）则没有 S_{h4}，而坝基沉陷和坝基倾斜还没有 S_{h1}，设在坝基的倒锤能够测出 S_{h4}，拱坝接缝的开合受水库水荷载的各种影响，而直线形重力坝的接缝开合与水位无关。

9.6.1.2 坝体温度变形 S_k

坝体浇筑之后，混凝土的放热温升，冷却温降，会使坝体发生变形，混凝土坝这种不稳定温度场的影响甚至可达 10 年以上，此后坝体温度受气温和水温周期变化的影响，而坝体的温度变形也以 1 年为周期变化。

温度变形也是可恢复变形，与坝体温度成对应关系。

任何一个不均匀的温度分布总可以分解为两个部分，平均温度 h 和温度梯度 a，因此温度变形也是由相应两部分组成的，即：

$$S_k = S_1 + S_2 \tag{9.76}$$

从图 9.32 的坝的横断面（悬臂梁）可见，上下游面的温度差或温度梯度的变化引起坝向上游或向下游挠曲，在冬季上游面的温度高于下游面的温度，坝向下游挠曲，而在夏季，下游面温度高于上游面温度，坝向上游挠曲，平均温度的变化则使坝在垂直方向发生变形。

平均温度还会使拱环产生变形，夏季温度高，拱环伸张，产生向上游的变位，冬季温度低，拱环收缩，产生向下游的变位，如图 9.33 所示。

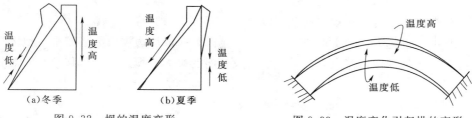

图 9.32　坝的温度变形	图 9.33　温度变化引起拱的变形

由此可见，就温度变形来说，重力坝的水平位移和挠度是由于温度梯度引起的，与平均温度无关，坝体垂直位移则主要是由平均温度引起的，温度梯度也起一定的作用。

拱坝的水平位移和挠度两种影响都有，而以平均温度的变形为主，坝的厚度越薄，平均温度的影响越占优势，随着断面变厚，平均温度的影响变小，温度梯度的影响增大。

无论是平均温度或温度梯度，其影响都是在冬季引起向下游的变位，在夏季引起向上游的变位，这恰好和水位的影响相反，一般是冬季水位低，变位向上游，夏季水位高，向下游变位。由于这种情况，挠度曲线有时是中间高程较坝顶变位大，在中间高程凸出的曲线。

9.6.1.3　不可逆变形或时效变化 S_θ

这种变形是由于混凝土的收缩、徐变以及基础岩体的软弱夹层和破碎带等在外荷载的作用下压实而引起的变形，它的特点是刚加载时变化较大，以后即使荷载不增大，也要发生缓慢地变化。随着时间增长而趋向稳定。如果荷载除掉，也不能恢复。但是，在坝的运用过程当中，由于外界因素的作用，仍然还会产生新的不可逆变形。在观测工作中必须注意发现新的不可逆变形的产生。

如果两次观测的水位和温度条件都相同，但两次的变形测值不同，就是产生了新的不可逆变形。

9.6.2　变形的变化规律

根据实测资料的分析，下面概略地列举出变形的变化规律，这方面的内容在各水电厂的观测分析报告中已有详尽的说明，可以参照。

9.6.2.1　水平位移的变化规律

水平位移的变化规律有以下几个方面。

（1）水平位移变幅随坝高而加大，对于同一坝段，挠曲成抛物线状，测点高的位移变幅大，坝底最小；对于不同坝段，坝段高的坝顶位移变幅大，一般是岸坡坝段变幅小，河床坝段变幅大。

（2）坝基软弱，破碎的坝段比较坚硬，完整的坝段水平位移变幅大。

（3）坝体混凝土弹性模量高，整体性好的坝段弹性模量低，纵缝未成整体，存在裂缝的坝段位移变幅小。

（4）在夏季水位高、冬季水位低的情况下，水压位移和温度位移的方向相反。

（5）坝体的温度位移滞后于气温变化。

（6）温度对位移的影响往往比水位的影响大。

9.6.2.2　垂直位移和倾斜的变化规律

垂直位移和倾斜的变化规律表现在以下几方面。

（1）坝的高度越大，垂直位移及倾斜变幅越大。一般岸边坝段数值较小，河床坝段数值较大。对于同一坝段，测点高的垂直位移及倾斜变幅大，坝顶垂直位移及倾斜的变幅要比坝基大。

（2）坝基软弱的坝段，沉陷及倾斜较大。

（3）对于坝体上、特别是坝顶，温度和水位的变化都是垂直位移的主要影响因素，温度高时坝体膨胀而升高，温度低时坝体则收缩而沉降。坝体夏秋季因温度梯度的影响向上游倾斜，冬春季向下游倾斜。

（4）对于坝基，水位变化是垂直位移和倾斜的主要因素，温度影响几乎没有。由于水库水对坝体的水平作用和水库水自重引起的坝基变形方向相反，使得垂直位移和倾斜同水位的关系不太明显。有的坝是水位升高，倾斜向上游，沉陷加大；有的则是水位升高，倾斜向下游，位移向上。

9.6.2.3　接缝的变化规律

接缝的变化规律表现在以下两方面。

（1）直线形重力坝的横缝开合（沿坝轴线方向），与坝体混凝土温度有关，以年为周期成正弦曲线变化，比气温有一些滞后，拱坝的横缝开合还与水位有关。

（2）横缝上下方向及沿垂直方向的错动大致有同位移变化相同的规律。

9.6.3　变形资料整理分析的一般方法

变形资料的整理在方法和以前各章的观测项目的整理方法没有根本的差别。例如，在整理变形资料时，为了便于分析，也要绘制出变形变化的过程线，如图 9.34 所示是一个变形过程的例子，图中绘制出了影响变形的因素水位和水平位移的过程线。同一坝段的不同观测项目的变形过程线图可以绘制在一起，如图 9.35 所示，检查它们的变化过程是否

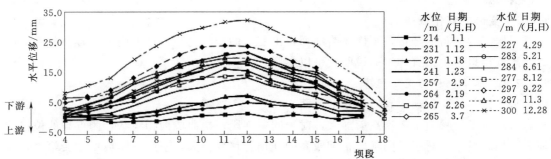

图 9.34　某坝各测点的水平位移过程线

相似。还可绘制出变形沿全坝的分布图，比较各个坝段变形的大小，包括变形的分布、过程、大小和方向，对于垂线观测可以绘制出挠度曲线图。

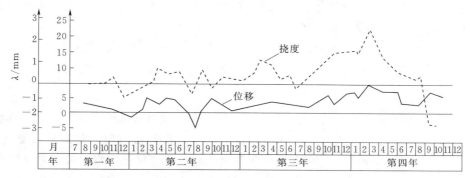

图 9.35 某坝挠度和位移过程线

由于影响变形的因素常常不止一个，因此不能直接绘制出相关图，必须通过分析找出它们的相关关系，但坝基沉陷和倾斜只同水位有关，可以直接绘制出相关图，重力坝的接缝开合与温度有关，可用前期平均气温绘制出相关图。

在上述的观测资料整理的基础上，就可以对变形进行分析。在分析变形资料时，考虑到前述的变形成因和变化规律，利用测量误差理论、水工建筑物和地质等方面的知识，针对坝的具体情况进行分析。

变形是多种因素影响的综合结果，如果用统计方法将各个分量分离开，会给资料分析带来很大的方便，因此下面着重介绍利用回归分析方法来分析变形资料的方法。这种分析方法包括如下内容和步骤。

（1）利用回归分析方法找出变形和影响因素之间的函数关系式，将变形分解成各因素影响的分量。

（2）绘制出各变形分量、变形观测值和计算值的过程线，研究各变形分量及总变形的变化规律。

（3）同其他有关的观测项目进行比较研究。

（4）同实验结果和理论计算结果进行比较研究，理论计算可在电子计算机上用有限元等离散的数值法进行，也可用解析法算出。

（5）根据分析的结果，得出坝变形状态的结论，提出合理的变形经验公式，作为今后监视大坝安全的一个指标。

9.6.4 建立变形的回归分析的函数关系式

在对观测量进行回归分析时，需要预先设定观测量与各影响因素之间合理的函数形式，然后才能根据观测的数据进行回归分析，得出函数式的各个未知系数和常数。

如前面所述，变形 S 可分成 S_h、S_k 和 S_θ 3 个分量，即：

$$S = S_h + S_k + S_\theta$$

下面分别讨论各项分量的函数形式。

9.6.4.1 静水压力引起的变形 S_h 的函数形式

静水压力引起的变形取水库水深 h 作为因子，h 取观测位移当时的水深，通常取当日的日平均水深，这是因为荷载作用上去，就立即产生相应的弹性变形，也有的少数解析实例采用前若干天的平均水位为因子。实际上在 S_h 的各个分量中，只有扬压力对变形的影响稍滞后于水位，但其影响甚微，而且即使像这样取前期平均水深，也很难正确地表达其关系，还不如忽略其影响。

根据理论计算和实测分析的结果，S_h 和 h 之间一般都成抛物线的关系，如图 9.36 所示是实测分析的结果；因此可用式（9.77）来表达，即：

$$S_h = \sum_i \alpha_i h_i \tag{9.77}$$

其中 α_i 为待定系数通常取 4 项，即 $i = 1 \sim 4$ 就能很好地拟合如图 9.36 所示的各曲线。

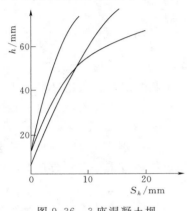

图 9.36 3 座混凝土坝
S_h -h 关系曲线

应当注意的是，在蓄水初期水位不是反复地变化，而水位的变化还和时效变化存在着相关关系，因此不可能将此两项分离开。此时考虑到水压荷载和水深的二次方成比例，可仅取 $S_h = \alpha_2 h_2$，然后再考虑水深的相乘效果加入 $\alpha_4 h_4$ 的项进行解析。

9.6.4.2 温度变形 S_k 的函数形式

用坝体混凝土温度作为影响温度变形的因素来进行分析是最为合理的办法。因为坝体的温度场直接决定了坝的温度变形状态，而不论形成坝的温度场的原因如何，有一个温度场就只对应一个温度变形状态。因此，不论是坝体温度场尚未稳定的时期或是温度场已稳定的正常运用时期，用坝体混凝土温度进行解析都能得出比较好的相关关系。

虽然在坝体温度场稳定的情况下坝体混凝土温度的变化取决于气温，它和气温有一定的相关关系，但是气温对坝体温度的作用还要受水库水位的影响，同样的外界气温条件，当上游水位不同时，坝体的温度场就不同。因此，采用气温作为温度变形的因子就不如采用混凝土温度更恰当。而当坝体温度场还未稳定时，就不能只利用气温来解析温度变形。

在用坝体混凝土温度分析变形时，并不一定要把坝体的所有温度计的温度都用进去，这是因为坝体温度在坝体温度场稳定的情况下主要是受外界气温的影响。因此，各温度计的温度之间存在着显著的相互关系。这样用坝体的部分测点的温度条件就能够代表全面的温度状况，通常沿不同高程选用 3～4 个水平截面上的温度测值作为温度条件，如图 9.37 所示。

对于重力坝来说，所用的温度条件除可用来解析本坝段的变形外，也可用于两侧的结构相同的坝段。对于拱坝来说，温度截面可在拱悬臂梁上选取（通常拱悬臂断面上都埋设温度计）。并假定在这些截面的高程上沿整个坝的水平截面（拱环）上的温度分布情况都是相同的，这基本上是符合实际情况的。

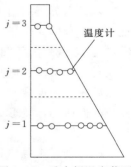

图 9.37 重力坝温度截面
示意图

各水平截面上的温度分布多数是抛物线分布（图9.38），也有时比这更复杂一点，但是它们对变形的影响都可以用一个等效直线温度分布图形来代表，此直线温度分布图形和实际温度分布图形面积相等，且绕 Ot 轴面积矩相等。在力学上根据平面变形假定可以证明，实际的曲线温度分布对变位所起的作用和此等效温度分布所起的作用完全一样。

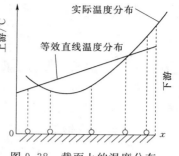

图 9.38 截面上的温度分布

由于直线温度分布的特征值是其平均温度和温度梯度，用这两个值就完全可以代表直线温度分布的情况。因此，就可以用平均温度 t 和等效直线温度分布梯度口作为温度变形的因子，t 和 α 的计算通常在温度资料整理阶段进行。

根据物体热膨胀的性质，温度变形的关系取线性关系，故温度变形的函数式可写成为：

$$S_k = S_1 + S_2 = \sum_j b_j t_j + \sum_j c_j a_j \tag{9.78}$$

式中　　b_j、c_j ——特定系数；

j ——温度 t 截面的编号，例如当选用 3 个截面进行分析时，$j=1$、2、3，如图 9.37 所示。

9.6.4.3　时效变形 S_θ 的函数形式

由前面介绍可知，时效变形随时间的增长而增大，因此可取作时间 θ 的函数。

时效变形包含了基础岩体的塑性变形、坝体混凝土徐变等多方面的不可通的变形，比较复杂。为简单起见，可参考混凝土的徐变性质来确定其函数形式。根据实验，混凝土的徐变大致如图 9.39 所示随时间变化，呈时效函数形式，可以写成 $d\lg(1+\theta)$，开始时变化比较迅速，以后变慢，最后接近于一个稳定值。

但是坝荷载在不断地变化，而且坝的结构和基础的地质情况也比混凝土块复杂得多，实际的时效变形不像这样简单，经过一段时间之后还常常会出现新的变化。如图 9.40 所示是一个拱坝根据实测资料分析得出的坝顶拱径向位移的时效变形，水库开始蓄水以后以较快的速度向上游增大，到第一年 10 月达到 8mm，随后开始向下游变化，1 年以后恢复了约 4mm。

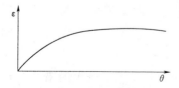

图 9.39　混凝土的徐变示意图

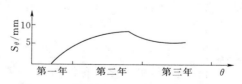

图 9.40　某混凝土坝的时效变化过程线

针对这样的情况，可以采取若干个对数函数之和的形式来表示这样的变形变化过程，如果这种变化是从 θ 时刻开始，就用 $d\lg\left(\dfrac{1+\theta}{1+\theta_1}\right)$ 来表示。

在变形回归分析中可将混凝土的徐变和岩基的塑性变形近似地取为：

$$S_\theta = \sum_k d_k \lg\left(\frac{1+\theta}{1+\theta_k}\right), \quad 1+\theta > 1+\theta_k \tag{9.79}$$

式中　　θ_k——时效变形的显著时刻；

　　　　k——项数。

9.6.4.4　总变形的解析式

综上所述，变形的函数式可写成：

$$S = \sum_i a_i h_i + \sum_j b_j t_j + \sum_j c_j a_j + \sum_k d_k \lg\left(\frac{1+\theta}{1+\theta_k}\right) + e \tag{9.80}$$

其中 a_i、b_j、c_j、d_k 和 e 为待定系数和常数，h 为水深，t 为截面平均温度，a 为等效直线温度梯度，θ 为时间，θ_k 为固定系数。式（9.80）中的与所解析的变形项目相关关系不显著的因子，但是如果事先通过判断就可除掉这些因子，会使计算的工作量大为减少，该点在不利用电子计算机计算时尤为重要。例如，如果坝建成年代较早，变形已稳定，在对不太长时期的观测资料进行解析时，可不取时效变形的项 S_θ，或仅取其第一项。

对于重力坝，t 平均温度对挠度和水平位移几乎没有影响，可以不取，而仅取温度梯度作为温度变形的因子，但坝体或坝顶的垂直位移则必须考虑平均温度的影响。坝基的变形不需考虑温度的影响。

由式（9.80）可见，需要求算的未知系数和常数往往有十几个以上，需要处理的观测数据也非常多，在采用逐步回归分析进行解析时计算工作量就更大。因此，常常是用计算机计算。在手算时，就必须使式（9.80）的因子或项数更少一些，最好不超过 5 项，这样虽然可能精度差一些，但还是可以的。例如，水位的影响可仅取一项，平方项或 4 次方项，温度截面仅取一个截面，根据挠度的解析实例，往往是 2/3 坝高处的温度起控制作用。

9.6.5　变形回归分析计算的步骤

变形回归分析计算分两步进行，先算出各截面的平均温度和等效直线温度梯度，然后再进行回归分析计算，具体步骤如下。

9.6.5.1　温度计算

1. 选定温度计算截面

通常选 3～4 个截面，水位经常变动的上部高程截面密一些，下部稀一些，将温度截面按次序编号。

2. 绘制温度变化的过程线图

绘制出各温度计的温度过程线图和各截面的温度分布图，从图上查出测错的或算错的数据，并剔除或改正。如果截面上的温度计不足，可利用气温、水温和应变计的温度。

3. 计算平均温度和等效直线温度梯度（图 9.41）

（1）将实测的不等距的温度测值（t_0'，t_1'，t_2'，…，t_n'）用拉格朗日公式换算成等距离的温度分布（t_0，t_1，t_2，…，t_n）。

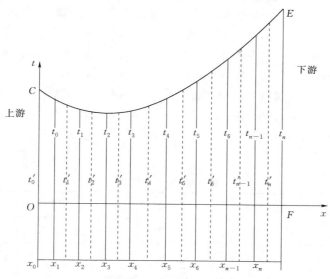

图 9.41 计算平均温度和等效直线温度梯度图

拉格朗日公式为：

$$t = \sum_{0}^{n} \frac{(x-x_0')(x-x_1')\cdots(x-x_{i-1}')(x-x_{i+1}')\cdots(x-x_n')}{(x_i'-x_0')(x_i'-x_1')\cdots(x_i'-x_{i-1}')(x_i'-x_{i+1}')\cdots(x_i'-x_n')} \tag{9.81}$$

分别将 x_0，x_1，x_2，…，x_{n-1}，x_n 代入式（9.81）即求出 t_0，t_1，t_2，…，t_{n-1}，t_n。

（2）根据等距离的温度值 t_0，t_1，t_2，…，t_{n-1}，t_n。若 $n=10$，利用辛普生公式求温度图形 $CEFO$ 的面积 A 和绕 Ot 轴的面积矩 M。

$$A = \frac{1}{3}\frac{D}{10}[t_0 + t_{10} + 2(t_2 + t_4 + t_6 + t_8) + 4(t_1 + t_3 + t_5 + t_7 + t_9)] \tag{9.82}$$

$$M = \frac{1}{3}\left(\frac{D}{10}\right)^2[10t_{10} + 2(2t_2 + 4t_4 + 6t_6 + 8t_8) + 4(t_1 + 3t_3 + 5t_5 + 7t_7 + 9t_9)] \tag{9.83}$$

其中 D 为该截面的坝厚，$D = x_{10}$。

（3）根据 A、M，算出 t 和 a。以上计算建议采用计算机程序来完成。手算的可将温度图形近似地分成许多三角形和矩形来分别算出 A 和 M，也可在温度图形上直接量取等距离的温度 t_0，t_1，t_2，…，t_{10}，代入式（9.82）、式（9.83）计算 A 和 M。还可用回归分析方法先求出温度分布图形的函数式，再来计算 A 和 M。

9.6.5.2 变形的回归计算

根据同一日期的水位、坝体平均温度、等效直线温度梯度、时间及变形，进行回归计算，算出式（9.80）的各项未知系数及常数，并进行方差分析。

9.6.5.3 计算各因子的分量及残差

利用求出的变形关系式计算各因子的影响分量以及变形的解析计算值，然后再算出残差。

9.6.6 变形回归分析的实例

9.6.6.1 工程概况

周公宅水库位于宁波市鄞州区大皎溪皎口水库上游 15km，水库总库容为 1.11 亿 m³。

水库为完全年调节水库，是一座供水、防洪结合发电等综合利用效益的Ⅱ等大（2）型水利工程。

拦河坝为混凝土拱坝，按 500 年一遇的洪水设计，2000 年一遇洪水校核，设计洪水位为 237.70m，校核洪水位为 237.89m，正常蓄水位为 231.13m。

坝型为抛物线变厚双曲拱坝，坝体材料采用 C25 和 C20 混凝土，坝顶高程 238.13m，拱坝建基面高程 112.63m，最大坝高 125.50m，坝顶宽度为 7.10m，拱冠梁顶宽 6.72m，拱冠梁底宽 26.25m，拱冠梁厚高比为 0.21。拱坝体形参数如表 9.1 所示，平面布置图如图 9.42 所示。

表 9.1 拱 坝 体 形 参 数

拱圈高程/m	拱冠梁上游面坐标/m	拱冠梁厚度/m	拱端厚度/m		拱圈中心线曲率半径/m		半中心角/(°)	
			左岸	右岸	左岸	右岸	左岸	右岸
240.00	0.00	6.72	6.86	6.86	175.43	173.92	47.96	48.06
226.00	−4.93	10.19	12.04	12.16	163.44	162.17	47.84	47.26
218.00	−7.29	11.71	14.32	14.50	156.76	15527	48.01	47.14
208.00	−10.25	13.25	16.59	16.83	148.63	146.64	48.20	46.98
190.00	−14.28	15.29	19.44	19.74	134.72	131.62	47.33	46.81
170.00	−17.06	17.10	21.53	21.78	120.59	116.83	46.45	46，46
155.00	−17.84	18.62	22.93	23.06	111.09	107.90	4420	43.95
140.00	−17.40	20.68	24.66	24.59	102.70	101.50	39.23	40.27
125.00	−15.65	23.63	27.15	26.76	95.53	98.26	30.81	33.16
115.00	−13.71	26.25	29.44	28.79	91.50	98.16	21.10	26.00

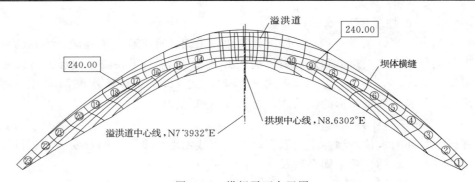

图 9.42 拱坝平面布置图

为监测大坝变形情况，在 3 号、6 号、12 号、16 号和 20 号坝段分别布置 5 套垂线观测装置，共计 12 个正垂线测点和 5 个倒垂线测点。大坝变形采用 STC-50 型步进式垂线坐标仪进行自动化观测。以 12 号坝段为例列举了分析过程，12 号坝段的测点分布如图 9.43 所示。

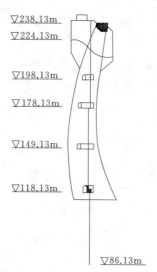

$\nabla 238.13m$

$\nabla 224.13m$

$\nabla 198.13m$

$\nabla 178.13m$

$\nabla 149.13m$

$\nabla 118.13m$

$\nabla 86.13m$

图 9.43　12 号坝段监测布置示意图

9.6.6.2 回归成果分析

1. 回归精度分析

（1）逐步回归方程的复相关系数 R 的大小。

（2）标准差 S 的大小。

（3）统计量 F 值的大小。

得到 12 号坝段（垂线测值）径向水平位移测点回归方程精度如表 9.2 所示。

表 9.2　　　　　　　　12 号坝段（垂线测值）径向水平位移测点回归方程精度

高程/m	子样数/个	$S\left(S=\dfrac{2\pi t}{365}\right)$/m	R/m	F
178.13	1188	0.03	0.993	19719.1
198.13	1188	0.04	0.986	10366.2
238.13	1188	0.02	0.996	18272.2

从表 9.2 可见，水平位移各测点回归方程的 F 值较大，复相关系数均大于 0.986，标准差与变幅的比值小，回归拟合精度较高，可以做定量分析的依据。

2. 回归成果分析

12 号坝段各测点的逐步回归方程如表 9.3 所示。

表 9.3　　　　　　　　　　12 号坝段各测点的逐步回归方程

高程/m	回归方程
178.13	$\delta = -79.977 - 5.16\sin S - 0.665\cos S + 0.344H + 1.755\ln(1+t)$
198.13	$\delta = -105.794 - 7.135\sin S + 0.47H - 1.754\cos S + 2.229\ln(1+t)$
238.13	$\delta = -175.018 - 0.818H - 11.596\sin S - 8.89\cos S + 3.073\ln(1+t)$

从表 9.3 可以得到如下结论：回归分析的复相关系数较高，都在 0.97 以上，拟合结果是令人满意的。

这表明选择的回归因子是合适的，也反映了大坝结构性态良好，水压、温度、时效因子与大坝变形符合正常变化规律，坝体处于正常的工作状态。238.13m 高程实测值、拟合值及分量过程线如图 9.44 所示。

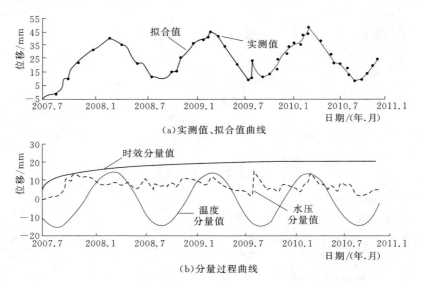

图 9.44　12 号坝段 238.13m 高程实测值、拟合值及分量过程曲线

由图 9.44（b）可以看出，回归方程中，水压因子只入选了水深的 1 次幂，这可能是由于水深的各次方之间高度相关所致。

坝段影响因素如表 9.4 所示可以看出：水压分量占总位移比例随高程的增大而减小，以 12 号坝段（拱冠梁坝段）为例，178.13m、198.13m、238.13m 高程的水压位移变幅分别为 8.81mm、10.16mm 和 16.29mm，占总位移的 30.5%、26.9% 和 25.7%；温度位移随气温的升高而向上游位移，随气温的降低向下游位移，并随高程增大温度位移比例增大，坝顶温度比例在 3 个位移中最大；12 号坝段（拱冠梁坝段）178.13m、198.13m、238.13m 高程的温度位移变幅分别为 10.56mm、14.98mm 和 29.42mm，约占总位移的比例分别为 36.6%、39.7% 和 46.4%。

表 9.4　　　　　　　　　　　　　　　　12 号 坝 段 影 响 因 素

高程/m	水压分量/mm			温度分量/mm			时效分量/mm			各分量所占比例/%		
	最大值	最小值	变幅	最大值	最小值	变幅	最大值	最小值	变幅	水压	温度	时效
178.13	4.59	−4.22	8.81	5.28	−5.28	10.56	10.61	1.11	9.50	30.50	36.60	32.90
198.13	5.93	−4.23	10.16	7.49	−7.49	14.98	14.12	1.48	12.64	26.90	39.70	33.50
238.13	16.40	0.11	16.29	15.22	−14.20	29.42	19.82	2.07	17.75	25.70	46.40	28.00

3. 时效位移分析

12 号坝段在 2007—2010 年时效位移变幅数据如表 9.5 所示。从表中可以看出，大坝最大时效位移出现在运行初期即 2007 年，随着时间的推移，时效位移年变幅逐渐减小，变化趋势趋于平稳。高程越高，时效位移增大，可见时效分量在拱坝蓄水后最初几年的位移变形中占有重要地位。

表 9.5   **12 号坝段时效位移变幅数据**

高程/m	位移变幅/mm				
	2007 年	2008 年	2009 年	2010 年	平均值
178.13	7.84	1.97	0.90	0.54	2.81
198.13	9.95	2.51	1.15	0.69	3.58
238.13	13.72	3.46	1.58	0.95	4.43

4. 结论

通过对周公宅水库大坝变形观测资料的回归分析可以得出以下结论。

（1）随着高程的增加，水压分量、温度分量及时效分量均随之增大，其中以温度分量增大最为明显。

（2）随着高程的增加，温度引起的位移比例增大，在坝顶处达到最大。从坝顶到坝底，水深逐渐增大，温度分量与水压分量的比值逐渐减小。

（3）时效位移在拱坝蓄水初期变形较大，随后逐渐变缓，符合时效位移变化的一般规律。

思考题与练习

1. 水位资料整理分析通常包括哪些工作？

2. 日平均水位的计算有几种方法？

3. 水库水位通常统计哪些特征值？水位资料整编说明内容通常包括哪些方面？

4. 气温资料整理分析通常包括哪些内容？

5. 气温特征值通常统计哪些内容？

6. 水温资料的整理分析通常包括哪些内容？水温过程线是怎样绘制的？水温与气温变化在时间上有何关系？夏季水温比气温高还是低？冬季又如何？水温与气温在年变幅上有何不同？

7. 混凝土温度变化有何特点？影响混凝土温度的因素有哪些？坝体混凝土温度空间分布有何特点？

8. 整理分析坝基扬压力的资料通常有哪些工作？扬压过程线是怎样绘制的？通常把几个坝段的过程线和库水位过程线绘在一张图上，为什么？扬压值随时间的变化有什么特点？扬压分布图有几种？一条分布图表示几次观测成果？坝基扬压分布有何特点？影响坝基扬压力的因素有哪些？

9. 什么是孔隙水压力？它是怎样产生和消散的？孔隙水压力的变化和分布有何特点？

10. 水样采取的原则是什么？取水样有哪些方法？

11. 扬压值分析中用什么方法确定预报值？

12．影响坝体漏水的因素有哪些？变化规律如何？环境水对水泥的侵蚀有哪几类？

13．坝体外部变形的原因由哪几方面构成？静水压力引起的外部变形属于何种变形？它能引起哪些变形？怎样判断坝体产生了新的不可逆变形？

14．水平位移的变化规律有哪些？垂直位移和倾斜的变化规律有哪些？

15．利用回归分析方法分析变形资料包括的内容有哪些？其步骤是怎样的？

16．接缝和裂缝的变化规律如何？有哪些主要影响因素？

17．为简便起见，时效变形可参考什么确定？其函数形式怎样写？

18．为什么在变形回归计算分析中可直接用温度计的温度作为因子？是否可用气温作为因子进行回归分析，理由是什么？使用条件是什么？

19．为什么用三角级数来表示温度变形？其表达式是什么？在回归分析变形时，函数形式的确定应考虑哪些因素？

第10章　水工观测工程实践案例

10.1　观测设计概述与工程概况

10.1.1　水工观测设计概述

10.1.1.1　设计原则

监控设计的目的可概括为"预报、控制、检验、改进"8个字，应使监测系统能够发挥应有的效果。预报通过安全监测发现异常现象，及时预测未来性态和发展趋势，防止灾害的发生；控制根据监测进行控制运行，适时调整原因量以控制效应量，使能充分发挥工程效益；检验监测资料可反馈和验证设计的正确性，求得设计的合理、完善和创新；改进从监测结果可评价采用的施工技术其适用性和优越性以及改进的途径。

1. 保障建筑物的安全运行

设计一套监测系统对建筑物及基础性态进行监测，是保证建筑物安全运行的必备措施，以便发现异常现象，及时分析处理，防止产生重大事故和灾难。同时根据已取得的资料，可以预测和预报厂房的未来性态及发展趋势，并为厂房的鉴定和加固处理提供科学依据。

2. 充分发挥工程效益

根据监测结果，将建筑物及基础视为一个统一体，确定在各种条件下的安全度，对工程进行控制运用。使其在安全运行的前提下发挥效应，避免因加固处理引起的巨大投资。

3. 检验设计和提高水平

水工建筑物的设计已经积累了比较丰富的经验，但对各种影响因素的认识还有待深入，对设计中的未知数和不确定因素往往是根据经验或假设作为设计依据，已建工程是真正的原型，通过监测可以反馈各种影响因素和检验设计的正确性，求得设计的合理、完善和创新，提高设计的技术水平。

4. 改进施工和加快进度

施工期间的监测结果，反映施工质量和施工条件，为改进施工提供了信息。大多数施工新技术和方法，只有当实际效果被证明是令人满意的时候，才易被人接受和推广。监测资料可以是所采用的施工技术的适应性和优越性，以及改进的途径。

监控设计应该满足管理、施工、设计、科研的需要，能进行全面综合性的观测，并符合先进、实用、可靠以及经济的原则。实用，即有的放矢地进行设计，做到目的明确，针对性强，突出重点，兼顾全局；可靠，即设计方案和仪器的选择要同时考虑施工期、蓄水期、运行期的需要，并长期稳定可靠；经济观测项目，即宜简化，测点少而精，布置经济合理，施工安装方便；先进，即监测方法、仪器设备应满足精度要求，并吸取国内外经验，在可能范围内尽量采用先进技术。

总之，结合工程实际要求，得到观测设计实际操作性原则。

1. 明确针对性和实用性

设计人员应很好地熟悉设计对象，了解工程规模、结构设计方法、水文、气象、地形。特别是要根据工程特点及关键部位综合考虑，统筹安排，做到目的明确、实用性强、突出重点、兼顾全局，并在监测设计的各阶段全过程进行优化，以最少的投入取得最好的监测效果。

2. 充分的可靠性和完整性

对监测系统的设计要有总体方案，它使用各自不同的观测方法和手段，通过可靠性、连续性和整体性论证后，优化出来的最优设计方案。对不同的建筑物及不同的部位，要因地制宜，区别对待，统一规划，逐步实施。

3. 先进的监测方法和设施

设计所采用的监测方法，仪器和设备应满足精度和准确度要求，并吸取国外的经验，尽量采取先进的技术，及时有效地提供建筑物的性态的有关信息，对工程安全起关键作用且人工难以观测的数据，可借助自动系统进行观测和传输。

4. 必要的经济性和合理性

监测项目易简化，测点要优选、施工安装方便。对变形、应力等监测要相互协调，并考虑今后监测资料的分析的需要。使监测成果既能达到预期的目的，又能做到经济合理，节省投资。

10.1.1.2　设计项目

一般而言，水利工程的安全监测应设有以下几个项目。

（1）内部观测：包括坝体及厂房结构应力、应变、温度、测缝及钢管应力观测等。

（2）外部观测：包括水平位移观测、垂直变位观测、坝体挠度观测、岸坡稳定观测等。

（3）渗漏观测：包括扬压力观测，坝体坝基渗漏观测等。

（4）基础处理观测：包括坝基观测、坝址处边坡稳定性观测等。

（5）其他观测：上下游水位观测、泥沙观测、水库漂浮物观测、上下游水温观测、诱发地震监测和水力学观测等。

10.1.2　工程概况

作为案例讲解的水电站位于黄河干流上，工程以发电为主，并可改善河段沿岸灌溉条件，同时城市的生态环境。正常蓄水位为 1550.5m，库容 1660 万 m^3，电站装机容量 96MW，保证出力 49.5MW，年发电量 4.91 亿 kW·h。在上游河口水电站未开工前，电站初期运行水位 1551.0m，以获得较大的发电水头和发电效益。

该水电站为河床径流式电站，工程属Ⅲ等中型工程，枢纽主要建筑物为 3 级。该电站于 2004 年 11 月 23 日开工，分两期施工，2008 年 1 月第一台机组投产发电，2008 年 12 月最后一台机组安装完毕并投入运行。

枢纽由河床式电站厂房、泄水闸、左岸土石坝、右岸混凝土挡水坝等建筑物组成。枢纽全长 339.4m，坝顶高程 1555m，最大坝高 33m。厂内安装 4 台贯流式水轮发电机组。枢纽平面布置图如图 10.1 所示，机组段横剖图如图 10.2 所示。

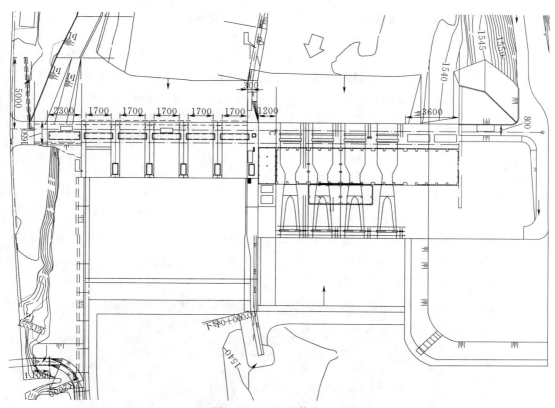

图 10.1　工程总体布置图

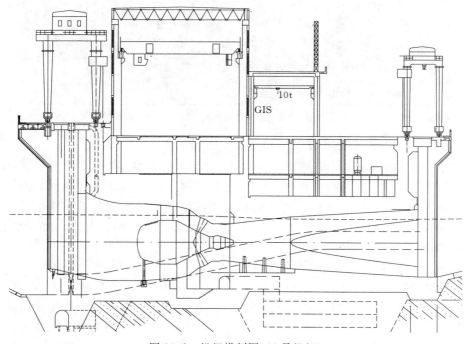

图 10.2　机组横剖图（2 号机组）

10.1.3　监测设施概况

10.1.3.1　测量原理

根据水电站枢纽的特点，自动监测系统采用一套智能模块化结构的分布大坝安全自动监测系统，该系统由安装在现场的传感器、数据采集单元（DAU）和计算机等组成，形成一个分布式系统。在系统中，各类传感器均安装在所需监测的部位，负责感受各类物理量（位移、渗压水位、应力应变、温度量等）的变化转换为电量传送给 DAU；DAU 分布在监测仪器附近，对各类传感器进行数据采集、A/D 转换、数据存储，并与采集主机进行数据通信；采集主机设在监控中心，它负责与现场数据采集单元通信。数据库服务器为连接监测网络中的计算机提供数据服务。

10.1.3.2　监测系统布置

1. 大坝及工程安全自动监测数据采集系统

大坝及工程安全自动监测数据采集系统是运行于 Windows 98/NT 平台的标准 Windows 应用程序，具有标准的 Windows 窗口风格，操作简便易学。系统主窗体如图 10.3 所示，图中的仪器布置图根据具体的工程而定。

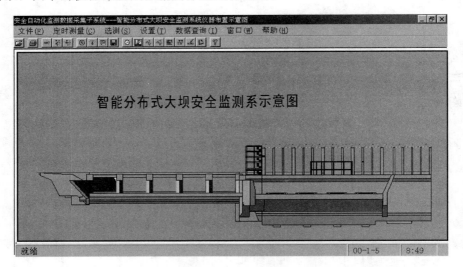

图 10.3　大坝及工程安全自动监测数据采集系统主窗体

该窗体为多文档窗体，由标题栏、菜单栏、工具栏以及状态提示栏组成，窗体中包含有各种功能的子窗体。所有操作均可用鼠标完成，当鼠标指向工具栏上各按钮时，会弹出该按钮功能的简短提示。状态栏上将实时提示系统的运行状态。该系统具有在线数据采集、离线分析、数据库管理、大坝安全文档管理、图形制作、报表制作、监测系统管理、监测数据整编等功能。

2. 大坝及工程安全自动监测单元构成

现场共设置数据采集单元（DAU2000）25 台，内置各类 NDA 智能数据采集模块 38 块，分布在 17 个监测站，纳入了 417 台（支）监测仪器。各数据采集单元间通过双绞通信电缆及 220V 电源电缆相连，形成一个 RS485 通信网络。现场各数据采集单元供电从坝顶中控楼计算机机房电源配电柜引取。通信线引入到坝顶中控楼计算机机房的监测中心。

监测中心由 1 台采集主机、1 台数据库服务器等组成，如图 10.4 所示。

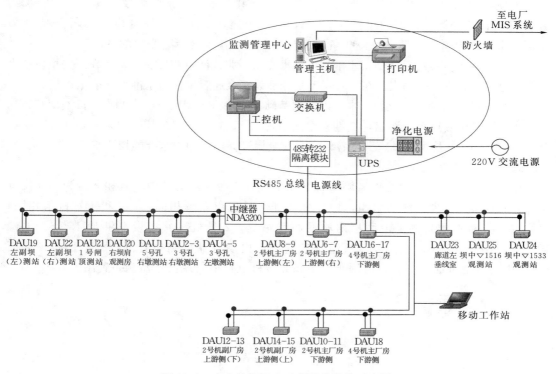

图 10.4 水电站枢纽自动化系统结构示意图

10.1.3.3 内部观测布置

1. 变形监测布置

系统共接入施工单位埋设的应变计、无应力计、钢筋计、测缝计、渗压计和温度计等内部埋设仪器共 363 支，安装分布如表 10.1 所示。

表 10.1　　　　　　　　　　各测站内观仪器数量统计表

序号	测站位置	单位	数量	备注
1	5 号孔右墩	支	7	
2	3 号孔右墩	支	54	
3	3 号孔左墩	支	45	
4	2 号机主厂房上游侧（右）	支	42	4 支损坏
5	2 号机主厂房上游侧（左）	支	35	
6	2 号机主厂房下游侧	支	34	
7	2 号机副厂房上游侧（下）	支	38	
8	2 号机副厂房上游侧（上）	支	36	
9	4 号机主厂房上游侧	支	35	
10	4 号机主厂房下游侧	支	32	
11	左副坝	支	5	

（1）坝顶水平位移采用引张线监测，每个坝段设一个测点，按一期（CⅠ标右岸混凝土挡水坝）和二期（CⅡ标厂房坝段）分开布置，共布置了两条引张线，其中一期线长约143.5m，设 5 个测点；二期线长约125m，设 6 个测点，两条引张线共计 11 个测点。另在左右岸及坝中引张线端点处设 3 条倒垂和 2 条正垂作为两段引张线的基准点。

（2）坝顶垂直位移采用精密水准法，水准点与引张线测点相邻布置。另在厂房坝段尾水平台处每坝段布设一个测点。在左右岸倒垂处加设双金属管标作为水准线路的工作基点。

（3）基础灌浆廊道布设静力水准以监测基础沉降，每个坝段设一个测点，按一期和二期分开布置，其中一期 5 个测点，二期 6 个测点，共 11 个测点。在基础灌浆廊道1533.50 层垂线室和1516.00 层灌浆廊道分别各设一个双金属管标作为静力水准的校测基点。

2. 应力应变及温度监测布置

（1）厂房坝段应力及温度监测布置。该工程有 4 台机组，其中 2 号和 3 号为中间位置机组，1 号和 4 号为两侧的机组，因此 2 号和 3 号机组布置相同，1 号和 4 号机组相同，分别以 2 号和 4 号为例来说明厂房段的布置情况。2 号机组共布设测缝计 15 支，如图10.5～图 10.7 所示分别为 2 号机组基础横剖面内观仪器监测布置图，2 号机组 E 剖面（机组中心线上剖面）测缝计监测布置图和 2 号机组宽槽内观仪器监测布置图。

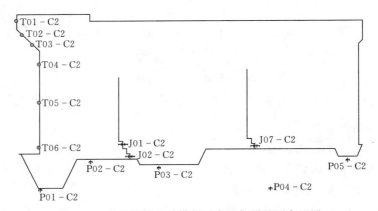

图 10.5　2 号机组基础横剖面内观仪器监测布置图

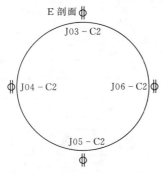

图 10.6　2 号机组 E 剖面
（机组中心线上剖面）测缝
计监测布置图

水电站枢纽分别在 5 号闸墩、4 号闸墩、3 号闸墩、2 号闸墩、1 号闸墩、1 号机尾水管钢衬、3 号机尾水管钢衬、2 号宽槽等位置布设了坝体温度计来监测坝体温度场，共有温度计 34 支，如表 10.2 所示为温度计信息考证表。

4 号机宽槽共布置测缝计 8 支，测点布置图如图10.8 所示。

（2）闸墩坝段应力及温度监测布置。闸墩段由 6 个闸墩组成，每一个闸墩的布置形同，以 3 号闸墩为例，纵缝共布置测缝计 12 支，测点布置图如图 10.9～图10.11 所示。

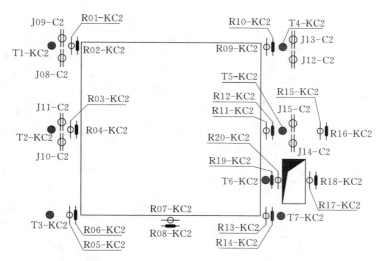

图 10.7 2号机组宽槽内观仪器监测布置图

表 10.2　　　　　　　　　　温度计信息考证表

序号	仪器编号	部位	埋设高程/m	埋设桩号
1	T-X-01	5号闸孔-⑦	1537.8	坝下 0+003.0；坝右 0+120.0
2	T-X-02	5号闸孔-⑦	1537.8	坝下 0+007.0；坝右 0+120.0
3	T-X-03	5号闸孔-⑦	1537.8	坝下 0+011.0；坝右 0+120.0
4	T-X-04	5号闸孔-⑦	1537.8	坝下 0+015.0；坝右 0+120.0
5	T-X-05	5号闸孔-⑦	1537.8	坝下 0+005.0；坝右 0+120.0
6	T-X-06	5号闸孔-⑦	1537.8	坝下 0+010.0；坝右 0+120.0
7	T-X-07	5号闸孔-⑦	1537.8	坝下 0+015.0；坝右 0+120.0
8	T-X-08	3号闸右墩-⑬	1545	坝下 0+010.0；坝右 0+084.0
9	T-X-09	3号闸右墩-⑬	1545	坝下 0+015.0；坝右 0+084.0
10	T-X-10	3号闸右墩-⑭	1545	坝下 0+020.0；坝右 0+084.0
11	TL-1	3号机尾水管钢衬	1527.4	坝下 0+042.37；坝左 0+058.70
12	TL-2	3号机尾水管钢衬	1530.4	坝下 0+038.19；坝左 0+047.56
13	TL-3	1号机尾水管钢衬	1527.4	坝下 0+038.19；坝左 0+004.50
14	TL-4	1号机尾水管钢衬	1530.4	坝下 0+042.37；坝左 0+015.100
15	T01-C2	2号 I-18-1	1550.8	坝上 0+004.00；坝左 0+42.64
16	T02-C2	2号 I-18-1	1550.8	坝上 0+004.00；坝左 0+42.64
17	T03-C2	2号左墩 I-17-1	1548.3	坝上 0+002.00；坝左 0+42.64
18	T04-C2	2号左墩 I-15-1	1543	坝下 0+000.50；坝左 0+42.64
19	T05-C2	2号左墩 I-12-1	1534	坝下 0+000.50；坝左 0+42.64
20	T06-C2	2号 I-7-1	1523	坝下 0+000.50；坝左 0+42.64
21	T1-KC2	2号右墩宽槽 I-13-1	1539.6	坝下 0+017.0；坝左 0+22.52
22	T2-KC2	2号右墩 I-11-1	1532.2	坝下 0+017.0；坝左 0+22.52
23	T3-KC2	2号宽槽 I-9-1	1524.8	坝下 0+017.0；坝左 0+22.52
24	T4-KC2	2号左墩宽槽 I-13-1	1539.6	坝下 0+017.0；坝左 0+40.04

序号	仪器编号	部位	埋设高程/m	埋设桩号
25	T5 - KC2	2 号宽槽 Ⅰ - 11 - 1	1532.2	坝下 0+017.0；坝左 0+40.04
26	T6 - KC2	2 号宽槽 Ⅰ - 10 - 1	1528.8	坝下 0+017.0；坝左 0+39.24
27	T7 - KC2	2 号宽槽 Ⅰ - 9 - 1	1524.8	坝下 0+017.0；坝左 0+40.04
28	T1 - KC4	4 号右边墩 Ⅰ - 13 - 1	1539.6	坝下 0+017.0；坝左 0+66.16
29	T2 - KC4	4 号右边墩 Ⅰ - 11 - 1	1532.2	坝下 0+017.0；坝左 0+66.16
30	T3 - KC4	4 号左边墩 Ⅰ - 9 - 1	1524.8	坝下 0+017.0；坝左 0+66.16
31	T4 - KC4	4 号左边墩 Ⅰ - 13 - 1	1539.6	坝下 0+017.0；坝左 0+83.68
32	T5 - KC4	4 号宽槽左边墩	1532.2	坝下 0+017.0；坝左 0+83.68
33	T6 - KC4	4 号左边墩 Ⅰ - 10 - 1	1528.8	坝下 0+017.0；坝左 0+82.88
34	T7 - KC4	4 号右边墩 Ⅰ - 9 - 1	1524.8	坝下 0+017.0；坝左 0+83.68

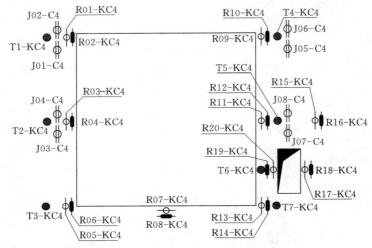

图 10.8　4 号机组宽槽内观仪器监测布置图

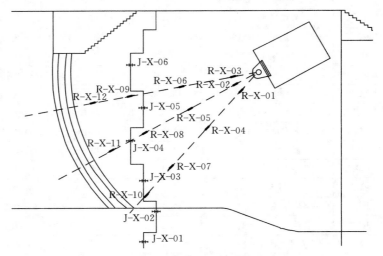

图 10.9　3 号闸右墩内观仪器监测布置图

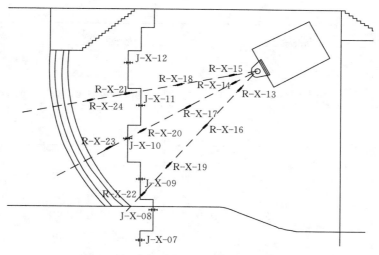

图 10.10　3 号闸左墩内观仪器监测布置图

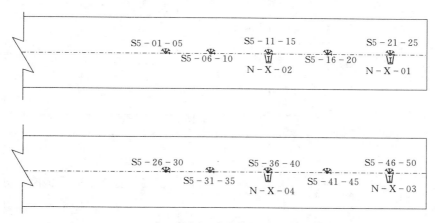

图 10.11　3 号闸左墩内观仪器监测平面布置图

（3）五向应变计组布置。该水电站枢纽只安装了五向应变计组，分别布置在 3 号闸右边墩和 3 号闸左边墩，2 号机 CA、CB、CC、CD 断面，以及 4 号机管型座位置，如表 10.3 所示为五向应变计组及其对应的无应力计考证表。测值符号规定为受拉为正，受压为负。

表 10.3　　　　　　　　　　五向应变计组及其对应的无应力计考证表

仪器编号	部位	埋设高程	埋设桩号	方向
$S^5 - 1$				1
$S^5 - 2$				2
$S^5 - 3$	3 号闸右墩-(11)	1542.8	坝下 0+014.0；坝右 0+084.0	3
$S^5 - 4$				4
$S^5 - 5$				5
—	—	—	—	—

仪器编号	部位	埋设高程	埋设桩号	方向
$S^5 - 6$				1
$S^5 - 7$				2
$S^5 - 8$	3 号闸右墩-(13)	1544.5	坝下 0+017.0；坝右 0+084.0	3
$S^5 - 9$				4
$S^5 - 10$				5
—	—	—		—
$S^5 - 11$				1
$S^5 - 12$				2
$S^5 - 13$	3 号闸右墩-(16)	1546.7	坝下 0+021.0；坝右 0+084.0	3
$S^5 - 14$				4
$S^5 - 15$				5
$N - X - 02$			坝下 0+021.0；坝右 0+085.0	
$S^5 - 16$				1
$S^5 - 17$				2
$S^5 - 18$	3 号闸右墩-(18)	1549	坝下 0+025.0；坝右 0+084.0	3
$S^5 - 19$				4
$S^5 - 20$				5
—	—	—	—	—
$S^5 - 21$				1
$S^5 - 22$				2
$S^5 - 23$	3 号闸右墩-(18)	1551.2	坝下 0+029.2；坝右 0+084.0	3
$S^5 - 24$				4
$S^5 - 25$				5
$N - X - 01$			坝下 0+029.2；坝右 0+085.0	
$S^5 - 26$				1
$S^5 - 27$				2
$S^5 - 28$	3 号闸左墩-(11)	1542.8	坝下 0+014.0；坝右 0+064.0	3
$S^5 - 29$				4
$S^5 - 30$				5
—	—	—	—	—
$S^5 - 31$				1
$S^5 - 32$				2
$S^5 - 33$	3 号闸左墩-(13)	1544.5	坝下 0+017.0；坝右 0+064.0	3
$S^5 - 34$				4
$S^5 - 35$				5
—	—	—	—	—

续表

仪器编号	部位	埋设高程	埋设桩号	方向
S⁵ – 36	3 号闸左墩-(16)	1546.7	坝下 0+021.0；坝右 0+064.0	1
S⁵ – 37				2
S⁵ – 38				3
S⁵ – 39				4
S⁵ – 40				5
N – X – 04			坝下 0+021.0；坝右 0+063.0	
S⁵ – 41	3 号闸左墩-(18)	1549	坝下 0+025.0；坝右 0+064.0	1
S⁵ – 42				2
S⁵ – 43				3
S⁵ – 44				4
S⁵ – 45				5
—	—	—	—	—
S⁵ – 46	3 号闸左墩-(18)	1551.2	坝下 0+029.2；坝右 0+064.0	1
S⁵ – 47				2
S⁵ – 48				3
S⁵ – 49				4
S⁵ – 50				5
N – X – 03			坝下 0+029.2；坝右 0+063.0	
S⁵ – 4 – 1 – 1	4 号机管型座	1538.7	坝下 0+027.25；坝左 0+076.37	1
S⁵ – 4 – 1 – 2				2
S⁵ – 4 – 1 – 3				3
S⁵ – 4 – 1 – 4				4
S⁵ – 4 – 1 – 5				5
N – 4 – 1			坝下 0+026.25；坝左 0+076.37	
S⁵ – 4 – 2 – 1	4 号机管型座	1532.2	坝下 0+027.25；坝左 0+070.87	1
S⁵ – 4 – 2 – 2				2
S⁵ – 4 – 2 – 3				3
S⁵ – 4 – 2 – 4				4
S⁵ – 4 – 2 – 5				5
N – 4 – 2			坝下 0+026.25；坝左 0+070.87	
S⁵ – 4 – 3 – 1	4 号机管型座	1524.9	坝下 0+027.25；坝左 0+076.37	1
S⁵ – 4 – 3 – 2				2
S⁵ – 4 – 3 – 3				3
S⁵ – 4 – 3 – 4				4
S⁵ – 4 – 3 – 5				5
N – 4 – 3			坝下 0+026.25；坝左 0+076.37	

仪器编号	部位	埋设高程	埋设桩号	方向
$S^5-4-4-1$				1
$S^5-4-4-2$				2
$S^5-4-4-3$	4 号机管型座	1532.2	坝下 0+027.25；坝左 0+081.87	3
$S^5-4-4-4$				4
$S^5-4-4-5$				5
N-4-4			坝下 0+026.25；坝左 0+081.87	
S5-1-CA-01				1
S5-1-CA-02				2
S5-1-CA-03	2 号机 Ⅰ-14-1	1540.2	坝下 0+012.0；坝左 0+032.73	3
S5-1-CA-04				4
S5-1-CA-05				5
N01-CA			坝下 0+11.0，坝左 0+32.73	
S5-2-CA-01				1
S5-2-CA-02				2
S5-2-CA-03	2 号机左墩 Ⅰ-11-1	1532.2	坝下 0+012.0；坝左 0+040.23	3
S5-2-CA-04				4
S5-2-CA-05				5
N02-CA			坝下 0+011.0；坝左 0+040.23	
S5-3-CA-01				1
S5-3-CA-02				2
S5-3-CA-03	2 号机 Ⅰ-8-1	1523.5	坝下 0+012.0；坝左 0+033.23	3
S5-3-CA-04				4
S5-3-CA-05				5
N03-CA			坝下 0+011.0；坝左 0+033.23	
S5-4-CA-01				1
S5-4-CA-02				2
S5-4-CA-03	2 号机右墩 Ⅰ—11-1	1532.2	坝下 0+012.0；坝左 0+025.23	3
S5-4-CA-04				4
S5-4-CA-05				5
N04-CA			坝下 0+011.0；坝左 0+025.23	
S5-1-CC-01				1
S5-1-CC-02				2
S5-1-CC-03	2 号机 Ⅱ-9-1	1537.2	坝下 0+037.0；坝左 0+032.73	3
S5-1-CC-04				4
S5-1-CC-05				5
N01-CC			坝下 0+036.0；坝左 0+032.73	

续表

仪器编号	部位	埋设高程	埋设桩号	方向
S5-2-CC-01	2号机尾水管钢衬	1532.2	坝下0+037.0；坝左0+037.23	1
S5-2-CC-02				2
S5-2-CC-03				3
S5-2-CC-04				4
S5-2-CC-05				5
N02-CC			坝下0+036.0；坝左0+037.23	
S5-3-CC-01	2号机尾水管钢衬	1528	坝下0+037.0；坝左0+032.73	1
S5-3-CC-02				2
S5-3-CC-03				3
S5-3-CC-04				4
S5-3-CC-05				5
N03-CC			坝下0+036.0；坝左0+032.73	
S5-4-CC-01	2号机尾水管钢衬	1532.2	坝下0+037.0；坝左0+028.23	1
S5-4-CC-02				2
S5-4-CC-03				3
S5-4-CC-04				4
S5-4-CC-05				5
N04-CC			坝下0+036.0；坝左0+028.23	
S5-1-CD-01	2号机Ⅲ-8-1	1539.2	坝下0+067.0；坝左0+032.73	1
S5-1-CD-02				2
S5-1-CD-03				3
S5-1-CD-04				4
S5-1-CD-05				5
N01-CD			坝下0+066.0；坝左0+032.73	
S5-2-CD-01	2号机左墩Ⅲ-6-1	1532.2	坝下0+067.0；坝左0+040.23	1
S5-2-CD-02				2
S5-2-CD-03				3
S5-2-CD-04				4
S5-2-CD-05				5
N02-CD			坝下0+066.0；坝左0+040.23	
S5-3-CD-01	2号机Ⅲ-3-1	1524.4	坝下0+067.0；坝左0+033.23	1
S5-3-CD-02				2
S5-3-CD-03				3
S5-3-CD-04				4
S5-3-CD-05				5
N03-CD			坝下0+066.0；坝左0+033.23	
S5-4-CD-01	2号机右墩Ⅲ-6-1	1532.2	坝下0+066.0；坝左0+025.23	1

需要说明的是，3号闸左、右墩共有10组五向应变计组，只有4组有相应的无应力计，有6组无相应的无应力计，分析只能看其总应变的变化。应变计组目前均按单支计

357

算，以应力应变表示。

（4）钢筋计布置。水电站在 3 号闸右边墩、3 号闸左边墩、2 号机 CA、CB、CC、CD 断面和宽槽、4 号机管型座位置、宽槽等位置布置了钢筋计，如表 10.4 所示为钢筋计信息考证表，测值符号规定为受拉为正，受压为负。

表 10.4　　　　　　　　　　　钢 筋 计 信 息 考 证 表

序号	仪器编号	部位	埋设高程/m	埋设桩号
1	R－X－01	3 号闸右墩-(18)	1549.3	坝下 0＋025.8；坝右 0＋083.0
2	R－X－02	3 号闸右墩-(18)	1549.8	坝下 0＋025.2；坝右 0＋083.0
3	R－X－03	3 号闸右墩-(18)	1550.3	坝下 0＋025.0；坝右 0＋083.0
4	R－X－04	3 号闸右墩-(14)	1545.5	坝下 0＋023.1；坝右 0＋083.0
5	R－X－05	3 号闸右墩-(16)	1546.9	坝下 0＋021.7；坝右 0＋083.0
6	R－X－06	3 号闸右墩-(16)	1548.7	坝下 0＋021.0；坝右 0＋083.0
7	R－X－07	3 号闸右墩-(12)	1542.2	坝下 0＋020.4；坝右 0＋083.0
8	R－X－08	3 号闸右墩-(14)	1545	坝下 0＋018.1；坝右 0＋083.0
9	R－X－09	3 号闸右墩-(15)	1548	坝下 0＋016.9；坝右 0＋083.0
10	R－X－10	3 号闸右墩-(10)	1540	坝下 0＋018.3；坝右 0＋083.0
11	R－X－11	3 号闸右墩-(13)	1544.6	坝下 0＋015.6；坝右 0＋083.0
12	R－X－12	3 号闸右墩-(15)	1547.5	坝下 0＋014.1；坝右 0＋083.0
13	R－X－13	3 号闸左墩-(18)	1549.3	坝下 0＋025.8；坝右 0＋065.0
14	R－X－14	3 号闸左墩-(18)	1549.8	坝下 0＋025.2；坝右 0＋065.0
15	R－X－15	3 号闸左墩-(18)	1550.3	坝下 0＋025.0；坝右 0＋065.0
16	R－X－16	3 号闸左墩-(14)	1545	坝下 0＋023.1；坝右 0＋065.0
17	R－X－17	3 号闸左墩-(16)	1546.9	坝下 0＋021.7；坝右 0＋065.0
18	R－X－18	3 号闸左墩-(16)	1548.7	坝下 0＋021.0；坝右 0＋065.0
19	R－X－19	3 号闸左墩-(12)	1542.2	坝下 0＋020.4；坝右 0＋065.0
20	R－X－20	3 号闸左墩-(14)	1545	坝下 0＋018.1；坝右 0＋065.0
21	R－X－21	3 号闸左墩-(15)	1548	坝下 0＋016.9；坝右 0＋065.0
22	R－X－22	3 号闸左墩-(10)	1540	坝下 0＋018.3；坝右 0＋065.0
23	R－X－23	3 号闸左墩-(13)	1544.6	坝下 0＋015.6；坝右 0＋065.0
24	R－X－24	3 号闸左墩-(15)	1547.5	坝下 0＋014.1；坝右 0＋065.0
25	R01－CA	2 号机Ⅰ-14-1	1540.2	坝下 0＋12；坝左 0＋32.73
26	R02－CA	2 号机Ⅰ-14-1	1540.2	坝下 0＋12；坝左 0＋32.73
27	R03－CA	2 号机左墩Ⅰ-11-1	1532.2	坝下 0＋12；坝左 0＋40.23
28	R04－CA	2 号机左墩Ⅰ-11-1	1532.2	坝下 0＋12；坝左 0＋40.23
29	R05－CA	2 号机Ⅰ-8-1	1524.4	坝下 0＋12；坝左 0＋32.73

续表

序号	仪器编号	部位	埋设高程/m	埋设桩号
30	R06-CA	2号机Ⅰ-8-1	1524.4	坝下 0+12；坝左 0+32.73
31	R07-CA	2号机右墩Ⅰ-11-1	1532.2	坝下 0+12；坝左 0+25.23
32	R08-CA	2号机右墩Ⅰ-11-1	1532.2	坝下 0+12；坝左 0+25.23
33	R01-CC	2号机Ⅱ-8-1	1536.7	坝下 0+37；坝左 0+32.73
34	R02-CC	2号机Ⅱ-8-1	1536.7	坝下 0+37；坝左 0+32.73
35	R03-CC	2号机尾水管钢衬	1532.2	坝下 0+37；坝左 0+32.73
36	R04-CC	2号机尾水管钢衬	1532.2	坝下 0+37；坝左 0+32.73
37	R05-CC	2号机尾水管钢衬	1528	坝下 0+37；坝左 0+32.73
38	R06-CC	2号机尾水管钢衬	1528	坝下 0+37；坝左 0+32.73
39	R07-CC	2号机尾水管钢衬	1528	坝下 0+37；坝左 0+32.73
40	R08-CC	2号机尾水管钢衬	1528	坝下 0+37；坝左 0+32.73
41	R01-CD	2号机Ⅲ-8-1	1539.2	坝下 0+67；坝左 0+32.73
42	R02-CD	2号机Ⅲ-8-1	1539.2	坝下 0+67；坝左 0+32.73
43	R03-CD	2号机左墩Ⅲ-6-1	1532.2	坝下 0+67；坝左 0+40.23
44	R04-CD	2号机左墩Ⅲ-6-1	1532.2	坝下 0+67；坝左 0+40.23
45	R05-CD	2号机Ⅲ-3-1	1525.8	坝下 0+67；坝左 0+40.23
46	R06-CD	2号机Ⅲ-3-1	1525.8	坝下 0+67；坝左 0+40.23
47	R07-CD	2号机Ⅲ-6-1	1532.2	坝下 0+67；坝左 0+25.23
48	R08-CD	2号机Ⅲ-6-1	1532.2	坝下 0+67；坝左 0+25.23
49	R01-KC2	2号机宽槽	1539.6	坝下 0+018；坝左 0+25.23
50	R02-KC2	2号机宽槽	1539.6	坝下 0+018；坝左 0+25.23
51	R03-KC2	2号机宽槽	1532.2	坝下 0+018；坝左 0+25.23
52	R04-KC2	2号机宽槽	1532.2	坝下 0+018；坝左 0+25.23
53	R05-KC2	2号机宽槽	1524.8	坝下 0+018；坝左 0+25.23
54	R06-KC2	2号机宽槽	1524.8	坝下 0+018；坝左 0+25.23
55	R07-KC2	2号机Ⅰ-8-1	1524.4	坝下 0+18；坝左 0+32.73
56	R08-KC2	2号机Ⅰ-8-1	1524.4	坝下 0+18；坝左 0+32.73
57	R09-KC2	2号机宽槽	1539.6	坝下 0+018；坝左 0+39.83
58	R10-KC2	2号机宽槽	1539.6	坝下 0+018；坝左 0+39.83
59	R11-KC2	2号机宽槽	1532.2	坝下 0+018；坝左 0+39.83
60	R12-KC2	2号机宽槽	1532.2	坝下 0+018；坝左 0+39.83
61	R13-KC2	2号机宽槽	1524.8	坝下 0+018；坝左 0+39.83
62	R14-KC2	2号机宽槽	1524.8	坝下 0+018；坝左 0+39.83

序号	仪器编号	部位	埋设高程/m	埋设桩号
63	R15－KC2	2 号机宽槽	1532.2	坝下 0＋018；坝左 0＋43.43
64	R16－KC2	2 号机宽槽	1532.2	坝下 0＋018；坝左 0＋43.43
65	R17－KC2	2 号机宽槽	1528.8	坝下 0＋018；坝左 0＋42.83
66	R18－KC2	2 号机宽槽	1528.8	坝下 0＋018；坝左 0＋42.83
67	R19－KC2	2 号机宽槽	1528.8	坝下 0＋018；坝左 0＋40.73
68	R20－KC2	2 号机宽槽	1528.8	坝下 0＋018；坝左 0＋40.73
69	R01－KC4	4 号机宽槽混凝土	1539.6	坝下 0＋018；坝左 0＋68.77
70	R02－KC4	4 号机宽槽混凝土	1539.6	坝下 0＋018；坝左 0＋68.77
71	R03－KC4	4 号机宽槽混凝土	1532.2	坝下 0＋018；坝左 0＋68.77
72	R04－KC4	4 号机宽槽混凝土	1532.2	坝下 0＋018；坝左 0＋68.77
73	R05－KC4	4 号机宽槽混凝土	1524.8	坝下 0＋018；坝左 0＋68.77
74	R06－KC4	4 号机宽槽混凝土	1524.8	坝下 0＋018；坝左 0＋68.77
75	R07－KC4	4 号机宽槽 I－8－1	1524.4	坝下 0＋18；坝左 0＋76.37
76	R08－KC4	4 号机宽槽 I－8－1	1524.4	坝下 0＋18；坝左 0＋76.37
77	R09－KC4	0 号机宽槽混凝土	1539.6	坝下 0＋018；坝左 0＋83.87
78	R10－KC4	1 号机宽槽混凝土	1539.6	坝下 0＋018；坝左 0＋83.87
79	R11－KC4	2 号机宽槽混凝土	1532.2	坝下 0＋018；坝左 0＋83.87
80	R12－KC4	3 号机宽槽混凝土	1532.2	坝下 0＋018；坝左 0＋83.87
81	R13－KC4	4 号机宽槽混凝土	1524.8	坝下 0＋018；坝左 0＋83.87
82	R14－KC4	4 号机宽槽混凝土	1524.8	坝下 0＋018；坝左 0＋83.87
83	R15－KC4	4 号机宽槽混凝土	1532.2	坝下 0＋018；坝左 0＋87.47
84	R16－KC4	4 号机宽槽混凝土	1532.2	坝下 0＋018；坝左 0＋87.47
85	R17－KC4	4 号机宽槽混凝土	1528.8	坝下 0＋018；坝左 0＋86.87
86	R18－KC4	4 号机宽槽混凝土	1528.8	坝下 0＋018；坝左 0＋86.87
87	R19－KC4	4 号机宽槽混凝土	1528.8	坝下 0＋018；坝左 0＋85.47
88	R20－KC4	4 号机宽槽混凝土	1528.8	坝下 0＋018；坝左 0＋85.47
89	R－4－1	4 号机管型座	1538.7	坝下 0＋27.25；坝左 0＋76.37
90	R－4－2	4 号机管型座	1538.7	坝下 0＋27.25；坝左 0＋76.37
91	R－4－3	4 号机管型座	1532.2	坝下 0＋27.25；坝左 0＋70.87
92	R－4－4	4 号机管型座	1532.2	坝下 0＋27.25；坝左 0＋70.87
93	R－4－5	4 号机管型座	1524.9	坝下 0＋27.25；坝左 0＋76.37
94	R－4－6	4 号机管型座	1524.9	坝下 0＋27.25；坝左 0＋76.37
95	R－4－7	4 号机管型座	1532.2	坝下 0＋27.25；坝左 0＋81.87
96	R－4－8	4 号机管型座	1532.2	坝下 0＋27.25；坝左 0＋81.87

（5）测缝计布置。挡水大坝埋设测缝计 35 支，监测缝隙的开合情况。具体埋设部位有 3 号闸墩、2 号机尾水管、2 号机宽槽和 4 号机宽槽，如表 10.5 所示为测缝计考证表。测值符号规定为张开为正，闭合为负。

表 10.5　　　　　　　　　　　　**测 缝 计 考 证 表**

仪器编号	部位	埋设高程/m	埋设桩号
J－X－01	3 号闸孔-⑥	1536.5	坝下 0＋018.0；坝右 0＋084.0
J－X－02	3 号闸孔-⑧	1538.5	坝下 0＋019.0；坝右 0＋084.0
J－X－03	3 号闸右墩-⑩	1541.2	坝下 0＋018.0；坝右 0＋084.0
J－X－04	3 号闸右墩-(12)	1543.8	坝下 0＋017.0；坝右 0＋084.0
J－X－05	3 号闸右墩-(16)	1547.1	坝下 0＋017.0；坝右 0＋084.0
J－X－06	3 号闸右墩-(18)	1551.4	坝下 0＋018.0；坝右 0＋084.0
J－X－07	3 号闸孔-⑥	1536.5	坝下 0＋18.0；坝右 0＋64.0
J－X－08	3 号闸左墩-⑧	1538.5	坝下 0＋19.0；坝右 0＋64.0
J－X－09	3 号闸左墩-⑩	1541.2	坝下 0＋18.0；坝右 0＋64.0
J－X－10	3 号闸左墩-(12)	1543.8	坝下 0＋17.0；坝右 0＋64.0
J－X－11	3 号闸左墩-(16)	1547.1	坝下 0＋17.0；坝右 0＋64.0
J－X－12	3 号闸左墩-(18)	1551.4	坝下 0＋18.0；坝右 0＋64.0
J01－C2	2 号机Ⅱ-4-1	1524.2	坝下 0＋19.30；坝左 0＋32.73
J02－C2	2 号机Ⅱ-2-1	1521.5	坝下 0＋20.90；坝左 0＋32.73
J03－C2	2 号机Ⅱ-9-1	1538.2	坝下 0＋47.10；坝左 0＋32.73
J04－C2	2 号机尾水管	1532.2	坝下 0＋47.10；坝左 0＋38.73
J05－C2	2 号机Ⅱ-5-1	1526.4	坝下 0＋47.10；坝左 0＋32.73
J06－C2	2 号机尾水管	1532.2	坝下 0＋47.10；坝左 0＋26.73
J07－C2	2 号机Ⅱ-3-1	1523.4	坝下 0＋48.70；坝左 0＋32.73
J08－C2	2 号机宽槽混凝土	1539.6	坝下 0＋18.00；坝左 0＋24.63
J09－C2	2 号机宽槽混凝土	1539.6	坝下 0＋18.00；坝左 0＋24.63
J10－C2	2 号机宽槽混凝土	1532.2	坝下 0＋18.00；坝左 0＋24.63
J11－C2	2 号机宽槽混凝土	1532.2	坝下 0＋18.00；坝左 0＋24.63
J12－C2	2 号机宽槽混凝土	1539.6	坝下 0＋18.00；坝左 0＋41.83
J13－C2	2 号机宽槽混凝土	1539.6	坝下 0＋18.00；坝左 0＋41.83
J14－C2	2 号机宽槽混凝土	1532.2	坝下 0＋18.00；坝左 0＋41.83
J15－C2	2 号机宽槽混凝土	1532.2	坝下 0＋18.00；坝左 0＋41.83
J01－C4	4 号机宽槽混凝土	1539.6	坝下 0＋17.50；坝左 0＋68.17

仪器编号	部位	埋设高程/m	埋设桩号
J02－C4	4 号机宽槽混凝土	1539.6	坝下 0＋18.50；坝左 0＋68.17
J03－C4	4 号机宽槽混凝土	1532.2	坝下 0＋17.50；坝左 0＋68.17
J04－C4	4 号机宽槽混凝土	1532.2	坝下 0＋18.50；坝左 0＋68.17
J05－C4	4 号机宽槽混凝土	1539.6	坝下 0＋17.50；坝左 0＋85.87
J06－C4	4 号机宽槽混凝土	1539.6	坝下 0＋18.50；坝左 0＋85.87
J07－C4	4 号机宽槽混凝土	1532.2	坝下 0＋17.50；坝左 0＋85.87
J08－C4	4 号机宽槽混凝土	1532.2	坝下 0＋18.50；坝左 0＋85.87

3. 渗流监测布置

渗流监测主要包括坝体渗流量监测、扬压力监测和坝址区地下水位监测，其中地下水位监测也可以作为绕坝渗流监测的手段，必要时可进行水质分析，其平面布置图如图 10.12 所示，闸墩坝段横平面布置图如图 10.13 所示，扬压力布置图如图 10.14 所示。水电站渗流监测主要布设在 3 号闸墩、消力池、2 号机、左副坝，共有 16 支仪器。如表 10.6 所示为渗压计考证表。测值符号规定为负为有压。

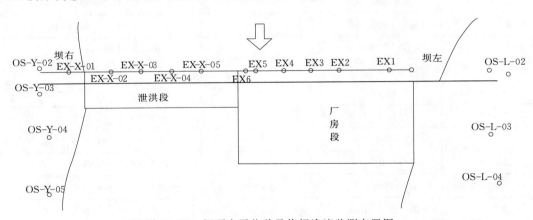

图 10.12　坝顶水平位移及绕坝渗流监测布置图

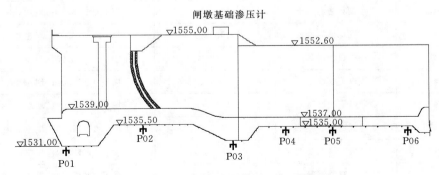

图 10.13　闸墩坝段横平面布置图

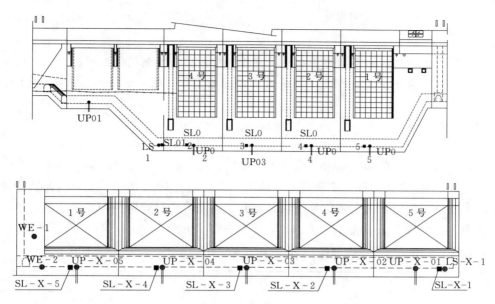

图 10.14 基础廊道静力水准及扬压力布置图

表 10.6   渗 压 计 考 证 表

序号	仪器编号	部位	仪器高程/m	埋设桩号
1	P-X-01	3 号闸-①	1532	坝下 0−2.50；坝右 0+74.95
2	P-X-02	3 号闸-⑤	1537	坝下 0+13.40；坝右 0+75.05
3	P-X-03	3 号闸-②	1532	坝下 0+32.50；坝右 0+74.65
4	P-X-04	消力池 4 块	1537	坝下 0+44.00；坝右 0+74.78
5	P-X-05	消力池（11）-1	1535	坝下 0+53.50；坝右 0+75.00
6	P-X-06	消力池（19）-1	1535	坝下 0+67.50；坝右 0+75.00
7	P01-C2	2 号机 I-3-1	1514	坝下 0+000.50；坝左 0+031.455
8	P02-C2	2 号机 I-6-1	1520.8	坝下 0+012.00；坝左 0+031.455
9	P03-C2	2 号机 II-1-1	1519.4	坝下 0+027.25；坝左 0+31.455
10	P04-C2	2 号机 III-2-1	1522.7	坝下 0+052.00；坝左 0+31.455
11	P05-C2	2 号机 III-1-1	1521.2	坝下 0+70.00；坝左 0+31.455
12	P01-I	左副坝 I-1-1	1536	坝上 0+28.70；坝左 0+0139.00
13	P02-I	左副坝 II-1-1	1536	坝上 0+008.70；坝左 0+0139.00
14	P03-I	左副坝 III-4-1	1536	坝下 0+004.70；坝左 0+0139.00
15	P04-I	左副坝 IV-2-1	1536	坝下 0+016.00；坝左 0+0139.00
16	P05-I	左副坝 V-2-1	1536	坝下 0+030.00；坝左 0+0139.00

（1）坝体渗流量采用量水堰监测，在基础廊道内共设置量水堰 2 个。

（2）为了监测坝基扬压力，分别在一期和二期基础廊道的每坝段设置一个测压管。此外，选择 2 号机组中心剖面作为顺河向扬压力的监测断面，布置扬压力测压管和基础渗压计。

（3）为了解坝址区地下水位分布情况并作为绕坝渗流监测的测点，在两岸坝肩上下游选点布置地下水位的长期监测孔，孔深低于最低地下水位线 5～10m，左岸 4 孔，右岸 5 孔，共布置 9 孔。

10.1.3.4　外部观测布置

1. 水平及垂直位移监测布置

水电站枢纽用来监测坝顶水平位移的引张线有 2 条，共有 11 个测点，CI 标右岸混凝土挡水坝 5 个测点，CII 标厂房坝段 6 个测点，分布如表 10.7 所示。上下游向测值符号规定为向下游位移为正，向上游位移为负；左右岸向测值符号规定为向左岸位移为正，向右岸位移为负。垂线 Y 代表上下游方向，X 代表左右岸方向。

表 10.7　　　　　　　　　　CI 标、CII 标引张线和垂线测点考证表

测点名称	所在坝段	高程/m	桩号
IP1	右岸	1555	坝上 0−004.9；坝右 0+163.5
EX−X−01	门库顶部	1555	坝上 0−004.9；坝右 0+146.5
EX−X−02	5 号左墩	1555	坝上 0−004.9；坝右 0+109.0
EX−X−03	4 号左墩	1555	坝上 0−004.9；坝右 0+84.0
EX−X−04	3 号左墩	1555	坝上 0−004.9；坝右 0+59.0
EX−X−05	2 号左墩	1555	坝上 0−004.9；坝右 0+34.0
PL1	导墙	1555	坝上 0−004.9；坝右 0+012.0
IP2	导墙	1533.5	坝上 0−004.9；坝右 0+012.0
EX6	中控楼	1555	坝上 0−004.9；坝右 0+006.1
EX5	1 号机	1555	坝上 0−004.9；坝左 0+001.5
EX4	2 号机	1555	坝上 0−004.9；坝左 0+023.3
EX3	3 号机	1555	坝上 0−004.9；坝左 0+045.1
EX2	3 号机	1555	坝上 0−004.9；坝左 0+067.0
EX1	4 号机	1555	坝上 0−004.9；坝左 0+105.3
PL2	4 号机	1532	坝上 0−004.9；坝左 0+107.8
IP3	4 号机	1532	坝上 0−004.9；坝左 0+108.3

影响坝顶水平位移的因素主要是库水位和气温。库水位升高，坝体向下游位移，库水位降低，坝体向上游位移。温度作用与库水位相反，温度上升，坝体向上游移动，温度下降坝体向下游移动。水电站库水位变化规律为冬季略高，夏季略低。在库水位与温度的双重作用下，水平位移呈明显的年周期性变化。夏季有向上游的最大位移，冬季有向下游的最大位移。

2. 渗流监测

渗流监测主要包括坝体渗流量监测、扬压力监测和坝址区地下水位监测，其中地下水

位监测也可以作为绕坝渗流监测的手段，必要时可进行水质分析。

（1）坝体渗流量采用量水堰监测，在基础廊道内共设置量水堰2个。

（2）为了监测坝基扬压力，分别在一期和二期基础廊道的每坝段设置一个测压管。此外，选择2号机组中心剖面作为顺河向扬压力的监测断面，布置扬压力测压管和基础渗压计。

（3）为了解坝址区地下水位分布情况并作为绕坝渗流监测的测点，在两岸坝肩上下游选点布置地下水位的长期监测孔，孔深低于最低地下水位线5~10m，左岸4孔，右岸5孔，共布置9孔。

3. 遥测垂线坐标仪的安装及调试

（1）将仪器支架安装到位。安装过程中仔细检查仪器支架的安装位置及安装方向是否满足设计要求，并用水准尺检查仪器支架是否水平。

（2）用螺栓将坐标仪固定在支架上，将坐标仪安装在最佳位置。

（3）按照电缆连接约定连接坐标仪电缆，将电缆芯线与坐标仪焊接，并将每个焊接点用102绝缘胶进行绝缘处理。

（4）将电缆引入测量控制单元，并在电缆头上做好标记，标明仪器编号。仪器至地面的电缆用扎带扎在支架上，其余电路放入PVC保护管内。

（5）电缆头标记必须醒目、牢固，防止牵引过程中脱落或损坏。

（6）人工给定位移，利用百分表人工读数，同时自动化测读，现场检查坐标仪灵敏度系数，电缆接线是否准确无误。

（7）仪器安装完成后，对垂线线体进行复位实验，核实垂线线体是否自由。

（8）垂线坐标仪的测值方向应与安装《水利水电工程安全监测设计规范》（SL 725—2016）要求一致，即坝体向下位移为正，坝体向左位移为正；若不一致，在仪器处将该向两激励线进行互换。

（9）使用标定部件检查仪器输出数值是否正常。用标定部件在仪器上标定，如标定出数据异常，就要对出现异常进行分析，采取相应措施。

如表10.8和表10.9所示分别为仪器接线表、垂线标定检查数据表。

表 10.8　　　　　　　　　　　　　仪 器 接 线 表

序号	仪器编号	仪器端电缆接线颜色				模块端仪器电缆接线颜色				备注
		上游	下游	左岸	右岸	CHn A	CHn B	CHn A	CHn B	
1	IP1	蓝	黑	白	黄	CH1	CH1	CH2	CH2	
						A	B	A	B	
2	IP2	蓝	黑	白	黄	CH1	CH1	CH2	CH2	
						A	B	A	B	
3	IP3	蓝	黑	白	黄	CH1	CH1	CH2	CH2	
						A	B	A	B	
4	PL1	蓝	黑	白	黄	CH1	CH1	CH2	CH2	
						A	B	A	B	
5	PL2	蓝	黑	白	黄	CH1	CH1	CH2	CH2	
						A	B	A	B	

表 10.9
垂线标定检查数据表

序号	仪器编号	电测位移值/mm		人工位移值/mm		电测值与人工值的差值/mm		备注
		X	Y	X	Y	X	Y	
1	IP1	0.00	0.00	0	0	0.00	0.00	
		4.92	4.91	5	5	0.08	0.09	
		9.98	9.93	10	10	0.02	0.07	
		15.10	15.02	15	15	0.10	0.02	
		20.10	20.08	20	20	0.10	0.08	
		25.00	24.99	25	25	0.00	0.01	
2	IP2	0.00	0.00	0	0	0.00	0.00	
		4.93	4.93	5	5	0.07	0.07	
		9.99	9.94	10	10	0.01	0.06	
		15.08	15.02	15	15	0.08	0.02	
		20.08	20.08	20	20	0.08	0.08	
		24.99	25.01	25	25	0.01	0.01	
3	IP3	0.00	0.00	0	0	0.00	0.00	
		4.93	4.90	5	5	0.07	0.10	
		9.92	9.96	10	10	0.08	0.04	
		15.00	15.07	15	15	0.00	0.07	
		20.03	20.09	20	20	0.03	0.09	
		25.00	24.99	25	25	0.00	0.01	
4	PL1	0.00	0.00	0	0	0.00	0.00	
		5.05	4.91	5	5	0.05	0.09	
		10.02	9.91	10	10	0.02	0.09	
		15.03	15.05	15	15	0.03	0.05	
		20.05	20.10	20	20	0.05	0.10	
		25.00	24.99	25	25	0.00	0.01	
5	PL2	0.00	0.00	0	0	0.00	0.00	
		4.91	4.93	5	5	0.091	0.07	
		9.97	9.95	10	10	0.03	0.05	
		15.07	15.04	15	15	0.07	0.04	
		20.06	20.07	20	20	0.06	0.07	
		25.00	24.98	25	25	0.00	0.02	

　　从标定结果看，人工和自动的偏差很小，最大偏差为 0.10mm，说明仪器的安装是正确的，灵敏度系数、精度是可信的，完全满足合同及规范要求的±0.1mm。

安装完成后对所有垂线坐标仪的初始值进行了取定，并结合前期人工的测值进行计算。仪器的参数如表 10.10 所示。

表 10.10　　　　　　　　　　垂 线 仪 器 参 数 表

序号	仪器编号	DAU 编号	NDA 编号	方向	通道号	灵敏度系数	初始值/mm	前期人工位移值/mm	备注
1	IP-1	DAU20	NDA30	上下游	3	47.02	0.0166	−1.75	
				左右岸	4	46.98	0.0052	1.60	
2	IP-2	DAU24	NDA37	上下游	3	45.36	−0.0176	−3.71	
				左右岸	4	45.1	0.0838	1.01	
3	IP-3	DAU23	NDA35	上下游	1	44.83	0.0038	0.27	
				左右岸	2	44.56	0.0062	1.22	
4	PL-1	DAU24	NDA37	上下游	1	42.12	−0.0565	1.82	
				左右岸	1	42.27	−0.0485	0.59	
5	PL-2	DAU23	NDA35	上下游	3	43.06	0.0081	−0.16	
				左右岸	4	43.01	0.0146	−1.30	

4. 引张线的安装及调试

（1）将仪器安装到位。安装过程中仔细检查仪器支架的安装位置及安装方向是否满足设计要求，并用水准尺检查仪器支架是否水平。

（2）用螺栓将坐标仪固定在支架上。了解测点以往的测值变化规律，对于测值变化较大的测点，根据安装季节适当调整，将坐标仪安装在最佳位置。

（3）按照电缆连接约定连接坐标仪电缆，将电缆芯线与坐标仪焊接。

（4）将电缆引入测量控制单元。电缆宜放入保护管或电缆桥架；外露电缆必须放入钢保护管内，保护管之间攻丝套扣连接。

（5）电缆头标记必须醒目、牢固，防止牵引过程中脱落或损坏。

（6）人工给定位移，利用百分表人工读数，同时自动化测读，现场检查坐标仪灵敏度系数，电缆接线是否准确无误。

（7）仪器安装完成后，对线体进行复位实验，核实线体是否自由。如表 10.11 为引张线线体复位试验表。

表 10.11　　　　　　　　　　引张线线体复位试验表

序号	测点	线体向上游/mm			线体向下游/mm		
		理论值	测量值	误差	理论值	测量值	误差
1	EX-X-01	2.727	2.778	0.050	2.727	2.754	0.027
2	EX-X-02	7.013	7.023	0.010	7.013	7.100	0.087
3	EX-X-03	10.000	10.000	0.000	10.000	10.000	0.000
4	EX-X-04	6.892	6.768	0.124	6.892	6.801	0.091
5	EX-X-05	3.784	3.877	0.093	3.784	3.892	0.108
6	EX6	1.316	1.274	0.042	1.316	1.269	0.047
7	EX5	2.590	2.529	0.061	2.590	2.524	0.065

续表

序号	测点	线体向上游/mm			线体向下游/mm		
		理论值	测量值	误差	理论值	测量值	误差
8	EX4	6.295	6.329	0.034	6.295	6.329	0.034
9	EX3	10.000	10.100	0.100	10.000	10.087	0.087
10	EX2	7.215	7.241	0.026	7.215	7.252	0.037
11	EX1	2.112	2.113	0.001	2.112	2.190	0.078

安装调试后与理论值进行分析比较分别得到如图 10.15（a）、（b）所示的混凝土挡水坝引张线线体试验图和厂房坝段引张线线体试验图，如表 10.12 所示为引张线线体参数表。

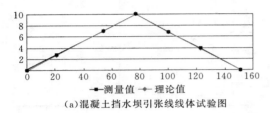

（a）混凝土挡水坝引张线线体试验图

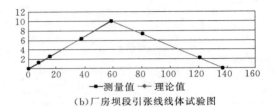

（b）厂房坝段引张线线体试验图

图 10.15　引张线线体试验图

表 10.12　　　　　　　　　引张线仪仪器参数表

序号	仪器编号	DAU 编号	NDA 编号	通道号	灵敏度系数	电测初始值/mm	人工初值/mm
1	EX－X－01	DAU20	NDA30	1	30.81	−0.097	48.3
2	EX－X－02	DAU20	NDA30	2	37.79	−0.108	47.1
3	EX－X－03	DAU21	NDA32	1	39.93	−0.0579	41.5
4	EX－X－04	DAU21	NDA32	2	33.48	0.0551	51.7
5	EX－X－05	DAU21	NDA32	3	30.45	−0.1097	44.4
6	EX6	DAU21	NDA32	4	31.86	−0.0376	43.5
7	EX5	DAU21	NDA32	5	30.15	−0.3322	31.0
8	EX4	DAU21	NDA32	6	32.56	−0.2082	36.1
9	EX3	DAU21	NDA32	7	37.76	−0.127	38.5
10	EX2	DAU22	NDA33	1	37.66	−0.0404	42.7
11	EX1	DAU22	NDA33	2	31.80	−0.0592	44.2

基础灌浆廊道布设静力水准仪监测基础沉降，每个坝段设一个测点，按挡水坝和厂房坝段分开布置，其中挡水坝 5 个测点，厂房坝段 5 个测点，共 10 个测点。在挡水坝基础灌浆廊道高程为 1533.50m 布置的测网 1 号静力水准测点（SL－X－01）处和厂房坝段高程为 1516.00m 布置的测网 1 号静力水准测点（SL1）处灌浆廊道分别各设一个双金属管标作为静力水准的校测基点。

5. 静力水准的安装及调试

RJ－S 型静力水准仪的安装方法及观测如下。

（1）利用水准仪等仪器，依据设计位置现场具体放样。

（2）安装静力水准仪。静力水准仪底板必须安装牢固、水平，同一条静力水准各测点之间安装底板的安装高差不得大于 3mm；用螺栓将静力水准仪固定在安装底板上，仪器安装也需水平。

（3）将静力水准管路与各测点仪器连通，要求连接处稳固、密封，不易脱落及漏液。

（4）加入静力水准专用液体。加液时从一端开始，匀速加液，同时排出管路中的气泡。

（5）加液后，将浮子放入主体容器中，并将装有电容式传感器的上盖板装在主体容器上。

（6）将仪器电缆接入安装在现场的测量控制单元，并开始自动化测量。

（7）检查管路中是否有气泡，接头处是否漏液；检查自动化采集数据是否稳定并与工程实际相一致。

（8）静力水准仪纳入自动化系统进行监测。

在仪器安装完成后，采用对仪器提升的办法做对比试验，以检查仪器是否可靠。如表10.13所示为静力水准提升试验表。

表 10.13　　　　　　　　　　　　静力水准提升试验表

序号	仪器编号	灵敏度 K_f	初值	测值1	测值2	变化量/mm	理论变化量/mm	误差/mm
1	SL－X－1	15.363	1.692	1.684	1.5596	−1.91	−2	−0.09
2	SL－X－2	15.777	1.6139	1.6108	1.4839	−2.00	−2	0.00
3	SL－X－3	15.239	1.6923	1.6846	1.5588	−1.92	−2	−0.08
4	SL－X－4	15.402	1.6253	1.617	1.4935	−1.90	−2	−0.10
5	SL－X－5	15.363	1.2736	1.2761	1.794	7.96	8	0.04
6	SL01	15.222	1.6668	1.6647	1.5359	−1.96	−2	−0.04
7	SL02	14.817	1.8183	1.8177	1.6825	−2.00	−2	0.00
8	SL03	14.726	1.248	1.247	1.7895	7.99	8	0.01
9	SL04	15.487	1.831	1.8306	1.703	−1.98	−2	−0.02
10	SL05	14.934	1.985	1.9855	1.8515	−2.00	−2	0.00

从试验结果看，最大偏差为 0.10mm，在仪器的误差允许范围内（合同要求静力水准仪精度为±0.1mm），说明仪器的安装及精度是满足合同要求的。如表 10.14 所示为静力水准仪器参数表。安装完成后对所有仪器的初始值进行了取定。

表 10.14　　　　　　　　　　　　静力水准仪器参数表

序号	仪器编号	DAU 编号	NDA 编号	通道号	灵敏度系数	初始电测值 /mm	前期人工位移值 /mm	备注
1	SL－X－1	DAU24	NDA37	5	15.363	1.692	−0.20	
2	SL－X－2	DAU24	NDA37	7	15.777	1.6139	−0.15	
3	SL－X－3	DAU24	NDA37	9	15.239	1.6923	0.27	
4	SL－X－4	DAU24	NDA37	11	15.402	1.6253	0.60	
5	SL－X－5	DAU24	NDA37	13	15.363	1.2736	5.93	
6	SL01	DAU25	NDA38	1	15.222	1.6668	0.00	
7	SL02	DAU25	NDA38	3	14.817	1.8183	0.00	
8	SL03	DAU25	NDA38	5	14.726	1.248	0.00	
9	SL04	DAU25	NDA38	7	15.487	1.831	0.00	
10	SL05	DAU25	NDA38	9	14.934	1.985	0.00	

6. 双金属管标的安装及调试

（1）用螺栓将双金属标位移计固定在安装底板上，仪器安装调水平，调整初始位置。

（2）将仪器电缆接入安装在现场的测量控制单元，并开始自动化测量。

（3）检查自动化采集数据是否稳定并与工程实际相一致。

如表 10.15 所示为双金属管标仪器参数表。

表 10.15　　　　　　　　　双金属管标仪器参数表

序号	仪器编号	DAU 编号	NDA 编号	通道号	灵敏度系数	初始值/Hz	人工测值/mm	备注
1	LS－X－1－1	DAU24	NDA36	1	0.0178	1394.7	0	
2	LS－X－1－2	DAU24	NDA36	9	0.0184	1759	0	
3	LS1－1	DAU24	NDA36	5	0.0048	1562.2	0	
4	LS1－2	DAU24	NDA36	13	0.0175	1560.8	0	

10.1.3.5　基础沉陷位移监测

水电站枢纽用来监测基础沉陷的静力水准有两条，共有 10 个测点，ＣⅠ标右岸混凝土挡水坝的 1533.5m 高程廊道设 5 个测点（SL－X－01～SL－X－05），ＣⅡ标厂房坝段下部的 1516m 高程廊道设 5 个测点（SL01～SL05），在坝的最左端和最右端均设有双金属管标，做为各自静力水准的基准点进行监测。沉陷符号规定与规范不同：下沉为负，上抬为正。如表 10.16 为ＣⅠ标、ＣⅡ标静力水准和双管标测点考证表。

表 10.16　　　　　　ＣⅠ标、ＣⅡ标静力水准和双管标测点考证表

测点编号	位置	高程/m	桩号
LS－X－1	5 号闸	1533.5	坝上 0－0.001；坝右 0＋130.5
SL－X－01	5 号闸	1533.5	坝上 0－0.001；坝右 0＋130.5
SL－X－02	4 号闸	1533.5	坝上 0－0.001；坝右 0＋097.0
SL－X－03	3 号闸	1533.5	坝上 0－0.001；坝右 0＋074.0
SL－X－04	2 号闸	1533.5	坝上 0－0.001；坝右 0＋051.0
SL－X－05	1 号闸	1533.5	坝上 0－0.001；坝右 0＋028.0
SL05	4 号机	1516	坝下 0＋002.0；坝左 0＋012.91
SL04	3 号机	1516	坝下 0＋002.0；坝左 0＋034.73
SL03	2 号机	1516	坝下 0＋002.0；坝左 0＋056.55
SL02	1 号机	1516	坝下 0＋002.0；坝左 0＋078.37
SL01	中控室	1516	坝下 0＋002.0；坝左 0＋087.28
LS1	中控室	1516	坝下 0＋002.0；坝左 0＋087.28

10.2　环境量监测资料分析

10.2.1　水位监测资料分析

水电站枢纽正常蓄水位为 1550.5m，但在上游河口水电站未开工前，电站初期运行水位为 1551.0m。电站于 2007 年 10 月开始蓄水，2008 年 3 月底到达初期运行水位，至

今一年有余。由图 10.16 可知，库水位目前的年变幅在 2m 以内，冬季水位略高，夏季略低。最高库水位为 1551.62m，发生在 2009 年 1 月 14 日。

下游水位一般在 1540～1542m 波动，年变幅 2m。变化规律和上游水位一样，冬季略高，夏季略低。最高水位为 1543.6m，发生在 2009 年 4 月 5 日。

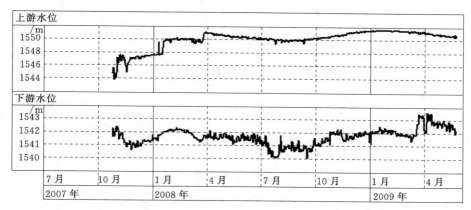

图 10.16　水电站枢纽水位过程线图

10.2.2　气温监测资料分析

如图 10.17 所示为气温呈明显年周期变化。夏季温度最高，冬季温度最低，测值在 −10～20℃，年变幅约 30℃。

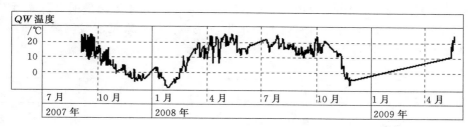

图 10.17　水电站气温过程线图

10.3　外部观测资料分析

水电站枢纽的变形监测主要是坝顶水平位移、坝顶垂直位移、基础沉陷等监测，CII 标相关监测仪器 2008 年 11 月底全部安装完毕并投入使用。

10.3.1　坝顶水平位移监测

影响坝顶水平位移的因素主要是库水位和气温。库水位升高，坝体向下游位移，库水位降低，坝体向上游位移。温度作用与库水位相反，温度上升，坝体向上游移动，温度下降坝体向下游移动。水电站库水位变化规律为冬季略高，夏季略低。在库水位与温度的双重作用下，水平位移呈明显的年周期性变化。夏季有向上游的最大位移，冬季有向下游的最大位移。

如图 10.18 所示为各个坝段测点位移最大值的包络图，靠近两岸岸坡的 EX1、EX－X－

01 两点变幅最小，其他测点变幅相近，均在 8mm 左右。坝段之间无明显差异，比较一致。向下游的最大位移发生在 EX2 处为 7.2mm。向上游的最大位移发生在 EX4、EX-X-02 处分别为 4.7mm、4.6mm。

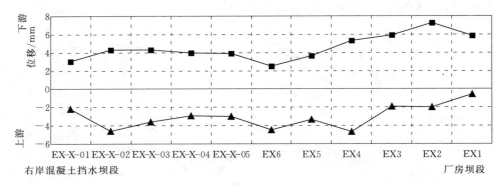

图 10.18　坝顶水平位移包络图

坝顶左右岸方向位移主要受温度变化影响，呈明显的年周期性变化。高温季节，向两岸岸坡方向移动。低温季节，向河床中心方向移动。除 PL2 测点外，其他测点年变幅在 2～4mm。PL2 测点年变幅较大约 9mm，这可能与其紧邻土石坝有关。

10.3.2　基础沉陷位移监测

测值显示，1516m 高程的 SL01～SL05 处沉降变化较明显，温度上升基础上抬，温度下降基础下沉，年变幅在 4mm 以内。靠近坝中的 SL05、SL04 沉降最明显，靠近左端的 SL01 沉降最小。1533.5m 高程的混凝土挡水坝段是实体坝，未见明显沉降，如图 10.19 所示位基础沉降量包络图。

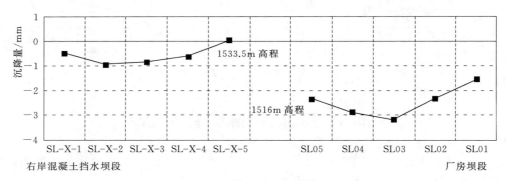

图 10.19　基础沉降量包络图

10.4　坝体接缝开合度监测资料分析

10.4.1　3 号闸墩测缝计监测分析

过程线如图 10.20、图 10.21 所示，闸墩属于薄壁结构，温度变化相对最大在 0～20℃，年变幅近 20℃。但开合度变化微小几乎不动，表明纵缝灌浆效果较好。

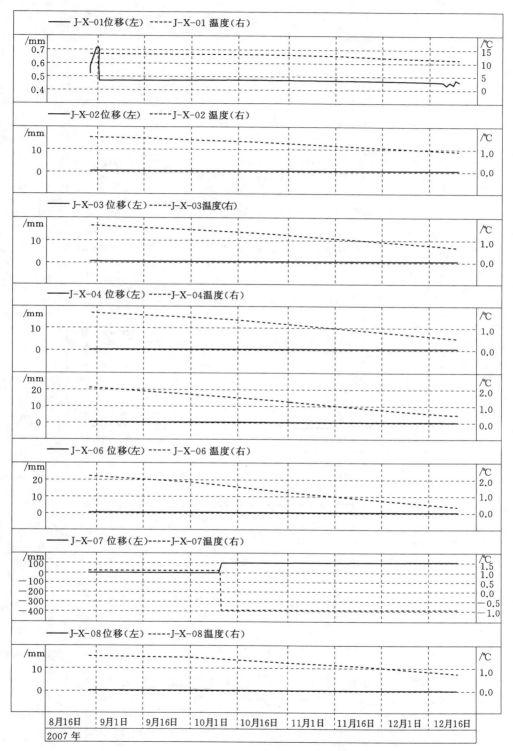

图 10.20 测缝计应变过程线图

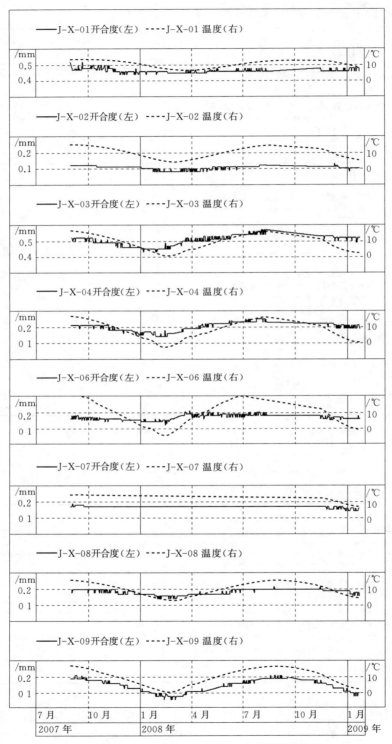

图 10.21　3 号闸墩左、右墩钢筋计应变过程线图

10.4.2　2号机纵缝、宽槽测缝计监测分析

过程线如图 10.22~图 10.27 所示，2号机组各处温度基本一致，大体在 5~15℃ 之间，年变化幅度 10℃ 左右。纵缝和 E 剖面测缝计变幅微小几乎不动，表明纵缝灌浆效果较好。相比之下，宽槽的开合度变幅略大，幅度在 0.25mm 以内。J11-C2 测点 2007 年 11月 5—7日，缝突然张开 0.46mm，之后又缓慢闭合。2008 年秋冬季缝又缓慢张开、缓慢闭合，说明该处混凝土可能已经产生微裂缝，今后应加强关注。

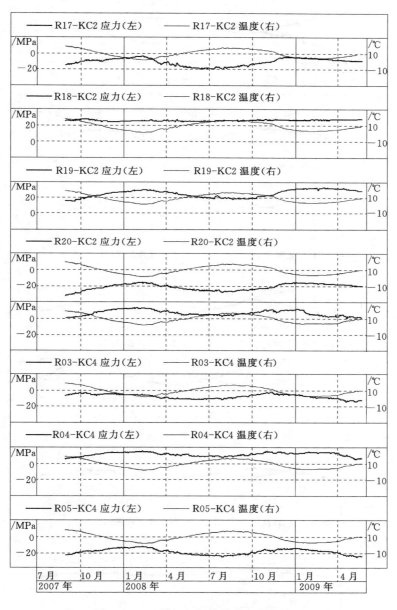

图 10.22　2号机组钢筋计应变过程线图

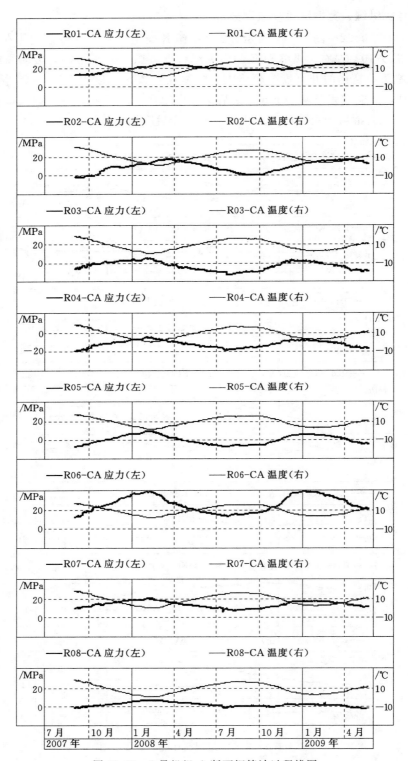

图 10.23　2 号机组 *A* 断面钢筋计过程线图

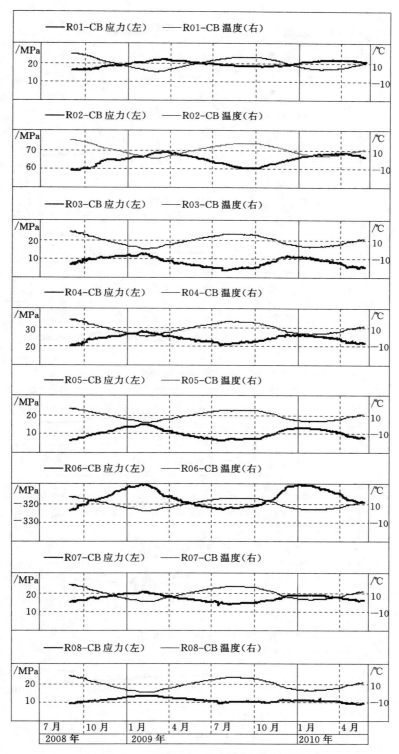

图 10.24 2 号机组 B 断面钢筋计过程线图

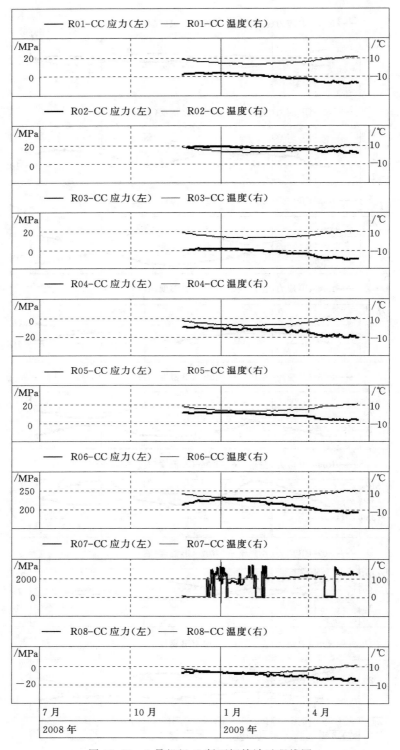

图 10.25　2 号机组 C 断面钢筋计过程线图

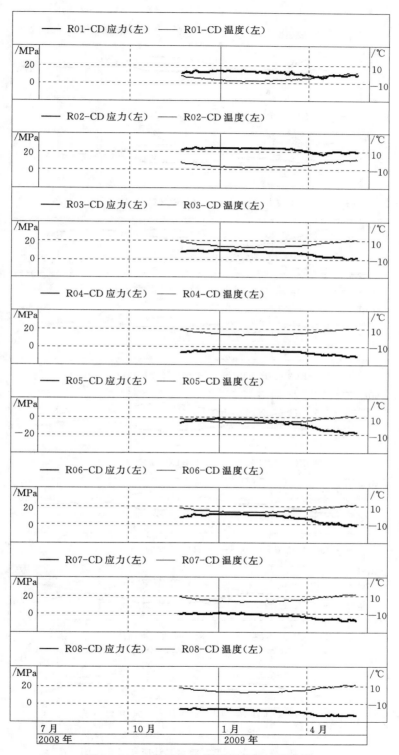

图 10.26　2 号机组 *D* 断面钢筋计过程线图

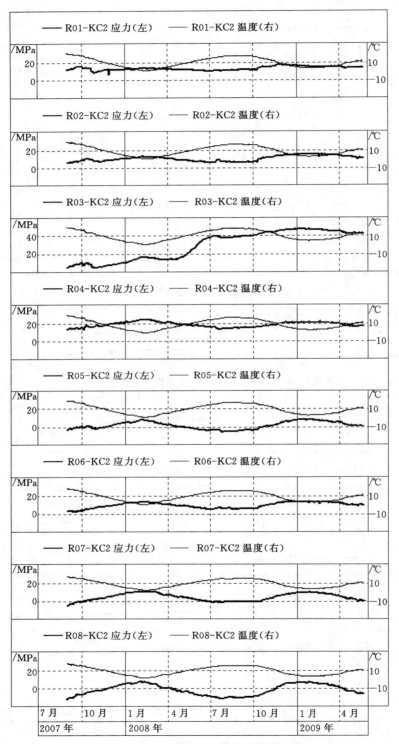

图 10.27 2 号机组宽槽钢筋计应变过程线图

10.4.3 比较 2 号和 4 号机宽槽测缝计监测分析

过程线如图 10.28 所示，宽槽温度大体在 5～15℃，年变化幅度 10℃左右，与 2 号机组相近。开合度变化微小，几乎不动，这表明宽槽回填质量较好。

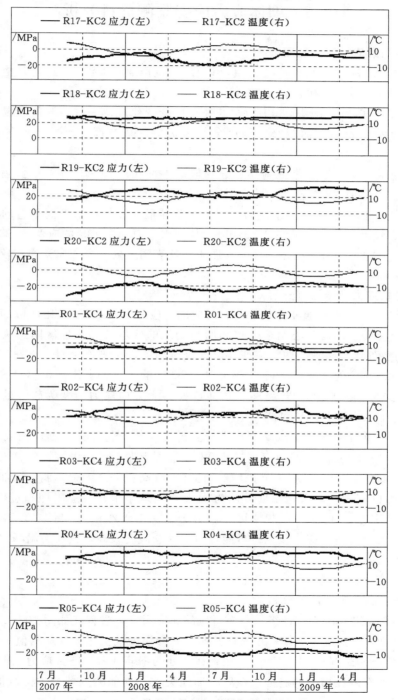

图 10.28　2 号和 4 号机组宽槽钢筋计过程线图

总的来说，纵缝开合度变化微小几乎不动，表明纵缝灌浆质量较好。宽槽开合度变幅在 0.2mm 以内，变幅较小，表明宽槽回填质量良好。

10.5　坝体应力应变监测资料分析

10.5.1　3 号闸墩应力应变监测分析

3 号闸左、右墩 10 组五向应变计组，只有 4 组有相应的无应力计，其他 6 组无。因此，最终结果有应力应变和总应变两种。

过程线如图 10.29、图 10.30 所示，6 处总应变变化规律一致，测值随温度的上升而增加，反之随温度的降低而减小。测值全部为负值，基本都在 $-200 \sim 400 \mu\varepsilon$，年变幅 $200 \mu\varepsilon$ 左右。

应力应变主要受温度变化影响，右墩测值基本都在 $-40 \sim 40 \mu\varepsilon$，年变幅 $40 \mu\varepsilon$ 左右，左墩测值在 $20 \sim 40 \mu\varepsilon$ 稳定变化。

值得注意的是，S5 46-50 组应力应变分布差异最大。与坝水平面垂直的应变计 S5-47 应力应变有较大正值，测值在 $2 \sim 200 \mu\varepsilon$。与坝水平面相交 $135°$ 的应变计 S5-48 有较大负值，测值在 $-200 \sim -100 \mu\varepsilon$，其他 3 支居中。这表明此处各个方向受力有较大不同，建议今后加强关注。

10.5.2　2 号机应力应变监测分析

2 号机共有 16 组五向应变计组，均有对应的无应力计，过程线如图 10.31 所示。

对于应力应变中比较关心明显受拉和明显受压的区域及其测值区间。从变化规律来看，2 号机组各处比较一致，应力应变与温度成负相关。从测值来看，S5-1-CB 处的 5 个方向，S5-2-CC 处的 2、5 方向，S5-2-CD 处的 1 方向，S5-3-CA 处的 1 方向，S5-3-CB 处的 3、5 方向，以及 S5-4-CC 处的 4 方向应力应变为较大的负值，基本在 $-200 \sim -100 \mu\varepsilon$。这些部位可能出于明显受压状态。

16 组应变计组中，S5-3-CC 组应力应变正值较大。它位于 C 断面的底部，其 1、2 方向测值在 $300 \sim 350 \mu\varepsilon$。一般应变超过 $200 \mu\varepsilon$，混凝土多半已产生微裂缝。该组应变计组位于桩号坝下 0+037.0、坝左 0+032.73、1528.0m 高程处。无独有偶，同部位的钢筋计 R06-CC 应力也较大，其入仓温度较高为 45℃，浇筑半个月拉应力即超过 200MPa，目前测值在 230MPa。分析认为，测值可信。由于无应变计组的方向信息，若二者方向一致，那说明此处该方向的应力较大。可能是由于入仓温度较高，较大的温降引起混凝土局部发生收缩开裂。

其他测点应变变化规律稳定，测值在 $-40 \sim 40 \mu\varepsilon$。

10.5.3　4 号机应力应变监测分析

4 号机共有 4 组五向应变计组，均有对应的无应力计，过程线如图 10.32 所示。

4 号机组应力应变变化规律，年周期性明显，与温度成负相关。从测值来看，S5-4-1 的 2 方向测值较大，在 $200 \sim 350 \mu\varepsilon$。经查在该处的钢筋计 R-4-2 应力也较大，测值在 $50 \sim 70$MPa，且有继续增大的趋势，今后应加强关注。其他测点各个方向测值在 $-100 \sim 100 \mu\varepsilon$，变化稳定。

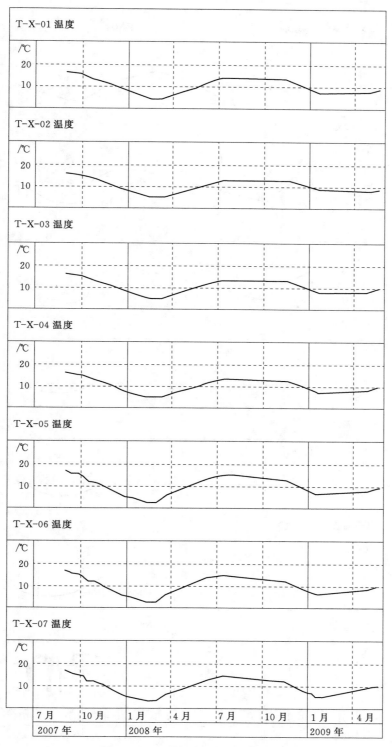

图 10.29　3 号闸墩温度计过程线图

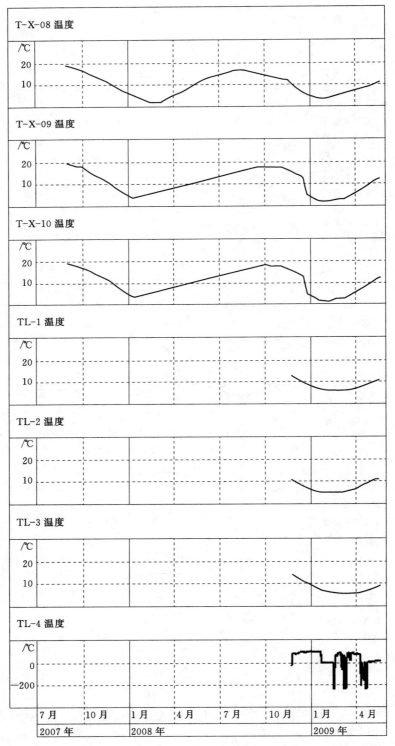

图 10.30 3 号机墩，1 号、3 号尾水水钢衬温度计过程线

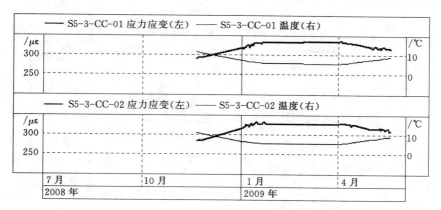

图 10.31 2 号机组 S5-3-CC 组过程线图

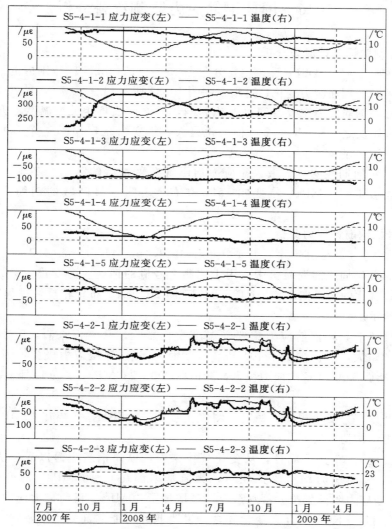

图 10.32 (一) 4 号机主厂房下游五向应变计组应力应变过程线

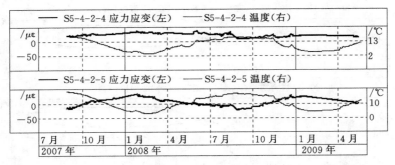

图 10.32（二）　4 号机主厂房下游五向应变计组应力应变过程线

10.6　坝体钢筋应力监测资料分析

10.6.1　3 号闸墩钢筋计应力分析

3 号闸墩处设有 24 支钢筋计，主要分布在 1540～1549m 高程范围内的混凝土中，用于监测 3 号闸墩的钢筋应力变化，过程线如图 10.33 所示。

由图可见，钢筋应力主要受温度变化影响，与温度成负相关，温度上升则拉应力减小，温度下降则反之。R－X－12 测值变化最大，年变幅在 50MPa 左右，测值在－80～－40MPa，受压明显。

其他测点年周期性明显，最大拉应力均出现在蓄水后的第一个冬季，即 2008 年 1 月末。测值均在 0～20MPa，年变幅 15Pa 左右，表明 3 号闸墩的钢筋应力总体变化正常。

10.6.2　2 号机钢筋计应力分析

2 号机埋设有 52 支钢筋计，主要分布在 1524.4m、1525.8m、1528.8m、1532.2m、1539.6m 高程孔口周边的混凝土中，用于监测 2 号机的钢筋应力变化。奇数编号的为纵向布置，偶数变化的为横向布置，R19－KC2 和 R20－KC2 布置相反。过程线如图 10.34 和图 10.35 所示。

从变化规律来看，钢筋应力主要受温度变化影响。从测值来看，2 号机 A 断面的 R06－CA 测值略大，变化在 15～40MPa。B 断面 R06－CB 压应力极大，测值在－300～330MPa。C 断面 R06－CC 拉应力极大，测值在 200～230MPa，该处混凝土可能已经发生开裂。

其他钢筋计应力变化规律、稳定，测值在－20～20MPa，变幅在 10MPa 以内，表明所处部位应力结构情况良好。

宽槽部位设有 20 支钢筋计，从变化规律来看，纵向钢筋应力以受压为主，测值在－20～0MPa。横向应力均呈受拉状态，测值基本都在 0～20MPa。从变化趋势来看，R03－KC2 钢筋应力明显受拉。蓄水至今，已增加了 40MPa，目前最大应力为 47.2MPa，与其同部位的 J11－KC2 开合亦变化异常，说明此处可能局部受力明显，建议今后密切监测。

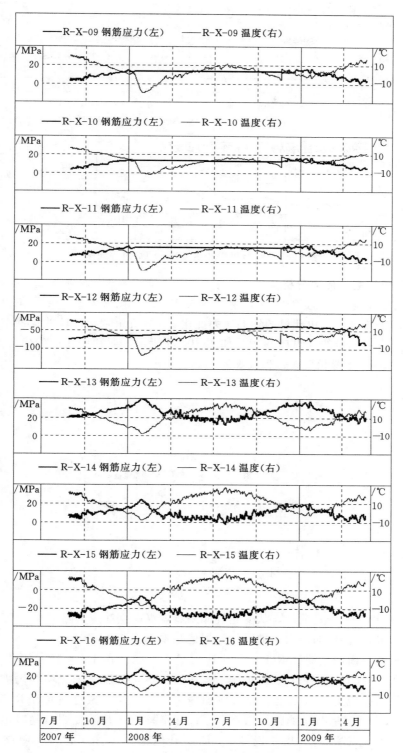

图 10.33　3 号闸左、右墩钢筋计应变过程线图

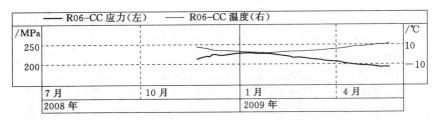

图 10.34　2 号机组 C 剖面 R06 - CC 过程线图

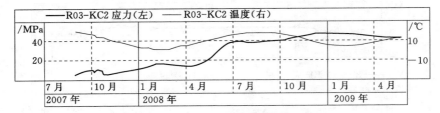

图 10.35　2 号机组宽槽 R03 - KC2 过程线图

10.6.3　4 号机钢筋计应力分析

4 号机组已埋设有 28 支钢筋计，主要分布在 1524.8m、1532.2m、1539.6m 高程的混凝土中，用于监测 4 号机孔口的钢筋应力变化。4 号机组宽槽部位的仪器布置于 2 号机组完全一致，奇数编号的为纵向布置，如图 10.36 所示，偶数变化的为横向布置，R19 - KC2 和 R20 - KC2 布置相反。过程线如图 10.37 所示。

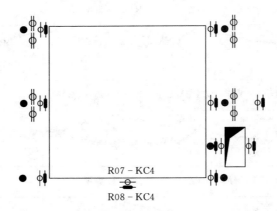

图 10.36　4 号机组宽槽 R07 - KC4、R08 - KC4 布置图

宽槽部位设有 20 支钢筋计，从变化规律来看，纵向钢筋应力除 R07 - KC4 外均受压，测值在 -30～0MPa。横向应力全部受拉，测值基本都在 0～30MPa。

从测值来看，横向钢筋计 R08 - KC4 应力最大，测值在 120～130MPa。同部位的纵向钢筋应力 R07 - KC4 也有较大拉应力，测值在 20～50MPa，未见明显增大的时效。这是目前 4 号机组拉应力最大之处，今后应加强关注。另外，纵向钢筋计 R17 - KC4 测点 2008 年 10 月 23 日起呈明显受压的趋势，经过仔细核查，其温度测值同时出现明显的漂移，截至目前与周围混凝土相差近 6℃。周围其他仪器工作正常，表明该仪器测值不可信。

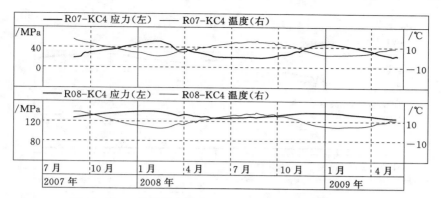

图 10.37　4 号机组宽槽 R07-KC4、R08-KC4 过程线图

　　4 号机组管型座处钢筋应力分布与宽槽相似，纵向钢筋呈受压状态，测值在 -30～0MPa。横向钢筋呈受拉状态，测值主要在 0～30MPa。R-4-2 和 R-4-6 拉应力最大，测值在 30～60MPa。

　　整体来看，4 号机组钢筋应力变化稳定，表明所处部位应力结构情况良好。

10.7　坝体温度场监测资料分析

　　由过程线图可知，T01-C2 温度变幅较大约 25℃，冬季最低温度为 -7℃。这是因为该点位于 1550.8m 高程，在库水表面，测值主要受气温影响之故。其他测点测值主要受水温影响，温度在 0～20℃，变化稳定。总体来看，坝体温度呈明显年周期变化，温度场分布较稳定。

10.8　渗流监测资料分析

10.8.1　基础扬压力分析

　　基础扬压力共设 10 个测点，分别位于两条静力水准所在的 1533.5m 和 1516m 高程基础廊道，过程线如图 10.38 所示。

　　由图可见，蓄水以后，1516m 高程基础扬压力均有不同程度的上升，靠近坝中的 UP-04、UP-05 增幅最大，分别约为 21m、12m。1533.5m 高程除 UP-X-05 外，扬压力无明显增大。UP-X-05 处扬压力受库水位影响较明显，库水位上升扬压力即增大，无明显滞后，增幅约 5m。目前，UP-04 与 UP-X-05 的扬压力已基本与下游水位一致。

10.8.2　渗透压力分析

　　过程线如图 10.39、图 10.40 所示。实测资料表明，蓄水初期，3 号闸墩和消力池的渗透压力略有增加，之后稳定变化，测值较小不足 0.1kPa。2 号机组和左副坝的渗压普遍在 0.20kPa 左右，P01-C2，P02-C2 渗压受蓄水最为明显，最大为 0.25kPa，但 P01-C2 的渗压又缓慢消散。

　　总体来看，各处渗压压力均较小，变化稳定，说明坝体抗渗性能良好。

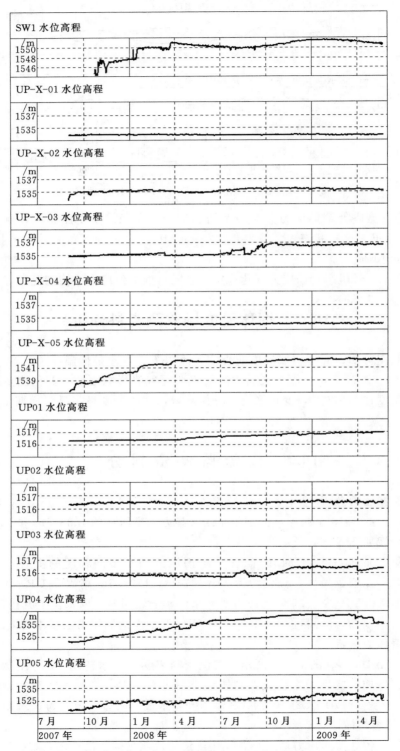

图 10.38　坝基扬压力过程线图

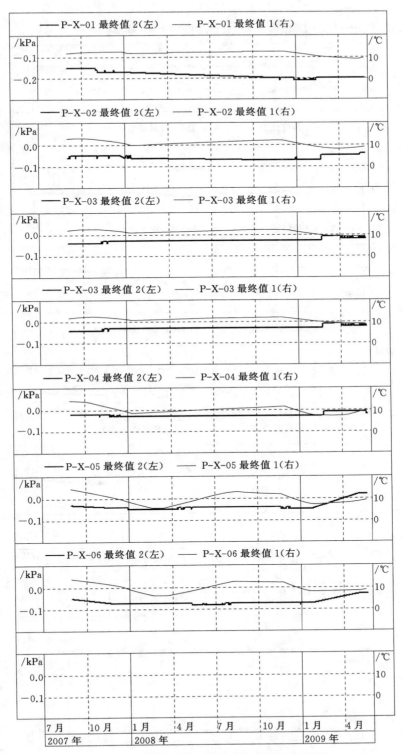

图 10.39 3 号闸墩、消力池渗压计过程线图

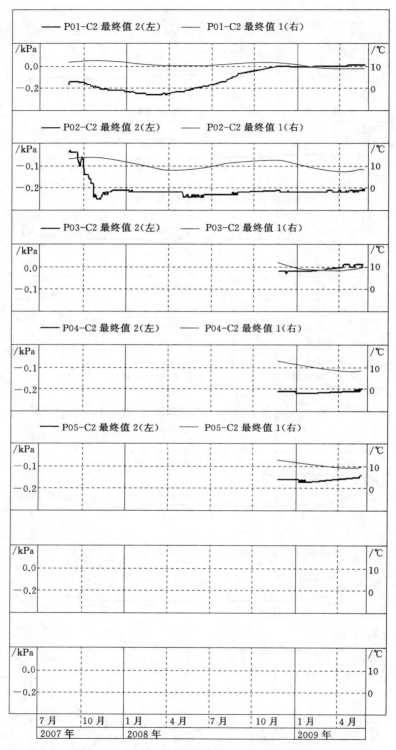

图 10.40　2 号机组基础横剖面渗压计过程线图

10.8.3 两岸绕渗分析

为了解坝址区地下水位分布情况并作为绕坝渗流监测的测点，在两岸坝肩上下游布置地下水位的长期监测孔，孔深低于最低地下水位线 5～10m。左岸 4 孔，右岸 5 孔，OS-L-01、OS-L-02 与 OS-R-01、OS-R-02 位于两岸防渗帷幕前，其他测点位于帷幕之后，过程线如图 10.41 所示。

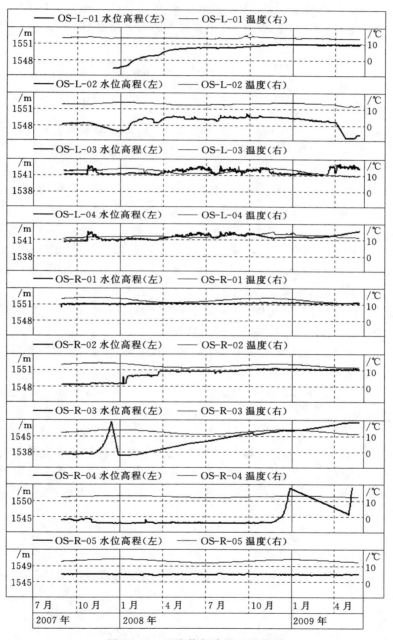

图 10.41　两岸绕坝渗流过程线图

实测资料显示，帷幕前孔水位高于帷幕后孔水位。左右岸相比，右岸孔水位高于左岸。帷幕前孔水位主要受蓄水影响，蓄水之后，水位缓慢上升，目前测值与库水位基本一致，在 1051m 左右。

帷幕后左岸有 2 个孔，右岸有 3 个孔。右岸的 OS-R-03、OS-R-04 的孔水位呈间歇性的上升，最高水位为 1555m 左右，高出库水位，表明此处孔水位主要受地下水位变化影响。位于坝最右端帷幕后的 OS-R-03 孔水位有持续增大的时效，应予以关注。其他测点孔水位变化稳定，变幅较小，两岸帷幕的防渗效果良好。

10.9 结 论 与 说 明

本章得出的结论与说明如下。

（1）坝体水平位移主要受温度变化影响，夏季有向上游的最大位移，冬季有向下游的最大位移。靠近两岸岸坡的测点变幅最小，变幅 4～6mm，其他坝段变幅接近，均在 8mm 左右。

坝顶左右岸方向位移呈明显的年周期性变化。高温季节向两岸岸坡方向移动。低温季节，向河床中心方向移动。除 PL2 测点紧邻土石坝，变幅最大约 9mm，其他测点年变幅在 2～4mm。

（2）1516m 基础高程沉降变化较明显，温度上升基础上抬，温度下降基础下沉，年变幅在 4mm 以内。坝中沉降最大，坝左沉降最小。1533.5m 高程的混凝土挡水坝段是实体坝，未见明显沉降。

（3）纵缝开合度变化微小，几乎不动，表明纵缝灌浆质量较好。宽槽开合度变幅在 0.2mm 以内，变幅较小，表明宽槽回填质量良好。

（4）坝体应力应变主要受温度变化影响，规律性明显。局部应力应变较大，如 3 号闸墩 S546-50 组、2 号机组 S5-3-CC 组、4 号机组 S5-4-1 处，尤以 S5-3-CC 为甚。从分布来看，4 号机组整体相对较大，测值基本在 $-100～100\mu\varepsilon$，3 号闸墩与 2 号机组测值基本在 $-40～40\mu\varepsilon$。

（5）坝体钢筋应力分横向、纵向布置，主要受温度变化影响。从变化规律来看，纵向钢筋以受压为主，横向钢筋以受拉为主，最大拉应力均出现在蓄水后的第一个冬季，即 2008 年 1 月末。与混凝土应力应变一样，局部钢筋应力较大。如与 2 号机组 S5-3-CC 同部位的 R06-CC，此处混凝土可能已经开裂。R03-KC2 以及 R07-KC4、R08-KC4 受拉也较为明显。

其他钢筋计应力变化规律、稳定，测值在 $-20～20$MPa，变幅在 10MPa 以内，表明所处部位应力结构情况良好。

（6）坝体温度呈明显年周期变化，T01-C2 位于库水表面，测值主要受气温影响，温度变幅较大约 25℃，冬季最低温度为 -7℃。其他测点测值主要受水温影响，温度在 0～20℃，变化稳定。总体来看，温度场分布较稳定。

（7）蓄水以后，1516m 高程基础扬压力均有不同程度的上升，靠近坝中的 UP-04、UP-05 增幅最大，分别约为 21m、12m，目前测值与下游水位一致。1533m 高程基础扬压力除 UP‐X‐05 外，扬压力无明显增大。UP‐X‐05 处扬压力受库水位影响较明显，无明显滞后，目前增幅约 5m。

蓄水初期，各处渗透压力略有增加，之后稳定变化。2 号机组和左副坝的渗压相较 3 号闸墩和消力池略大，测值在 0.20kPa 左右。总体上各处渗压压力均较小，变化稳定，说明坝体抗渗性能良好。

实测资料显示，帷幕前孔水位高于帷幕后孔水位。左右岸相比，右岸孔水位高于左岸。帷幕前孔水位主要受蓄水影响，测值与库水位基本一致，在 1051m 左右。帷幕后孔水位主要受其地下水位影响，变化稳定，变幅较小，表明两岸帷幕的防渗效果良好。位于坝最右端帷幕后的 OS‐R‐03 孔水位有持续增大的时效，应予以关注。

总体来看，该工程观测设计比较合理、施工质量较高、测量及收据采集系统可靠、监控操作简单。结果分析发现除局部外，大坝整体各监测量变化规律正常。

思考题与练习

1. 简述水工观测设计概述的设计原则。
2. 水工观测设计的基本步骤有哪些？
3. 根据本章实例谈谈观测设计布置的基本原则有哪些。

参 考 文 献

［1］ 中华人民共和国水利部. 混凝土坝安全监测技术规范：SL 601—2013. 北京：中国水利水电出版社，2013.

［2］ 中华人民共和国国家发展和改革委员会. 水电水利工程岩石试验规程：DL/T 5368—2007. 北京：中国水利水电出版社，2007.

［3］ 中华人民共和国水利部. 土石坝安全监测技术规范：SL 551—2012. 北京：中国水利水电出版社，2012.

［4］ 二滩水电开发有限公司. 岩土工程安全监测手册. 北京：中国水利水电出版社，1999.

［5］ 黄仁福，吴铭江. 地下洞室原位观测. 北京：水利电力出版社，1990.

［6］ 张启岳. 土石坝观测技术. 北京：水利电力出版社，1993.

［7］ 李云，吴时强. 水工物理模型与原型观测技术进展. 北京：中国水利水电出版社，2011.

［8］ 胡永洪. 用 Excel 软件建立水工观测回归模型. 水电自动化与大坝监测，2005（2）.

［9］ 王继敏，练继建，崔广涛. 溢流拱坝反拱型水垫塘性能的原型观测与模型试验研究. 水利学报，2009（7）.

［10］ 陈诗画. 水工引水隧洞监控量测方法综述. 建筑工程技术与设计，2015（9）.

［11］ 万继伟，牛助农，牛争鸣. 水工泄水建筑物水力学原型观测方法和技术. 电网与清洁能源，2008（9）.

［12］ 王志远，凌骐，苟晓丽. 水工薄壁结构中湿度变形的观测分析. 水电自动化与大坝监测，2012（1）.

［13］ 陈胜宏. 高坝复杂岩石地基及岩石高边坡稳定分析. 北京：中国水利水电出版社，2001.

［14］ 龚成勇，李琪飞. ANSYS Products 有限元软件及其在水利水电工程中仿真应用. 北京：中国水利水电出版社，2014.

［15］ 钟登华，刘东海. 大型地下洞室群施工系统仿真理论方法与应用. 北京：中国水利水电出版社，2003.

［16］ 刘启钊. 水电站：4 版. 北京：中国水利水电出版社，2010.

［17］ 林继镛. 水工建筑物：5 版. 北京：中国水利水电出版社，2006.

［18］ 龚成勇，韩伟. 岩土力学. 北京：中国水利水电出版社，2015.

［19］ 霍瑞敬. 黄河下游河道观测. 郑州：黄河水利出版社，2010.

［20］ 汪智. 龙河口水库东大坝坝下渗流监测水位的重新确定. 水利建设与管理，2014（1）.

［21］ 张丽. 孤石滩水库水工监测系统中监测仪器的埋设方案. 河南水利与南水北调，2013（22）.

［22］ 电力行业职业技能鉴定指导中心. 水工仪器观测工. 北京：中国电力出版社，2003.

［23］ 甘肃省电力工业局. 水工观测技术. 北京：中国电力出版社，1995.

［24］ 周仲孟. 水工建筑物检查观测与养护修理. 北京：水利电力出版社，1990.

［25］ C·R·埃杰利曼. 混凝土水工建筑物的原型观测. 北京：科学出版社，1975.

［26］ 松辽水利委员会科学研究所. 水工建筑物水力学原型观测. 北京：水利电力出版社，1988.

［27］ 孙桂芳. 工程测量程序设计方法. 武汉：武汉测绘科技大学出版社，1992.

［28］ 夏毓常，张黎明. 水工水力学原型观测与模型试验. 北京：中国电力出版社，1999.

［29］ 徐金寿. 水电站计算机监控技术与应用. 杭州：浙江大学出版社，2011.

［30］ 郑程遥. 水电站计算机监控系统设计、安装与调试. 北京：中国水利水电出版社，2012.

［31］ 中华人民共和国住房和城乡建设部. 小型水电站安全检测与评价规范：GB/T 50876—2013. 北京：中国水利水电出版社，2013.

［32］ 中华人民共和国住房和城乡建设部. 水位观测标准：GB/T 50138—2010. 北京：中国水利水电出版社，2010.

［33］ 中华人民共和国水利部. 水利水电工程水力学原型观测规范：SL 616—2013. 北京：中国水利水电出版社，2013.

［34］ 中华人民共和国水利部. 水环境监测规范：SL 219—2013. 北京：中国水利水电出版社，2014.

［35］ 中华人民共和国水利部. 水电站厂房设计规范：SL 266—2014. 北京：中国水利水电出版社，2014.

［36］ 中华人民共和国建设部. 工程测量规范：GB 50026—2007. 北京：中国计划出版社，2008.

［37］ 国家能源局. 混凝土重力坝设计规范：NB/T 35026—2014. 北京：中国水利水电出版社，2014.

［38］ 国家能源局. 水电工程水工建筑物抗震设计规范：NB/T 35047—2015. 北京：中国水利水电出版社，2015.

［39］ 中华人民共和国发展和改革委员会. 碾压式土石坝设计规范：DL/T 5398—2007. 北京：中国水利水电出版社，2007.

［40］ 中华人民共和国国家质量监督检验检疫总局. 水轮发电机组安装技术规范：GB/T 8564—2003. 北京：中国水利水电出版社，2003.